高 等 学 校 教 材

大学物理（上）

D a x u e W u l i

主 编 熊红彦 赵宝群

高等教育出版社·北京

内容简介

本书是根据教育部高等学校物理学与天文学教学指导委员会编制的《理工科类大学物理课程教学基本要求》（2010 年版）在保留系列教材基本风格的基础上，特别针对本科院校大学物理课程教学的需求，对教学内容进行了更新与整合，并结合国内外非物理类尤其是工科物理教材改革动态和编者多年的教学实践经验编写而成的。

全书分为上、下两册，上册包括力学基础、振动与波动、热学等内容；下册包括电磁学、波动光学、近代物理学等内容。本书内容注意联系生活实际，满足高等学校多样化人才培养的要求，突出应用、特色鲜明。本书反映了人才培养模式和教学改革的最新趋势，可作为应用型本科院校中各个专业大学物理课程的教学用书，还可作为一般读者了解基础物理理论与工程技术中应用物理内容的参考书。

图书在版编目（CIP）数据

大学物理．上／熊红彦，赵宝群主编．－－北京：高等教育出版社，2015.12（2017.12重印）
ISBN 978－7－04－043986－1

Ⅰ．①大…　Ⅱ．①熊…　②赵…　Ⅲ．①物理学－高等学校－教材　Ⅳ．①O4

中国版本图书馆 CIP 数据核字（2015）第 234594 号

策划编辑　张海雁　　责任编辑　王　硕　　封面设计　赵　阳　　版式设计　童　丹
插图绘制　杜晓丹　　责任校对　刘娟娟　　责任印制　耿　轩

出版发行　高等教育出版社　　咨询电话　400－810－0598
社　　址　北京市西城区德外大街 4 号　　网　　址　http://www.hep.edu.cn
邮政编码　100120　　http://www.hep.com.cn
印　　刷　北京市密东印刷有限公司　　网上订购　http://www.landraco.com
开　　本　787mm×1092mm　1/16　　http://www.landraco.com.cn
印　　张　15
字　　数　370 千字　　版　　次　2015 年 12 月第 1 版
插　　页　1　　印　　次　2017 年 12 月第 3 次印刷
购书热线　010－58581118　　定　　价　26.80 元

物 料 号　43986－00

前 言

本书针对本科院校大学物理课程的教学需求,在教学结构和教学内容上,相对以往工科物理教材均有较大的变化和更新。本书可满足高等学校多样化人才培养的要求,突出应用、特色鲜明。本书反映了人才培养模式和教学改革的最新趋势,主要具有以下特色:

(1) 内容简练且系统性强。在内容设置上,我们力求基本物理内容形成完整体系,并且针对各类专业选择应用物理内容;在内容处理上我们尽量简化数学推导,突出物理思想和物理规律的应用。

(2) 密切联系实际,突出应用。本书的各章内容,我们都力图结合实际问题,着重介绍物理理论在实际工程中的具体应用。

(3) 适用面广。本书可以作为应用型本科院校中各个专业大学物理课程的教学用书,还可作为一般读者了解基础物理理论与工程技术中应用物理内容的参考书。

全书内容可以分为两部分。一部分为基础内容,包括运动的描述、运动定律、振动与波、热物理学、静电场、恒定磁场、电磁感应及电磁场、波动光学、狭义相对论和量子物理学等内容;基本内容按照60学时左右设计,打星号的内容属于选讲内容,可以满足多样化人才培养的要求。另一部分为应用内容,包括流体运动、物体的弹性、直流电路、交流电路、光谱光度学、激光、X射线、核放射和核磁共振等,应用内容自成体系,可作为各类专业物理课程的教学内容,各个不同的专业可以具体选择相关章节。

本书采用国际单位制,物理量的名称及其表示符号执行国家现行标准。

熊红彦、赵宝群担任本书主编,对全书内容进行了设计、修改和审定。王玉国教授作为主审。参加编写工作的有:赵宝群(第1、第2章)、门高夫(第3章)、徐静(第4、第5章)、王意(第2、第5、第6、第7、第18章)、熊红彦(第8、第9、第21章)、王学(第2章)、张春元(第12、第13章)、赵剑锋(第10、第14章)、张寰臻(第15、第16、第17章)、张红(第19、第20章)、王光建(第22章)。

由于时间仓促,编者水平有限,书中可能还存在一些缺点和错误,衷心希望广大读者提出宝贵意见。

编　者

2015年6月

目 录

第一篇 力学基础

第二篇 振动与波动

第三篇 热　学

第一篇　力学基础

力学是研究物体机械运动规律的学科.物质的运动形式包括:机械运动、分子热运动、电磁运动、原子和原子核运动,等等.其中机械运动是物质的各种运动形式中最简单、最基本的运动形式,它是指物体之间(或物体内各部分之间)相对位置的变动.力学是物理学中最古老和发展最完美的学科,它在各门自然学科中发展得最早.早在17世纪,力学已经形成一门理论严密、体系完整的学科.它曾被人们誉为完美、普遍的理论而兴盛了约三百年.直到20世纪初才发现它在高速和微观领域的局限性,从而在这两个领域分别被相对论和量子力学所取代.但在一般的技术领域,经典力学仍然是不可或缺的基础理论.

力学是本课程中最基本的内容.学习这一部分内容不仅可以使读者学到基本规律,而且还能够学习运用科学思维和基本概念、原理去分析解决具体问题,提高学习能力.

力学是一切工程技术的基础理论知识,如机械制造、土木建筑、水利设施、电子技术、信息技术等工程技术领域.系统掌握力学知识可以为进一步学习相关后续课程打下基础.

研究力学,通常是先研究运动的描述,即单纯地用几何观点描述物体的位置如何随时间变化而在空间的运动情况,而不涉及物体的质量和所受的力,这叫做运动学.然后考虑物体的质量和物体之间的相互作用,进一步研究运动的规律,即在怎样的条件下发生怎样的运动,这叫做动力学.本篇共分3章.第1章介绍运动的描述.第2章介绍运动定律,这是动力学的基本规律,本章包括牛顿运动定律及其应用,动量以及动量守恒定律,功和能以及能量守恒定律.第3章介绍刚体的运动.

第1章　运动的描述

自然界的物质都处于不停的运动之中,物质有各种不同的运动形式,其中机械运动是物质的各种运动形式中最简单、最基本的运动形式,它是指物体之间(或物体内各部分之间)相对位置的变动.例如:车辆的行驶、弹簧的振动、机器的运转、河水的流动等,都是我们日常中所观察到的机械运动.另外,地球绕太阳的运转,人造地球卫星绕地球的运转,火箭喷出的气体的运动等,也都是机械运动.机械运动的基本形式有平动和转动.物体在平动过程中,物体内各点都做同样的运动,物体上任一点的运动都可以用来代表整个物体的运动.所以物体的运动可用一个具有该物体质量的点的运动来代替.这种不计物体的形状和大小而具有该物体全部质量的点称为**质点**.本章主要介绍质点运动的描述方法.

本章主要内容为:运动的描述方法,运动的描述(位置矢量、位移、速度、加速度),切向加速度,法向加速度,圆周运动,线量与角量的关系,相对运动.

1.1　运动的描述方法

为了描述物体的运动,必须选择参考系,建立坐标系,提出物理模型.

1.1.1　运动的绝对性和相对性

星体运动、江河奔流、车辆行驶、机器运转等,宇宙间万物都在永恒不停地运动着.运动是物质的存在形式,是物质的固有属性,所以**运动是绝对的**.任何物体在任何时刻都在不停地运动着,即使看起来静止不动的高山峻岭、高楼大厦,也在昼夜不停地随着地球一起自转和绕太阳公转,而太阳系绕银河系中心以大约250 $km \cdot s^{-1}$的速率运动,银河系也在宇宙中相对于其他星系以大约600 $km \cdot s^{-1}$的速率高速地运动.总之,自然界中绝对不运动的物体是不存在的,运动是永恒的.

而"静止"只有相对的意义.同一物体的运动,从不同的角度看来可以得出完全不同的结论.例如,火车在辽阔的田野疾驰而过,站在地面铁道边上的人看起来,火车在高速地运动,而该火车车厢里的乘客看来,火车车厢相对于自己没有运动,而铁路边的人和树木等都在向后退.因此,**运动又具有相对性**.物体的运动,都是在一定的环境和特定的条件下进行的,离开一定的环境和特定的条件谈论运动是没有任何意义的.

1.1.2　参考系

运动是绝对的,但是对运动的描述是相对的.在观察一个物体的位置以及位置的变化时,必须先指明运动是相对于哪个参考物体而言的,即必须先选定一个物体作为基准.这个被选作参考、作为基准的物体就叫做**参考系**.所选参考系不同,对同一物体的运动的描述就不同.这就是**运动描述的相对性**.例如,做匀速直线运动的火车车厢中,一物体自由下落,相对于车厢,它做自由落体运动;而在地面上静止的人看来,它做抛物线运动;而从航天飞机上来看,其运动形式更复杂.

从运动学的角度来看，参考系是可以任意选择的.通常以对问题的研究方便、简单为原则.讨论地面上物体的运动时(例如研究汽车的运动)，通常选地球表面(地面)为参考系最为方便.以后如果不作特别说明，研究地面上物体的运动，都以地面为参考系.研究人造地球卫星的运动，以地球中心为参考系最方便;研究行星的运动，则以太阳为参考系最方便.人们常用的参考系有:太阳参考系(太阳-恒星参考系)、地心参考系(地球-行星参考系)、地面参考系(实验室参考系)和质心参考系等.

1.1.3 坐标系

选定参考系后，为了定量描述一个物体在各时刻相对于参考系的运动规律，还需要建立适当的**坐标系**，固定在被选作参考的物体上.运动物体的位置就由它在坐标系中的坐标值确定.这个坐标系既然与参考系牢固地连接成一体，则物体相对于坐标系的运动，就是相对于参考系的运动.在力学中，通常采用直角坐标系，也可根据需要选用平面极坐标系、自然坐标系、球坐标系或柱坐标系等.在同一个参考系中，坐标系可以任意选择，但仍以对问题的研究方便、数学描述简单为原则.

1.1.4 物理模型　质点

实际物体都有一定的大小、形状，而且物体运动时，可以既有平动又有转动和变形.例如，火车的运动除了整体沿铁轨平移外，还有车厢的上下左右晃动，车轮的转动等.一般来讲，物体上各点的运动情况是不同的.任何一个真实的物体运动过程都是极其复杂的.要想对物体的实际运动情况做出全面的描述是困难的，而且也没有必要这么做.我们只能分清主次，逐个解决.在科学研究中，为了研究某一过程中最本质、最基本的规律，常根据所研究问题的性质，抓住主要因素，忽略次要因素，对真实过程进行简化，然后经过抽象，提出一个可供数学描述的理想化的**物理模型**.这是经常采用的一种科学思维方法.这样做，可以使问题大为简化但又不失其客观真实性.

当我们研究物体在空间的位置时，如果我们只研究物体整体的平移规律(比如火车沿铁轨的整体平移规律，炮弹的空间轨道)，或者物体做平动时，同一时刻物体上各部分运动情况(轨迹、速度、加速度)完全相同，或者物体的线度比它运动的空间范围小得多(例如地球绕太阳的公转等)，我们可以忽略那些与整体运动关系不大的次要运动，把物体上各点的运动都看成完全一样，这样我们就可以不用考虑物体的形状和大小，或者说只考虑其平动，物体的运动就可以用一个具有该物体全部质量的、没有形状和大小的点的运动来代替.这种不计物体的形状和大小而具有该物体全部质量的点称为**质点**.

质点是一种理想化的物理模型，是在一定的环境和条件下对实际物体的一种科学抽象和简化.对这样的科学抽象，可以使所研究的问题大大简化而不影响主要结论.能否把一个物体看成质点，不在于物体的绝对大小，而主要取决于所研究问题的性质等具体情况.例如，当研究地球绕太阳的公转运动时，由于地球的半径(约为 6.4×10^6 m)远小于地球公转的轨道半径(约为 1.5×10^{11} m)，故地球上各点绕太阳的运动情况可看成基本上是相同的.所以在研究地球绕太阳公转时，可以不考虑地球的大小和形状，可把地球当成一个质点.但当研究地球的自转运动时，或者研究地球表面不同地点的潮汐运动规律时，就必须考虑地球的大小和形状，不能再把它当成一个质点了.

把物体视为质点这种研究方法，在理论上和实践上都具有重要的意义.当我们所研究的运动的物体不能视为一个质点时，可以通过数学上的无穷分割方法，把整个物体分割成无穷多个无穷小的质量元，每一个质量元都可以看成一个质点，一个实际的物体就可以看成由许多个乃至于无穷多个质点组成的系统，这就是**质点系**的概念.当把组成这个物体所有质点的运动情况都弄清楚了，也就描述了整个物体的运动情况.因此，研究质点的运动规律也就是研究一般物体更为复杂运动规律的基础.

用理想模型的方法来研究问题是一种常用的科学研究方法，这种方法在物理学中经常遇到.除了质点模型，在后面我们还会遇到诸如刚体、弹簧振子、简谐振动、平面简谐波、理想气体、点电荷等许多理想化的物理模型.但应注意，任何一个理想模型都有其适用条件，在一定条件下，它能否反映客观实际，还要通过实践来检验.

总之，要描述物体的运动，我们需要：① 选择合适的参考系，以方便确定物体的运动性质；② 在参考系上建立恰当的坐标系，以定量描述物体的运动；③ 提出较准确的物理模型，以确定研究对象在特定情况下最基本的运动规律.

思考题

思 1.1 一个物体能否被看成质点，你认为主要由以下三个因素中的哪个因素决定：① 物体的大小和形状；② 物体的内部结构；③ 所研究问题的性质.

思 1.2 一只小蚂蚁和地球，哪个可以看成质点？你将如何回答？

1.2 运动的描述

1.2.1 位置矢量 运动方程 轨迹

1. 位置矢量

为了描述质点的运动，首先需要选择合适的参考系，然后在参考系上选定坐标系的原点和坐标轴，建立恰当的坐标系.例如，建立图 1-1 所示的三维直角坐标系 $Oxyz$.确定在任意时刻 t，质点相对于参考系的位置 P，可用质点所在点 P 的一组有序直角坐标(x,y,z)来确定.质点在平面上运动时，可在该平面上建立二维直角坐标系 Oxy，质点的位置可用两个坐标(x,y)来确定.如果质点做直线运动，就只需要一个坐标就可以确定质点的位置了.当然，用坐标法确定质点的位置，不限于直角坐标系，根据问题的不同特点，也可以选用其他坐标系，如平面极坐标系、球坐标系、柱坐标系、自然坐标系等，这里就不一一介绍了.

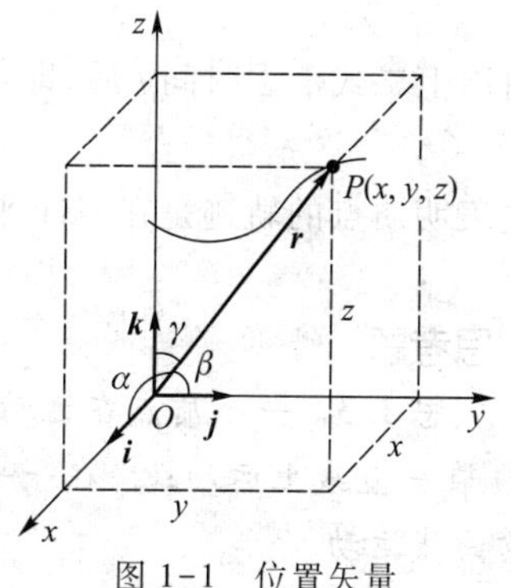

图 1-1 位置矢量

质点的位置还可以用**位置矢量** $\boldsymbol{r}$ 表示.位置矢量又可以简称为**位矢**(又称**径矢**).它是一个有向线段，在选定的参考系上任选一固定点 O，质点在任一时刻 t 的位置矢量 $\boldsymbol{r}$ 的始端位于 O 点，末端与质点在该时刻的位置 P 点相重合.位置矢量 $\boldsymbol{r}$ 的大小和方向完全确定了质点相对于参考系的位置.矢量以加粗字体印刷，手写时在字母上加箭头.例如位置矢量 $\boldsymbol{r}$ 手写时写为：$\vec{r}$.

以位置矢量 $\boldsymbol{r}$ 的起点 O 为坐标原点，建立直角坐标系，位置矢量 $\boldsymbol{r}$ 在 x 轴、y 轴和 z 轴方向的投影（即质点的坐标）分别为 x、y 和 z，即 x、y 和 z 分别是位置矢量 $\boldsymbol{r}$ 在 x 轴、y 轴和 z 轴三个坐标轴上的分量.如取 $\boldsymbol{i}$、$\boldsymbol{j}$ 和 $\boldsymbol{k}$ 分别表示沿 x 轴、y 轴和 z 轴方向的单位矢量，$\boldsymbol{i}$、$\boldsymbol{j}$ 和 $\boldsymbol{k}$ 都是大小和方向不变的常矢量.那么，在直角坐标系中位置矢量可以写成

$$\boldsymbol{r} = x\boldsymbol{i} + y\boldsymbol{j} + z\boldsymbol{k} \tag{1.1}$$

位置矢量的模（大小）为

$$|\boldsymbol{r}| = r = \sqrt{x^2 + y^2 + z^2}$$

位置矢量 $\boldsymbol{r}$ 的方向可以由其与 x 轴、y 轴和 z 轴正向之间的夹角 α、β、γ 来表示，其方向余弦分别为

$$\cos\alpha = \frac{x}{r},\ \cos\beta = \frac{y}{r},\ \cos\gamma = \frac{z}{r}$$

2. 质点的运动方程

当质点在空间运动时，它的位置矢量 $\boldsymbol{r}$ 以及质点的坐标都随时间变化，都是时间 t 的单值、连续函数.

用直角坐标表示质点的位置时，有

$$x = x(t),\quad y = y(t),\quad z = z(t) \tag{1.2a}$$

用位置矢量表示质点的位置时，有

$$\boldsymbol{r} = \boldsymbol{r}(t) \tag{1.2b}$$

式（1.2）从数学上确定了在选定的参考系中质点相对于坐标系的位置随时间变化的关系，叫做**质点的运动方程**.

知道了运动方程，就能确定任一时刻质点的位置，从而确定质点的运动.

3. 轨迹方程

质点在空间的运动路径称为**轨迹**.质点的运动轨迹为直线时，称质点做直线运动；质点的运动轨迹为曲线时，称质点做曲线运动.从运动方程（1.2a）中消去时间 t 即得质点运动的轨迹方程.

例 1.1 已知一质点的运动方程为

$$\boldsymbol{r}(t) = 2t\boldsymbol{i} + (7 - 4t^2)\boldsymbol{j}$$

其中各物理量的单位都采用国际单位制（SI）.求该质点的轨迹方程.

解 显然，该质点在 Oxy 平面运动.在任一时刻 t，该质点的坐标值为

$$x(t) = 2t,\quad y(t) = 7 - 4t^2$$

由以上二式消去时间 t 后，即得轨迹方程

$$y = 7 - x^2$$

这表明质点的轨迹是在 Oxy 平面内的一条抛物线.

思考题

思 1.3 一个质点在运动中，如果位置矢量的模 $|\boldsymbol{r}|$ 为常量，则该质点的运动情况可能是：① 在一直线上运动；② 在一平面上做任意曲线运动；③ 在以位置矢量起点为中心的球面上做任意曲线运动.

思 1.4 说地球同步卫星定位于赤道上空某点不动，是以什么为参考系的？若以地球中心

为参考系，它的运动轨迹如何？若以太阳为参考系，它的运动轨迹又大致如何？

1.2.2 位移

质点运动时，其位置在空间连续变化，形成一条运动轨迹．如图 1-2 所示，设一质点的运动轨迹为曲线 $\overset{\frown}{AB}$，在 t 时刻，质点在 A 点，在 $t+\Delta t$ 时刻，质点运动到了 B 点，在 A、B 两点，质点相对于坐标原点 O 的位置矢量分别以 $\boldsymbol{r}_A$ 和 $\boldsymbol{r}_B$ 表示．质点在时间间隔 Δt 内，位置矢量的大小和方向都发生了变化，我们将由始点 A 指向终点 B 的有向线段 $\overrightarrow{AB}$ 称为 Δt 这段时间内的**位移矢量**，简称为**位移**．位移反映了质点位置矢量的变化，即在时间间隔 Δt 内位置矢量的增量，一般写作 $\Delta\boldsymbol{r}$：

$$\Delta\boldsymbol{r}=\boldsymbol{r}_B-\boldsymbol{r}_A \tag{1.3}$$

位移是描述质点在时间间隔 Δt 内位置变动大小和方向的物理量，在图上就是由起始位置 A 指向终点位置 B 的一个矢量．位移是一个矢量，它的运算遵从矢量运算的法则．例如，位移的加法运算遵从平行四边形法则（或三角形法则）．位移和位置矢量不同，位置矢量反映某一时刻质点的位置．

位移的模，即位移的大小，是由始点 A 指向终点 B 的有向直线段 $\overrightarrow{AB}$ 的长度，它记为 $|\Delta\boldsymbol{r}|$，$|\Delta\boldsymbol{r}|=|\boldsymbol{r}_B-\boldsymbol{r}_A|$，即图 1-3 中的 AB 直线段的长度．注意，位移的大小不能写成 Δr．Δr 表示位置矢量的模的增量，即 $\Delta r=\Delta|\boldsymbol{r}|=|\boldsymbol{r}_B|-|\boldsymbol{r}_A|$，在图 1-3 中取 OC 段的长度等于 OA 段的长度，即 $OC=|\boldsymbol{r}_A|$，因为 $OB=|\boldsymbol{r}_B|$，所以 $\Delta r=|\boldsymbol{r}_B|-|\boldsymbol{r}_A|=CB$．而 $|\Delta\boldsymbol{r}|$ 表示位移的模，即位置矢量增量的模，$|\Delta\boldsymbol{r}|=AB$，由图 1-3 可知，在通常情况下 $|\Delta\boldsymbol{r}|\neq\Delta r$．例如，一质点做半径为 R 的匀速圆周运动，以圆心为坐标原点，半个周期内，质点位移的大小为 $|\Delta\boldsymbol{r}|=2R$，而位置矢量的模的增量 $\Delta r=R-R=0$．

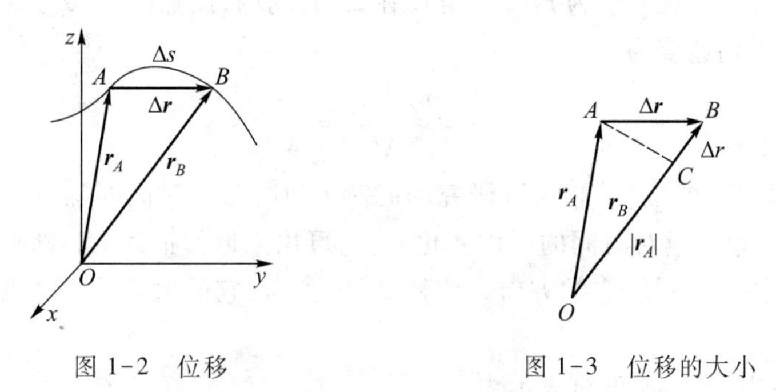

图 1-2 位移　　图 1-3 位移的大小

必须注意，位移表示在 Δt 时间间隔内位置的变动，它是一个矢量，有大小，有方向．位移不涉及质点位置变化过程的细节．例如在图 1-2 中，位移是有向线段 $\overrightarrow{AB}$，位移的方向为：由始点 A 指向终点 B 的方向；位移的大小（位移的模）是割线 AB 的长度，是 A 到 B 的直线距离，但这并不意味着质点一定是从 A 点沿直线 AB 运动到 B 点．位移并非质点所经历的路程．质点在 Δt 时间间隔内从 A 点沿曲线 $\overset{\frown}{AB}$ 运动到 B 点所经历的实际路径的长度，即曲线 $\overset{\frown}{AB}$ 的长度，称为质点在该段时间内的**路程**．路程通常记为 Δs．路程是标量，所以不能说位移等于或不等于路程，因为一个矢量和一个标量谈不上比较其是否相等的问题．但一个矢量的模（大小）可以和一个相同单位的标

量比较大小.所以位移的大小和路程可以比较,但一般来讲位移的大小不一定总等于路程,即一般 $|\Delta \boldsymbol{r}| \neq \Delta s$. 例如当质点经历一个任意闭合路径回到起始位置时,其位移为零,而路程则不为零.显然,在 Δt 趋近于零时,位移的大小总是等于路程,有 $|\mathrm{d}\boldsymbol{r}| = \mathrm{d}s$.

在直角坐标系中,质点在 A、B 两点的位置矢量可分别表示为

$$\boldsymbol{r}_A = x_A \boldsymbol{i} + y_A \boldsymbol{j} + z_A \boldsymbol{k}$$
$$\boldsymbol{r}_B = x_B \boldsymbol{i} + y_B \boldsymbol{j} + z_B \boldsymbol{k}$$

于是,位移可以写成

$$\Delta \boldsymbol{r} = \boldsymbol{r}_B - \boldsymbol{r}_A = (x_B - x_A)\boldsymbol{i} + (y_B - y_A)\boldsymbol{j} + (z_B - z_A)\boldsymbol{k} = \Delta x\boldsymbol{i} + \Delta y\boldsymbol{j} + \Delta z\boldsymbol{k}$$

上式表明,质点的位移等于它在 x 轴、y 轴和 z 轴上的分位移 $\Delta x\boldsymbol{i}$、$\Delta y\boldsymbol{j}$ 和 $\Delta z\boldsymbol{k}$ 的矢量和.其中 $\Delta x = x_B - x_A$、$\Delta y = y_B - y_A$ 和 $\Delta z = z_B - z_A$ 均为代数量,分别表示位移在 x 轴、y 轴和 z 轴方向的分量.

位移的模为

$$|\Delta \boldsymbol{r}| = \sqrt{(\Delta x)^2 + (\Delta y)^2 + (\Delta z)^2} = \sqrt{(x_B - x_A)^2 + (y_B - y_A)^2 + (z_B - z_A)^2}$$

位移与路程的单位均为长度的单位,在国际单位制中,其单位为米(m).

1.2.3 速度

在力学中,仅知道质点在某时刻的位置矢量,是不能知道质点是动还是静、动又动到什么程度的,这不足以确定质点的运动状态.只有当质点的位置矢量和速度同时被确定时,才能确知它的运动状态.所以,位置矢量和速度是描述质点运动状态的两个物理量.

位移矢量只说明了质点在某段时间间隔 Δt 内的位置变化,还不足以充分描述这段时间内质点的运动情况.为了描述质点运动的快慢程度和方向,我们引进速度这一物理量.

在图 1-2 中,质点做曲线运动,在 t 时刻,质点在 A 点,其位置矢量为 $\boldsymbol{r}_A(t)$, 在 $t + \Delta t$ 时刻,质点运动到了 B 点,其位置矢量为 $\boldsymbol{r}_B(t + \Delta t)$. 在 Δt 时间内,质点的位移为 $\Delta \boldsymbol{r} = \boldsymbol{r}_B - \boldsymbol{r}_A$. 定义:在 Δt 时间内,质点的**平均速度**为

$$\overline{\boldsymbol{v}} = \frac{\boldsymbol{r}_B - \boldsymbol{r}_A}{\Delta t} = \frac{\Delta \boldsymbol{r}}{\Delta t} \tag{1.4}$$

平均速度即单位时间内的位移,它与所研究的时刻 t 和所取的时间间隔 Δt 有关系,表示在所取的时间间隔 Δt 内位置矢量对时间的平均变化率,它可用来近似描述 t 时刻附近质点运动的快慢和方向.平均速度是一个矢量,它的方向为位移 $\Delta \boldsymbol{r}$ 的方向,它的大小为 t 时刻附近单位时间内的位移大小.

在直角坐标系中,平均速度可表示为

$$\overline{\boldsymbol{v}} = \frac{\boldsymbol{r}_B - \boldsymbol{r}_A}{\Delta t} = \frac{\Delta \boldsymbol{r}}{\Delta t} = \frac{\Delta x}{\Delta t}\boldsymbol{i} + \frac{\Delta y}{\Delta t}\boldsymbol{j} + \frac{\Delta z}{\Delta t}\boldsymbol{k} = \overline{v}_x \boldsymbol{i} + \overline{v}_y \boldsymbol{j} + \overline{v}_z \boldsymbol{k}$$

其中,$\overline{v}_x = \dfrac{\Delta x}{\Delta t}$、$\overline{v}_y = \dfrac{\Delta y}{\Delta t}$ 和 $\overline{v}_z = \dfrac{\Delta z}{\Delta t}$ 分别表示平均速度 $\overline{\boldsymbol{v}}$ 在 x 轴、y 轴和 z 轴方向的分量.

显然,用平均速度只能近似地描述质点在 t 时刻附近运动的快慢和方向. Δt 取得越短,近似程度就越好,平均速度就越能准确地反映质点在 t 时刻的真实运动情况.当 $\Delta t \to 0$ 时,平均速度 $\overline{\boldsymbol{v}} = \dfrac{\Delta \boldsymbol{r}}{\Delta t}$ 趋近于一个确定的极限矢量,这个极限矢量确切地描述了质点在 t 时刻运动的快慢和方

向.我们把这个极限矢量定义为质点在 t 时刻的**瞬时速度**,简称**速度**,用 v 表示,记为

$$\boldsymbol{v}=\lim_{\Delta t\to 0}\frac{\Delta \boldsymbol{r}}{\Delta t}=\frac{\mathrm{d}\boldsymbol{r}}{\mathrm{d}t} \tag{1.5}$$

可见,速度等于质点的位置矢量对时间的一阶导数,即质点在 t 时刻的瞬时速度 $\boldsymbol{v}$ 也就是在该时刻位置矢量对时间的变化率.

速度是一个矢量,具有大小和方向.速度的方向就是当 $\Delta t\to 0$ 时平均速度矢量 $\overline{\boldsymbol{v}}$(或者位移矢量 $\Delta \boldsymbol{r}$)的极限方向.如图 1-4 所示,当 $\Delta t\to 0$ 时,位移矢量 $\Delta \boldsymbol{r}$ 的极限方向趋于轨道的切线方向.因此,**质点在任意时刻的速度方向总是沿该时刻质点所在点处轨道曲线的切线方向,并指向质点前进的方向**.质点在做曲线运动时,速度方向沿轨迹的切线方向,这在日常生活中经常可见,如转动雨伞,水滴沿切线方向离开雨伞,自行车车轮甩出的泥点,砂轮切割金属时火花沿切线方向飞出等.在直线运动中,质点运动轨迹为一条直线,速度方向即沿该直线,指向前进方向.速度的方向反映了质点的运动方向.

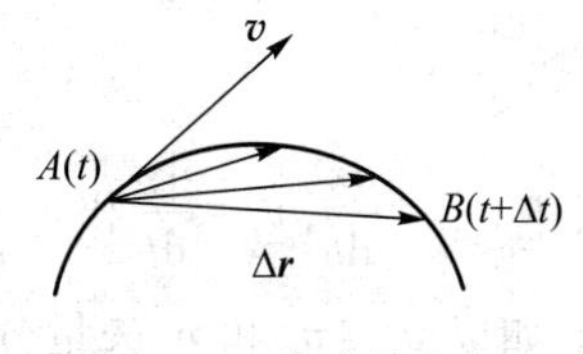

图 1-4　速度的方向

描述质点运动时,也常使用另一个物理量,叫做速率.速率是标量,它等于质点在单位时间内所经过的路程,而不考虑质点运动的方向.如图 1-2 所示,质点在 Δt 时间内所经过的路径为曲线段 $\overset{\frown}{AB}$, 设 $\overset{\frown}{AB}$ 的长度为 Δs, 则 Δs 与 Δt 的比值就称为 t 时刻附近 Δt 时间内质点的**平均速率**,即

$$\overline{v}=\frac{\Delta s}{\Delta t} \tag{1.6}$$

平均速率与平均速度是两个不同的概念.平均速率是一个标量,恒取非负值;而平均速度是一个矢量,有大小,有方向.而且在一般情况下,位移的模不一定等于路程,即有 $|\Delta \boldsymbol{r}|\neq \Delta s$, 所以平均速度的模一般不等于平均速率.例如,在某一段时间内,质点经历了一个闭合路径,质点的位移为零,所以这段时间内质点的平均速度等于零;而路程不等于零,质点的平均速率不等于零.

质点在某时刻的**瞬时速率**(简称为**速率**)为

$$v=\lim_{\Delta t\to 0}\frac{\Delta s}{\Delta t}=\frac{\mathrm{d}s}{\mathrm{d}t} \tag{1.7}$$

速率的物理意义为:质点在某时刻的速率等于该时刻附近质点在单位时间内所走过的路程.式(1.7)中的 $s=s(t)$ 是质点运动轨道的弧长(路程)函数(自然坐标).因此,速率等于路程随时间的变化率.速率直接反映了质点运动的快慢.速率是一个标量,恒取非负值.

在 $\Delta t\to 0$ 的极限条件下,曲线段 $\overset{\frown}{AB}$ 的长度 Δs 与直线段 AB 的长度 $|\Delta \boldsymbol{r}|$ 相等,即在 $\Delta t\to 0$ 时,路程等于位移的模, $\mathrm{d}s=|\mathrm{d}\boldsymbol{r}|$. 所以瞬时速度的模为

$$|\boldsymbol{v}|=\lim_{\Delta t\to 0}\left|\frac{\Delta \boldsymbol{r}}{\Delta t}\right|=\lim_{\Delta t\to 0}\frac{|\Delta \boldsymbol{r}|}{\Delta t}=\lim_{\Delta t\to 0}\frac{\Delta s}{\Delta t}=\frac{\mathrm{d}s}{\mathrm{d}t}=v \tag{1.8}$$

即任意时刻瞬时速度的模总等于瞬时速率,故用 v 来表示瞬时速度的模.

在国际单位制中,速度和速率的单位都是米每秒($\mathrm{m\cdot s^{-1}}$).

由上述讨论可知,速度是描述质点在某一时刻的瞬时运动状态的物理量,是一个状态量.一般来说,速度可以是随时间变化的,即不同时刻(或质点处于不同位置),质点具有不同的速

度，即

$$\boldsymbol{v} = \boldsymbol{v}(t)$$

因为 $\boldsymbol{v}$ 是矢量，所以函数 $\boldsymbol{v}(t)$ 表示速度矢量随时间变化的规律，既包括速度大小的变化，也包括速度方向的变化.

在直角坐标系中，考虑到所选用的是在参考系中的固定坐标系，单位矢量 $\boldsymbol{i}$ 、$\boldsymbol{j}$ 、$\boldsymbol{k}$ 的大小和方向都不随时间变化，故速度可以表示成

$$\boldsymbol{v} = \frac{\mathrm{d}\boldsymbol{r}}{\mathrm{d}t} = \frac{\mathrm{d}x}{\mathrm{d}t}\boldsymbol{i} + \frac{\mathrm{d}y}{\mathrm{d}t}\boldsymbol{j} + \frac{\mathrm{d}z}{\mathrm{d}t}\boldsymbol{k} = v_x\boldsymbol{i} + v_y\boldsymbol{j} + v_z\boldsymbol{k} \tag{1.9a}$$

其中，$v_x = \frac{\mathrm{d}x}{\mathrm{d}t}$，$v_y = \frac{\mathrm{d}y}{\mathrm{d}t}$ 和 $v_z = \frac{\mathrm{d}z}{\mathrm{d}t}$ 是速度在 x 轴、y 轴和 z 轴上的分量，简称速度分量.它们都是代数量.如以 $\boldsymbol{v}_x$ 、$\boldsymbol{v}_y$ 和 $\boldsymbol{v}_z$ 矢量分别表示速度在 x 轴、y 轴和 z 轴上的分速度（注意：它们是矢量！）则有 $\boldsymbol{v}_x = v_x\boldsymbol{i}$，$\boldsymbol{v}_y = v_y\boldsymbol{j}$，$\boldsymbol{v}_z = v_z\boldsymbol{k}$，速度也可写成

$$\boldsymbol{v} = \boldsymbol{v}_x + \boldsymbol{v}_y + \boldsymbol{v}_z \tag{1.9b}$$

速度的模（即速率）可以表示成

$$v = |\boldsymbol{v}| = \sqrt{v_x^2 + v_y^2 + v_z^2} \tag{1.10}$$

在力学中，位置矢量 $\boldsymbol{r}$ 和速度 $\boldsymbol{v}$ 是描述质点机械运动状态的两个物理量.

1.2.4 加速度

速度是一个矢量，既有大小又有方向.当质点做一般曲线运动时，曲线上各点的切线方向不断改变，所以速度的方向在不断改变；而运动的快慢也可以随时间改变，即速度的大小也在不断改变.为了定量描述各个时刻速度矢量的变化情况，我们引进加速度的概念.

设在 t 时刻，质点在 A 点，其速度为 $\boldsymbol{v}_A$，在 $t+\Delta t$ 时刻，质点运动到了 B 点，其速度变为 $\boldsymbol{v}_B$，如图 1-5 所示.在 Δt 时间内，速度的大小和方向都发生了变化.为了看清楚速度的变化情况，在图 1-5 中把矢量 $\boldsymbol{v}_A$ 和 $\boldsymbol{v}_B$ 平移到同一点.从速度矢量图可以看出，质点速度的增量为

$$\Delta\boldsymbol{v} = \boldsymbol{v}_B - \boldsymbol{v}_A$$

它反映了在 Δt 时间内质点速度矢量的变化情况（包括速度大小的变化和速度方向的变化）.

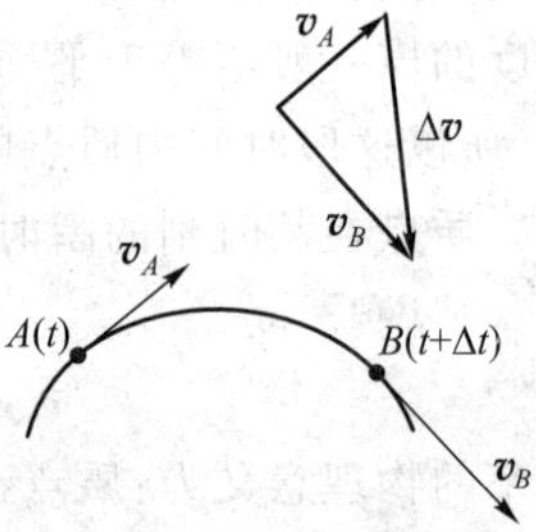

图 1-5　速度的增量

与平均速度的定义类似，定义在 t 时刻附近、Δt 时间间隔内质点的**平均加速度**为

$$\overline{\boldsymbol{a}} = \frac{\Delta\boldsymbol{v}}{\Delta t} = \frac{\boldsymbol{v}_B - \boldsymbol{v}_A}{\Delta t} \tag{1.11}$$

平均加速度表示质点在 t 时刻附近、Δt 时间间隔内速度的平均变化率.与平均速度类似，平均加速度也只是一种粗略的描述. Δt 取得越小，$\frac{\Delta\boldsymbol{v}}{\Delta t}$ 越接近于 t 时刻速度变化的实际情况.为了精确地描述质点速度的变化情况，可将时间间隔 Δt 无限减小，并使之趋近于零，即 $\Delta t \to 0$，这样，质点的平均加速度 $\frac{\Delta\boldsymbol{v}}{\Delta t}$ 就会趋向于一个确定的极限矢量.这个极限矢量就称为质点在 t 时刻的**瞬时**

加速度,简称**加速度**,用 $\boldsymbol{a}$ 表示.其定义式为

$$\boldsymbol{a}=\lim_{\Delta t\to 0}\frac{\Delta \boldsymbol{v}}{\Delta t}=\frac{\mathrm{d}\boldsymbol{v}}{\mathrm{d}t}=\frac{\mathrm{d}^2\boldsymbol{r}}{\mathrm{d}t^2} \tag{1.12}$$

可见,**加速度等于质点的速度矢量对时间的一阶导数,或位置矢量对时间的二阶导数.只要知道了质点的速度 $\boldsymbol{v}(t)$ 或位置矢量 $\boldsymbol{r}(t)$,就可以求出质点的加速度.**

加速度是一个矢量,加速度 $\boldsymbol{a}$ 的方向是 $\Delta t\to 0$ 时 $\Delta\boldsymbol{v}$ 的极限方向,而加速度 $\boldsymbol{a}$ 的大小(模)是

$$|\boldsymbol{a}|=\lim_{\Delta t\to 0}\frac{|\Delta \boldsymbol{v}|}{\Delta t}=\frac{|\mathrm{d}\boldsymbol{v}|}{\mathrm{d}t}$$

加速度既反映了速度大小的变化,又反映了速度方向的变化.所以质点做曲线运动时,任一时刻加速度的方向并不与速度方向相同,即加速度的方向不沿曲线的切线方向.由图 1-5 可知,在曲线运动中,加速度的方向总是指向曲线凹的一侧.

一般来说,加速度可以是随时间变化的,即不同时刻(或质点处于不同位置),质点具有不同的加速度,即

$$\boldsymbol{a}=\boldsymbol{a}(t)$$

因为加速度是矢量,所以函数 $\boldsymbol{a}(t)$ 既包括加速度大小如何变化,也包括加速度方向如何变化.

在国际单位制中,加速度的单位是米每二次方秒($\mathrm{m\cdot s^{-2}}$).

在直角坐标系中,加速度可以表示成

$$\boldsymbol{a}=\frac{\mathrm{d}\boldsymbol{v}}{\mathrm{d}t}=\frac{\mathrm{d}v_x}{\mathrm{d}t}\boldsymbol{i}+\frac{\mathrm{d}v_y}{\mathrm{d}t}\boldsymbol{j}+\frac{\mathrm{d}v_z}{\mathrm{d}t}\boldsymbol{k}=a_x\boldsymbol{i}+a_y\boldsymbol{j}+a_z\boldsymbol{k} \tag{1.13a}$$

或者写成

$$\boldsymbol{a}=\frac{\mathrm{d}\boldsymbol{v}}{\mathrm{d}t}=\frac{\mathrm{d}^2\boldsymbol{r}}{\mathrm{d}t^2}=\frac{\mathrm{d}^2x}{\mathrm{d}t^2}\boldsymbol{i}+\frac{\mathrm{d}^2y}{\mathrm{d}t^2}\boldsymbol{j}+\frac{\mathrm{d}^2z}{\mathrm{d}t^2}\boldsymbol{k} \tag{1.13b}$$

其中,$a_x=\frac{\mathrm{d}v_x}{\mathrm{d}t}=\frac{\mathrm{d}^2x}{\mathrm{d}t^2}$,$a_y=\frac{\mathrm{d}v_y}{\mathrm{d}t}=\frac{\mathrm{d}^2y}{\mathrm{d}t^2}$,$a_z=\frac{\mathrm{d}v_z}{\mathrm{d}t}=\frac{\mathrm{d}^2z}{\mathrm{d}t^2}$ 分别是加速度在 x 轴、y 轴和 z 轴上的分量,它们都是代数量.

加速度的模为

$$a=|\boldsymbol{a}|=\sqrt{a_x^2+a_y^2+a_z^2} \tag{1.14}$$

思考题

思 1.5 $|\Delta\boldsymbol{r}|$ 与 $|\Delta r|$ 有无不同?$\left|\frac{\mathrm{d}\boldsymbol{r}}{\mathrm{d}t}\right|$ 与 $\left|\frac{\mathrm{d}r}{\mathrm{d}t}\right|$ 有无不同?$\left|\frac{\mathrm{d}\boldsymbol{v}}{\mathrm{d}t}\right|$ 与 $\frac{\mathrm{d}v}{\mathrm{d}t}$ 有无不同?其不同在哪里?试举例说明.

思 1.6 一个质点沿半径为 R 的圆周匀速率运动,其周期为 T.试求:在以下时间间隔内质点的平均速率和平均速度的大小:① $\frac{T}{2}$;② T;③ $\frac{3T}{2}$.

思 1.7 一个质点以恒定速率 v 沿半径为 R 的圆周运动,已知时刻 t 质点在轨道上的 A 点,在时刻 $t+\Delta t$,质点运动到 B 点,$AB=2R$.取圆心 O 为位置矢量 $\boldsymbol{r}$ 的原点.试写出:(1) Δt 时间内

的 $|\Delta \boldsymbol{r}|$、$|\Delta r|$、$|\Delta \boldsymbol{v}|$、$|\Delta v|$. (2) 任意时刻 t 的 $\left|\frac{\mathrm{d}\boldsymbol{r}}{\mathrm{d}t}\right|$、$\left|\frac{\mathrm{d}r}{\mathrm{d}t}\right|$、$\left|\frac{\mathrm{d}\boldsymbol{v}}{\mathrm{d}t}\right|$、$\left|\frac{\mathrm{d}v}{\mathrm{d}t}\right|$、$\left|\frac{\mathrm{d}^2\boldsymbol{r}}{\mathrm{d}t^2}\right|$、$\left|\frac{\mathrm{d}^2 r}{\mathrm{d}t^2}\right|$ 的值.

思 1.8 下面几个质点运动学方程,哪个是匀变速直线运动?

$$(\text{A})\ x = 3t - 2\ ;\ (\text{B})\ x = -4t^3 + 2t + 5\ ;(\text{C})\ x = -2t^2 + 8t + 3\ ;\ (\text{D})\ x = \frac{2}{t^2} + 4$$

并给出这个匀变速直线运动在 $t = 3$ s 时刻的速度和加速度,并说明该时刻质点是在加速还是在减速运动? 式中各物理量均采用国际单位制.

思 1.9 一质点做平面运动,其运动学方程为 $x = x(t)$, $y = y(t)$. 在计算质点的速度和加速度的大小时,甲同学采用如下方法:先计算 $r = \sqrt{x^2 + y^2}$, 然后由 $v = \frac{\mathrm{d}r}{\mathrm{d}t}$ 和 $a = \frac{\mathrm{d}^2 r}{\mathrm{d}t^2}$, 求出质点的速度和加速度大小.乙同学先计算出速度和加速度的分量,再合成得到速度和加速度的大小,即

$$v = \sqrt{\left(\frac{\mathrm{d}x}{\mathrm{d}t}\right)^2 + \left(\frac{\mathrm{d}y}{\mathrm{d}t}\right)^2},\quad a = \sqrt{\left(\frac{\mathrm{d}^2 x}{\mathrm{d}t^2}\right)^2 + \left(\frac{\mathrm{d}^2 y}{\mathrm{d}t^2}\right)^2}$$

你认为哪个同学做得正确呢? 不正确的方法,错在哪里?

例 1.2 如图 1-6 所示,一人通过一根不可伸缩的绳水平向右拉小车前进,绳跨过一个小定滑轮,小车位于人拉绳的一端上方高为 h 的平台上,人的速率 v_0 不变,求人离滑轮的水平距离为 s 时,小车的速度大小和加速度大小.

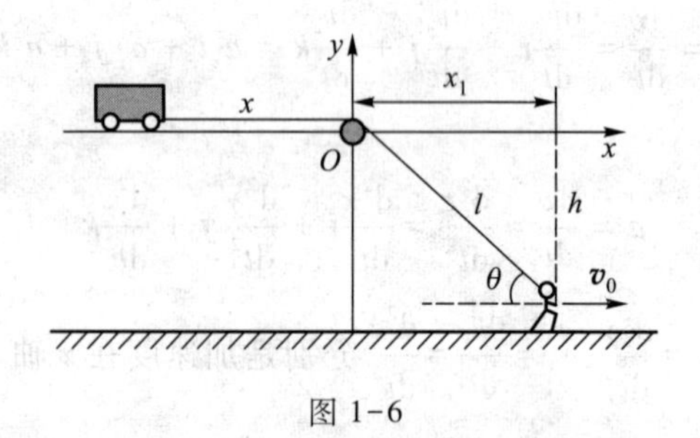

图 1-6

解 小车水平向右做直线运动,小车做平动,可看成质点,以地面为参考系,以滑轮处为坐标原点,水平向右为 x 轴正向,竖直向上为 y 轴正向,建立平面直角坐标系.任意时刻小车的坐标 (x,y) 为 $(x,0)$ (此处 $x < 0$),人的坐标 (x,y) 为 $(x_1, -h)$, 小车和人的 y 坐标都是常量.由速度的定义,小车的速度为

$$\boldsymbol{v} = \frac{\mathrm{d}x}{\mathrm{d}t}\boldsymbol{i} + \frac{\mathrm{d}y}{\mathrm{d}t}\boldsymbol{j} = \frac{\mathrm{d}x}{\mathrm{d}t}\boldsymbol{i}$$

所以小车的速度沿 x 轴方向.人的速度为

$$\boldsymbol{v}_0 = \frac{\mathrm{d}x}{\mathrm{d}t}\boldsymbol{i} + \frac{\mathrm{d}y}{\mathrm{d}t}\boldsymbol{j} = \frac{\mathrm{d}x_1}{\mathrm{d}t}\boldsymbol{i}$$

已知人的速度 $\boldsymbol{v}_0 = v_0\boldsymbol{i}$, 所以有 $\frac{\mathrm{d}x_1}{\mathrm{d}t} = v_0$.

又因为绳不可伸缩,设绳总长为 l_0, 定滑轮和人之间的绳长为 l, 则有 $l_0 = l + |x| = l - x$, 所以

$$x = l - l_0 = \sqrt{x_1^2 + h^2} - l_0$$

因此,小车的速度为

$$\boldsymbol{v} = \frac{\mathrm{d}x}{\mathrm{d}t}\boldsymbol{i} = \frac{\mathrm{d}}{\mathrm{d}t}\left(\sqrt{x_1^2 + h^2} - l_0\right)\boldsymbol{i} = \frac{\mathrm{d}\left(\sqrt{x_1^2 + h^2} - l_0\right)}{\mathrm{d}x_1} \cdot \frac{\mathrm{d}x_1}{\mathrm{d}t}\boldsymbol{i} = \frac{x_1 v_0}{\sqrt{x_1^2 + h^2}}\boldsymbol{i}$$

故当人离滑轮的水平距离为 s 时,即 $x_1 = s$ 时,小车的速度大小为 $v = \dfrac{s v_0}{\sqrt{s^2 + h^2}}$, 方向水平向右.

任意时刻的速度 $\boldsymbol{v}$ 再对时间求导,并利用 $\dfrac{\mathrm{d}x_1}{\mathrm{d}t} = v_0$, 可得小车的加速度为

$$\boldsymbol{a} = \frac{\mathrm{d}\boldsymbol{v}}{\mathrm{d}t} = \frac{\mathrm{d}}{\mathrm{d}t}\left(\frac{x_1 v_0}{\sqrt{x_1^2 + h^2}}\right)\boldsymbol{i} = \frac{\mathrm{d}}{\mathrm{d}x_1}\left(\frac{x_1 v_0}{\sqrt{x_1^2 + h^2}}\right) \cdot \frac{\mathrm{d}x_1}{\mathrm{d}t}\boldsymbol{i} = \frac{h^2 v_0^2}{(x_1^2 + h^2)^{\frac{3}{2}}}\boldsymbol{i}$$

小车的加速度方向水平向右,小车做变加速运动,当人离滑轮的水平距离为 s 时,加速度大小为

$$a = \frac{h^2 v_0^2}{(s^2 + h^2)^{\frac{3}{2}}}$$

1.3 曲线运动　圆周运动

1.3.1 一般平面曲线运动

1. 曲率　曲率半径

若质点的运动轨迹为曲线时,则称为曲线运动.为了描述曲线的弯曲程度,通常引入曲率和曲率半径.以下我们仅讨论二维的平面曲线运动.

如图 1-7 所示,从曲线上邻近的两点 P_1、P_2 各引一条切线,这两条切线间的夹角为 $\Delta\theta$,P_1、P_2 两点间的弧长为 Δs, 则 P_1 点的**曲率**定义为

$$k = \lim_{\Delta s \to 0} \frac{\Delta\theta}{\Delta s} = \frac{\mathrm{d}\theta}{\mathrm{d}s} \tag{1.15}$$

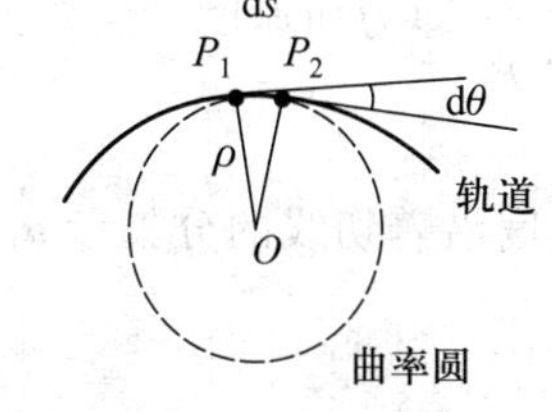

图 1-7　曲率、曲率圆、曲率半径

一般情况下,一条曲线上的不同点有不同的曲率.曲率越大,曲线弯曲得越厉害.显然在同一个圆周上各点的曲率都相等.

过曲线上一点作一圆,若该圆的曲率与曲线在该点的曲率相等,则称它为该点的曲率圆,其圆心 O 和半径 ρ 分别称为曲线上该点的**曲率中心和曲率半径**.且曲率半径为

$$\rho = \frac{1}{k} = \frac{\mathrm{d}s}{\mathrm{d}\theta} \tag{1.16}$$

2. 平面曲线运动的描述

质点做曲线运动时,任一时刻加速度的方向并不与速度方向相同,即加速度的方向不沿曲线的切线方向,它总是指向曲线凹的一侧.当 $\boldsymbol{a}$ 与 $\boldsymbol{v}$ 成钝角时,速率是减小的,质点运动变慢;当 $\boldsymbol{a}$

与 $\boldsymbol{v}$ 成锐角时，速率是增大的，质点运动变快；当 $\boldsymbol{a}$ 与 $\boldsymbol{v}$ 成直角时，速率不变（或者该时刻速率取极值），如图 1-8 所示.

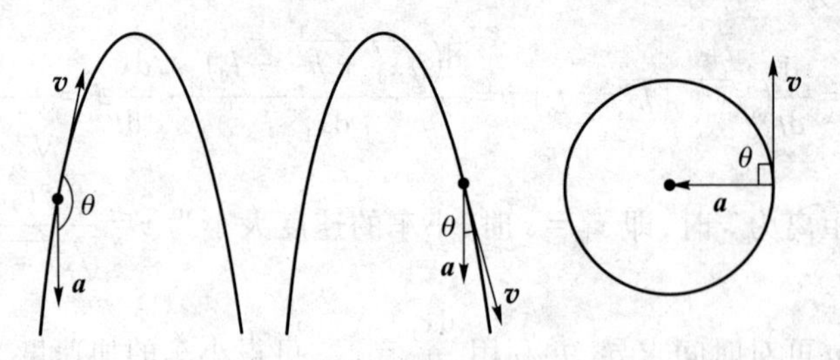

图 1-8　曲线运动中的加速度

为运算方便，对平面曲线运动常采用平面自然坐标系进行讨论.即将加速度沿质点所在处轨道的切线方向和法线方向进行分解，这样的加速度分矢量分别叫做切向加速度和法向加速度.

设质点的运动轨道如图 1-9 所示. $\boldsymbol{e}_t$ 为切向单位矢量，沿着质点运动轨迹的切线方向（速度方向）. $\boldsymbol{e}_n$ 为法向单位矢量，垂直于切线方向、且指向运动轨迹曲线凹的一侧. t 时刻，质点位于 P 点，所经历的路程为 s，速度 $\boldsymbol{v}$ 可表示为

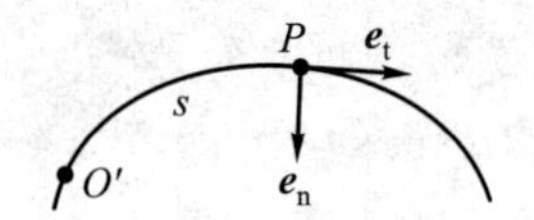

图 1-9　切向单位矢量和法向单位矢量

$$\boldsymbol{v}=\frac{\mathrm{d}s}{\mathrm{d}t}\boldsymbol{e}_t=v\,\boldsymbol{e}_t$$

一般来说，质点做曲线运动时，不仅速度的方向要改变；而且速度的大小也会改变，即 v 也在改变.加速度分解为切向加速度和法向加速度.有

$$\boldsymbol{a}=\boldsymbol{a}_n+\boldsymbol{a}_t$$

加速度沿着法线的分矢量 $\boldsymbol{a}_n$ 称为**法向加速度**.法向加速度为

$$\boldsymbol{a}_n=a_n\boldsymbol{e}_n=\frac{v^2}{\rho}\boldsymbol{e}_n \tag{1.17}$$

式中 $a_n=\dfrac{v^2}{\rho}$ 即为加速度沿法线方向的分量，恒为非负值.法向加速度 $\boldsymbol{a}_n$ 的方向始终与 $\boldsymbol{e}_n$ 方向相同.

加速度沿着切线的分矢量 $\boldsymbol{a}_t$ 称为**切向加速度**.切向加速度为

$$\boldsymbol{a}_t=a_t\boldsymbol{e}_t=\frac{\mathrm{d}v}{\mathrm{d}t}\boldsymbol{e}_t=\frac{\mathrm{d}^2s}{\mathrm{d}t^2}\boldsymbol{e}_t \tag{1.18}$$

式中 $a_t=\dfrac{\mathrm{d}v}{\mathrm{d}t}=\dfrac{\mathrm{d}|\boldsymbol{v}|}{\mathrm{d}t}$ 即为加速度沿切线方向的分量，它是一个代数量，$a_t=\dfrac{\mathrm{d}v}{\mathrm{d}t}>0$，表明 $\boldsymbol{a}_t$ 与 $\boldsymbol{e}_t$ 方向相同；反之，$a_t=\dfrac{\mathrm{d}v}{\mathrm{d}t}<0$，表明 $\boldsymbol{a}_t$ 与 $\boldsymbol{e}_t$ 方向相反.

法向加速度 $\boldsymbol{a}_n$ 和切向加速度 $\boldsymbol{a}_t$ 的大小和方向的推导过程如下.

设时刻 t，质点位于 P 点，速度为 $\boldsymbol{v}_P$；时刻 $t+\Delta t$，质点位于 Q 点，速度为 $\boldsymbol{v}_Q$，如图 1-10 所示.在时间 Δt 内，质点的速度增量为

$$\Delta\boldsymbol{v}=\boldsymbol{v}_Q-\boldsymbol{v}_P$$

如图 1-10 中的 $\overrightarrow{P'Q'}$ 所示.

在速度矢量三角形 $O'P'Q'$ 中,作矢量 $\overrightarrow{O'E}$(图上未画出)使其大小与 $\boldsymbol{v}_P$ 相等,即 $|\overrightarrow{O'E}| = |\boldsymbol{v}_P| = |\overrightarrow{O'P'}|$, 再作矢量 $\overrightarrow{P'E}$ 和 $\overrightarrow{EQ'}$, 令 $\overrightarrow{P'E} = \Delta\boldsymbol{v}_{\mathrm{n}}$, $\overrightarrow{EQ'} = \Delta\boldsymbol{v}_{\mathrm{t}}$. 这样就把速度增量矢量 $\Delta\boldsymbol{v}$ 分解为 $\Delta\boldsymbol{v}_{\mathrm{n}}$ 和 $\Delta\boldsymbol{v}_{\mathrm{t}}$ 两个部分,即

$$\Delta\boldsymbol{v} = \Delta\boldsymbol{v}_{\mathrm{n}} + \Delta\boldsymbol{v}_{\mathrm{t}}$$

由图可知, $\Delta\boldsymbol{v}_{\mathrm{n}} = \overrightarrow{O'E} - \boldsymbol{v}_P$(注意到: $|\overrightarrow{O'E}| = |\boldsymbol{v}_P|$), $\Delta\boldsymbol{v}_{\mathrm{t}} = \boldsymbol{v}_Q - \overrightarrow{O'E}$, 可见, $\Delta\boldsymbol{v}_{\mathrm{n}}$ 只反映质点速度方向的变化, $\Delta\boldsymbol{v}_{\mathrm{t}}$ 只反映质点速度大小的变化.

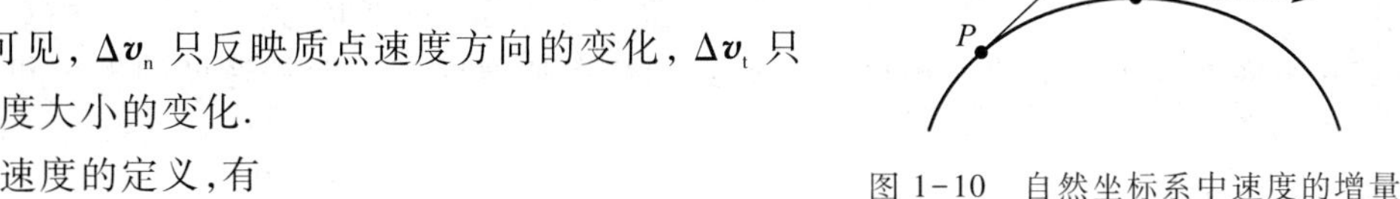

图 1-10　自然坐标系中速度的增量

根据加速度的定义,有

$$\boldsymbol{a} = \lim_{\Delta t\to 0}\frac{\Delta\boldsymbol{v}}{\Delta t} = \lim_{\Delta t\to 0}\frac{\Delta\boldsymbol{v}_{\mathrm{n}}}{\Delta t} + \lim_{\Delta t\to 0}\frac{\Delta\boldsymbol{v}_{\mathrm{t}}}{\Delta t}$$

令 $\lim\limits_{\Delta t\to 0}\dfrac{\Delta\boldsymbol{v}_{\mathrm{n}}}{\Delta t} = \boldsymbol{a}_{\mathrm{n}}$, $\lim\limits_{\Delta t\to 0}\dfrac{\Delta\boldsymbol{v}_{\mathrm{t}}}{\Delta t} = \boldsymbol{a}_{\mathrm{t}}$, 则有

$$\boldsymbol{a} = \boldsymbol{a}_{\mathrm{n}} + \boldsymbol{a}_{\mathrm{t}}$$

下面分别讨论 $\boldsymbol{a}_{\mathrm{n}}$、$\boldsymbol{a}_{\mathrm{t}}$ 的大小和方向.

$\boldsymbol{a}_{\mathrm{n}}$ 的方向与 $\Delta t\to 0$ 时 $\Delta\boldsymbol{v}_{\mathrm{n}}$ 的极限方向一致.由图 1-10 可知, $\Delta t\to 0$ 时, $\Delta\theta\to 0$, 可见 $\Delta\boldsymbol{v}_{\mathrm{n}}$ 的极限方向与 $\boldsymbol{v}_P$ 垂直,因此质点位于 P 点时, $\boldsymbol{a}_{\mathrm{n}}$ 的方向沿着轨迹曲线在该点的法线,并指向曲线凹的一侧.我们把加速度沿着法线的这个分矢量 $\boldsymbol{a}_{\mathrm{n}}$ 称为**法向加速度**.

法向加速度 $\boldsymbol{a}_{\mathrm{n}}$ 的大小为

$$|\boldsymbol{a}_{\mathrm{n}}| = \lim_{\Delta t\to 0}\frac{|\Delta\boldsymbol{v}_{\mathrm{n}}|}{\Delta t} = \lim_{\Delta t\to 0}\frac{|v\Delta\theta|}{\Delta t} = v\lim_{\Delta t\to 0}\left|\frac{\Delta\theta}{\Delta s}\frac{\Delta s}{\Delta t}\right| = v\left|\frac{\mathrm{d}s}{\mathrm{d}t}\right|\left|\frac{\mathrm{d}\theta}{\mathrm{d}s}\right| = \frac{v^2}{\rho}$$

此处,用到了 $\lim\limits_{\Delta t\to 0}\left|\dfrac{\Delta\theta}{\Delta s}\right| = \left|\dfrac{\mathrm{d}\theta}{\mathrm{d}s}\right| = \dfrac{1}{\rho}$, 其中, Δs 是 $\overset{\frown}{PQ}$ 的弧长, ρ 是曲线在 P 点处的曲率半径,而且考虑到 P 点是曲线上任意一点,故略去了 $\boldsymbol{v}_P$ 的下标.

所以,法向加速度表示为

$$\boldsymbol{a}_{\mathrm{n}} = a_{\mathrm{n}}\boldsymbol{e}_{\mathrm{n}} = \frac{v^2}{\rho}\boldsymbol{e}_{\mathrm{n}}$$

式中 $a_{\mathrm{n}} = \dfrac{v^2}{\rho}$ 即为加速度沿法线方向的分量,恒为非负值.法向加速度 $\boldsymbol{a}_{\mathrm{n}}$ 的方向始终与 $\boldsymbol{e}_{\mathrm{n}}$ 相同.

$\boldsymbol{a}_{\mathrm{t}}$ 的方向与 $\Delta t\to 0$ 时 $\Delta\boldsymbol{v}_{\mathrm{t}}$ 的极限方向一致.由图 1-10 可知, $\Delta t\to 0$ 时, $\Delta\theta\to 0$, 可见 $\Delta\boldsymbol{v}_{\mathrm{t}}$ 的极限方向将沿着质点运动轨迹 P 点处的切线,把加速度沿着切线的这个分矢量 $\boldsymbol{a}_{\mathrm{t}}$ 称为**切向加速度**.

切向加速度 $\boldsymbol{a}_{\mathrm{t}}$ 的大小为

$$|\boldsymbol{a}_{\mathrm{t}}| = \lim_{\Delta t\to 0}\frac{|\Delta\boldsymbol{v}_{\mathrm{t}}|}{\Delta t} = \lim_{\Delta t\to 0}\frac{|\Delta v|}{\Delta t} = \left|\frac{\mathrm{d}v}{\mathrm{d}t}\right| = \left|\frac{\mathrm{d}^2 s}{\mathrm{d}t^2}\right|$$

所以,切向加速度表示为

$$\boldsymbol{a}_{\mathrm{t}}=a_{\mathrm{t}}\boldsymbol{e}_{\mathrm{t}}=\frac{\mathrm{d}v_{\mathrm{t}}}{\mathrm{d}t}\boldsymbol{e}_{\mathrm{t}}=\frac{\mathrm{d}^2s}{\mathrm{d}t^2}\boldsymbol{e}_{\mathrm{t}}$$

式中 $a_{\mathrm{t}}=\frac{\mathrm{d}v_{\mathrm{t}}}{\mathrm{d}t}$ 即为加速度沿切线方向的分量,它是一个代数量, $a_{\mathrm{t}}=\frac{\mathrm{d}v_{\mathrm{t}}}{\mathrm{d}t}>0$, 表明 $\boldsymbol{a}_{\mathrm{t}}$ 与 $\boldsymbol{e}_{\mathrm{t}}$ 方向相同;反之, $a_{\mathrm{t}}=\frac{\mathrm{d}v_{\mathrm{t}}}{\mathrm{d}t}<0$, 表明 $\boldsymbol{a}_{\mathrm{t}}$ 与 $\boldsymbol{e}_{\mathrm{t}}$ 方向相反.

综上所述,质点在平面曲线运动中的加速度为

$$\boldsymbol{a}=\boldsymbol{a}_{\mathrm{n}}+\boldsymbol{a}_{\mathrm{t}}=a_{\mathrm{n}}\boldsymbol{e}_{\mathrm{n}}+a_{\mathrm{t}}\boldsymbol{e}_{\mathrm{t}}=\frac{v^2}{\rho}\boldsymbol{e}_{\mathrm{n}}+\frac{\mathrm{d}v}{\mathrm{d}t}\boldsymbol{e}_{\mathrm{t}} \tag{1.19}$$

即质点在平面曲线运动中的加速度等于质点的法向加速度和切向加速度的矢量和,如图 1-11 所示.

加速度 $\boldsymbol{a}$ 的模(大小)为

$$a=|\boldsymbol{a}|=\sqrt{a_{\mathrm{n}}^2+a_{\mathrm{t}}^2}=\sqrt{\left(\frac{v^2}{\rho}\right)^2+\left(\frac{\mathrm{d}v}{\mathrm{d}t}\right)^2} \tag{1.20}$$

加速度 $\boldsymbol{a}$ 的方向可由下式计算:

$$\tan\varphi=\frac{a_{\mathrm{n}}}{a_{\mathrm{t}}} \tag{1.21}$$

式中 φ 为加速度的方向与切向正方向之间的夹角,如图 1-11 所示.

当质点做匀速率曲线运动时,由于速度仅有方向的变化,而速度大小无变化,所以任何时刻质点的切向加速度均为零,故有 $\boldsymbol{a}=\boldsymbol{a}_{\mathrm{n}}=a_{\mathrm{n}}\boldsymbol{e}_{\mathrm{n}}$, $|\boldsymbol{a}|=\frac{v^2}{\rho}$, $\varphi=90°$, 可见法向加速度只反映速度方向的变化.当质点做变速直线运动时, $\rho\to\infty$, 任何时刻质点的法向加速度均为零,故有 $\boldsymbol{a}=\boldsymbol{a}_{\mathrm{t}}=a_{\mathrm{t}}\boldsymbol{e}_{\mathrm{t}}$, $|\boldsymbol{a}|=\left|\frac{\mathrm{d}v}{\mathrm{d}t}\right|=\left|\frac{\mathrm{d}v}{\mathrm{d}t}\right|$, $\varphi=0°$ 或 $180°$, 可见切向加速度只反映速度大小的变化.

如果某时刻质点速度大小随时间增大,则该时刻质点做加速运动;反之做减速运动.不难理解,当 $\boldsymbol{v}$ 与 $\boldsymbol{a}_{\mathrm{t}}$ 同向时,质点做加速运动,这时 $\boldsymbol{v}$ 与 $\boldsymbol{a}$ 之间的夹角 φ 为锐角;当 $\boldsymbol{v}$ 与 $\boldsymbol{a}_{\mathrm{t}}$ 反向时,质点做减速运动,这时 $\boldsymbol{v}$ 与 $\boldsymbol{a}$ 之间的夹角 φ 为钝角.

在讨论平面曲线运动(包括圆周运动)时,经常采用自然坐标系.

例 1.3 以速度 $\boldsymbol{v}_0$ 平抛一小球,不计空气阻力,如图 1-12 所示.以平抛时为计时起点,求 t 时刻小球的切向加速度分量 a_{t} 和法向加速度分量 a_{n}, 以及轨道的曲率半径 ρ.

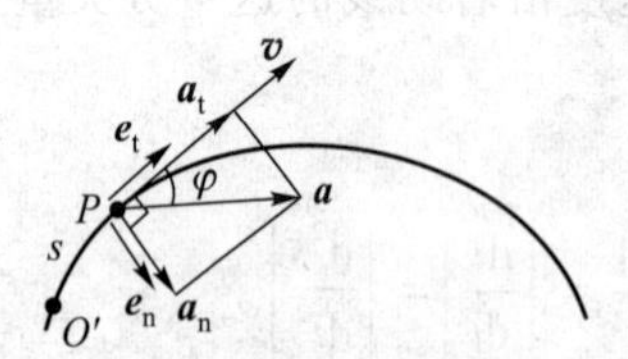

图 1-11 平面曲线运动的加速度

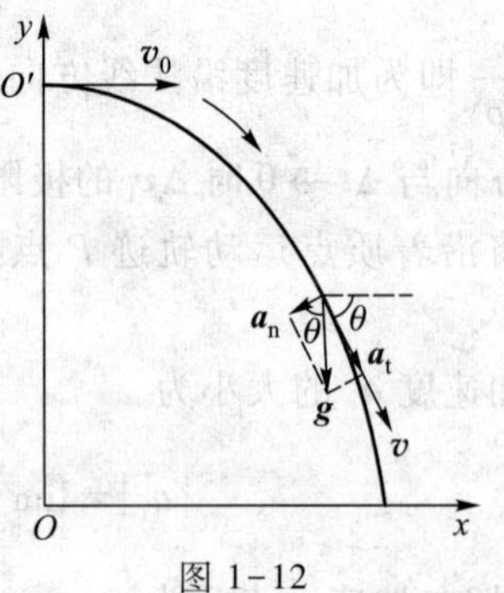

图 1-12

解一 建立如图 1-12 所示直角坐标系.任意 t 时刻,小球的加速度即重力加速度 $\boldsymbol{g}$, 方向竖直向下,大小不变.而任意时刻 t, 小球速度的 x、y 分量分别为

$$v_x = v_0, \quad v_y = gt$$

故任意时刻,速度矢量与 x 轴正向之间的夹角 θ(即重力加速度 $\boldsymbol{g}$ 与法向加速度之间的夹角)满足

$$\tan\theta = \frac{v_y}{v_x} = \frac{gt}{v_0}$$

所以,法向加速度分量为

$$a_n = g\cos\theta = g\frac{v_0}{v} = \frac{gv_0}{\sqrt{v_0^2 + g^2t^2}}$$

切向加速度分量为

$$a_t = g\sin\theta = g\frac{gt}{v} = \frac{g^2t}{\sqrt{v_0^2 + g^2t^2}}$$

轨道的曲率半径为

$$\rho = \frac{v^2}{a_n} = \frac{(v_0^2 + g^2t^2)^{3/2}}{gv_0}$$

解二 以抛出点 O' 为自然坐标的原点,建立如图 1-12 所示自然坐标系.任意 t 时刻,小球速度的 x、y 分量和速率 v 分别为

$$v_x = v_0, \quad v_y = gt, \quad v = |\boldsymbol{v}| = \sqrt{v_0^2 + g^2t^2}$$

故任意时刻,小球的切向加速度分量为

$$a_t = \frac{dv}{dt} = \frac{g^2t}{\sqrt{v_0^2 + g^2t^2}}$$

由于小球的加速度即重力加速度 $\boldsymbol{g}$, 方向竖直向下,大小不变,所以,法向加速度分量为

$$a_n = \sqrt{a^2 - a_t^2} = \sqrt{g^2 - \left(\frac{g^2t}{\sqrt{v_0^2 + g^2t^2}}\right)^2} = \frac{gv_0}{\sqrt{v_0^2 + g^2t^2}}$$

轨道的曲率半径为

$$\rho = \frac{v^2}{a_n} = \frac{(v_0^2 + g^2t^2)^{3/2}}{gv_0}$$

1.3.2 圆周运动

质点做圆周运动时,由于其轨道上各点的曲率半径处处相等(均等于圆的半径),曲率中心就是圆心,速度方向始终沿圆周的切线,因此对圆周运动的描述,常常采用自然坐标系为基础的线量和以平面极坐标系为基础的角量来描述.现分别介绍如下.

1. 圆周运动在自然坐标系中的描述

在自然坐标系中,质点做圆周运动时,质点在任意时刻的速度为

$$\boldsymbol{v} = \frac{d\boldsymbol{r}}{dt} = \frac{ds}{dt}\boldsymbol{e}_t = v\,\boldsymbol{e}_t$$

其切向加速度和法向加速度分别为

$$\left.\begin{aligned} \boldsymbol{a}_{\mathrm{t}} &= \frac{\mathrm{d}v_{\mathrm{t}}}{\mathrm{d}t}\boldsymbol{e}_{\mathrm{t}} = \frac{\mathrm{d}^2 s}{\mathrm{d}t^2}\boldsymbol{e}_{\mathrm{t}} \\ \boldsymbol{a}_{\mathrm{n}} &= \frac{v^2}{R}\boldsymbol{e}_{\mathrm{n}} \end{aligned}\right\} \tag{1.22}$$

式中 R 是圆的半径.所谓匀速圆周运动是指切向加速度为零的圆周运动,即匀速率圆周运动,其速度矢量和加速度矢量都随时在变化,它是一种变速运动.

2. 圆周运动在平面极坐标系中的描述

研究质点的平面曲线运动时,有时选用平面极坐标系较为方便,如图 1-13 所示.在参考系上选一固定点 O 作为平面极坐标系的原点(常称为极点),在质点运动的平面内作一通过极点的射线 OO' 作为极轴,连接极点和质点所在位置的直线 r 称为极径(极径 r 总是取正值).极径与极轴的夹角 θ 就叫做质点的**角位置** θ(或**角坐标** θ).通常规定从极轴沿逆时针方向(也可以根据需要选取不同的方向)到极径所计量的角坐标 θ 为正,反之为负,则角位置 θ 是一个代数量,可正可负.这样质点的位置就可以用平面极坐标 (r,θ) 来确定,相应地可写出用极坐标表示的质点运动学方程、速度、加速度等.对平面极坐标,本书将不作一般性介绍.

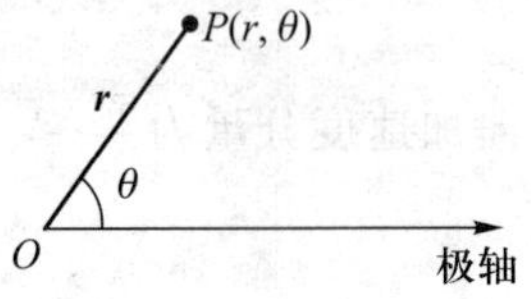

图 1-13　平面极坐标系

如果一质点绕 O 点做半径为 R 的圆周运动,选圆心 O 为极点,并引任意一条射线 OO' 为极轴.质点沿圆周运动时,极径 r 是一个常量($r=R$),所以任意时刻 t,质点的位置可用角坐标 θ 完全确定.角位置 θ 是时间 t 的函数,即

$$\theta = \theta(t) \tag{1.23}$$

此即质点做圆周运动时以角坐标表示的运动方程.

在 t 时刻,质点位于 P_1 点,角坐标是 θ_1;在 $t+\Delta t$ 时刻,质点位于 P_2 点,角坐标是 θ_2,则极径 $\boldsymbol{r}$ 在 Δt 时间内转过的角度叫做质点在 Δt 时间内的**角位移** $\Delta\theta$,$\Delta\theta=\theta_2-\theta_1$.角位移既有大小又有方向,其方向规定为:用右手四指的环绕方向表示质点的旋转方向,与右手四指环绕方向画出的平面垂直的大拇指的方向则表示角位移的方向,即角位移的方向由右手螺旋定则确定.在图 1-14 中,若质点逆时针转动,则角位移的方向为垂直于纸面向外.注意:有限大小的角位移不是矢量(因为其合成不遵从交换律).可以证明,只有当 $\Delta t\to 0$ 时,即 $\mathrm{d}t$ 时间内转过的角位移 $\mathrm{d}\boldsymbol{\theta}$ 才是矢量.质点做圆周运动时,如果过圆心作一垂直于圆平面的直线为坐标轴,任选一个方向规定为坐标轴的正方向(例如:选择垂直于纸面向外为坐标轴的正方向),则角位移只有两种可能的方向,沿坐标轴的正向或者负向(即质点沿逆时针或顺时针方向转动),因此,也可以在角位移的大小前冠以正、负号组成一个标量来表示角位移的方向.角位移为正值时,表示角位移的方向与所选坐标轴的正方向相同;反之则方向相反.

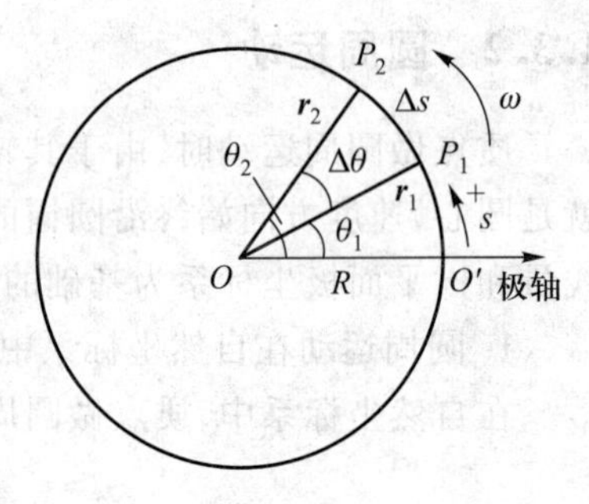

图 1-14　角位移

角位移 $\Delta\theta$ 与发生这一角位移所经历的时间 Δt 的比值,称为在这段时间内质点做圆周运动的平均角速度,用符号 $\bar{\omega}$ 表示,即

$$\bar{\omega}=\frac{\Delta\theta}{\Delta t} \tag{1.24}$$

当时间 $\Delta t \to 0$ 时,平均角速度 $\bar{\omega}$ 将趋近于一个确定的极限值 ω, 这个极限值确切地描述了质点在 t 时刻转动的快慢和方向.我们把这个极限值定义为质点在 t 时刻的**瞬时角速度**,简称**角速度**,即圆周运动的角速度为

$$\omega=\lim_{\Delta t\to 0}\frac{\Delta\theta}{\Delta t}=\frac{\mathrm{d}\theta}{\mathrm{d}t} \tag{1.25}$$

圆周运动的**角速度等于做圆周运动质点的角坐标对时间的一阶导数**.瞬时角速度也是矢量,它的方向为 $\Delta t \to 0$ 时,即 $\mathrm{d}t$ 时间内转过的角位移 $\mathrm{d}\theta$ 的方向.

角速度也是时间 t 的函数,即 $\omega=\omega(t)$.

设在时刻 t, 质点的角速度为 ω_1, 在时刻 $t+\Delta t$, 质点的角速度为 ω_2, 则角速度的增量 $\Delta\omega=\omega_2-\omega_1$ 与发生这一增量所经历的时间 Δt 的比值,称为在这段时间内质点做圆周运动的平均角加速度,用符号 $\bar{\alpha}$ 表示,即

$$\bar{\alpha}=\frac{\Delta\omega}{\Delta t} \tag{1.26}$$

当时间 $\Delta t \to 0$ 时,平均角加速度 $\bar{\alpha}$ 将趋近于一个确定的极限值 α, 我们把这个极限值定义为质点在 t 时刻的**瞬时角加速度**,简称**角加速度**,即圆周运动的角加速度为

$$\alpha=\lim_{\Delta t\to 0}\frac{\Delta\omega}{\Delta t}=\frac{\mathrm{d}\omega}{\mathrm{d}t}=\frac{\mathrm{d}^2\theta}{\mathrm{d}t^2} \tag{1.27}$$

圆周运动的**角加速度等于质点的角速度对时间的一阶导数,也等于角坐标对时间的二阶导数**.角加速度一般也是时间 t 的函数,即 $\alpha=\alpha(t)$.

角加速度也是矢量,其方向取决于质点的运动性质,可以与角速度的方向相同或相反.

角速度和角加速度也都可以用代数量表示其方向,其意义与角位移相同,即角速度(或角加速度)为正值时,表示其方向与选定的垂直于圆平面的坐标轴正方向相同,反之则方向相反.

当质点沿圆周做加速运动时,速率随时间增大,角速度 ω 与角加速度 α 同号;做减速运动时, ω 与 α 异号;做匀速运动时, ω 为常量, α 等于零.

在国际单位制中,角位置的单位为弧度(rad),角速度的单位为弧度每秒($\mathrm{rad\cdot s^{-1}}$ 或 $\mathrm{s^{-1}}$),角加速度的单位为弧度每二次方秒($\mathrm{rad\cdot s^{-2}}$ 或 $\mathrm{s^{-2}}$).

质点做圆周运动时,只要确定质点所在的角位置 θ, 即可确定质点的位置,所以只需一个坐标(角位置 θ)即可描述质点的位置.这和质点做直线运动的描述类似.

3. 圆周运动中线量和角量的关系

如图 1-15 所示, O'为自然坐标原点,以逆时针方向为自然坐标的正方向, t 时刻质点的自然坐标为 s,在 $\mathrm{d}t$ 时间内质点自然坐标的增量为 $\mathrm{d}s$; 同时也规定从极轴沿逆时针方向到极径所计量的角坐标 θ 为正,则 $\mathrm{d}t$ 时间内质点的角位移为 $\mathrm{d}\theta$. 它们之间有

$$\mathrm{d}s=R\mathrm{d}\theta \tag{1.28}$$

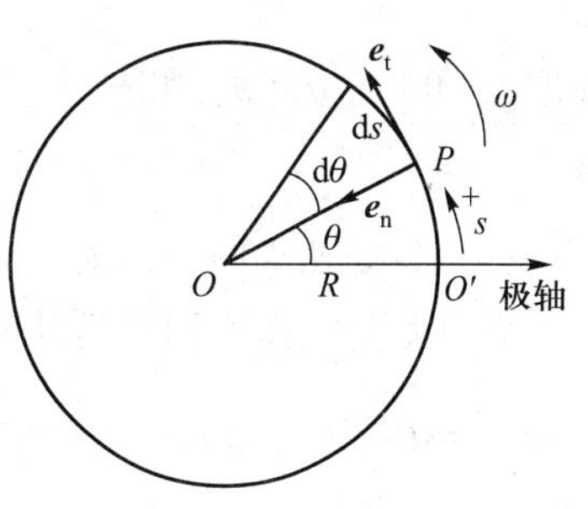

图 1-15 角量与线量

速度大小为

$$v = \frac{ds}{dt} = \frac{Rd\theta}{dt} = R\omega \tag{1.29}$$

加速度的切向分量为

$$a_t = \frac{dv}{dt} = R\frac{d\omega}{dt} = R\alpha \tag{1.30}$$

加速度的法向分量为

$$a_n = \frac{v^2}{R} = R\omega^2 \tag{1.31}$$

角速度的方向即角位移的方向，如图 1-16 所示.按照矢量的矢积规则，角速度矢量与线速度矢量之间的关系为

$$\boldsymbol{v} = \boldsymbol{\omega} \times \boldsymbol{r} \tag{1.32}$$

如图 1-17 所示.

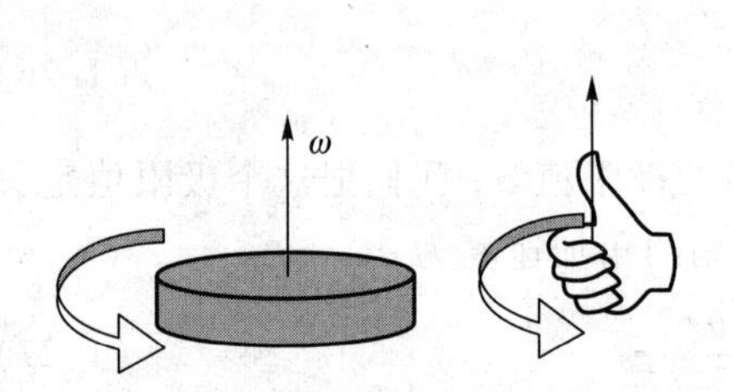

图 1-16 角速度的方向

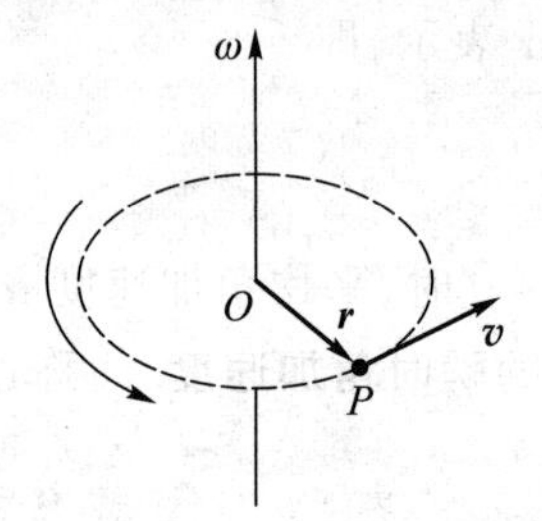

图 1-17 角速度矢量与线速度矢量的关系

4. 匀速率圆周运动和匀变速率圆周运动

(1) 匀速率圆周运动

质点做匀速率圆周运动(简称匀速圆周运动)时，其速率 v 和角速度 ω 都是常量，故角速度 $\alpha = 0$，切向加速度 $a_t = \frac{dv}{dt} = 0$，而法向加速度大小 $a_n = \frac{v^2}{R} = R\omega^2$ 为常量，但法向加速度的方向随时在变化(始终指向圆心).于是匀速率圆周运动的加速度为

$$\boldsymbol{a} = \boldsymbol{a}_n = \frac{v^2}{R}\boldsymbol{e}_n = R\omega^2\boldsymbol{e}_n$$

由式(1.25)可得

$$d\theta = \omega dt$$

如取 $t = 0$ 时，$\theta = \theta_0$，积分 $\int_{\theta_0}^{\theta} d\theta = \int_0^t \omega dt$，可得

$$\theta = \theta_0 + \omega t$$

(2) 匀变速率圆周运动

质点做匀变速率圆周运动时，其角加速度 α = 常量，故质点在圆周上任一点，加速度的切向分量 $a_t = R\alpha$ 为常量；而法向加速度大小为 $a_n = \frac{v^2}{R} = R\omega^2$，不是常量.

由于匀变速率圆周运动的角加速度 α = 常量，设 $t = 0$ 时，$\theta = \theta_0, \omega = \omega_0$，由式(1.27)可得

$$\int_{\omega_0}^{\omega} d\omega = \int_0^t \alpha dt$$

积分可得

$$\omega = \omega_0 + \alpha t \tag{1.33}$$

由式(1.25)可得如下积分

$$\int_{\theta_0}^{\theta} d\theta = \int_0^t \omega dt$$

将式(1.33)代入,积分可得

$$\theta = \theta_0 + \omega_0 t + \frac{1}{2}\alpha t^2 \tag{1.34}$$

由式(1.33)和式(1.34)可得

$$\omega^2 = \omega_0^2 + 2\alpha(\theta - \theta_0) \tag{1.35}$$

公式(1.33)至公式(1.35)与中学物理已学过的匀变速直线运动的公式形式上相似.

思考题

思 1.10 若质点限于在平面上运动,试指出符合下列条件的运动分别是什么运动.

(A) $\frac{dr}{dt} = 0, \frac{d\boldsymbol{r}}{dt} \neq 0$; (B) $\frac{dv}{dt} = 0, \frac{d\boldsymbol{v}}{dt} \neq 0$; (C) $\frac{d\boldsymbol{a}}{dt} = 0$.

思 1.11 质点在 Oxy 平面内做匀速率圆周运动,圆心在坐标原点.已知在 $x = -2$ m,$y = 0$ 处,质点速度为 $\boldsymbol{v} = -2\boldsymbol{j}$ m/s,试计算质点在① $x = 0, y = 2$ m 处;② $x = 2$ m,$y = 0$ 处质点的速度、切向加速度、法向加速度和加速度.

例 1.4 一飞轮以初始转速 $n = 1\,500\ \text{r}\cdot\text{min}^{-1}$ 转动,受制动后均匀地减速,经 $t = 50$ s 后静止.(1) 求角加速度 α;(2) 从开始制动到静止,飞轮转过的转数 N;(3) 制动开始后 20 s 时飞轮的角速度;(4) 设飞轮半径为 $R = 0.60$ m,求 $t = 20$ s 时刻飞轮边缘上任一点的速率和加速度大小.

解 (1) 设飞轮初始角速度方向为正方向,则 $\omega_0 = \frac{2\pi n}{60} = \frac{2\pi \times 1\,500}{60}\text{rad}\cdot\text{s}^{-1} = 50\pi\ \text{rad}\cdot\text{s}^{-1}$,当 $t = 50$ s 时,$\omega = 0$,而且 $\alpha =$ 常量,故由式(1.33)可得

$$\alpha = \frac{\omega - \omega_0}{t} = \frac{0 - 50\pi}{50}\ \text{rad}\cdot\text{s}^{-1} = -\pi\ \text{rad}\cdot\text{s}^{-1} = -3.14\ \text{rad}\cdot\text{s}^{-1}$$

(2) 从开始制动到静止,飞轮转过的角位移 $\Delta\theta$ 和转数 N 分别为

$$\Delta\theta = \theta - \theta_0 = \omega_0 t + \frac{1}{2}\alpha t^2 = \left[50\pi \times 50 + \frac{1}{2} \times (-\pi) \times 50^2\right]\text{rad} = 1\,250\pi\ \text{rad}$$

$$N = \frac{\Delta\theta}{2\pi} = \frac{1\,250\pi}{2\pi}\ \text{r} = 625\ \text{r}$$

(3) 制动开始后 $t = 20$ s 时飞轮的角速度为

$$\omega = \omega_0 + \alpha t = [50\pi + (-\pi) \times 20]\text{rad}\cdot\text{s}^{-1} = 30\pi\ \text{rad}\cdot\text{s}^{-1}$$

(4) $t = 20$ s 时刻飞轮边缘上任一点的速率为

$$v = R\omega = 0.60 \times 30\pi\ \text{m}\cdot\text{s}^{-1} = 18\pi\ \text{m}\cdot\text{s}^{-1} = 56.5\ \text{m}\cdot\text{s}^{-1}$$

$t = 20$ s 时刻飞轮边缘上任一点的切向加速度和法向加速度分别为

$$a_t = R\alpha = 0.60 \times (-\pi)\ \text{m} \cdot \text{s}^{-2} = -0.60\pi\ \text{m} \cdot \text{s}^{-2} = -1.88\ \text{m} \cdot \text{s}^{-2}$$

$$a_n = R\omega^2 = 0.60 \times (30\pi)^2\ \text{m} \cdot \text{s}^{-2} = 5.33 \times 10^3\ \text{m} \cdot \text{s}^{-2}$$

$t = 20$ s 时刻飞轮边缘上任一点的加速度大小为

$$a = \sqrt{a_t^2 + a_n^2} = 5.33 \times 10^3\ \text{m} \cdot \text{s}^{-2}$$

1.4 运动学中的两类问题

1.4.1 已知运动方程,求速度、加速度

已知质点的运动方程 $\boldsymbol{r} = \boldsymbol{r}(t) = x(t)\boldsymbol{i} + y(t)\boldsymbol{j} + z(t)\boldsymbol{k}$,求质点在任意时刻的位置矢量、速度、加速度等物理量,求解这类问题,只要利用前面所述各量的定义,运用求导的方法即可求解:

$$\boldsymbol{v} = \frac{\mathrm{d}\boldsymbol{r}}{\mathrm{d}t} = \frac{\mathrm{d}x}{\mathrm{d}t}\boldsymbol{i} + \frac{\mathrm{d}y}{\mathrm{d}t}\boldsymbol{j} + \frac{\mathrm{d}z}{\mathrm{d}t}\boldsymbol{k}$$

$$\boldsymbol{a} = \frac{\mathrm{d}\boldsymbol{v}}{\mathrm{d}t} = \frac{\mathrm{d}^2\boldsymbol{r}}{\mathrm{d}t^2} = \frac{\mathrm{d}^2x}{\mathrm{d}t^2}\boldsymbol{i} + \frac{\mathrm{d}^2y}{\mathrm{d}t^2}\boldsymbol{j} + \frac{\mathrm{d}^2z}{\mathrm{d}t^2}\boldsymbol{k}$$

例 1.5 已知质点的运动方程为 $\boldsymbol{r} = 2t\boldsymbol{i} + (8 - 6t^2)\boldsymbol{j}$ (SI 单位),求:(1) 质点运动轨迹方程;(2) 从 $t_1 = 1$ s 到 $t_2 = 2$ s 这段时间内质点的位移、平均速度;(3) 在任意时刻的速度、加速度;(4) 在任意时刻的切向加速度、法向加速度.

解 (1) 运动方程写成分量式

$$x = 2t, \quad y = 8 - 6t^2, \quad z = 0$$

质点在 $z = 0$ 的平面内运动.消去时间 t,即得轨迹方程 $y = 8 - \dfrac{3}{2}x^2 (z = 0)$,这是一条抛物线.

(2) $t_1 = 1$ s 时的位置矢量 $\boldsymbol{r}_1 = (2\boldsymbol{i} + 2\boldsymbol{j})$ m;$t_2 = 2$ s 时的位置矢量 $\boldsymbol{r}_1 = (4\boldsymbol{i} - 16\boldsymbol{j})$ m. 这段时间内质点的位移为

$$\Delta\boldsymbol{r} = \boldsymbol{r}_2 - \boldsymbol{r}_1 = (2\boldsymbol{i} - 18\boldsymbol{j})\ \text{m}$$

$t_1 = 1$ s 到 $t_2 = 2$ s 这段时间内质点的平均速度为

$$\bar{\boldsymbol{v}} = \frac{\Delta\boldsymbol{r}}{\Delta t} = \frac{\boldsymbol{r}_2 - \boldsymbol{r}_1}{t_2 - t_1} = (2\boldsymbol{i} - 18\boldsymbol{j})\ \text{m} \cdot \text{s}^{-1}$$

(3) 由速度定义,可得质点在任意时刻的速度

$$\boldsymbol{v} = \frac{\mathrm{d}\boldsymbol{r}}{\mathrm{d}t} = \frac{\mathrm{d}x}{\mathrm{d}t}\boldsymbol{i} + \frac{\mathrm{d}y}{\mathrm{d}t}\boldsymbol{j} + \frac{\mathrm{d}z}{\mathrm{d}t}\boldsymbol{k} = 2\boldsymbol{i} - 12t\boldsymbol{j}$$

即速度大小(速率)为 $v = \sqrt{v_x^2 + v_y^2} = \sqrt{2^2 + (-12t)^2} = \sqrt{4 + 144t^2} = 2\sqrt{1 + 36t^2}$,速度方向与 x 轴正向的夹角为

$$\theta = \arctan\frac{v_y}{v_x} = \arctan\frac{-12t}{2} = \arctan(-6t)$$

由加速度的定义,可得质点在任意时刻的加速度

$$\boldsymbol{a}=\frac{\mathrm{d}\boldsymbol{v}}{\mathrm{d}t}=-12\boldsymbol{j}\ \mathrm{m}\cdot\mathrm{s}^{-2}$$

即加速度大小为 $a=12\ \mathrm{m/s^2}$，加速度方向沿 y 轴负方向.

（4）由切向加速度的定义，可得质点在任意时刻的切向加速度

$$a_{\mathrm{t}}=\frac{\mathrm{d}v}{\mathrm{d}t}=\frac{\mathrm{d}}{\mathrm{d}t}(2\sqrt{1+36t^2})=\frac{72t}{\sqrt{1+36t^2}}$$

质点在任意时刻的法向加速度

$$a_{\mathrm{n}}=\sqrt{a^2-a_{\mathrm{t}}^2}=\frac{12}{\sqrt{1+36t^2}}$$

例 1.6 一质点沿一半径为 $R=1\ \mathrm{m}$ 的圆周运动，其角量运动方程为 $\theta=2+t+3t^3$（SI 单位）. 求：（1）$t=1\ \mathrm{s}$ 时，质点的角位置、角速度、角加速度；（2）$t=1\ \mathrm{s}$ 时，质点的速率、切向加速度、法向加速度和加速度大小.

解 （1）由定义可得，任意时刻 t 质点的角速度 ω、角加速度 α 分别为

$$\omega=\frac{\mathrm{d}\theta}{\mathrm{d}t}=1+9t^2$$

$$\alpha=\frac{\mathrm{d}\omega}{\mathrm{d}t}=18t$$

$t=1\ \mathrm{s}$ 时，质点的角位置 θ、角速度 ω、角加速度 α 分别为

$$\theta=(2+t+3t^3)\big|_{t=1\ \mathrm{s}}=6\ \mathrm{rad}$$

$$\omega=(1+9t^2)\big|_{t=1\ \mathrm{s}}=10\ \mathrm{rad}\cdot\mathrm{s}^{-1}$$

$$\alpha=(18t)\big|_{t=1\ \mathrm{s}}=18\ \mathrm{rad}\cdot\mathrm{s}^{-2}$$

（2）$t=1\ \mathrm{s}$ 时，质点的速率 v、切向加速度 a_{t}、法向加速度 a_{n} 和加速度大小 a 分别为

$$v=R\omega=10\ \mathrm{m}\cdot\mathrm{s}^{-1}$$

$$a_{\mathrm{t}}=R\alpha=18\ \mathrm{m}\cdot\mathrm{s}^{-2}$$

$$a_{\mathrm{n}}=R\omega^2=100\ \mathrm{m}\cdot\mathrm{s}^{-2}$$

$$a=\sqrt{a_{\mathrm{t}}^2+a_{\mathrm{n}}^2}=\sqrt{18^2+100^2}\ \mathrm{m}\cdot\mathrm{s}^{-2}=101.6\ \mathrm{m}\cdot\mathrm{s}^{-2}$$

1.4.2 已知加速度和初始条件，求速度和位置矢量（运动方程）

已知加速度和初始条件，求速度和运动方程，求解这类问题，主要运用积分的方法.这是力学中常见的一类问题.

已知质点运动的加速度是时间的函数 $\boldsymbol{a}=\boldsymbol{a}(t)$，则由定义，并利用初始条件，即 $t=0$ 时刻（初始时刻）的速度（$\boldsymbol{v}_0$）及位置矢量（$\boldsymbol{r}_0$），通过积分的方法，可求得任意时刻质点的速度矢量和位置矢量（运动方程），即由 $\boldsymbol{a}=\boldsymbol{a}(t)=\frac{\mathrm{d}\boldsymbol{v}}{\mathrm{d}t}$，得

$$\mathrm{d}\boldsymbol{v}=\boldsymbol{a}(t)\,\mathrm{d}t$$

将上式两边积分，$\int_{v_0}^{v}\mathrm{d}\boldsymbol{v}=\int_0^t\boldsymbol{a}\mathrm{d}t$，得

$$\boldsymbol{v}=\boldsymbol{v}_0+\int_0^t \boldsymbol{a}(t)\,\mathrm{d}t=\boldsymbol{v}(t)$$

类似地,由 $\boldsymbol{v}=\boldsymbol{v}(t)=\dfrac{\mathrm{d}\boldsymbol{r}}{\mathrm{d}t}$, 积分 $\int_{r_0}^{r}\mathrm{d}\boldsymbol{r}=\int_0^t \boldsymbol{v}\mathrm{d}t$, 得

$$\boldsymbol{r}=\boldsymbol{r}_0+\int_0^t \boldsymbol{v}\mathrm{d}t=\boldsymbol{r}_0+\int_0^t[\boldsymbol{v}(t)]\mathrm{d}t$$

以上各式均为矢量式.在具体的坐标系下,都可以写成分量式的形式.

例 1.7 已知质点的加速度为 $\boldsymbol{a}=2\boldsymbol{i}+6t^2\boldsymbol{j}$ (SI 单位),初始时刻 ($t=0$) 质点位于坐标原点处,初速度为 $\boldsymbol{v}_0=2\boldsymbol{i}\ \mathrm{m}\cdot\mathrm{s}^{-1}$. 求:(1) 质点在任意时刻的速度;(2) 运动方程 $\boldsymbol{r}(t)$ 和轨迹方程.

解 (1) 由 $\boldsymbol{a}=2\boldsymbol{i}+6t^2\boldsymbol{j}=\dfrac{\mathrm{d}\boldsymbol{v}}{\mathrm{d}t}$, 得

$$\mathrm{d}\boldsymbol{v}=(2\boldsymbol{i}+6t^2\boldsymbol{j})\mathrm{d}t$$

将上式两边积分

$$\int_{2i}^{v}\mathrm{d}\boldsymbol{v}=\int_0^t(2\boldsymbol{i}+6t^2\boldsymbol{j})\mathrm{d}t$$

得质点在任意时刻的速度

$$\boldsymbol{v}=(2+2t)\boldsymbol{i}+2t^3\boldsymbol{j}$$

(2) 由 $\boldsymbol{v}=(2+2t)\boldsymbol{i}+2t^3\boldsymbol{j}=\dfrac{\mathrm{d}\boldsymbol{r}}{\mathrm{d}t}$, 积分:

$$\int_0^r\mathrm{d}\boldsymbol{r}=\int_0^t[(2+2t)\boldsymbol{i}+2t^3\boldsymbol{j}]\mathrm{d}t$$

得运动方程

$$\boldsymbol{r}=(2t+t^2)\boldsymbol{i}+\frac{1}{2}t^4\boldsymbol{j}$$

运动方程的分量形式为

$$x=2t+t^2,\ y=\frac{1}{2}t^4$$

上式消去时间 t, 可得轨迹方程

$$2y-(\sqrt{x+1}-1)^4=0$$

1.5 相对运动

两个做相对运动的参考系中,对时间间隔和空间间隔(长度)的测量是绝对的,与参考系无关.在人们的日常生活中和一般科技活动中,上述结论是毋庸置疑的.时间和空间的绝对性是经典力学或牛顿力学的基础.按照相对论的理论,当两个物体相对运动的速度接近于光速时,时间和空间的测量将依赖于相对运动的速度.只是由于牛顿力学所涉及的物体运动速度远小于光速,所以在牛顿力学范围内,时间和空间的测量才可视为与参考系的选取无关.但在牛顿力学范围内,运动质点的位置矢量、位移、速度、运动轨迹则与参考系的选择有关,这就是运动描述的相对性.下面研究在有相对运动的两个不同的参考系中观察同一质点的运动,所测量的位置矢量、速

度、加速度之间的关系.

比如,在研究一艘运动的大轮船上的物体的运动时,显然以轮船为参考系描述物体的运动(例如位移、速度、加速度、运动轨迹等)和以地面(河岸)为参考系所描述的物体的运动形式一般是不同的.为了描述物体(质点)相对于地面(河岸)的运动,我们需要以地面为参考系来描述,通常称为**静止参考系**.为了描述物体(质点)相对于轮船的运动,我们可以选择轮船为参考系,通常称为**运动参考系**."静止参考系"和"运动参考系"的称谓是相对的.一般情况下,研究地面上物体的运动,把地球作为静止参考系比较方便.

定义了静止参考系后,我们把物体相对于静止参考系的运动称为**绝对运动**,把物体相对于运动参考系的运动称为**相对运动**,把运动参考系相对于静止参考系的运动叫做**牵连运动**.这些称谓也是相对的.

如图 1-18 所示,有两个参考系,设 S 为静止参考系,S′为运动参考系.为简单计,假设在两个参考系中选取的坐标系的相应坐标轴保持相互平行,S′系相对于 S 系沿 x 轴做直线运动.这时两参考系间的相对运动情况,可以用 S′系的坐标原点 O' 相对于 S 系的坐标原点 O 的运动来代表.设有一质点位于 P 点,它相对于 S 系的位置矢量(**绝对位矢**)为 $\boldsymbol{r}$, 相对于 S′系的位矢(**相对位矢**)为 $\boldsymbol{r}'$, 而 O' 点相对于 O 点的位矢(**牵连位矢**)为 $\boldsymbol{r}_0$. 由矢量合成的三角形法则知,三个位矢间有如下关系:

$$\boldsymbol{r} = \boldsymbol{r}' + \boldsymbol{r}_0 \tag{1.36}$$

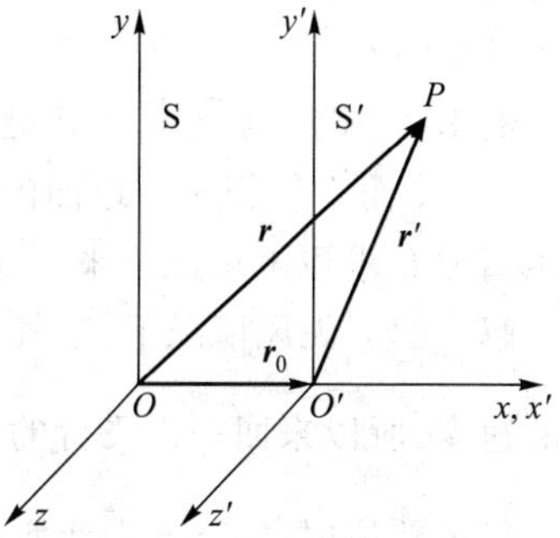

图 1-18　运动描述的相对性

即绝对位矢等于相对位矢与牵连位矢的矢量和.

将式(1.36)两边对时间求导,可得

$$\frac{\mathrm{d}\boldsymbol{r}}{\mathrm{d}t} = \frac{\mathrm{d}\boldsymbol{r}'}{\mathrm{d}t} + \frac{\mathrm{d}\boldsymbol{r}_0}{\mathrm{d}t}$$

即

$$\boldsymbol{v} = \boldsymbol{v}' + \boldsymbol{v}_0 \tag{1.37}$$

式中 $\boldsymbol{v}$ 是**绝对速度**, $\boldsymbol{v}'$ 是**相对速度**, $\boldsymbol{v}_0$ 是**牵连速度**.绝对速度等于相对速度与牵连速度的矢量和.

将式(1.37)两边对时间求导,可得

$$\boldsymbol{a} = \boldsymbol{a}' + \boldsymbol{a}_0 \tag{1.38}$$

式中 $\boldsymbol{a}$ 是**绝对加速度**, $\boldsymbol{a}'$ 是**相对加速度**, $\boldsymbol{a}_0$ 是**牵连加速度**.绝对加速度等于相对加速度与牵连加速度的矢量和.以上分析利用了经典力学的时空观:时间的测量与参考系无关.

说明:式(1.36)、式(1.37)、式(1.38)所表示的两个相对运动的参考系中所分别测量的位置矢量、速度和加速度之间的关系,只有物体和参考系的运动速度远小于光速时才成立.当物体和参考系的运动速度可与光速相比时,上述三式不再成立,而应代之以相对论的时空坐标、速度、加速度的变换法则.另外,当两个参考系之间还有相对转动时,它们之间的速度、加速度的变换关系要复杂得多,此处不做讨论.

由于绝对运动、相对运动、牵连运动的概念都是相对的,静止参考系、运动参考系的概念也是相对的,所以也可以把以上的坐标、速度、加速度变换关系写成如下的一般形式.设研究物体(质点)A 的运动,物体 B 作为运动参考系,物体 C 作为静止参考系,则有

$$\boldsymbol{r}_{AC}=\boldsymbol{r}_{AB}+\boldsymbol{r}_{BC}$$
$$\boldsymbol{v}_{AC}=\boldsymbol{v}_{AB}+\boldsymbol{v}_{BC}$$
$$\boldsymbol{a}_{AC}=\boldsymbol{a}_{AB}+\boldsymbol{a}_{BC}$$

其中,一个物理量的下标的意义代表第一个下标表示的物体相对于第二个下标表示的物体,例如 $\boldsymbol{v}_{AB}$ 表示物体 A 相对于物体 B 的速度,依此类推.

思考题

思 1.12 船相对于河水以 12 km · h^{-1} 的速度逆流而上,河水相对于地面的速度为 8 km · h^{-1},一个小孩在船上以 5 km · h^{-1} 的速度从船头向船尾走去,问小孩相对于地面的速度是多少? 方向如何?

思 1.13 无风的天气,雨滴竖直下落,司机开车以 54 km · h^{-1} 的速率在水平直路上行驶,发现雨滴以偏离竖直线 60° 角度落在侧面的车窗玻璃上,你能告诉司机,雨滴相对于地面以多大的速率下落吗?

例 1.8 设一架飞机从 A 处向东匀速飞到 B 处,然后又向西匀速飞到 A 处,飞机相对空气的速率为 v',而空气相对于地面的速率为 u(设在飞行时间内 v' 和 u 都各自保持不变),A、B 之间的距离为 l. 求以下情况下来回飞行一次所用的总时间.(1) 无风;(2) 西风;(3) 北风.

解 (1) 无风情况下,空气相对于地面的速度 $\boldsymbol{u}=0$,飞机相对地面的速度等于飞机相对空气的速度,所以来回一次飞行的总时间为 $t_0=\dfrac{2l}{v'}$;

(2) 西风时,空气相对于地面的速度 $\boldsymbol{u}\neq 0$,则飞机相对地面的速度 $\boldsymbol{v}=\boldsymbol{v}'+\boldsymbol{u}$,向东飞行时,$v=v'+u$,向西飞行时,$\boldsymbol{v}=v'-u$,则来回一次飞行的总时间为

$$t_1=\frac{l}{v'+u}+\frac{l}{v'-u}=\frac{2lv'}{v'^2-u^2}=\frac{2l}{v'}\cdot\frac{v'^2}{v'^2-u^2}=t_0\left(1-\frac{u^2}{v'^2}\right)^{-1}$$

(3) 北风时,空气相对于地面的速度 $\boldsymbol{u}\neq 0$,则飞机相对地面的速度 $\boldsymbol{v}=\boldsymbol{v}'+\boldsymbol{u}$,向东飞行时,$v=\sqrt{v'^2-u^2}$ [如图 1-19(a)所示],向西飞行时,仍有 $v=\sqrt{v'^2-u^2}$ [如图 1-19(b)所示],则来回一次飞行的总时间为

$$t_1=\frac{l}{\sqrt{v'^2-u^2}}+\frac{l}{\sqrt{v'^2-u^2}}=\frac{2l}{\sqrt{v'^2-u^2}}=\frac{2l}{v'}\cdot\frac{v'}{\sqrt{v'^2-u^2}}=t_0\left(1-\frac{u^2}{v'^2}\right)^{-\frac{1}{2}}$$

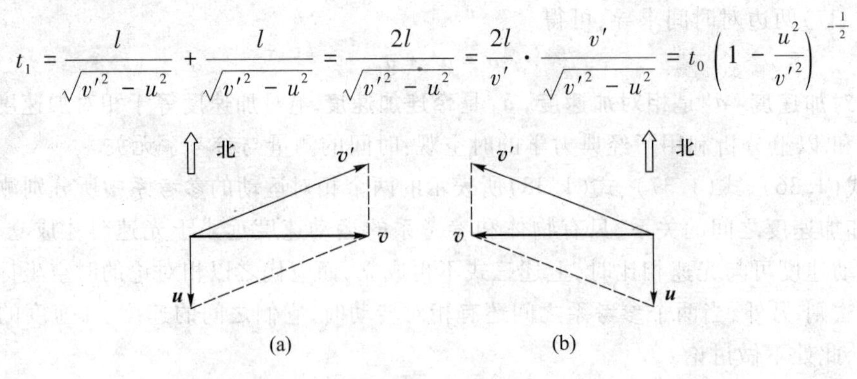

图 1-19

阅读材料 1

混　沌

1. 线性系统与非线性系统

“线性”和“非线性”的名词来源于数学.在数学中,把形如 $y = ax + b$ 的函数称为线性函数.意思是:依据这个函数在图中画出一条直线,其他高于变量 x 的一次方的多项式和其他函数,都是非线性函数.将这一概念延伸到微分方程,变量和变量的导数(可以是 n 阶导数)都是一次方的微分方程,都称为线性微分方程.在物理学中,则把能用线性函数或线性微分方程描述的系统称为**线性系统**,反之,称为**非线性系统**.非线性微分方程,除了极小部分有解析解外,其余都没有解析解.每一个具体问题,似乎都要求发明特殊的算法,运用特殊的技巧,因而,非线性问题曾被人们认为是个性极强,无法逾越的难题.

由于人类认识的发展总是由简单事物开始的,从简单到复杂.所以在科学发展的早期,人们首先从线性关系来认识自然事物.人们总是用适合于线性微分方程描述的理想模型来处理真实复杂的物理世界.尽管这种描述是不完全的,但这种方法常常能起到抓住本质的作用.因而线性理论在科学发展史上是至关重要的,它正确解释了自然界的许多现象.所以线性科学在理论研究和实际应用中都有非常巨大的进展,在自然科学和工程技术领域,对线性系统的研究都取得了辉煌的成就.

然而,自然界本身是非线性的.早在牛顿时代,伴随着“精确”的自然科学的开始,就留下了许多非线性问题.例如 19 世纪经典力学的两大难题:刚体的定点转动和三体作用问题,实质上就是非线性问题.只不过它们始终处于“支流”的地位.到了 20 世纪 60 年代以后,情况有了改变.由于电子计算机的广泛应用,以及由此发展起来的“计算物理”和“实验数学”方法的利用,人们从一些看起来不甚复杂的不可积系统的研究中,发现了确定性动力系统中存在着对初值极为敏感的混沌运动.人们越来越明白地认识到:“大自然无情地是非线性的”.在现实世界中,能解的、有序的线性系统只是少见的例外,非线性才是大自然的普遍特性;线性系统其实只是对少数简单非线性系统的一种理论近似,非线性才是世界的魂魄.而且正是非线性才造成了现实世界的无限多样性、曲折性、突变性和演化性.

这样,就逐步形成了贯穿物理学、数学、天文学、生物学、生命科学、空间科学、气象科学、环境科学等广泛领域,揭示非线性系统的共性,探讨复杂性现象的新的科学领域“非线性科学”.混沌理论就是在这种科学思想的背景下发展起来的.

不论是东方还是西方,“混沌”(chaos)概念古已有之.面对浩瀚无垠的宇宙和纷繁多变的自然现象,古人只能凭借直觉对其进行模糊、整体的想象和猜测,逐步产生了“混沌”的概念.中国古代所说的“混沌”,一般是指天地合一、阴阳未分、万物相混的那种整体状态.它既含有错综复杂、混乱无序、模糊不清的意思,又有内在地蕴含着统一和差异、规则和杂乱、通过演化从“元气未分”的状态产生出多姿多彩的现实世界的丰富内涵.在古埃及和巴比伦的传说里,都提出了世界起源于混沌的思想.这些都反映了古人关于世界起源的共同思想,即:世界产生之前的自然状态是混沌,万物借分离之力从混沌中演化出来.

从17世纪开始，以牛顿定律为基础建立起来的经典力学体系，导致了把宇宙看成一架巨大的精密机械，或者说就像一架精确运行的“钟表机构”.因为牛顿力学的核心是牛顿第二定律，它是一个二阶微分方程，这个方程的解，即物体的轨道，完全是由两个初始条件唯一地决定.就是说，只要知道了物体在某一时刻的运动状态以及作用于这个物体的外力情况，那么这个物体的“过去、现在、未来”等一切就都在掌握之中，就可以完全确定这个物体过去、未来的全部运动状态.因此牛顿定律被称为“确定性理论”，它的魅力就在于它的“确定性”.无论在自然科学还是在工程技术领域，牛顿力学都取得了辉煌的成就.从宇宙天体的运动，到车船行驶、机器运转，以及原子分子的运动，都有牛顿定律的用武之地.

对这个经典确定论的信心，充分体现在法国科学家拉普拉斯1812年所著的《概率解析理论》一书的绪论中所写的一段话：“假设有一位至高无上的智者，他能知道在任一给定时刻作用于自然界所有的力以及构成世界的所有物体的位置和初始速度.假定这位智者的智慧高超到有能力对所有这些数据做出分析处理，那么他就能将宇宙中最大的天体和最小的原子的运动包容到一个公式中.对于这个智者来说，再没有什么事物是不确定的了，过去和未来都历历在目地呈现在他的面前.”拉普拉斯的设想实际上是提出了一个令人敬畏的命题：整个宇宙中物质的每个粒子在任一时刻的位置和速度，完全决定了它未来的演化；宇宙沿着唯一一条预定的轨道演变，混沌是不存在的；随机性只是人类智力不敷使用时的搪塞之语.

科学认识的步伐，总是在螺旋式上升的.“混沌”让位于“规则”——这是牛顿所建立的伟大功勋.然而，在牛顿力学适用的范围内，任何系统果真都那么确定吗？20世纪60年代以来，越来越多的研究结果表明：在一个没有外来随机干扰的“确定论系统”中，同样存在着“随机行为”.“规则”中又产生出新形式的“混沌”.

2. 混沌

早在19世纪末，伟大的法国科学家亨利·庞加莱，在确定论思想浓重笼罩着全部科学界的时候，就在研究天体力学，特别是“三体问题”时发现了混沌现象.

在太阳系中，包含着十多个比月球大的巨大天体.如果太阳系仅仅由太阳和地球组成，这就是一个“两体系统”，它们的运动是简单而有规则的周期运动，太阳和地球将围绕一个公共质心、以一年为周期永远运转下去.然而，当增加一个相当大的天体后，这就成了一个“三体系统”，它们的运动问题就大大复杂化了.对短时间内的运动状态，可以用数值方法来确定，但是由于根据牛顿运动定律列出的方程组，是一组非线性微分方程，不能解析地求解，所以系统长时间的运动状态是无法确定的.

为了减少解决“三体问题”的难度，庞加莱采用了美国数学家希尔提出的一个极为简化的三体系统，即“希尔约化模型”，即三体中有一个物体的质量非常小，它对其他两个天体不产生引力作用，就像由天王星（我们称之为A星）、海王星（称之为B星）和一粒星际尘埃组成的一个宇宙体系一样.这两颗行星就像一个“两体系统”一样围绕着它们的公共质心做周期运动；但这颗尘埃却受到两颗行星的万有引力的作用，在两颗行星共同形成的旋转着的引力场中做复杂的轨道运动.这种运动不可能是周期性的，也不可能是简单的，看上去简直乱糟糟一团.根据一定的初始条件，计算机绘出的结果如图1-20所示.

这颗尘埃的运动，就是“确定论系统”中的“随机性行为”.人们不可能预知尘埃何时围绕A星或B星运动，也无法预知尘埃何时由A星附近转向B星附近.

庞加莱在"三体问题"中发现了混沌！这一发现表明，即使在"三体系统"，甚至是在极为简化的"希尔约化模型"中，牛顿力学的确定性原则也受到了挑战，动力系统可能出现极其惊人的复杂行为.并不像人们原来认为的那样，动力系统从确定性的条件出发都可以得出确定的、可预见的结果；确定性动力学方程的某些解，出现了不可预见性，即走向混沌.然而从此以后很长时间，除极少数人外，几乎没有人沿着庞加莱的足迹前进.直到 20 世纪 60 年代以后，对动力系统的研究才有了长足的进展.

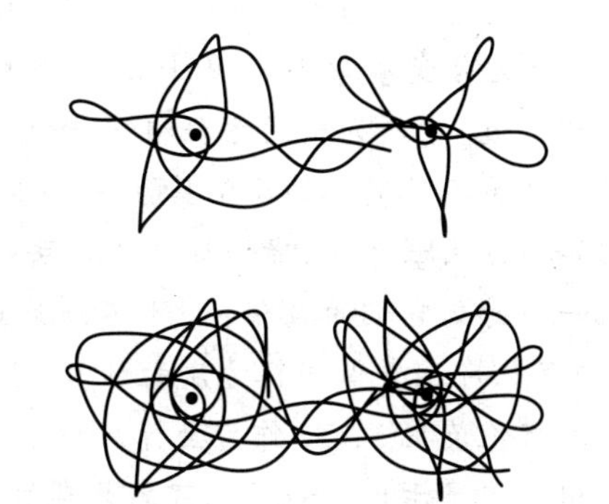

图 1-20　一颗尘埃绕两颗质量相等的固定行星的复杂运动轨道

混沌研究上的一个重大突破，是在天气预报问题的探索中取得的.20 世纪 40 年代以后，电子计算机的发明和发展，使天气预报梦想成真.在牛顿力学确定论思想的影响下，当时科学家们对天气预报普遍持有这样乐观的看法：气象系统虽然异常复杂，但仍然遵循牛顿定律的确定性过程.在有了电子计算机这种强有力的工具之后，只要充分利用遍布全球的气象站、气象船、探空气球和气象卫星，把观测的气象数据（气压、温度、湿度、风力等）都及时准确地收集起来，根据大气运动方程进行计算，天气变化是可以做出精确预报的.

美国气象学家、麻省理工学院教授、混沌学开创人之一洛伦茨（E.N.Lorenz）最初也接受了这种观点.1960 年前后，他开始用电子计算机模拟天气变化.洛伦茨有良好的数学修养，他本想成为一个数学家，但由于第二次世界大战的爆发，他成了空军气象预报员，这使他成了一位气象学家.

洛伦茨把气候问题简化又简化，提炼出影响气候变化的少之又少的一些主要因素，然后运用牛顿运动定律，列出了 12 个方程.他相信，12 个联立方程可以用数值计算方法对气象的变化做出模拟.1961 年冬季的一天，洛伦茨用他的计算机算出了一长串数据，并得出了一个气候变化的系列.为了对计算结果进行核对，又为了节省点时间，他把前一次计算的一半处得到的数据作为新的初始值输入计算机，让计算机进行计算.然后他出去喝了杯咖啡.一个小时后，当他回到计算机旁边的时候，一个意想不到的事情使他目瞪口呆！新一轮的计算数据与上一轮的数据相差如此之大，仅仅表示几个月的两组气候数据逐渐分道扬镳，最后竟变得毫无相近之处，简直就是两种类型的气候了.开始时，洛伦茨曾经想到可能是他的计算机出了故障，但很快他就悟出了真相：机器没有毛病，问题出在他输入的数据中.他的计算机存储器里存有 6 位小数：0. 506 127.他为了在打印时省些地方，只打印出了 3 位小数：0. 506.洛伦茨原本以为舍弃这只有千分之一大小的后几位小数无关紧要.但结果却表明，小小的误差却带来了巨大的"灾难".两次输出的变化曲线刚开始时还很好地吻合，后来就完全乱套了.这个结果从传统观点来看，是不可理解的.因为按照经典决定性原则，初始数据中的小小差异，只能导致结果的微小变化；因为一阵微风不会造成大范围的气象变化.但洛伦茨是从事天气预报的，他对长期天气预报的失败是有深切感受的.所以他相信他的这些方程组和计算结果揭露了气象变化的真实性质.他终于做出断言：长期的天气预报是根本不可能的！

洛伦茨抓住了影响气候变化的重要过程，即大气的对流，经过处理，得到一组大为简化了的常微分方程.这三个方程是

$$\frac{dx}{dt}=10(y-x),\frac{dy}{dt}=rx-y-xz,\frac{dz}{dt}=\frac{8}{3}z+xy$$

其中 r 为可变参量.这就是 1963 年洛伦茨发表在《气象科学杂志》20 卷第 2 期上的题为《确定性非周期流》中所列出的方程组.由于其中出现了 xz、xy 这些项,因而是非线性的,这意味着它们表示的关系不是简单的比例关系.一般地说,非线性方程组是不可解的,洛伦茨的方程组也是不能用解析方法求解的,唯一可靠的方法就是用数值方法求解.用初始时刻 x,y,z 的一组数值,计算出下一个时刻它们的数值,如此不断地进行下去,直到得出某一组“最后”的数值.这种方法叫做“迭代”,即反复做同样方法的计算.用计算机进行这种“迭代”运算是很容易的.

洛伦茨把 x,y,z 作为坐标画出了一个坐标空间,描述了系统行为的相轨道,他吃惊地发现,画出的图显示出奇妙而无穷的复杂性,如图 1-21 所示.这是三维空间里的双重绕图,就像是有两翼翅膀的一只蝴蝶.后人也把这种解称为奇怪吸引子.奇怪吸引子的发现是整个科学界的大事.它意味着系统的性态永远不会重复,是非周期性的,是无序的.正如这篇文章的标题所表示的,从确定性的方程和确定的初始状态出发,经过多次迭代后,却得出了非周期性态的结果.这就是混沌!它说明,300 年来,人们对动力学非线性方程解的行为了解得还是过于简单化了.所谓初值即可决定过去未来的一切,只不过是这种简单化了的解的一个侧面而已.

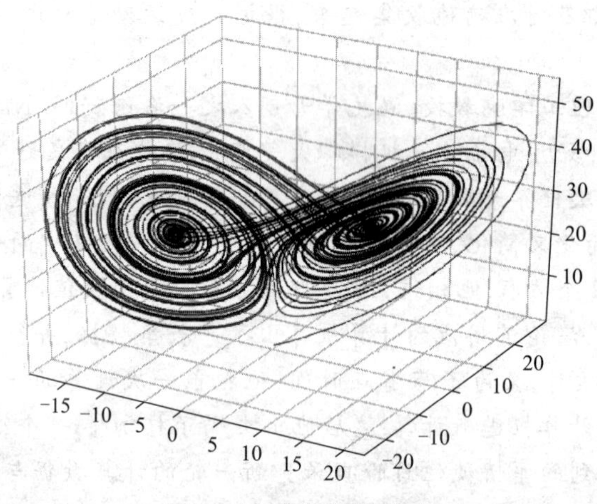

图 1-21　洛伦茨吸引子

那么,现代科学意义上“混沌”究竟如何定义呢? 1986 年在伦敦召开的一个关于混沌问题的国际会议上,提出了下述的定义:“数学上是指在确定性系统中出现的随机性态”.传统观点认为,确定性系统的性态受精确的规则支配,其行为是确定的,是可以预言的;随机系统的性态是不规则的,由偶然性支配,“随机”就是“无规”.这样看来,“混沌”就是“完全由定律支配的无规律性态”.即**混沌**是指发生在确定性系统中貌似随机的不规则运动,一个确定性理论描述的系统,其行为却表现为不确定性——不可重复、不可预测,这就是混沌现象.出现混沌现象,在于某些系统内部存在着非线性特征.研究表明,混沌是非线性动力系统的固有特性,是非线性系统普遍存在的现象.牛顿确定性理论能够充分处理的多为线性系统,而线性系统大多是由非线性系统简化来的.因此,在现实生活和实际工程技术问题中,混沌是无处不在的.

经典力学断言,系统的行为或运动轨道对初值的依赖是不敏感的,知道了一个系统近似的初始条件,系统的行为就能够近似地计算出来.这就是说,从两组相接近的初值描绘出的两条轨道,会始终相互接近地在并行,永远不会分道扬镳,小的影响不会积累起来形成一种大的效应.混沌研究却粉碎了传统科学中这种对近似性和运动的收敛性的信仰.处在混沌状态的系统,或者更一般地说对于一个非线性系统,运动轨道将敏感地依赖于初始条件.洛伦茨已经发现,从两组非常相邻近的初始值出发的两条轨道,开始时似乎没有明显的偏离,但经过足够长的时间后,就会呈现出显著的差异来.小的偏差竟能带来巨大的灾难性后果.洛伦茨非常形象地比喻说:在巴西亚马孙河丛林中一只蝴蝶扇动了几下翅膀,三个月后能在美国得克萨斯州产生一个龙卷风,并由此提出了天气的不可准确预报性.人们把洛伦茨的比喻戏称为“蝴蝶效应”.这里描述的正是我们通常成语中说的“失之毫厘,差之千里”.时至今日,这一论断仍为人津津乐道,更重要的是,它激发了人们对混沌学的浓厚兴趣.我们可以用在西方世界流传的一首民谣对此作形象的说明.这首民谣说:丢失一个钉子,坏了一只蹄铁;坏了一只蹄铁,折了一匹战马;折了一匹战马,伤了一位骑士;伤了一位骑士,输了一场战斗;输了一场战争,亡了一个帝国.马蹄铁上一个钉子是否会丢失,本是初始条件的十分微小的变化,但其“长期”效应却是一个帝国存与亡的根本差别.这就是军事和政治领域中的所谓“蝴蝶效应”.今天,伴随计算机等技术的飞速进步,混沌学已发展成为一门影响深远、发展迅速的前沿科学.

一般地,如果一个接近实际而没有内在随机性的模型仍然具有貌似随机的行为,就可以称这个真实物理系统是混沌的.一个随时间确定性变化或具有微弱随机性的变化系统,称为动力系统,它的状态可由一个或几个变量数值确定.而一些动力系统中,两个几乎完全一致的状态经过充分长时间后会变得毫无一致,恰如从长序列中随机选取的两个状态那样,这种系统被称为敏感地依赖于初始条件.而对初始条件的敏感的依赖性也可作为混沌的一个定义.

与我们通常研究的线性科学不同,混沌学研究的是一种非线性科学.混沌来自于非线性动力系统,而动力系统又描述的是任意随时间发展变化的过程,并且这样的系统产生于生活的各个方面.

混沌不是偶然的、个别的事件,而是普遍存在于宇宙间各种各样的宏观及微观系统的,万事万物,莫不混沌.混沌也不是独立存在的科学,它与其他各门科学互相促进、互相依靠,由此派生出许多交叉学科,如混沌气象学、混沌经济学、混沌数学等.混沌学不仅极具研究价值,而且有现实应用价值,能直接或间接创造财富.近30年来,由于动力系统混沌运动现象的发现,形成了各行各业共同探求混沌的世界性的热潮.

由于动力系统现今可以被看成自然和社会定量变化的最一般的概括,虽然各行各业研究的是针对各自行业的特殊的动力系统,但是动力系统的分岔和混沌的共同特性促使人们对动力系统发生了共同的兴趣.最近30年来,研究动力系统的有物理学家、数学家、化学家、气象学家、天文学家、力学家、生物学家、经济学家,等等.由于他们的共同兴趣都在于非线性动力系统,所以人们把这种共同的探求称为非线性科学.混沌的发现在一定程度上推进了各门学科的综合趋势.

习 题 1

1-1 已知质点位置矢量随时间变化的函数形式为 $\boldsymbol{r}=R(\cos\omega t\,\boldsymbol{i}+\sin\omega t\,\boldsymbol{j})$，其中 ω 为常量，式中 r 的单位为 m，t 的单位为 s.求：(1) 质点的轨迹方程；(2) 任一时刻 t 质点的速度和速率.

1-2 已知质点位置矢量随时间变化的函数形式为 $\boldsymbol{r}=4t^2\boldsymbol{i}+(3+2t)\boldsymbol{j}$，式中 r 的单位为 m，t 的单位为 s.求：(1) 质点的轨迹方程；(2) 从 $t=0$ 到 $t=1$ s 的位移；(3) $t=0$ 和 $t=1$ s 两时刻的速度.

1-3 一质点在 Oxy 平面上运动，其运动方程为

$$x=3t+5,y=0.5t^2+3t-4$$

式中各量均采用国际单位制.(1) 以时间 t 为变量，写出质点位置矢量的表示式；(2) 求出 $t=$ 1 s 和 $t=$ 2 s 的位置矢量，计算这 1 秒内质点的位移；(3) 计算 $t=$ 1 s 到 $t=$ 2 s 这一段时间内的平均速度；(4) 求出质点速度矢量表示式，计算 $t=$ 0 和 $t=$ 4 s 时质点的速度；(5) 计算 $t=$ 0 到 $t=$ 4 s 内质点的平均加速度；(6) 求出质点加速度矢量的表示式，计算 $t=$ 4 s 时质点的加速度(请把位置矢量、位移、平均速度、瞬时速度、平均加速度、瞬时加速度都表示成直角坐标系中的矢量式).

1-4 已知质点位置矢量随时间变化的函数形式为 $\boldsymbol{r}=t^2\boldsymbol{i}+2t\,\boldsymbol{j}$，式中 r 的单位为 m，t 的单位为 s.求：(1) 任一时刻的速度和加速度；(2) 任一时刻的切向加速度和法向加速度.

1-5 一升降机以加速度 a 上升，在上升过程中有一螺钉从天花板上松落，升降机的天花板与底板相距为 h，求螺钉从天花板落到底板上所需的时间.

1-6 一质点沿直线运动，其运动方程为 $x=2+4t-2t^2$(m)，在 t 从 0 秒到 3 秒的时间间隔内，质点的位移是多少？质点走过的路程又是多少？

1-7 已知子弹的轨迹为抛物线，初速为 $\boldsymbol{v}_0$，已知 $\boldsymbol{v}_0$ 方向斜向上且与水平面的夹角为 θ. 试分别求出抛物线顶点及落地点的曲率半径.

1-8 已知一质点做直线运动，其加速度为 $a=4+3t$(SI 单位)，$t=0$ 时刻开始运动时，$x_0=$ 5 m，$v_0=0$，求该质点在 $t=10$ s 时质点的速度和位置.

1-9 质点沿 x 轴运动，其加速度和位置的关系为 $a=2+6x^2$，a 的单位为 $\mathrm{m\cdot s^{-2}}$，x 的单位为 m.质点在 $x=0$ 处，速度为 $10\ \mathrm{m\cdot s^{-1}}$，试求质点在任意坐标 x 处的速度值.

1-10 一质点沿半径为 1 m 的圆周运动，运动方程为 $\theta=2+3t^3$，式中 θ 以弧度为单位，t 以秒为单位，求：(1) $t=2$ s 时，质点的切向加速度和法向加速度；(2) 当加速度的方向和半径成 45°角时，从 $t=0$ 时刻到该时刻，其角位移是多少？

1-11 一质点沿半径为 R 的圆周运动，质点经过的弧长与时间的关系为 $s=bt+\dfrac{1}{2}ct^2$，其中 b，c 是正常量，且满足 $b^2<Rc$. 求：从 $t=0$ 时刻开始，到达切向加速度与法向速度大小相等所经历的时间.

1-12 飞轮半径为 0.4 m，自静止启动，其角加速度为 $\alpha=0.2\ \mathrm{rad\cdot s^{-2}}$. 求 $t=2$ s 时边缘上某

点的速度、法向加速度、切向加速度和加速度.

1-13　一飞机驾驶员想向正北方向航行,而风以 60 $km \cdot h^{-1}$ 的速度由东向西刮来,如果飞机的航速(在静止空气中的速率)为 180 $km \cdot h^{-1}$,试问驾驶员应采取什么航向才能使飞机向正北方向航行? 此时飞机相对于地面的速率为多少? 试用矢量图说明.

第2章 运动定律

上一章我们曾指出,运动是物质的固有属性,位置矢量和速度是描述质点运动状态的物理量,而加速度则是描述质点运动状态变化的量,但在上一章没有涉及质点运动状态发生变化的原因.物质如何运动,既与自身的内在因素有关,又取决于物质间的相互作用.在力学中把物体间的相互作用称为力.研究物体在力的作用下运动的规律称为动力学.这部分内容属于牛顿定律涉及的范围,以牛顿定律为基础建立起来的宏观物体运动规律的动力学理论,称为牛顿力学或经典力学.

动力学问题中既有以牛顿定律为代表所描述的力的瞬时作用规律,又有通过动量守恒定律、机械能守恒定律、角动量守恒定律等所描述的力在时间、空间过程中的积累效应.而反映力在时间、空间过程中的积累效应的这些守恒定律又是与时、空的某种对称性紧密相连的.

以牛顿定律为基础的经典力学历经三个多世纪的检验,人们发现它只能在宏观、低速领域成立.但在今天,经典力学仍然是机械制造、土木建筑、水利设施、电子技术、信息技术、航天技术等工程技术领域不可或缺的理论基础.

本章将概括介绍牛顿定律的内容及其在质点运动方面的初步应用.牛顿运动定律阐明了力对物体产生的瞬间效应,即力产生瞬时加速度的规律.但是在该瞬间物体具有加速度,并不表示物体的运动状态(速度)已经发生了变化.若要使物体的运动状态发生变化,需要力在持续作用下经历一个过程,或者说需要力持续作用一段时间.因此我们需要研究力在持续地对物体的作用过程中所产生的累积效应以及描述力在作用过程中的累积效应所引起的物体运动状态改变的规律.本章也将介绍冲量、动量、功、功率、动能、势能、机械能等物理概念以及动量定理、动量守恒定律、动能定理、功能定理、机械能守恒定律等物理规律.

2.1 力和牛顿运动定律

2.1.1 牛顿运动定律

1. 牛顿第一定律 惯性参考系

古希腊哲学家亚里士多德(Aristotle,公元前384—前322)认为,静止是物体的自然状态,要使物体以某一速度运动,必须有力对它作用才行.人们的确看到,在水平面上运动的物体最后都要趋于静止.亚里士多德以后的漫长岁月里,这一概念一直被许多哲学家和不少物理学家所接受.直到17世纪,意大利物理学家和天文学家伽利略(Galileo Galilei,1564—1642)指出,物体沿水平面滑动最终趋于静止的原因是有摩擦力作用在物体上的缘故.他总结出在略去摩擦力的情况下,如果没有外力作用,物体将以恒定的速度运动下去.力不是维持物体运动的原因,而是使物体运动状态改变的原因.

1687年,牛顿(Isaac Newton,1643—1727)发表了《自然哲学的数学原理》,在这本科学巨著中,牛顿概括了包括伽利略等前人的研究成果以及他自己的发现,提出了著名的牛顿三大运动定律及其他结论,首次创立了一个地面力学和天体力学统一的严密体系,成为经典力学的基础,实现了物理学史上的第一次大综合.

牛顿第一定律指出**任何物体都要保持其静止或匀速直线运动状态,直到外力迫使它改变运动状态为止**.牛顿第一定律的数学形式为

$$\boldsymbol{F}=0\text{ 时},\boldsymbol{v}=\text{常矢量}$$

牛顿第一定律表明,**任何物体具有保持其原有运动状态不变的性质,**这个性质叫做**惯性**.任何物体在任何运动状态下都具有惯性,**惯性是物体的固有属性**.所以,牛顿第一定律也叫做**惯性定律**.

牛顿第一定律还表明,正是由于物体具有惯性,所以要使物体的运动状态发生变化,一定要有其他物体对它作用,这种物体之间的相互作用称之为**力**.

如果有一质点,远离所有星体,它的运动将不受其他物体的影响.这种不受其他物体作用或离其他物体都足够远的质点,称之为**孤立质点**.牛顿第一定律也可表述为一**孤立质点将永远保持其原来的静止或匀速直线运动状态**.牛顿第一定律是从大量实验事实中概括总结出来的.但在自然界中,完全不受其他物体作用的孤立质点实际上是不存在的,物体总要受到接触力或场力的作用,因此牛顿第一定律不能简单地直接由实验加以验证.我们确信牛顿第一定律的正确性,是因为从它所导出的其他结果都与实验事实相符合.

观察表明,如果有几个外力同时作用在一个质点上,若质点保持其运动状态不变,这时作用在质点上所有外力的合力必定为零.因此,在实际应用中,牛顿第一定律可以表述为**任何质点,只要其他物体作用于它的所有力的合力为零,则该质点就保持其静止或匀速直线运动状态**.这时质点的运动情况与它不受外力作用时的情况是一样的,该质点可以看成一个孤立质点.

质点处于静止或匀速直线运动状态,统称为质点处于平衡状态.根据牛顿第一定律的表述,质点处于平衡状态的条件为作用于质点所有力的合力为零.

设作用于质点上的力有 $\boldsymbol{F}_1,\boldsymbol{F}_2,\cdots,\boldsymbol{F}_n$, 用 $\boldsymbol{F}$ 表示这些力的合力,则质点处于平衡状态的条件可以表示为

$$\boldsymbol{F}=\sum_i \boldsymbol{F}_i=0$$

其分量形式为

$$\begin{cases} F_x=\sum_i F_{ix}=0 \\ F_y=\sum_i F_{iy}=0 \\ F_z=\sum_i F_{iz}=0 \end{cases}$$

即质点处于平衡状态时,作用于质点上的所有力沿直角坐标系三个坐标轴分量的代数和分别等于零.

由牛顿第一定律可知,力是使物体运动状态发生变化的原因.而物体的惯性则反映了改变物体运动状态的难易程度.这两个方面都对物体运动状态的变化发挥作用.

实验表明,一孤立质点并不是在任何参考系下都能保持加速度为零的静止或匀速直线运动状态.例如,在一个相对于地面在水平方向做加速运动的车厢里,有一个光滑水平桌面,其上放置

一个小球(可视为孤立质点),则以车厢为参考系观察小球的运动,小球向后做加速运动,不遵从牛顿第一定律.而以地面为参考系,则小球保持原有的静止状态,加速度为零,遵从牛顿第一定律.

上述现象表明,牛顿第一定律只能在某些特殊参考系中成立.通常把牛顿第一定律成立的参考系称为**惯性参考系**,简称**惯性系**.上例中的地面就是一个惯性系,而相对于地面加速运动的车厢不是惯性系.

那么,哪些参考系是惯性系呢? 严格来讲,要根据大量的观察和实验结果来判断.

太阳参考系是指以太阳为原点、以太阳与其他恒星的连线为坐标轴的参考系,这是一个精确度非常好的惯性系,但也不是一个严格的惯性系.研究表明,太阳与银河系的其他星体一起绕银河系的中心旋转,加速度约为 $10^{-10}\ \mathrm{m\cdot s^{-2}}$.

研究地面上物体的运动,地球是最常用的惯性系.但精确观察表明,地球也不是一个严格的惯性系.由于太阳的引力作用,地球具有相对于太阳 $5.9\times10^{-3}\ \mathrm{m\cdot s^{-2}}$ 的公转加速度,地球表面相对于地心的自转加速度更大,为 $3.4\times10^{-2}\ \mathrm{m\cdot s^{-2}}$ 但对大多数精度要求不很高的实验,上述效应可以忽略不计,地球或地球表面可作为近似程度很好的惯性系.

可以证明**凡是相对于某一个惯性系静止或做匀速直线运动的其他参考系都是惯性系**.

2. 牛顿第二定律

牛顿第一定律给出了质点的平衡条件,并定性地说明了力和运动的关系.牛顿第二定律则定量地研究质点在不等于零的合力作用下,其运动状态如何变化的问题.

实验表明,**物体受到外力作用时,它所获得的加速度的大小与合外力的大小成正比,与物体的质量成反比,加速度的方向与合外力的方向相同**.这就是**牛顿第二定律**.

牛顿第二定律的数学形式为

$$\boldsymbol{F}=km\boldsymbol{a}$$

比例系数 k 与所采用的单位制有关.在国际单位制中 $k=1$. 即我们规定以质量为 1 kg 的物体产生 $1\ \mathrm{m\cdot s^{-2}}$的加速度所需的合外力作为力的单位,称为 1 N(牛顿,简称牛).所以,在国际单位制中,**牛顿第二定律的数学形式**为

$$\boldsymbol{F}=m\boldsymbol{a} \tag{2.1a}$$

牛顿第一定律给出了惯性的定义,但没有给出惯性的度量.它只说明任何物体都具有惯性,惯性大的物体,难以改变其运动状态;惯性小的物体,易于改变其运动状态.牛顿第二定律指出,物体受力的作用而获得的加速度,不仅依赖于所受的力,而且与质点的质量有关.如果同一个外力作用在具有不同质量的质点上,质量大的质点,获得的加速度较小;质量小的质点,获得的加速度较大.这意味着对质量大的质点,改变其运动状态较困难;对质量小的物体,改变其运动状态较容易.因此,**质量就是物体惯性大小的量度**.

牛顿第二定律 $\boldsymbol{F}=m\boldsymbol{a}$ 的形式,即 $\boldsymbol{F}=m\boldsymbol{a}=m\dfrac{d\boldsymbol{v}}{\mathrm{d}t}$, 令 $\boldsymbol{p}=m\boldsymbol{v}$, 表示质点的动量.则当质点的质量 m 为常量时,牛顿第二定律可表示为

$$\boldsymbol{F}=\frac{\mathrm{d}(m\boldsymbol{v})}{\mathrm{d}t}=\frac{\mathrm{d}\boldsymbol{p}}{\mathrm{d}t} \tag{2.1b}$$

这是牛顿第二定律的另一种表述.

牛顿第二定律是牛顿力学的核心,应用它解决问题时必须注意以下几点.

(1) 牛顿第二定律只适用于质点的运动.当我们不用考虑物体的形状和大小,或者只考虑其平动,物体的运动就可用一个具有该物体质量的质点的运动来代替.以后在论及物体的平动时,一般都是把物体当成质点来处理的.

(2) 牛顿第二定律所表示的合外力和加速度之间的关系是瞬时关系.牛顿第二定律指出,任何质点,只有在作用于它的不等于零的合外力作用下,才能获得加速度.所以作用于质点上的合外力是质点运动状态发生改变(即产生加速度)的原因.但是作用于质点上的合外力和质点获得的加速度,在时间上没有先后,是同时的.也就是说,当有合外力作用在物体上时,就有加速度;合外力改变了,加速度同时改变;合外力消失,加速度同时变为零.

(3) 力的叠加原理.力是矢量,当若干个外力同时作用于一个物体时,其合力满足矢量的平行四边形叠加规则,即质点所受的合力为所有作用在质点上的力的矢量和,$\boldsymbol{F}=\sum\limits_i \boldsymbol{F}_i$.加速度也是矢量,其合成当然也遵从矢量的平行四边形叠加规则.若干个外力同时作用于一个物体时所产生的加速度等于所有这些外力的合力所产生的加速度 $\boldsymbol{a}$,或等于每个外力分别单独作用于该物体时所产生的加速度 $\boldsymbol{a}_i$ 的矢量和,这就是力的叠加原理.所以有

$$\boldsymbol{F}_i = m\boldsymbol{a}_i$$

$$\begin{aligned}\boldsymbol{F} &= \boldsymbol{F}_1+\boldsymbol{F}_2+\cdots+\boldsymbol{F}_N=\sum_{i=1}^{N}\boldsymbol{F}_i\\ &= m\boldsymbol{a}_1+m\boldsymbol{a}_2+\cdots+m\boldsymbol{a}_N=\sum_{i=1}^{N}m\boldsymbol{a}_i=m\sum_{i=1}^{N}\boldsymbol{a}_i=m\boldsymbol{a}\end{aligned}$$

式中 $\boldsymbol{F}_1,\boldsymbol{F}_2,\cdots,\boldsymbol{F}_N$ 表示同时作用在物体上的 N 个外力;$\boldsymbol{F}$ 表示它们的合力;$\boldsymbol{a}_1,\boldsymbol{a}_2,\cdots,\boldsymbol{a}_N$ 分别表示这 N 个外力各自单独作用在物体上时所产生的加速度;$\boldsymbol{a}$ 表示这 N 个外力同时作用在物体上时所产生的加速度,也称为合加速度.

(4) 牛顿第二定律只在惯性系中成立.

(5) 牛顿第二定律式(2.1a)的形式 $\boldsymbol{F}=m\boldsymbol{a}=m\dfrac{\mathrm{d}\boldsymbol{v}}{\mathrm{d}t}$,只能在宏观物体(不考虑量子效应时)低速运动(物体的运动速度远小于光速,可以不考虑相对论效应时)的情况下成立.当物体的速率 v 接近光速 c 时,牛顿第二定律式(2.1a)不再适用,但牛顿第二定律式(2.1b)被实验证明仍然是成立的.

(6) 牛顿第二定律的分量式.式(2.1)是牛顿第二定律的数学形式,它是一个矢量式,与坐标系的选取无关.在应用时,为了方便起见,经常在选定的坐标系中分解为分量形式.

在直角坐标系中,合外力可表示为

$$\boldsymbol{F}=\sum_i \boldsymbol{F}_i = F_x\boldsymbol{i}+F_y\boldsymbol{j}+F_z\boldsymbol{k}$$

式中 $F_x=\sum\limits_i F_{ix},F_y=\sum\limits_i F_{iy},F_z=\sum\limits_i F_{iz}$.分别为合外力在 x,y,z 轴上的分量,为代数量,分别等于作用于物体上的各个外力在 x,y,z 轴上的分量的代数和.而加速度可写为

$$\boldsymbol{a}=a_x\boldsymbol{i}+a_y\boldsymbol{j}+a_z\boldsymbol{k}$$

其中 a_x,a_y,a_z 分别为加速度在 x,y,z 轴上的分量,亦为代数量.则牛顿第二定律可写为

$$\boldsymbol{F} = F_x \boldsymbol{i} + F_y \boldsymbol{j} + F_z \boldsymbol{k} = m\boldsymbol{a} = ma_x \boldsymbol{i} + ma_y \boldsymbol{j} + ma_z \boldsymbol{k} \tag{2.2a}$$

上式相当于三个独立的分量式

$$\begin{cases} F_x = \sum_i F_{ix} = ma_x \\ F_y = \sum_i F_{iy} = ma_y \\ F_z = \sum_i F_{iz} = ma_z \end{cases} \tag{2.2b}$$

当质点做平面曲线运动时，特别是圆周运动时，选取平面自然坐标系较为方便. $\boldsymbol{e}_t$ 为切向单位矢量，$\boldsymbol{e}_n$ 为法向单位矢量，则质点在某点的加速度在自然坐标系中两个相互垂直的坐标轴方向上的分矢量为 $\boldsymbol{a}_t$ 和 $\boldsymbol{a}_n$. 这样，质点在做平面曲线运动时，在平面自然坐标系中牛顿第二定律可写为

$$\boldsymbol{F} = \boldsymbol{F}_t + \boldsymbol{F}_n = m\boldsymbol{a} = m\boldsymbol{a}_t + m\boldsymbol{a}_n = m\frac{\mathrm{d}v}{\mathrm{d}t}\boldsymbol{e}_t + m\frac{v^2}{\rho}\boldsymbol{e}_n \tag{2.3a}$$

其中 $\boldsymbol{F}_t$ 表示合外力在切向的分矢量，叫做切向力；$\boldsymbol{F}_n$ 表示合外力在法向的分矢量，叫做法向力(或向心力).

上式也可写成分量式

$$\begin{cases} \boldsymbol{F}_t = m\boldsymbol{a}_t = m\dfrac{\mathrm{d}\boldsymbol{v}}{\mathrm{d}t} \\ \boldsymbol{F}_n = m\boldsymbol{a}_n = m\dfrac{\boldsymbol{v}^2}{\rho} \end{cases} \tag{2.3b}$$

其中 $\boldsymbol{F}_t$、$\boldsymbol{F}_n$ 分别表示合外力的切向和法向分量.

3. 牛顿第三定律

牛顿第三定律指出当物体 A 以力 $\boldsymbol{F}$ 作用在物体 B 上时，物体 B 必定同时以力 $\boldsymbol{F}'$ 作用在物体 A 上，$\boldsymbol{F}$ 和 $\boldsymbol{F}'$ 大小相等，方向相反，且力的作用线在同一直线上.其数学表达式为

$$\boldsymbol{F} = -\boldsymbol{F}' \tag{2.4}$$

这一对力 $\boldsymbol{F}$ 和 $\boldsymbol{F}'$ 通常被称为作用力和反作用力.把其中任意一个力叫做作用力，则另一个力就称为它的反作用力.因此，牛顿第三定律也称为作用和反作用定律.

牛顿第三定律说明力具有相互作用的性质.正确理解牛顿第三定律对分析物体受力情况很重要.应用牛顿第三定律时，必须注意以下几点.

(1) 作用力和反作用力是矛盾的两个方面，它们互以对方为自己存在的条件，同时产生，同时消灭，任何一方都不能孤立地存在.作用力和反作用力的关系是一一对应的.

(2) 作用力和反作用力是分别作用在两个物体上的，因此它们的作用不能互相抵消，它们绝对不是一对平衡力.

(3) 作用力和反作用力总是属于同种性质的力.例如作用力是万有引力，反作用力一定也是万有引力，作用力是摩擦力，反作用力也一定是摩擦力，等等.

(4) 无论物体是静止还是运动，牛顿第三定律都适用.

牛顿第一定律指出物体只有受到外力作用才能改变其运动状态，牛顿第二定律给出物体的加速度与作用于物体上的合外力和质量之间的数量关系，牛顿第三定律则说明力具有物体间相互作用的性质.三条定律是一个整体，它成为经典力学的基础.牛顿运动定律在力学和整个物理

学中占有重要的地位，在工程技术中有着广泛的应用.

▶ 思考题

思 2.1 一质点相对于某参考系静止，该质点所受的合力是否一定为零？

思 2.2 在惯性系中，质点所受的合力为零，该质点是否一定处于静止状态？

思 2.3 在下列情况下，说明质点所受合力的大小和方向有何特点？① 质点做匀速直线运动；② 质点做匀减速直线运动；③ 质点做匀速圆周运动；④ 质点做匀加速圆周运动.

思 2.4 牛顿第二定律的两种表述 $\boldsymbol{F}=\frac{\mathrm{d}(m\boldsymbol{v})}{\mathrm{d}t}$ 和 $\boldsymbol{F}=m\frac{\mathrm{d}\boldsymbol{v}}{\mathrm{d}t}$ 有区别吗？为什么说用动量形式表示的牛顿第二定律具有更大的普遍性？

思 2.5 质点所受合力为零的这段时间内，质点能否沿曲线运动？质点做什么运动？

2.1.2 力学中常见的力

在动力学中，分析物体的受力情况是十分重要的.力学中常见的力有万有引力、重力、弹性力、摩擦力等，它们具有不同的性质，弹性力和摩擦力是接触力，而万有引力属于场力.下面我们分别加以介绍.

1. 万有引力　重力

(1) 万有引力

17 世纪初，德国天文学家开普勒(J.Kepler，1571—1630)通过分析丹麦天文学家第谷・布拉赫(Tycho Brahe，1546—1601) 毕生观测行星所积累的大量天文观测资料，提出了行星运动的开普勒三定律.牛顿在开普勒等前人的研究成果基础上，通过深入研究，在 1680 年提出了著名的万有引力定律.指出宇宙之中，大到地球和地球表面附近的物体之间，星体、星系之间，小到微观粒子之间，任何有质量的物体与物体之间都存在着一种相互吸引的力，所有这些力都遵循同一规律.这种相互吸引的力叫做**万有引力**.**万有引力定律**可表示为**两个相距为 r、质量分别为 m_1、m_2 的两个质点间有万有引力，其方向沿着它们的连线，相互吸引，其大小与它们的质量乘积成正比、与它们之间距离 r 的二次方成反比**.其数学形式为

$$\boldsymbol{F}=-G\frac{m_1m_2}{r^2}\boldsymbol{e}_r \tag{2.5}$$

式中 $G=6.67\times10^{-11}\ \mathrm{N\cdot m^2/kg^2}$，称为引力常量.若上式中 $\boldsymbol{F}$ 表示质点 2 所受到的质点 1 对其施加的万有引力，则 $\boldsymbol{e}_r$ 表示由质点 1 指向质点 2 的方向上的单位矢量，式中的负号表示质点 2 所受的万有引力总是与 $\boldsymbol{e}_r$ 方向相反，即指向质点 1，表示引力，如图 2-1 所示. $\boldsymbol{F}$ 也可表示质点 1 所受的万有引力，此时，$\boldsymbol{e}_r$ 表示由质点 2 指向质点 1 的方向上的单位矢量，$\boldsymbol{F}$ 仍然为引力.

万有引力使地球和其他行星绕太阳运转、使月球和人造卫星绕地球运转、使苹果从树上落向地面，等等，那么物体之间并没有直接接触，为什么会有万有引力作用呢？近代物理指出，任何具有质量 m 的物体，在它周围空间都存在着某种特殊形式的物质，这种物质叫做引力场.当另一个具有质量 m' 的物体处于 m 的引力场内时，就要受到 m 的引力场对它的作用力；与此同时，在 m' 周围的空间也存在着引力场，物体 m 在 m' 的引力场中，也要受

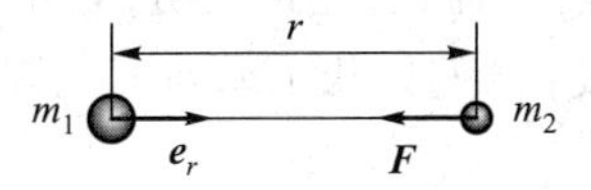

图 2-1　万有引力

到 m' 的引力场对它的作用力,所以 m 和 m' 的相互作用,是通过它们周围的引力场来实现的,万有引力是场力.

应该注意,万有引力定律表示的是两个**质点**之间的万有引力.如果物体的线度和物体之间的距离相差不大,则不能用式(2.5)计算两个物体之间的万有引力.若要求任意形状的两个物体间的万有引力,则必须把每个物体分割成许许多多的小部分,每个小部分都可以看成是一个质点,计算所有这些质点间的万有引力,然后求矢量和.从数学上讲,这个计算是一个积分问题.对于两个密度均匀的球体,或者球的密度具有球对称性,计算表明,它们之间的万有引力可以直接用式(2.5)来计算,这时 r 表示两球球心之间的距离.这就是说,这样的两个球体之间的引力与把两球看成其质量分别集中于球心的两个质点之间的引力是一样的.

在牛顿第二定律 $\boldsymbol{F}=m\boldsymbol{a}$ 中,m 是反映物体惯性效应的量,称为**惯性质量**.而在万有引力定律式(2.5)中的物体质量,也是表征物体性质的一个物理量,它反映物体之间引力的效应,称为**引力质量**.牛顿等许多人做过实验,特别是近代的精密实验证明,引力质量等于惯性质量.所以今后在讨论中不再区分引力质量和惯性质量,通称为质量.

爱因斯坦在探究惯性和引力的本质的过程中,推广了引力质量与惯性质量相等这一"等效原理",建立起了上述的引力场的概念,从而创建了近代物理中著名的"广义相对论".

(2) 重力

以地球表面为参考系,物体在地球表面附近自由下落时,因受地球引力作用会获得一个竖直向下的加速度,称为**重力加速度**,用 $\boldsymbol{g}$ 表示.我们把产生此重力加速度的力称为**重力,重力 $\boldsymbol{P}$ 的大小通常称为物体的重量**.如果不考虑地球自转运动,**物体所受的重力是指地球以及所有其他物体作用在该物体上的合引力**.在地球表面或表面附近,可以认为**地球对地球表面附近的物体的万有引力就是物体所受的重力 $\boldsymbol{P}$**.类似地,在月球或其他行星的表面上,物体的重量也几乎完全是由月球或其他行星的万有引力引起的.重力 $\boldsymbol{P}$ 是一个矢量,有大小有方向.在地球上物体所受重力 $\boldsymbol{P}$ 的方向,可认为就是物体所受地球引力的方向,一般认为是指向地球中心的.假如地球是半径为 R_{E}、质量为 m_{E} 的均匀球体,那么在地球表面附近距地心为 r 处有一质量为 m 的小物体(可视为质点),其重量为

$$P=\frac{Gm_{\mathrm{E}}m}{r^2}$$

在重力 $\boldsymbol{P}$ 的作用下,物体具有的加速度即重力加速度 $\boldsymbol{g}$,有

$$\boldsymbol{g}=\frac{\boldsymbol{P}}{m}$$

重力加速度 $\boldsymbol{g}$ 的方向与重力的方向相同,可认为指向地球中心.重力加速度的大小为

$$g=\frac{Gm_{\mathrm{E}}}{r^2}$$

显然,物体所受的重力以及重力加速度的大小与物体到地球中心的距离 r 有关,即与物体的高度有关.而且,此式表明,对任何物体,在同一地点,重力加速度都是相同的.在地球表面附近一定高度内(例如几千米高度范围内),r 与 R_{E} 相差很小,即 $r-R_E \ll R_{\mathrm{E}}$. 故上式可近似表述为

$$g=\frac{Gm_{\mathrm{E}}}{R_{\mathrm{E}}^2}$$

将 $G=6.67\times10^{-11}\ \mathrm{N\cdot m^2\cdot kg^{-2}}$，$m_E=5.98\times10^{24}\ \mathrm{kg}$，$R_E=6.37\times10^6\ \mathrm{m}$ 代入上式，得 $g=9.83\ \mathrm{m\cdot s^{-2}}$.即在地球表面附近，重力加速度的大小几乎是常量.一般计算时，地球表面附近的重力加速度大小通常取 $g=9.80\ \mathrm{m\cdot s^{-2}}$.

应该指出，质量是物体的惯性大小的量度，是物质的根本属性，在低速运动情况下，它是一个常量.而一个给定物体，在地球表面的不同点，它所受的重力或重力加速度有微小的变化.其原因包括区域性的矿床、油田等，地球不是一个正球体，物体离地面高度的不同等.还有一个重要的原因，就是由于地球的自转.地球表面不是一个严格的惯性系.在地球表面这样一个非惯性系中描述，地球表面上的物体所受的力并非只有地球对物体的引力，而是地球对物体的引力 $\boldsymbol{F}_E$ 和物体在地面这样一个非惯性系中的惯性力 $\boldsymbol{F}_i$ 的合力，这个合力就是重力，根据其纬度不同，在地面参考系中测得的重力在大小和方向上与地球对它的引力有微小的差别.

由有关月球的质量和半径的数据，可算出月球表面的重力加速度约为 $g_{月}=1.62\ \mathrm{m\cdot s^{-2}}$，近似等于地球表面重力加速度的1/6.

思考题

思 2.6 设地球为质量均匀分布的球体，地球半径为 $R_E=6.37\times10^6\ \mathrm{m}$，实验测得地球表面附近的重力加速度大小为 $g=9.80\ \mathrm{m\cdot s^{-2}}$.根据这些数据，以及引力常量 $G=6.67\times10^{-11}\ \mathrm{N\cdot m^2\cdot kg^{-2}}$，你能估算出地球的质量吗？能算出地球的平均密度 $\bar{\rho}$ 有多大吗？地球表面层的大多数岩石（如花岗岩、片麻岩）的密度约为 $3\times10^3\ \mathrm{kg\cdot m^{-3}}$，地球表面常见的玄武岩的密度约为 $5\times10^3\ \mathrm{kg\cdot m^{-3}}$，与你计算出的地球平均密度 $\bar{\rho}$ 对比一下，这意味着什么？

2. 弹性力

当两物体相互接触而挤压时，它们都要发生形变.物体发生弹性形变时，欲恢复其原来的形状，物体之间就会有作用力产生.这种物体因发生形变而产生的、欲使其恢复原来形状而对与其接触的物体产生的力，叫做**弹性力**.弹性力是接触力，它产生的条件一是两个物体相互接触，二是相互挤压而发生弹性形变.

绳索被拉紧时所产生的张力、物体放在支撑面上所产生的正压力（作用于支撑面上）和支持力（作用于物体上）、弹簧被拉伸或压缩时产生的弹簧弹性力等，这些都是常见的弹性力.

例如，一物体放在水平桌面上，物体受到重力作用要下落而受到桌面的阻挡，所以物体受到挤压而发生形变，物体欲恢复原来形状而产生了一个竖直向下的对桌面的弹性力（即正压力），另一方面，物体同时挤压桌面，使桌面发生形变，桌面欲恢复原来形状而产生了一个垂直于桌面竖直向上的对物体的弹性力（即支持力）.这种接触力产生的物理根源是由于物体内部分子间一般有一定的平衡距离，当物体受到挤压而变形时，物体内部分子间产生电磁斥力，宏观上即表现为弹力.这种弹力通常称为正压力或支持力，它们的大小取决于相互挤压而发生形变的程度，由物体的受力情况和运动情况确定；它们的方向总是垂直于接触面或接触点的公切面、指向试图使物体恢复原状的方向（即指向与其相接触的另一个物体）.

物体和柔软的绳子相连接，在物体和绳子之间也会有力的作用.一般认为这种力是由于物体和绳子都发生了形变而引起的，因而也是一种弹性力.绳子与物体之间相互作用的拉力作用线沿着绳子，物体受到绳子拉力的方向为从力的作用点背离受力物体本身.绳子受到物体拉力的方向为从力的作用点背离绳子本身，这个力只是使绳子张紧，故这种力常称为**张力**.绳子和物体之间有拉力相互作用时,绳索受到拉伸,绳子内部各段之间也有力的相互作用.设想在绳索上任一点 P 将绳索分为两段,而保持绳索以及与之相连接的所有物体的运动状态不变,则每一段绳子由于存在伸长弹性形变而在 P 点都有一个弹性力(拉力)作用于另一段绳索,绳子中每一点都存在的这一对拉力 $\boldsymbol{F}_T$ 和 $\boldsymbol{F}'_T$ 就是绳子内部的**张力**.它们是一对作用力和反作用力,大小相等,方向相反,作用在同一条直线上.其大小取决于绳索的收紧程度,方向总是沿着绳索而指向绳索收紧的方向.一般情况下,绳子中各点的张力大小是不相等的,但在绳子的质量可以忽略不计时(在本书所讨论的涉及绳子的问题中,除非特别说明,绳子质量一般都忽略不计),同一段绳子上各处的张力总是大小相等的(见例 2.1).

其他物体受到拉伸时,例如一根杆,在两端向外拉伸,也会产生同样的拉力.这种接触力产生的物理根源是当绳索等物体受到外力作用而伸长时,物体内部分子间产生电磁引力,宏观上即表现为张力(或拉力).

发生弹性形变的物体所产生的弹性力,其方向总是垂直于接触面或接触点的公切面、指向试图使物体恢复原状的方向,而作用于与其相接触的另一个物体上.弹性力的大小,与弹性形变有关,一般没有一个统一的公式进行计算,要根据物体所受到的其他力的情况和物体的运动状态,由物理规律来确定.

弹簧被拉伸或压缩时产生的弹簧弹性力是最常见的一种弹性力.当弹簧发生形变时,在弹簧内部产生弹性力的作用,这个力试图使弹簧恢复到原来的形状,根据胡克定律,在弹性限度内,弹性力和弹簧的伸长量成正比.如图 2-2 所示,把弹簧的一端固定,另一端连接一个放置在水平面上的物体(可视为质点),O 点为弹簧在原长(即没有形变)状态时物体的位置,即为这种情况下物体的平衡位置,以平衡位置 O 为坐标原点,沿弹簧向右为 Ox 轴的正方向,则当物体自 O 点向右移动而将弹簧稍微拉长时,弹簧对物体作用的弹性力 $\boldsymbol{F}$ 指向左方;当物体自 O 点向左移动而稍微压缩弹簧时,弹簧对物体的弹性力 $\boldsymbol{F}$ 指向右方.当弹簧形变量不大,处于弹性限度范围内时,根据胡克定律,弹簧作用于物体上的弹性力 $\boldsymbol{F}$ 遵从胡克定律,即

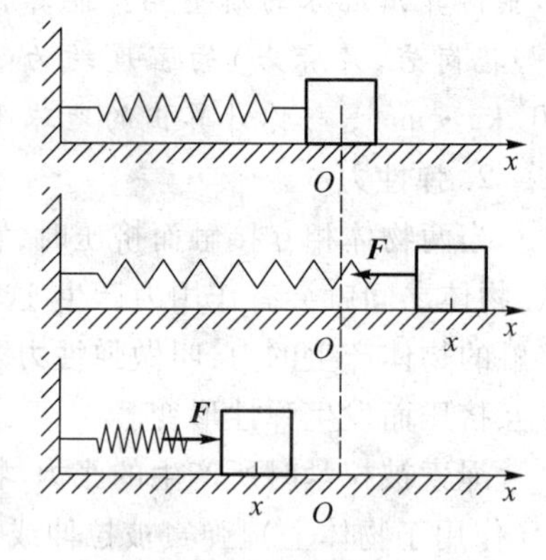

图 2-2 弹簧的弹性力

$$\boldsymbol{F} = -kx\boldsymbol{i} \tag{2.6a}$$

弹性力 $\boldsymbol{F}$ 在 x 方向的分量可以表示为

$$F = -kx \tag{2.6b}$$

式中,x 是物体相对于平衡位置(坐标原点 O)的位移,即物体的坐标值,为代数量,$x>0$ 表示弹簧伸长,$x<0$ 表示弹簧被压缩,其绝对值表示弹簧的伸长或压缩量.k 是一个正的常量,称为弹簧的劲度系数,它表征弹簧的力学性能,即弹簧发生单位形变时弹性力的大小.上式的负号表示弹性力的方向,即当 $x>0$ 时,$F<0$,弹性力的方向沿 Ox 轴的负方向;当 $x<0$ 时,$F>0$ 弹性力的方向沿 Ox 轴的正方向.由此可见,弹簧作用于物体上的弹性力总是要使物体回至平衡位置 O,故通常把这种力称为弹性回复力.

例 2.1 质量为 m_1、长为 l 的柔软细绳,一端系在放在水平光滑桌面上、质量为 m_2 的物体上,

另一端加一个水平方向的恒力 $\boldsymbol{F}$, 如图 2-3(a)所示.绳被拉紧时必然会发生形变,略有伸长,一般伸长量相对于绳长很小,可略去不计.现设绳的长度不变,质量均匀分布.求:(1) 绳作用在物体上的力;(2) 绳上任一点的张力.

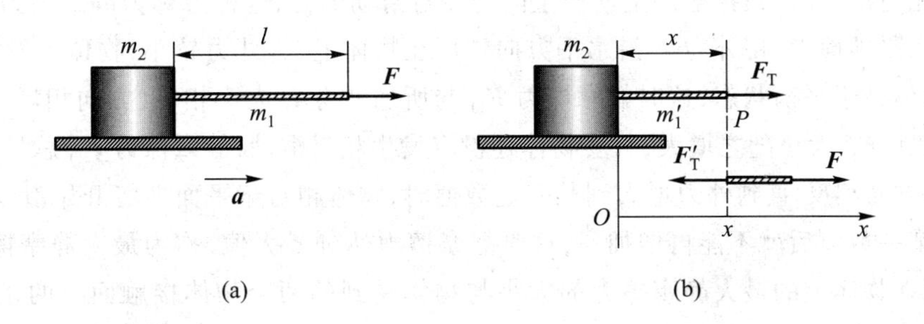

图 2-3

解 (1) 如图 2-3(a)所示.以物体 m_2 和绳 m_1 整体为研究对象,整体做平动,所以可以当成一个质点,其所受合外力即为水平方向外加的恒力 $\boldsymbol{F}$, 设其加速度 $\boldsymbol{a}$ 方向向右,由牛顿第二定律得

$$\boldsymbol{F} = (m_1 + m_2)\boldsymbol{a}$$

建立如图 2-3(b)所示坐标系,绳和物体连接点为坐标原点 O,向右为 x 轴正向,则上式的分量式为

$$F = (m_1 + m_2)a$$

以物体 m_2 为研究对象,物体做平动,当成一个质点,其所受合外力为绳子对它的拉力 $\boldsymbol{F}_{T2}$,其加速度为 $\boldsymbol{a}$, 方向向右,由牛顿第二定律得 $\boldsymbol{F}_{T2} = m_2\boldsymbol{a}$, 其分量式为

$$F_{T2} = m_2 a$$

解得

$$a = \frac{F}{m_1 + m_2}, F_{T2} = \frac{m_2}{m_1 + m_2}F$$

(2) 如图 2-3(b)所示,设想在绳索上任一点 P 将绳索分为两段,P 点的坐标为 x, 以物体 m_2 和与之相连的质量为 $m_1' = \frac{x}{l}m_1$ 的一段绳子为研究对象,受到右段绳子的拉力 $\boldsymbol{F}_T$ 作用,其加速度为 $\boldsymbol{a}$, 方向向右,由牛顿第二定律

$$\boldsymbol{F}_T = \left(m_2 + m_1\frac{x}{l}\right)\boldsymbol{a}$$

得

$$F_T = \frac{m_2 + m_1\frac{x}{l}}{m_1 + m_2}F$$

讨论:由上式可见,绳子中不同点处的张力一般是不同的,跟绳子的具体受力情况和运动形式有关.如果绳子质量 m_1 可以忽略不计,则同一段绳子中(即这一段绳子上,除了两端以外,中间

各点没有其他力的作用),无论运动形式如何,各点张力大小都相等.

3. 摩擦力

除了弹性力是接触力外,摩擦力也是接触力.当两个相互接触而挤压的物体间有相对滑动的趋势但尚未相对滑动时,在接触面上便产生阻碍相对滑动的力,这种力称为**静摩擦力**.例如,把一个物体放在水平地面上,用外力 $\boldsymbol{F}$ 沿水平方向作用在物体上,若外力较小,物体不发生相对于地面的滑动,物体处于平衡状态,这时静摩擦力 $\boldsymbol{F}_{f0}$ 与所加外力 $\boldsymbol{F}$ 大小相等、方向相反.逐渐增大外力 $\boldsymbol{F}$,静摩擦力 $\boldsymbol{F}_{f0}$ 大小随之增大,只要物体还没有发生相对滑动,静摩擦力 $\boldsymbol{F}_{f0}$ 总是与所加外力 $\boldsymbol{F}$ 大小相等、方向相反.直到外力增大到某一定数值时,物体相对于平面即将开始滑动,可见静摩擦力增大到某一数值后就不能再增加了,这时静摩擦力达到最大值,称为最大静摩擦力 $\boldsymbol{F}_{f0m}$.实验表明,作用在物体上的最大静摩擦力的大小与物体受到的两个物体接触面上的正压力(法向力)的大小 F_N 成正比,即

$$F_{f0m}=\mu_0F_N \tag{2.7}$$

μ_0 叫做静摩擦因数.静摩擦因数与两个相互接触物体的表面材料性质以及接触面的情况(如粗糙程度、温度、湿度等)有关,但与接触面积的大小无关.注意:只有最大静摩擦力才能按式(2.7)计算.一般情况下,静摩擦力大小根据物体的受力情况和运动状态由力学规律确定,不能按式(2.7)计算.但静摩擦力大小 F_{f0} 总满足下述关系:

$$F_{f0}\leqslant F_{f0m}$$

某物体所受静摩擦力和最大静摩擦力的方向总是在接触面内(确切地说在两物体接触处的公切面内)、与该物体相对于与之接触的另一物体的相对运动趋势的方向相反.

例如物体 A 与物体 B 相接触,见图 2-4(a),当用一水平向右的力拉物体 A,但 A、B 之间尚未发生相对滑动时,A 相对于 B 有向右滑动的趋势,故 A 受到 B 作用于它的静摩擦力 $\boldsymbol{F}_{f0}$ 的方向向左,见图 2-4(b);与此同时,B 相对于 A 将有向左滑动的趋势,故 B 受到 A 作用于它的静摩擦力 $\boldsymbol{F}'_{f0}$ 的方向向右,见图 2-4(c). $\boldsymbol{F}_{f0}$ 和 $\boldsymbol{F}'_{f0}$ 是一对作用力和反作用力.

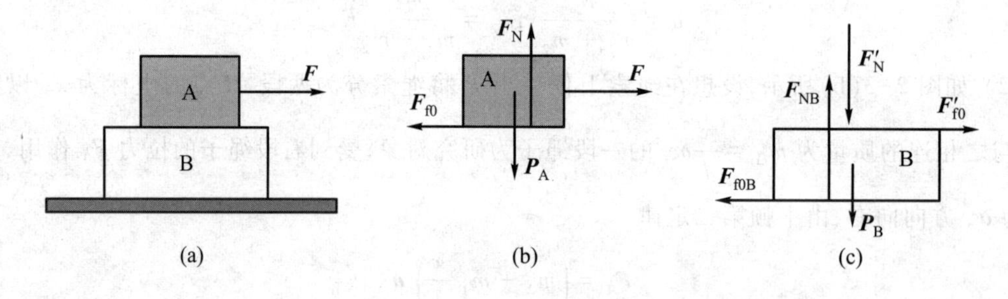

图 2-4　静摩擦力

当两个物体间有相对滑动时,仍受摩擦力作用,这种摩擦力叫做**滑动摩擦力** $\boldsymbol{F}_f$,某物体所受滑动摩擦力的方向总是沿着接触处的公切面、与该物体相对于与之接触的另一物体的相对运动方向相反.

例如物体 A 与物体 B 相互接触,并在力 $\boldsymbol{F}$ 的作用下运动,见图 2-5(a).设某时刻物体 A 相对于地面的速度为 $\boldsymbol{v}_A$,物体 B 相对于地面的速度为 $\boldsymbol{v}_B$,且 $v_A<v_B$.这时 A、B 之间有相对运动,A

相对于 B 的运动方向（即以物体 B 为参考系时观察物体 A 的运动方向）向左，故 A 受到 B 作用于它的滑动摩擦力 $\boldsymbol{F}_{\mathrm{f}}$ 的方向向右；与此同时，B 相对于 A 的运动方向向右，故 B 受到 A 作用于它的滑动摩擦力 $\boldsymbol{F}'_{\mathrm{f}}$ 的方向向左．物体 A、B 的示力图分别见图 2-5（b）、（c）．$\boldsymbol{F}_{\mathrm{f}}$ 和 $\boldsymbol{F}'_{\mathrm{f}}$ 是一对作用力和反作用力．

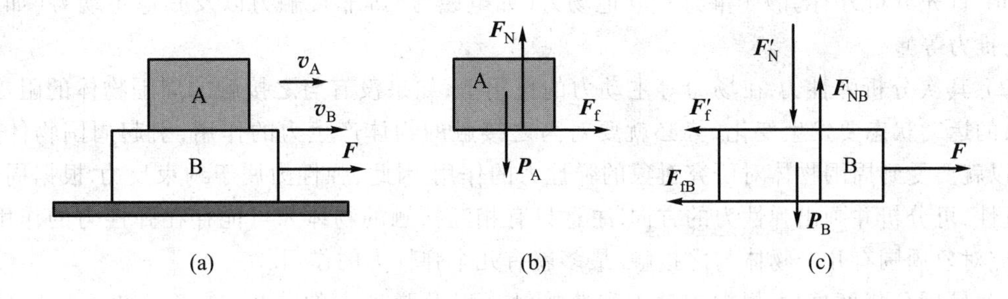

图 2-5　滑动摩擦力

实验表明，滑动摩擦力的大小也与两个物体接触面上的正压力 F_{N} 成正比，即

$$F_{\mathrm{f}}=\mu F_{\mathrm{N}} \tag{2.8}$$

μ 叫做滑动摩擦因数．滑动摩擦因数 μ 与两个相互接触的物体的材料性质、接触面的情况、温度、湿度等有关，还与两相互接触物体的相对滑动速度的大小有关．在相对速度不太大时，滑动摩擦因数 μ 近似可看成常量．在其他条件相同的情况下，一般来说，滑动摩擦因数 μ 略小于静摩擦因数 μ_0．在一般计算时，除非特别声明，可以认为两者近似相等．

摩擦力的规律是比较复杂的，式（2.7）、式（2.8）都是由实验总结出的近似规律．至于摩擦力的性质及产生机理十分复杂，一般认为是电磁相互作用，其形成的机理至今尚不清楚．

通常可以通过减小物体表面的凹凸程度、清洁物体表面来减小摩擦力．但实验表明，物体表面过于光洁，使物体实际接触面过大，又会因为分子间吸引力的增大使宏观上表现出的摩擦力增大．另外，滑动摩擦因数不光与物体相对运动速度有关，而且还与物体的温度有关．如汽车刹车制动系统，在汽车连续下坡的过程中，经过长时间摩擦以后可能会刹车失灵．这主要是因为制动盘（鼓）温度升高到一定程度时，盘间的摩擦因数会变小．因此汽车在走山路时，一般应通过发动机制动或通过不断向制动盘淋水的办法使其降低温度，避免刹车失灵．

摩擦产生的影响有利又有弊．一方面，人们的生产生活活动离不开摩擦，例如人走路、车辆行走、货物的皮带传输等都离不开摩擦．另一方面，摩擦又有不利的一面，如机器运转时，摩擦会产生热量，影响机器的精度甚至影响正常工作，这时就要尽量减小摩擦力．

牛顿运动定律在实践中有着广泛的应用．牛顿第二定律 $\boldsymbol{F}=m\boldsymbol{a}$ 中，$\boldsymbol{F}$ 是作用在运动物体上的合外力，因此，应用牛顿运动定律以及其他力学规律分析和解决动力学问题，对研究对象的受力情况进行正确分析是非常重要的．这就需要遵循一定的受力分析方法．

对物体受力分析，首先要明确研究对象，根据运动情况和所研究的问题，做出合理假设，提出合适的物理模型．然后，需要把研究对象从与之相联系的其他物体中“隔离”出来，把其他物体对研究对象的作用用“力”表示出来，这就是“隔离体法”．隔离体法是分析物体受力的有效方法，应熟练掌握．一个物体往往同时受到多个力的作用，为了便于正确分析物体的受力情况，应该把分析出的各个力一个不漏地在图上画出来,做出示力图.在示力图上,不必(往往也无法事先)按比例画出物体所受各个力的大小,只要能正确地分析出物体所受的各个力的性质并画出各个力的作用点和方向即可.应避免多画不存在的力,或者少画某些真实存在的力.

一般来讲,对研究对象进行受力分析可按照以下原则进行.

(1) 首先分析万有引力(重力)、其他场力(如电磁力)等非接触力以及其他主动力(如人对物体的推力等).

(2) 其次分析弹性力.在场力等主动力的作用下,如果没有与之接触的周围物体的阻挡,研究对象的运动状态要发生变化,势必就要对与之接触的物体产生力的作用,引起周围物体的形变,所以就要受到周围物体对研究对象的弹性力的作用.因此,弹性力属于约束反力.根据周围物体的特性,可分析并画出弹性力的方向.注意只有相互接触的物体才可能存在弹性力的作用,所以,研究对象周围有几个物体与之接触,最多就有几个弹性力的作用.

(3) 最后分析摩擦力.根据主动力和非接触力以及弹性力的分析,或者已知运动情况,我们就可以分析出沿两物体接触面之间是否有相对滑动或者相对滑动的趋势.设研究对象初始时静止,如果除了摩擦力之外的其他外力沿接触面的分力大于最大静摩擦力,则两物体将沿接触面相对滑动,这时研究对象所受摩擦力为滑动摩擦力,其大小应按照式(2.8)计算,其方向沿接触面并与相对滑动的方向相反;如果除了摩擦力之外的其他外力沿接触面的分力小于或等于最大静摩擦力,则物体沿接触面没有相对滑动,但有相对滑动的趋势,这时摩擦力为静摩擦力,其方向沿接触面并与相对滑动趋势的方向相反,其大小应根据物体的运动状态由牛顿定律计算.

物体的受力分析应紧密结合物体运动情况的分析进行,它们之间紧密联系并互相影响,不是相互脱离、相互独立的.

以上只是对物体进行受力分析的一般原则,物理问题千变万化,所以不能拘泥于某种方法而死搬教条,应在掌握物理学基本规律和受力分析基本原则的基础上灵活应用.

思考题

思 2.7 以下两种说法正确吗? 试举例说明.① 物体受到的摩擦力的方向总是与物体的运动方向相反;② 摩擦力总是阻碍物体运动.

思 2.8 水平地面上放着一只木箱,以一个水平向右的力 $\boldsymbol{F}_1$ 作用于木箱,箱子仍保持静止.$\boldsymbol{F}_1$ 保持不变,现用一个竖直向下的力 $\boldsymbol{F}_2$ 作用于箱子,且 $\boldsymbol{F}_2$ 的大小慢慢增大.问以下各量是变大,变小,还是不变? ① 地面对箱子的静摩擦力;② 地面对箱子的支持力;③ 地面对箱子的最大静摩擦力.箱子会动吗?

思 2.9 质量为 m 的小球,放在光滑的木板和光滑的墙壁之间,并保持平衡,如图所示.设木板和墙壁之间的夹角为 α, 当 α 逐渐增大时,小球对木板的压力将怎样变化?

思 2.10 如图所示,用一斜向上的力 $\boldsymbol{F}$ (与水平成 30°角),将一重为 $\boldsymbol{P}$ 的木块压靠在竖直墙面上,如果不论用怎样大的力 F,都不能使木块向上滑动,则说明木块与壁面间的静摩擦因数 μ_0 的大小为多少?

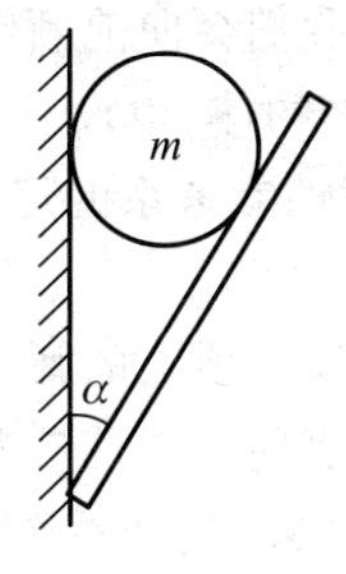

思考题 2.9 图　　　　思考题 2.10 图

*2.1.3　非惯性系和惯性力

凡是相对于任一惯性系做匀速直线运动的参考系都是惯性系，而相对于任一惯性系有加速度的参考系称为非惯性系，例如相对于地面加速运动的火车车厢、升降机以及旋转的圆盘等都是非惯性系.牛顿定律在非惯性系中不成立.但是，在实际问题中，人们往往需要在非惯性系中处理力学问题，为了方便地沿用牛顿定律的形式在非惯性系中求解力学问题，需要引入惯性力的概念.以下分析两种常见非惯性系中的力学问题.

1. 在变速直线运动参考系中的惯性力

如图 2-6 所示，在一列相对于地面以加速度为 $\boldsymbol{a}_0$ 沿直线行驶的火车车厢中，车厢地板上有一质量为 m 的物体，所受合外力为 $\boldsymbol{F}$，相对于车厢以加速度 $\boldsymbol{a}'$ 运动.因为车厢不是一个惯性系，所以在车厢参考系里观察，牛顿定律不成立，即

$$\boldsymbol{F} \neq m\boldsymbol{a}'$$

若以地面为参考系，则牛顿定律成立，即有

$$\boldsymbol{F} = m\boldsymbol{a} = m(\boldsymbol{a}' + \boldsymbol{a}_0) = m\boldsymbol{a}' + m\boldsymbol{a}_0$$

其中 $\boldsymbol{a}$ 为物体相对于地面的加速度.如果将等式右侧的 $m\boldsymbol{a}_0$ 这一项移至等式的左边，得

$$\boldsymbol{F} + (-m\boldsymbol{a}_0) = m\boldsymbol{a}'$$

图 2-6　惯性力的引入

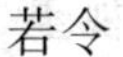
若令

$$\boldsymbol{F}_{\mathrm{i}} = -m\boldsymbol{a}_0 \tag{2.9}$$

并称 $\boldsymbol{F}_{\mathrm{i}}$ 为惯性力，则上式可写为

$$\boldsymbol{F} + \boldsymbol{F}_{\mathrm{i}} = m\boldsymbol{a}' \tag{2.10}$$

式(2.10)的右侧为在车厢这个非惯性系中测得的加速度与质量的乘积，而左侧是物体实际所受的合外力和惯性力的矢量和.这表明，如果在物体所受的合外力中包括惯性力的作用，则在非惯性系中，牛顿定律形式上仍然成立.

由式(2.9)可知，惯性力的方向与非惯性参考系(此处的车厢参考系)相对于惯性参考系(地面)的加速度 $\boldsymbol{a}_0$ 方向相反，其大小等于研究对象的质量 m 与非惯性参考系相对于惯性参考系加速度 a_0 的乘积.

惯性力在我们的日常生活中经常遇到.例如，当我们坐在车里，车直行突然急刹车时，我们会向前倾倒，这就是惯性力的作用.由于车相对于地面减速，其加速度 $\boldsymbol{a}_0$ 方向向后，所以在急刹车

的车（非惯性系）里观察，存在一个方向向前的惯性力的作用，我们会向前倾倒.

注意惯性力不是物体间的相互作用，所以惯性力没有施力物体，也没有反作用力.惯性力仅仅是参考系非惯性运动的表现，惯性力的具体表示形式与非惯性参考系的运动形式有关.在惯性系里观察和计算物理问题时，惯性力是不存在的.

例 2.2 升降机中有一个质量为 m 的物体悬挂在系于升降机顶上的弹簧秤上，升降机相对于地面的加速度为 $\boldsymbol{a}_0$ 向上加速运动，求弹簧秤的读数.设地球表面是惯性参考系.

解一 以地面为参考系（惯性参考系），以物体为研究对象，物体受到重力 $\boldsymbol{P}$（方向竖直向下）和弹簧秤的拉力 $\boldsymbol{F}_{\mathrm{T}}$（方向竖直向上）作用，物体的加速度为 $\boldsymbol{a}_0$（方向竖直向上，随升降机一起向上加速运动，物体相对于升降机静止）.以竖直向上为 x 轴正方向，则由牛顿第二定律可得

$$\boldsymbol{F}_{\mathrm{T}} + \boldsymbol{P} = m\boldsymbol{a}_0$$

其中重力 $\boldsymbol{P} = m\boldsymbol{g}$. 上式的 x 分量式为

$$F_{\mathrm{T}} - mg = ma_0$$

解得弹簧秤对物体的拉力大小，即弹簧秤的读数为

$$F_{\mathrm{T}} = m(a_0 + g)$$

解二 以升降机为参考系（非惯性参考系），以物体为研究对象，物体相对于升降机静止，所以物体相对于升降机的加速度 $\boldsymbol{a}' = 0$，物体受到重力 $\boldsymbol{P}$（方向竖直向下）、弹簧秤的拉力 $\boldsymbol{F}_{\mathrm{T}}$（方向竖直向上）和惯性力 $\boldsymbol{F}_{\mathrm{i}} = -m\boldsymbol{a}_0$（方向竖直向下）的作用.以竖直向上为 x 轴正方向，则在升降机参考系中，牛顿第二定律的形式为

$$\boldsymbol{F}_{\mathrm{T}} + \boldsymbol{P} + (-m\boldsymbol{a}_0) = m\boldsymbol{a}' = 0$$

其中重力 $\boldsymbol{P} = m\boldsymbol{g}$. 上式的 x 分量式为

$$F_{\mathrm{T}} - mg - ma_0 = 0$$

解得弹簧秤对物体的拉力大小，即弹簧秤的读数为

$$F_{\mathrm{T}} = m(a_0 + g)$$

弹簧秤的读数大于物体的重量.而在地面上测量，弹簧秤的读数等于物体的重量.

在升降机参考系中的观察者看来，物体处于平衡状态，因此好像有一个向下的力 $\boldsymbol{P}'$ 作用在物体上，这个力的大小等于弹簧秤的读数.我们把这个力 $\boldsymbol{P}'$ 称为物体在这个非惯性系中的**视重**.视重与弹簧秤的拉力相平衡，即

$$\boldsymbol{F}_{\mathrm{T}} + \boldsymbol{P}' = 0$$

在这个非惯性系中观测，物体相对于这个非惯性系的自由落体加速度就由视重决定，等于视重除以物体的质量.视重由重力和非惯性力共同形成.视重为

$$\boldsymbol{P}' = \boldsymbol{P} + (-m\boldsymbol{a}_0)$$

这是在以加速度 $\boldsymbol{a}_0$ 相对于惯性系运动的一个非惯性系中视重的一般表达式.在此例中，视重的大小为

$$P' = P + ma_0$$

上式中，升降机相对于地面的加速度 $\boldsymbol{a}_0$ 方向向上时，a_0 取正值；加速度向下时，a_0 取负值.

如果升降机是静止的，或者做匀速直线运动，$a_0 = 0$，视重就等于物体在当地所受的重力.当升降机的加速度方向向上，$a_0 > 0$，物体的视重大于物体在当地所在处的重力，称为超重状态.当

升降机的加速度方向向下，$a_0 < 0$，视重小于物体在当地所受的重力，称为失重状态，视重等于零时，称为完全失重状态.例如，在宇宙飞船里，宇航员和宇宙飞船一起仅在重力作用下以重力加速度运动，所以视重等于零，处于完全失重状态，宇航员在绕地球飞行的宇宙飞船里也就不需要什么东西支撑着了，宇航员可以在飘浮在宇宙飞船里的任意位置.

2. 在匀速转动的非惯性系中的惯性力——惯性离心力

如图 2-7 所示，在光滑水平圆盘上，用一轻弹簧拴一小球，圆盘以角速度 ω 匀速旋转，小球和被拉伸后的弹簧均相对圆盘静止，即小球随圆盘一起做角速度为 ω 、半径为 r 的匀速圆周运动.

地面上的观察者认为，小球受到水平的、指向圆心方向的、弹簧对小球的弹力作用（弹簧被拉长，作用于小球上一拉力），竖直方向上合力为零，所以，弹力提供了向心力，小球能够随圆盘一起在水平面上做匀速圆周运动，符合牛顿第二定律，即

$$\boldsymbol{F}_s = m\boldsymbol{a}_0 = m(-\omega^2\boldsymbol{r}) = -m\omega^2\boldsymbol{r}$$

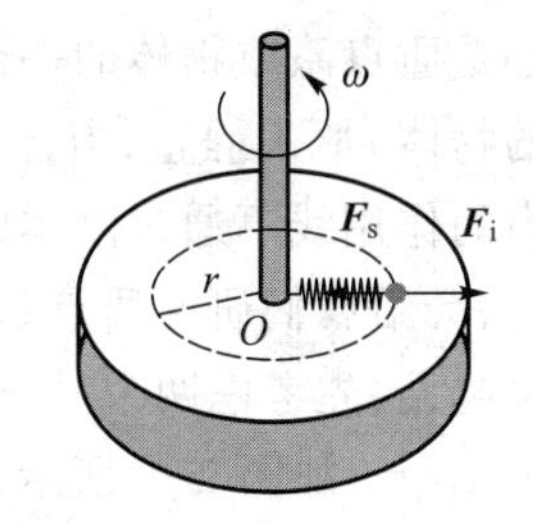

图 2-7 转动参考系中的惯性力

圆盘上小球所在处的观察者认为，小球受到一个水平的、指向圆心方向的、弹簧对小球的弹力作用，而相对于圆盘保持静止状态，不符合牛顿定律.因为圆盘是一个非惯性系，牛顿定律当然不成立.如果圆盘上的观察者想引用牛顿定律的形式解释这一现象，就必须引入一个惯性力

$$\boldsymbol{F}_i = -m\boldsymbol{a}_0 = -m(-\omega^2\boldsymbol{r}) = m\omega^2\boldsymbol{r} \qquad (2.11)$$

由于该力方向为沿径矢方向向外，背离圆心，故称为**惯性离心力**，常简称为离心力.这样，圆盘上的观察者认为，弹簧弹力和惯性离心力之矢量和为零，故小球保持静止状态.考虑惯性力后，牛顿定律形式上仍然成立，即小球保持静止状态，满足

$$\boldsymbol{F}_s + \boldsymbol{F}_i = 0$$

应该注意，有些读者认为离心力是向心力的反作用力，这是完全错误的，但从名词上看，确实很容易误解.实际上，惯性离心力是一种惯性力，是在做旋转运动的非惯性参考系中描述物体的运动时，所引入的一个惯性力，它不是物体之间的相互作用，它没有施力物体，更谈不上存在反作用力.另外，惯性离心力作用在小球上，向心力（此处由弹簧弹力提供）也作用在小球上，从圆盘这个非惯性系上的观察者来看，它们是一对平衡力.

惯性离心力在我们的日常生活中经常遇到.例如，当我们坐在车里，车转弯时，我们会向外侧倾倒，这就是惯性离心力的作用，即在转弯的车（非惯性系）里观察，由于沿曲率圆的半径方向向外的惯性离心力的作用，我们会向外侧倾倒.再例如，在地球表面，物体所受的重力和重力加速度随纬度而变化，就是由地球自转的惯性离心力引起的.

*2.1.4 质心运动定理

为了便于研究系统的整体运动，本节将引入质心的概念.利用质心可以将系统整体运动的规律表述成类似单个质点的运动规律的质心运动定理.

1. 质心

我们在观察物体的一般运动规律时发现，尽管物体上各点的运动规律很复杂，但总有一个与它相关联的特殊点的运动规律比较容易找到.比如向空中扔一个手榴弹时，手榴弹一般是一边向前运动，一边翻滚(转动)，运动规律很复杂.但经过仔细研究，就会发现，手榴弹上有一个特殊点 C，该点的运动规律就像是手榴弹的全部质量集中于 C 点，同时全部外力也都集中作用于 C 点，而引起该点做抛体运动一样.这个特殊点 C 称为系统的质量中心，简称为**质心**.如果我们把手榴弹抛出去，虽然它的运动非常复杂，但是在忽略空气阻力的情况下，质心的运动轨迹总是一条抛物线.

质心是质点系或物体的一个特殊的位置，它具有重要的性质和实际应用.如果刚体(形状、大小不变的物体)原来静止，当合外力的作用线通过刚体的质心时，则该刚体只做平动而不转动；当合外力的作用线不通过刚体的质心时，该刚体一方面随质心平动，一方面绕质心转动.有了质心的概念，会给我们研究质点系和刚体力学问题带来很大的方便.

简单起见，先考虑两个质点 m_1、m_2 组成的系统.设 m_1、m_2 在 x 轴上的位置为 x_1、x_2，如图 2-8 所示.

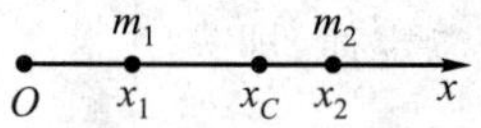

图 2-8

我们把位于

$$x_C=\frac{m_1x_1+m_2x_2}{m_1+m_2}$$

的点称为 m_1、m_2 的质心.

考虑 n 个质点组成的系统.设质点 $m_1,m_2,\cdots,m_n$，它们的位置矢量分别为 $\boldsymbol{r}_1,\boldsymbol{r}_2,\cdots,\boldsymbol{r}_n$.定义质心的位置是

$$\boldsymbol{r}_C=\frac{m_1\boldsymbol{r}_1+m_2\boldsymbol{r}_2+\cdots+m_n\boldsymbol{r}_n}{m_1+m_2+\cdots+m_n}=\frac{\sum\limits_{i=1}^{n}m_i\boldsymbol{r}_i}{m} \tag{2.12a}$$

式中 $m=\sum\limits_{i=1}^{n}m_i$，是质点系的总质量.

在直角坐标系中，质心的位置坐标是

$$\begin{cases} x_C=\dfrac{1}{m}\sum\limits_{i=1}^{n}m_ix_i \\ y_C=\dfrac{1}{m}\sum\limits_{i=1}^{n}m_iy_i \\ z_C=\dfrac{1}{m}\sum\limits_{i=1}^{n}m_iz_i \end{cases} \tag{2.12b}$$

对于质量连续分布的物体，我们可以把它分割成无限多个无限小的质量元 $\mathrm{d}m$ 组成的质点系，任一质量元 $\mathrm{d}m$ 的位置矢量是 $\boldsymbol{r}$.那么，质心的位置矢量为

$$\boldsymbol{r}_C=\frac{\int\boldsymbol{r}\mathrm{d}m}{\int\mathrm{d}m}=\frac{\int\boldsymbol{r}\mathrm{d}m}{m} \tag{2.13a}$$

其中 $m=\int \mathrm{d}m$，是物体的总质量.

在直角坐标系中，其坐标为 (x,y,z)，质心的位置坐标是

$$\begin{cases} x_C = \int \dfrac{x\mathrm{d}m}{m} \\ y_C = \int \dfrac{y\mathrm{d}m}{m} \\ z_C = \int \dfrac{z\mathrm{d}m}{m} \end{cases} \tag{2.13b}$$

上式的积分是对物体的质量分布进行积分.因此，质心的位置是物体的质量在空间分布的平均位置，它决定于物体质量的分布情况.

计算表明，一个质量分布均匀且具有几何对称分布的物体，其质心位于其对称中心.例如，一根质量均匀分布的细棒，其质心位于细棒的中心点.一个质量均匀分布或球对称分布的球体，质心位于球心.

质心和重心是两个不同的概念.物体质心的位置只与其质量和质量分布有关，而与作用在物体上的外力无关.重心是作用在物体上各部分重力的合力的作用点.当物体远离地球，以致地球的引力可以忽略时，就谈不上重心，但质心还是存在的.通常我们说一个物体的质心和重心重合是有条件的，即满足① 作用在物体上各部分的重力都是平行的；② 重力加速度可以视为常量，即在地球表面的局部范围内，且物体与地球相比非常小.不过，在通常研究的问题中，一般都满足上述条件，一般都可以认为一个物体的质心和重心是重合的.

例 2.3 计算质量均匀分布的半圆形金属线的质心位置，金属线的质量为 m，半径为 R.

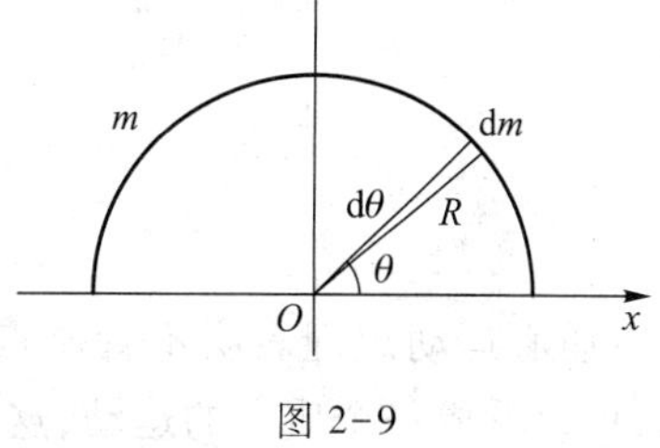

图 2-9

解 如图 2-9 所示，建立坐标系.任取一质量元 $\mathrm{d}m=\dfrac{m}{\pi}\mathrm{d}\theta$，其坐标为 $x=R\cos\theta$，$y=R\sin\theta$.因此半圆形金属线质心的坐标为

$$x_C=\int\frac{x\mathrm{d}m}{m}=\int_0^{\pi}\frac{R\cos\theta\cdot\dfrac{m}{\pi}\mathrm{d}\theta}{m}=0$$

$$y_C=\int\frac{y\mathrm{d}m}{m}=\int_0^{\pi}\frac{R\sin\theta\cdot\dfrac{m}{\pi}\mathrm{d}\theta}{m}=\frac{2}{\pi}R=0.64R$$

可见，半圆形金属线的质量均匀分布关于 y 轴是对称的，因此质心位置一定在 y 轴上.

2. 质心运动定理

为简单起见，仍先考虑由两个质点组成的系统.根据质心的定义有

$$m\boldsymbol{r}_C=m_1\boldsymbol{r}_1+m_2\boldsymbol{r}_2$$

m 是质点系的总质量.把上式两边对时间求导得

$$m\boldsymbol{v}_C=m_1\boldsymbol{v}_1+m_2\boldsymbol{v}_2$$

$\boldsymbol{p}=m\boldsymbol{v}$ 为质点的动量，上式表明，系统的总动量等于总质量与质心速度的乘积.把上式两边

再对时间求导得

$$m\boldsymbol{a}_C=m_1\boldsymbol{a}_1+m_2\boldsymbol{a}_2 \tag{2.14}$$

由牛顿第二定律知

$$\boldsymbol{F}_1+\boldsymbol{F}_{12}=m_1\boldsymbol{a}_1 \tag{2.15}$$

$$\boldsymbol{F}_2+\boldsymbol{F}_{21}=m_2\boldsymbol{a}_2 \tag{2.16}$$

上面式中 $\boldsymbol{F}_1$ 为 m_1 所受的外力，$\boldsymbol{F}_{12}$为质点 2 对质点 1 作用的系统内力；$\boldsymbol{F}_2$ 为 m_2 所受的外力，$\boldsymbol{F}_{21}$为质点 1 对质点 2 作用的系统内力.$\boldsymbol{F}_{12}$和 $\boldsymbol{F}_{21}$是一对作用力和反作用力，所以 $\boldsymbol{F}_{12}=-\boldsymbol{F}_{21}$.把式(2.15)、式(2.16)代入式(2.14)得

$$\boldsymbol{F}_1+\boldsymbol{F}_2=m\boldsymbol{a}_C,$$

$\boldsymbol{F}_1+\boldsymbol{F}_2$ 是质点系所受外力的矢量和 $\boldsymbol{F}_{外}$，因此上式可写为

$$\boldsymbol{F}_{外}=\sum\boldsymbol{F}_i=m\boldsymbol{a}_C \tag{2.17a}$$

虽然上面的推导是对两个质点组成的质点系进行的，但结论适用于任何质点系.式(2.17)表明，质点系所受外力的矢量和在数值上等于质点系的总质量与质心的加速度的成绩.由此可见，外力对物体的作用决定了物体质心的运动情况.在形式上，牛顿第二定律对质心是适用的.这就是**质心运动定理**.

质心运动定理在直角坐标下的分量式为

$$\begin{cases}\sum\limits_{i=1}^{n}F_{ix}=ma_{Cx}\\ \sum\limits_{i=1}^{n}F_{iy}=ma_{Cy}\\ \sum\limits_{i=1}^{n}F_{iz}=ma_{Cz}\end{cases} \tag{2.17b}$$

质心运动定理表明不管质点系所受外力如何分布，无论质点系如何运动，质点系质心的运动，可以看成一个质点的运动，这个质点集中了整个质点系的质量，也集中了质点系所受到的所有外力.质心的运动状态完全取决于质点系所受的外力，内力不能使质心产生加速度.若质心运动发生改变，则系统所受外力的矢量和必不等于零.当外力矢量和为零时，质心做匀速直线运动或保持静止.从本质上说，这是系统动量守恒定律的另一种表述形式.

一个物体的任何形式的复杂运动都可以看成是质心运动和物体上各部分相对于质心的运动的合成运动.例如，车轮的运动可以看成是车轮质心(在车轴上)的平动和轮盘上各点绕过质心的转轴转动的合成.再如，抛出一手榴弹时，整个手榴弹在空间翻滚着落下，运动情况相当复杂.但是只要空气阻力可以忽略，手榴弹的质心按抛体运动的规律在空中运动.

注意，质心并不是真实的质点，它只是为了较方便地研究运动问题而引进的一个概念.

例 2.4 一艘长为 $L=4$ m、质量为 $m'=150$ kg 的小船静止浮在湖面上，一质量为 $m=50$ kg 的人，从船尾走到船头.求人和船相对于湖岸分别移动了多少距离？忽略人和船运动过程中受到的各种阻力.

解 以人和船组成的质点系为研究对象，以船尾到船头方向为 x 轴正向，坐标原点固定在湖岸上.人在船上走动时，人和船之间的作用力是系统的内力，作用在质点系上的外力有它们的重

力 $m'\boldsymbol{g}$、$m\boldsymbol{g}$ 和水对船的浮力 $\boldsymbol{F}$,这些力在水平面内任一方向(包括 x 轴方向)的投影均为零,水的阻力又忽略不计,所以质点系所受外力在 x 轴方向的分量的代数和等于零,即 $\sum_{i=1} F_{ix}=0$.根据质心运动定理,质点系质心的加速度在 x 轴方向的分量 $a_{Cx}=\frac{\mathrm{d}v_{Cx}}{\mathrm{d}t}=0$.因此,质心的速度在 x 轴方向的分量 $v_{Cx}=$常量,由于整个质点系原来是静止的,所以 $v_{Cx}=\frac{\mathrm{d}x_C}{\mathrm{d}t}=0$,则 $x_C=$常量.也就是说,质心位置坐标在人在船上行走过程中保持不变,无论人以什么样的规律运动,加速还是匀速,都不影响质心的位置.

设人在走动之前相对于湖岸的位置坐标为 x_1,船的质心坐标为 x_2.这时人和船组成的系统的质心坐标为

$$x_C=\frac{mx_1+m'x_2}{m+m'}$$

当人走到船头时,人相对于湖岸的位置坐标为 x_1',船的质心坐标为 x_2'.这时人和船组成的系统的质心坐标为

$$x_C'=\frac{mx_1'+m'x_2'}{m+m'}$$

因为 $x_C'=x_C$,即$\frac{mx_1'+m'x_2'}{m+m'}=\frac{mx_1+m'x_2}{m+m'}$,则人相对于岸的 x 坐标的增量为

$$\Delta x_1=x_1'-x_1=-\frac{m'}{m}(x_2'-x_2)$$

而人相对于船的坐标的增量为 L,根据相对运动的知识,有

$$\Delta x_1=x_1'-x_1=L+(x_2'-x_2)$$

以上两式联立解得船相对于岸坐标的增量为

$$\Delta x_2=x_2'-x_2=-\frac{m}{m+m'}L$$

即船向着船尾方向移动,相对于岸移动的距离为 $|x_2'-x_2|=\frac{m}{m+m'}L$.人相对于岸坐标的增量为

$$\Delta x_1=x_1'-x_1=\frac{m'}{m+m'}L$$

即人向着船头方向移动,相对于岸移动的距离为$\frac{m}{m+m'}L$.

以上是用质心运动定理求解的过程.该题也可以用动量守恒定律求解.

2.2 牛顿运动定律的应用

牛顿定律是经典力学的基础,是物体做机械运动的基本规律,在实践中有着广泛的应用.而其中牛顿第二定律是牛顿运动定律的核心.动力学问题通常分为两类,一类是已知作用在物体上的力求物体的运动规律;另一类是已知物体的运动规律求作用在物体上的力(或部分未知力).对

于第二类问题，只需将运动方程对时间求导，求出物体的加速度后，再应用牛顿第二定律求力.对第一类问题，需要分析所涉及所有物体的受力情况，按牛顿第二定律列出各个物体的动力学方程，计算各个物体的加速度，进而求出物体的速度和运动方程等.本课程主要是求解第一类问题.本节将通过举例说明如何应用牛顿定律解决力学问题.

应用牛顿运动定律分析和解决问题可参考以下步骤进行.

(1) 选择**参考系**.因为牛顿第二定律只在惯性系中成立，所以必须选择一个惯性参考系.研究地球表面上物体的运动问题，通常选择地面或者相对于地面做匀速直线运动的物体作为参考系(近似为惯性系)；研究人造地球卫星的运动，选择地球中心作为参考系.

(2) 选择**研究对象**.牛顿第二定律只适用于质点的运动.当我们不用考虑物体的形状和大小，或者物体做平动时，物体即可看成一个质点.应选择能够看成一个质点的物体作为研究对象.在同一个问题中，往往涉及多个物体的运动，应选择受力情况和运动情况已知或便于计算的一个物体作为研究对象，必要时可再选择与之相联系的一个或多个其他物体作为研究对象(这些物体也应该能看成质点).

(3) **受力分析**.按照上一节所讲的方法，正确分析研究对象的受力情况，画出示力图.一般采用隔离体法分别画出每一个研究对象的示力图.进行受力分析时一般要同时应用牛顿第三定律和第一定律，且要考虑到研究对象的运动情况.

(4) **运动情况分析**.分析周围物体的约束情况，可以明确研究对象的运动特点，是直线运动还是圆周运动等，大多数情况下往往可以确定加速度矢量的方向.

(5) **选择**适当的**坐标系**.常用直角坐标系或自然坐标系.坐以标轴的方向的选择，应以尽量使各个力矢量或加速度矢量沿坐标轴方向的分解较为简单方便为原则.通常选择加速度的方向和与之垂直的方向，或者大多数力矢量和其垂直方向为坐标轴的正向.当然对曲线运动，特别是圆周运动，如果选择自然坐标系较为方便，应选择之.

(6) 列出每一隔离体的**牛顿第二定律的矢量式**.

(7) 按照所选定的坐标系，由牛顿第二定律的矢量式沿各个坐标轴进行分解，列出每一隔离体的**牛顿第二定律的各分量式**(标量式).在某一个矢量(如某个力或加速度)分解时，如果该矢量在某坐标轴上的分矢量方向与坐标轴正向相同，则该矢量在该坐标轴方向的分量为正值，反之取负值.

(8) 列出必要的**辅助方程**.例如同一段轻绳中各点张力相等，作用力和反作用力大小相等、方向相反、作用在同一直线上，不可伸长的绳所连接的物体，其加速度之间存在一定关系，滑动摩擦力公式，圆周运动中角量与线量的关系，等等.

(9) **联立求解**.联立各个方程，求解.求解时，先用字母进行文字求解，得到结果的文字表示，再代入已知数据进行运算.这样，可以清晰地看出结果的意义，以及结果与哪些因素有关，便于对结果进行讨论分析，也容易检验运算过程以及结果的正确性.

(10) 对结果进行**分析讨论**.

例 2.5 如图 2-10 所示，一电梯以加速度 $\boldsymbol{a}_0$ 相对地面向上运动.电梯内有一倾角为 θ 的光滑的斜面，斜面上放一滑块 A 沿斜面滑动.

求滑块 A 相对于斜面的加速度 $\boldsymbol{a}'$.

解一 在惯性系(地面参考系)求解.滑块受力和运动情况如图 2-10(a)所示.由牛顿第二定

律$\sum \boldsymbol{F}=m\boldsymbol{a}$，并考虑到相对运动知识$\boldsymbol{a}=\boldsymbol{a}'+\boldsymbol{a}_0$，其中$\boldsymbol{a}$滑块相对于地面的加速度，$\boldsymbol{a}'$为滑块相对于电梯的加速度，其方向沿斜面向下.沿竖直方向（向上为正方向）有

$$F_N\cos\theta-mg=m(a_0-a'\sin\theta)$$

沿水平方向（向左为正方向）有

$$F_N\sin\theta=ma'\cos\theta$$

解得

$$F_N=m(g+a_0)\cos\theta$$
$$a'=(g+a_0)\sin\theta$$

解二 在非惯性系（电梯参考系）求解.考虑惯性力$\boldsymbol{F}'=-m\boldsymbol{a}_0$后，滑块A的受力如图2-10所示.由非惯性系的牛顿第二定律$(\sum\boldsymbol{F})+\boldsymbol{F}_i=m\boldsymbol{a}'$，沿斜面方向有

$$mg\sin\theta+ma_0\sin\theta=ma'$$

垂直于斜面方向有

$$F_N-mg\cos\theta-ma_0\cos\theta=0$$

解得

$$F_N=m(g+a_0)\cos\theta$$
$$a'=(g+a_0)\sin\theta$$

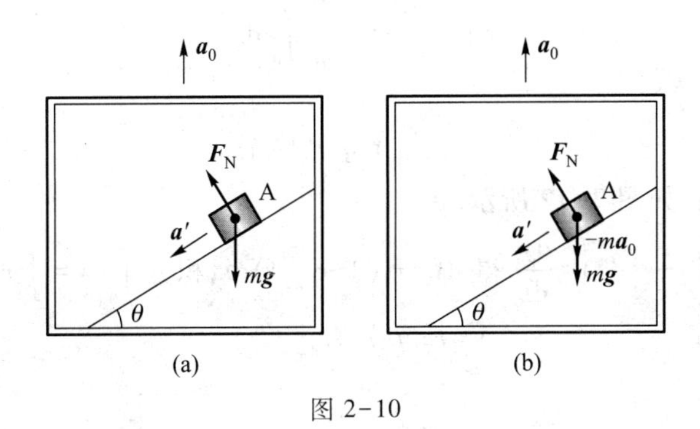

图2-10

例2.6 在自然界里，经常可以发现随速率变化的阻力.半径为r的任一小球，如雨点、油滴、钢球等，以低速度v通过黏性流体（液体或气体）时，受到阻力F_r的作用，

$$\boldsymbol{F}_r=-6\pi\eta r\boldsymbol{v}$$

其中η为流体的黏度.这个关系式称为斯托克斯定律.设一半径为r的钢球，在黏度为η的流体中从静止开始下落，设液体足够深，小球所受重力大于浮力，求任一时刻钢球的速度和位置.

解 令$k=6\pi\eta r$，对某一物体在某种黏性流体中，k为一大于零的常量.则斯托克斯定律可以简写为

$$\boldsymbol{F}_r=-k\boldsymbol{v}$$

在黏性流体中下落的小球，受到三个竖直力的作用，如图2-11所示，分别为重力$\boldsymbol{P}$、浮力$\boldsymbol{F}_b$及阻力$\boldsymbol{F}_r$.由牛顿第二定律得

$$\boldsymbol{P}+\boldsymbol{F}_b+\boldsymbol{F}_r=m\boldsymbol{a}$$

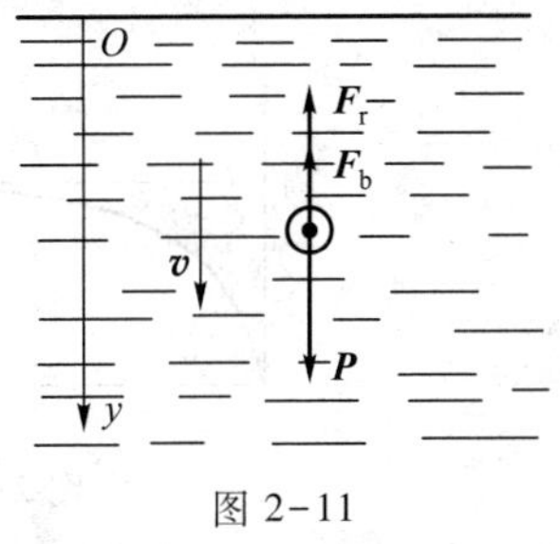

图2-11

设刚开始下落时小球的位置为坐标原点，y轴正方向向下，考虑到$\boldsymbol{F}_r=-k\boldsymbol{v}$，则上式的$y$轴分量式为

$$P-F_b-kv=ma$$

最初 $v=0$ 时,黏性阻力 $\boldsymbol{F}_r=0$,初加速度 a_0 为正,

$$a_0=\frac{P-F_b}{m}$$

所以,小球向下加速运动,黏性阻力增大,加速度减小;稍后,当 v 足够大时,黏性阻力增大到等于 $P-F_b$.此时,作用在小球上的合力变为零,加速度也变为零,以后速度不再增加,此速度为小球的最大速度或终极速度 v_T,可由 $a=0$,即 $P-F_b-kv_T=0$,计算出终极速度

$$v_T=\frac{P-F_b}{k}$$

由牛顿第二定律的 y 分量式

$$P-F_b-kv=ma=m\frac{dv}{dt}$$

用 v_T 代替$\frac{P-F_b}{k}$,整理得

$$\frac{dv}{v-v_T}=-\frac{k}{m}dt$$

当 $t=0$ 时,$v=0$,上式积分

$$\int_0^v\frac{dv}{v-v_T}=-\frac{k}{m}\int_0^t dt$$

即得

$$v=v_T[1-e^{-(k/m)t}]$$

速率随时间变化的关系,如图 2-12 所示.

令 $t_R=\frac{m}{k}$,由 $v=v_T(1-e^{-t/t_R})=\frac{dy}{dt}$,得 $dy=v_T(1-e^{-t/t_R})dt$,积分 $\int_0^y dy=\int_0^t v_T(1-e^{-t/t_R})dt$,得

$$y=v_T(t-t_R+t_Re^{-t/t_R})$$

或

$$y=\frac{P-F_b}{k}\left(t-\frac{m}{k}+\frac{m}{k}e^{-\frac{k}{m}t}\right)$$

例 2.7 如图 2-13 所示,一根长为 l 的轻绳一端固定在 O 点,另一端拴一质量为 m 的小球.开始时小球处于最低位置,使小球获得如图所示的初速度 $\boldsymbol{v}_0$,小球将在竖直面平面内做圆周运动.求小球在任意位置的速率及绳的张力.小球在最低点的速率 v_0 满足什么条件才能保证小球做完整的圆周运动?

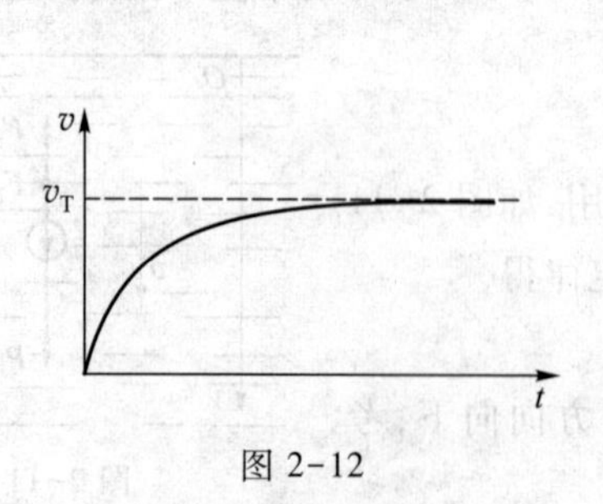

图 2-12

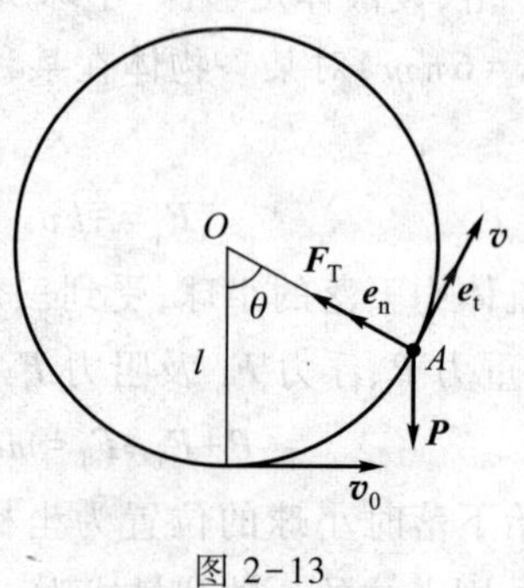

图 2-13

解　由题意知,$t=0$ 时刻,小球位于最低点,速率为 $\boldsymbol{v}_0$.在 t 时刻,小球位于 A 点,绳与竖直线成 θ 角,设速率为 $\boldsymbol{v}$,此时小球受到重力 $\boldsymbol{P}=m\boldsymbol{g}$(竖直向下)和绳的拉力 $\boldsymbol{F}_{\mathrm{T}}$(沿绳指向 O 点)作用.由于绳的质量不计,故绳中各处的张力大小相等,等于绳对小球的拉力大小 F_{T}.由牛顿第二定律,对小球有

$$\boldsymbol{F}_{\mathrm{T}}+m\boldsymbol{g}=m\boldsymbol{a} \tag{1}$$

小球做圆周运动,选取自然坐标系.在 A 点,速度 $\boldsymbol{v}$ 的方向为切向正方向(切向单位矢量 $\boldsymbol{e}_{\mathrm{t}}$ 的方向),A 点指向圆心 O 点的方向为法向正方向(法向单位矢量 $\boldsymbol{e}_{\mathrm{n}}$ 的方向).则式(1)在切向和法向的分量式分别为

$$\begin{cases} -mg\sin\theta=ma_{\mathrm{t}} \\ F_{\mathrm{T}}-mg\cos\theta=ma_{\mathrm{n}} \end{cases}$$

考虑到加速度的切向分量 $a_{\mathrm{t}}=\dfrac{\mathrm{d}v}{\mathrm{d}t}$,加速度的法向分量 $a_{\mathrm{n}}=\dfrac{v^2}{l}$,上式写为

$$-mg\sin\theta=m\frac{\mathrm{d}v}{\mathrm{d}t} \tag{2}$$

$$F_{\mathrm{T}}-mg\cos\theta=m\frac{v^2}{l} \tag{3}$$

式(2)中,$\dfrac{\mathrm{d}v}{\mathrm{d}t}=\dfrac{\mathrm{d}v}{\mathrm{d}\theta}\dfrac{\mathrm{d}\theta}{\mathrm{d}t}=\omega\dfrac{\mathrm{d}v}{\mathrm{d}\theta}$(利用了角速度的定义 $\omega=\dfrac{\mathrm{d}\theta}{\mathrm{d}t}$),又角速度和线速率的关系式为 $v=\omega l$,所以,$\dfrac{\mathrm{d}v}{\mathrm{d}t}=\dfrac{v}{l}\dfrac{\mathrm{d}v}{\mathrm{d}\theta}$,代入式(2),得$-mg\sin\theta=m\dfrac{v}{l}\dfrac{\mathrm{d}v}{\mathrm{d}\theta}$,即 $v\mathrm{d}v=-gl\sin\theta\mathrm{d}\theta$,积分

$$\int_{v_0}^{v} v\mathrm{d}v=-gl\int_0^{\theta}\sin\theta\mathrm{d}\theta$$

得小球在任意位置的速率

$$v=\sqrt{v_0^2+2gl(\cos\theta-1)} \tag{4}$$

将上式代入式(3),得小球在任意位置时绳的张力

$$F_{\mathrm{T}}=m\left(\frac{v_0^2}{l}-2g+3g\cos\theta\right) \tag{5}$$

讨论从式(4)可知,当小球做圆周运动时,小球的速率与其位置有关,θ 在 $0\to\pi$ 之间,随着角度 θ 的增大,小球速率减小;而在 $\pi\to2\pi$ 之间,随着 θ 的增大,小球速率增大.小球做变速圆周运动.

从式(5)可以看出,小球在从最低点向上升的过程中,随着角度 θ 的增大,绳对小球的拉力(绳中张力)F_{T} 逐渐减小,在到达最高点时(如果能够到达最高点),绳中张力最小,$F_{\mathrm{T,min}}=m\left(\dfrac{v_0^2}{l}-5g\right)$;而后在小球下降的过程中,绳中张力 F_{T} 逐渐增大,到达最低点时,张力最大,$F_{\mathrm{T,max}}=m\left(\dfrac{v_0^2}{l}+g\right)$.

那么,需满足什么条件,小球才能到达最高点呢?或者说需满足什么条件,小球才能做完整的圆周运动呢?显然,只要小球在任一点,绳子都处于张紧状态而不松弛,则小球就能做完

整的圆周运动.即绳中张力处处满足 $F_T \geqslant 0$ 的条件即可.而在最高点绳中张力最小,所以只要满足

$$F_{T,\min}=m\left(\frac{v_0^2}{l}-5g\right)\geqslant 0$$

就能保证小球在其他任意点处,绳中张力处处满足 $F_T>0$ 的条件.由上式即可解得

$$v_0\geqslant\sqrt{5gl}$$

这就是保证小球做完整的圆周运动的条件.

如果以上条件不满足,则小球不能做完整的圆周运动.若 $v_0\leqslant\sqrt{2gl}$,小球上升到某一角度 θ 处时$\left(\theta\text{ 满足 }0<\theta\leqslant\frac{\pi}{2}\right)$,小球速度即减为零,小球将原路返回,做往复振动;若 v_0 满足条件 $\sqrt{2gl}<v_0<\sqrt{5gl}$,则小球上升到某一角度 θ 处时$\left(\theta\text{ 满足 }\frac{\pi}{2}<\theta<\pi\right)$,绳子就会松弛,在该处绳中张力 $F_T=0$,但速度不为零,小球将从该处开始做斜上抛运动.

思考题

思 2.11 一根绳子悬挂着一个质量为 m 的小球,小球在水平面内做匀速圆周运动,绳子与竖直方向的夹角为 θ,如图所示.在求绳子对小球的拉力 $\boldsymbol{F}_T$ 时,甲同学把拉力 $\boldsymbol{F}_T$ 投影在竖直方向,得

$$F_T\cos\theta-mg=0$$

从而有

$$F_T=\frac{mg}{\cos\theta}$$

乙同学把重力 mg 投影在绳子所在方位,得

$$F_T-mg\cos\theta=0$$

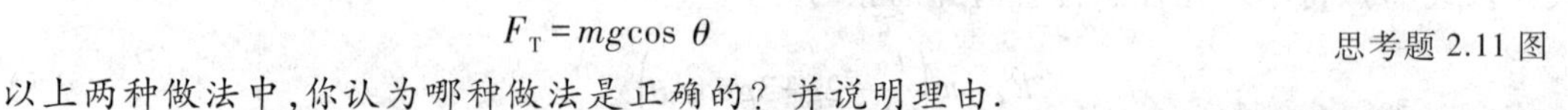

从而有

$$F_T=mg\cos\theta$$

思考题 2.11 图

以上两种做法中,你认为哪种做法是正确的?并说明理由.

思 2.12 质量分别为 m 和 m' 的滑块 A 和 B,叠放在光滑水平桌面上,如图所示.A、B 间静摩擦因数为 μ_0,滑动摩擦因数为 μ,系统原处于静止.今有一水平力作用于 A 上,要使 A、B 不发生相对滑动,则 $\boldsymbol{F}$ 应取什么范围?

思 2.13 如图所示,质量为 m' 的物体 B,固定在水平面上,并与质量为 m 的物体 A 接触,二者之间的静摩擦因数为 μ_0.为保持物体 A 不从物体 B 上滑落,最小必须给物体 A 加多大的水平力?

若物体 B 不是固定在水平面上,且与水平面之间无摩擦,再回答上述问题.

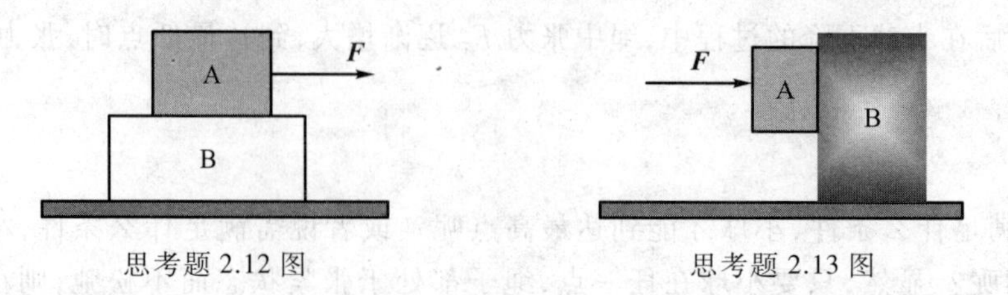

思考题 2.12 图　　思考题 2.13 图

2.3 冲量和动量定理

2.3.1 冲量和质点的动量定理

1. 动量

动量是描述物体机械运动的一个重要的物理量.人们在从事冲击和碰撞等问题的研究中,逐步认识到一个物体对其他物体的冲击效果与这个物体的速度和质量都有关系.例如要使速度相同的两辆车停下来,质量小的就比质量大的容易些;同样,要是质量相同的两辆车停下来,速度小的就比速度大的容易些.若两辆车质量和速度都不相同,要想判断哪辆车比较容易停下来,单从一方面判断就不可以了.也就是说,在研究物体的运动状态改变时,必须同时考虑速度和质量这两个因素,才能全面表达物体的运动状态,因此引入了动量的概念.我们把质点的质量 m 和速度 $\boldsymbol{v}$ 的乘积称为质点的动量,用 $\boldsymbol{p}$ 表示,即

$$\boldsymbol{p}=m\boldsymbol{v} \tag{2.18}$$

对于动量这个物理量需要明确以下几点.

(1) 质点的动量是矢量,其方向与质点的速度方向相同.在直角坐标系中,它的各个分量为

$$\begin{cases} p_x=mv_x \\ p_y=mv_y \\ p_z=mv_z \end{cases} \tag{2.19}$$

(2) 动量具有相对性,其大小与方向一般都与参考系有关.

(3) 质点的动量是描述质点运动状态的一个物理量.

(4) 质点系的动量是指质点系内各质点动量的矢量和,即

$$\boldsymbol{p}=\sum_i m_i\boldsymbol{v}_i \tag{2.20}$$

(5) 在国际单位制中,动量的单位是千克米每秒,符号 $\mathrm{kg\cdot m\cdot s^{-1}}$.

2. 冲量

物体动量的改变,是外力在一定时间内持续作用的结果.受力物体动量的改变不仅与力有关,而且与力作用的时间长短有关.为了表示力对时间的这种累积作用的效果,在力学中,我们把**力和力的作用时间的乘积称为力的冲量**.冲量是矢量.

如果力 $\boldsymbol{F}$ 为恒力,则其在 t_0 到 t 时刻这一段时间间隔内的冲量为

$$\boldsymbol{I}=\boldsymbol{F}\Delta t=\boldsymbol{F}(t-t_0) \tag{2.21}$$

恒力的冲量矢量的方向与力的方向相同,其大小等于力的大小与力的作用时间的乘积.

如果质点所受的力 $\boldsymbol{F}$ 为变力,可把力的作用时间分为许多微小的时间间隔 Δt,在每个时间间隔 Δt 均趋近于零的极限情况下,即在无限小的时间间隔 $\mathrm{d}t$ 内,力 $\boldsymbol{F}$ 均可近似看成恒力,力 $\boldsymbol{F}$ 矢量与微小的时间间隔 $\mathrm{d}t$ 的乘积 $\boldsymbol{F}\mathrm{d}t$ 称为力 $\boldsymbol{F}$ 在 $\mathrm{d}t$ 时间内的元冲量.元冲量矢量的方向与力 $\boldsymbol{F}$ 的方向相同.变力 $\boldsymbol{F}$ 在 t_0 到 t 时刻这一段时间间隔内,所有元冲量的矢量和,称为力 $\boldsymbol{F}$ 在 t 时间内的冲量,常用 $\boldsymbol{I}$ 表示,即

$$\boldsymbol{I}=\int_{t_0}^{t}\boldsymbol{F}\mathrm{d}t \tag{2.22}$$

变力的冲量的方向由力的作用过程所决定.当然,恒力是变力的特殊情况,上式同样适用于

恒力的情况.

需要明确：

(1) 冲量是矢量.在直角坐标系中,它的各个分量为

$$\begin{cases} I_x = \int_{t_0}^{t} F_x \mathrm{d}t \\ I_y = \int_{t_0}^{t} F_y \mathrm{d}t \\ I_z = \int_{t_0}^{t} F_z \mathrm{d}t \end{cases} \tag{2.23}$$

(2) 冲量对应于力的作用过程,是一个过程量.

(3) 质点所受若干个力的合力的冲量等于各力冲量的矢量和

$$\boldsymbol{I} = \int_{t_0}^{t} \left(\sum_i \boldsymbol{F}_i \right) \mathrm{d}t = \int_{t_0}^{t} (\boldsymbol{F}_1 + \boldsymbol{F}_2 + \cdots + \boldsymbol{F}_n) \mathrm{d}t$$

$$= \int_{t_0}^{t} \boldsymbol{F}_1 \mathrm{d}t + \int_{t_0}^{t} \boldsymbol{F}_2 \mathrm{d}t + \cdots + \int_{t_0}^{t} \boldsymbol{F}_n \mathrm{d}t = \boldsymbol{I}_1 + \boldsymbol{I}_2 + \cdots + \boldsymbol{I}_n = \sum_i \boldsymbol{I}_i \tag{2.24}$$

(4) 在国际单位制中,冲量的单位是牛[顿]秒,符号为 N · s.

3. 质点的动量定理

对一个质点,牛顿第二定律可表述为

$$\boldsymbol{F} = \frac{\mathrm{d}(m\boldsymbol{v})}{\mathrm{d}t} = \frac{\mathrm{d}\boldsymbol{p}}{\mathrm{d}t}$$

式中 $\boldsymbol{F}$ 为质点受到的合外力.把上式改写为

$$\boldsymbol{F}\mathrm{d}t = \mathrm{d}\boldsymbol{p} = \mathrm{d}(m\boldsymbol{v}) \tag{2.25}$$

式中 $\boldsymbol{F}\mathrm{d}t$ 即为质点所受的合外力 $\boldsymbol{F}$ 在 $\mathrm{d}t$ 时间内的元冲量.式(2.25)称为质点动量定理的微分形式.它可以表述为**作用在质点上的合力的元冲量等于质点动量的微分**.这个定理告诉我们质点动量的变化,只有在冲量的作用下才会发生,也就是说,要使质点的动量发生变化,仅有力的作用是不够的,力还必须累积作用一定时间.

设质点在合外力 $\boldsymbol{F}$ 作用下,沿某一轨迹运动,在 t_0 时刻速度为 v_0,动量为 $\boldsymbol{p}_0 = mv_0$;在 t 时刻速度为 $\boldsymbol{v}$,动量为 $\boldsymbol{p} = m\boldsymbol{v}$.将式(2.25)在时间$(t-t_0)$内积分可得

$$\int_{t_0}^{t} \boldsymbol{F}\mathrm{d}t = m\boldsymbol{v} - m\boldsymbol{v}_0 \tag{2.26a}$$

或写成

$$\boldsymbol{I} = \boldsymbol{p} - \boldsymbol{p}_0 = \Delta \boldsymbol{p} \tag{2.26b}$$

式(2.26)表示,**作用在质点上的合力在某段时间内的冲量等于在同一时间段内质点动量的增量**.这就是质点动量定理的积分形式.式(2.26)在直角坐标系中各轴上的分量式为

$$\begin{cases} I_x = \int_{t_0}^{t} F_x \mathrm{d}t = mv_x - mv_{0x} \\ I_y = \int_{t_0}^{t} F_y \mathrm{d}t = mv_y - mv_{0y} \\ I_z = \int_{t_0}^{t} F_z \mathrm{d}t = mv_z - mv_{0z} \end{cases} \tag{2.27}$$

式(2.27)表明,**在某段时间内,质点的动量沿某一坐标轴分量的增量,等于作用在质点上的合力沿该坐标轴的分量在同一时间段内的冲量**.

如果作用在质点上的合力为一恒力 $\boldsymbol{F}$,则式(2.26)变为

$$\boldsymbol{I}=\boldsymbol{F}(t-t_0)=m\boldsymbol{v}-m\boldsymbol{v}_0 \tag{2.28}$$

动量定理是由牛顿第二定律导出的,但具有新的意义.牛顿第二定律表明力的瞬时效应,而动量定理表明力对时间的累积效应.动量定理同样只在惯性系中成立.

在力的整个作用时间$(t-t_0)$内,变力 $\boldsymbol{F}$ 的冲量等于平均力 $\overline{\boldsymbol{F}}$ 的冲量,即

$$\boldsymbol{I}=\int_{t_0}^{t}\boldsymbol{F}\mathrm{d}t=\overline{\boldsymbol{F}}(t-t_0) \tag{2.29}$$

变力 $\boldsymbol{F}$ 在时间$(t-t_0)$内的作用效果可以用平均力 $\overline{\boldsymbol{F}}$ 的作用效果来代替,即二者引起质点同样的动量变化

$$\boldsymbol{I}=\int_{t_0}^{t}\boldsymbol{F}\mathrm{d}t=\overline{\boldsymbol{F}}(t-t_0)=m\boldsymbol{v}-m\boldsymbol{v}_0 \tag{2.30}$$

平均力的概念在碰撞、冲击等问题中很有用.

质点动量定理式(2.26)表明,作用在质点上的合力在某一段时间内的冲量,只与该段时间末了与初始时刻的动量矢量之差有关,而与质点在该段时间内动量变化的细节无关.因此,动量定理在解决诸如打击、碰撞等问题时特别方便.在这类问题中,物体相互作用的时间极短,但力的峰值却很大,且变化很快,但变化规律很难测定.这种力通常称为冲力.我们能够很容易地测出物体在冲力作用下动量的增量,再根据动量定理计算出冲力的冲量.如果我们知道力的作用时间,就可以根据

$$\overline{\boldsymbol{F}}(t-t_0)=m\boldsymbol{v}-m\boldsymbol{v}_0$$

求出平均冲力来.

由动量定理可知,冲量一定时,我们可以在保持力的方向不变的前提下,用较大的力作用较短的时间,也可以用较小的力作用较长的时间,都可以使质点的动量发生同样的变化.例如,用双手接一个质量为 m、速度为 $\boldsymbol{v}$ 的篮球时,如果迎上去迅速地将球接住,即在较短的时间内使球的动量从 $m\boldsymbol{v}$ 变为零,那么,手会感到球给手的一个较大的撞击力;或者,你可以一面接球,一面将手回缩,使球在较长的时间内动量从 $m\boldsymbol{v}$ 变为零,则手会受到球给手的一个较小的撞击力,以免手受伤.跳远的沙坑,跳高时下面的海绵垫,贵重仪器或电子设备、电器等运输时四周的泡沫塑料等松软包装,都是为了延长力的作用时间,以避免人受伤或仪器损坏.

例 2.8 设质量为 $m=60$ kg 的跳高运动员越过横杆后竖直落到海绵垫上,垫比横杆低 $h=1.5$ m.运动员触垫后经 0.5 s 速度变为零.求此过程中垫子作用于运动员的平均力.

解一 选取运动员为研究对象,研究运动员与垫子相互作用的过程,在这个过程中运动员受力重力 $m\boldsymbol{g}$ 和垫子的作用力(平均力)$\overline{\boldsymbol{F}}_{\mathrm{N}}$.根据动量定理,有

$$(\overline{\boldsymbol{F}}_{\mathrm{N}}+m\boldsymbol{g})\Delta t=m\boldsymbol{v}-m\boldsymbol{v}_0$$

选取 Ox 轴的方向为水平方向,Oy 轴的方向竖直向上,则动量定理在 Ox 轴和 Oy 轴方向的分量式为

$$\overline{F}_{\mathrm{N}x}\Delta t=mv_x-mv_{0x}$$

$$(\overline{F}_{Ny}-mg)\Delta t=mv_y-mv_{0y}$$

而已知运动员触垫时的初速度为 $v_{0x}=0, v_{0y}=-\sqrt{2gh}$；末速度为 $\boldsymbol{v}=0$.由上式可得

$$\begin{cases}\overline{F}_{Nx}=0\\ \overline{F}_{Ny}=mg+\dfrac{m\sqrt{2gh}}{\Delta t}=60\times9.8\ \text{N}+\dfrac{60\times9.8\sqrt{2\times9.8\times1.5}}{0.5}\ \text{N}=1.24\times10^3\ \text{N}\end{cases}$$

所以垫子作用于运动员的平均力 $\overline{\boldsymbol{F}}_N$ 的方向竖直向上，大小为 1.24×10^3 N.

解二　选取运动员为研究对象，研究运动员从横杆开始下落到落到垫子上而停止的整个过程，在这个过程中运动员受力垫子的作用力（平均力）$\overline{\boldsymbol{F}}_N$（作用时间为 $\Delta t_2=0.5$ s）和重力 $m\boldsymbol{g}$（作用时间为 $\Delta t_1+\Delta t_2$），其中 Δt_1 为运动员从横杆开始自由下落、到落到垫子上所用的时间，其值为 $\Delta t_1=\sqrt{\dfrac{2h}{g}}$.根据动量定理，有

$$\overline{\boldsymbol{F}}_N\Delta t_2+m\boldsymbol{g}(\Delta t_1+\Delta t_2)=m\boldsymbol{v}'-m\boldsymbol{v}'_0$$

其中，$\boldsymbol{v}'=\boldsymbol{v}'_0=0$.选取 Ox 轴的方向为水平方向，Oy 轴的方向竖直向上，则动量定理在 Ox 轴和 Oy 轴方向的分量式为

$$\begin{cases}\overline{F}_{Nx}\Delta t_2=mv'_x-mv'_{0x}=0\\ \overline{F}_{Ny}\Delta t_2-mg(\Delta t_1+\Delta t_2)=mv'_y-mv'_{0y}=0\end{cases}$$

由上式可得

$$\overline{F}_{Nx}=0$$

$$\overline{F}_{Ny}=\frac{mg(\Delta t_1+\Delta t_2)}{\Delta t_2}=mg+\frac{m\sqrt{2gh}}{\Delta t_2}$$

$$=60\times9.8\ \text{N}+\frac{60\times9.8\sqrt{2\times9.8\times1.5}}{0.5}\ \text{N}=1.24\times10^3\ \text{N}$$

所以垫子作用于运动员的平均力 $\overline{\boldsymbol{F}}_N$ 的方向竖直向上，大小为 1.24×10^3 N.与解一的结果相同.

2.3.2　质点系的动量定理

仔细考察一个实际的装置、机器或车辆的运动，把它们看成一个质点的做法，有时显得过于简单.例如，一辆在平直公路上行驶的汽车，其车体在平动，车轮在滚动，发动机和变速箱的各个部件在做相对运动.因此，有时要把实际的装置看成若干个质点组成的质点系.

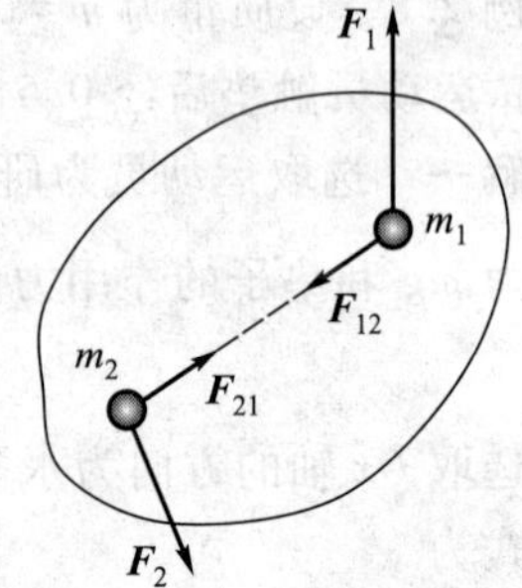

图 2-14　质点系的内力和外力

我们先以两个质点组成的质点系为研究对象进行讨论.如图 2-14 所示，质点 1 和质点 2 所受的外力（即系统外的物体对质点系内的质点所作用的力）分别为 $\boldsymbol{F}_1$ 和 $\boldsymbol{F}_2$，它们之间相互作用的内力（即系统内的各质点之间相互作用的力）分别为 $\boldsymbol{F}_{12}$ 和 $\boldsymbol{F}_{21}$（其中 $\boldsymbol{F}_{12}$ 表示质点 1 受到质点 2 对它的作用力，$\boldsymbol{F}_{21}$ 表示质点 2 受到质点 1 对它的作用力）.设质点 1 和质点 2 在时刻 t 的速度分

别为 $\boldsymbol{v}_1$ 和 $\boldsymbol{v}_2$.质点 1 所受的合外力为 $\boldsymbol{F}_1+\boldsymbol{F}_{12}$(每个质点所受的所有力均是它所受的外力),对质点 1 应用动量定理,根据式(2.25),有

$$(\boldsymbol{F}_1+\boldsymbol{F}_{12})\mathrm{d}t=\mathrm{d}(m_1\boldsymbol{v}_1)$$

同理,对质点 2,有

$$(\boldsymbol{F}_2+\boldsymbol{F}_{21})\mathrm{d}t=\mathrm{d}(m_2\boldsymbol{v}_2)$$

对于质点 1 和质点 2 组成的系统来说,把上面两式相加,并考虑到质点 1 和质点 2 之间相互作用的内力 $\boldsymbol{F}_{12}$ 和 $\boldsymbol{F}_{21}$ 是一对作用力和反作用力,它们遵从牛顿第三定律,任一时刻,有

$$\boldsymbol{F}_{12}+\boldsymbol{F}_{21}=0$$

可得

$$\boldsymbol{F}_1\mathrm{d}t+\boldsymbol{F}_2\mathrm{d}t=\mathrm{d}(m_1\boldsymbol{v}_1)+\mathrm{d}(m_2\boldsymbol{v}_2)$$

或写为

$$(\boldsymbol{F}_1+\boldsymbol{F}_2)\mathrm{d}t=\mathrm{d}(m_1\boldsymbol{v}_1+m_2\boldsymbol{v}_2)$$

这个结果不难推广到由任意多个质点组成的质点系,由于质点系的内力总是成对出现,且每一对内力都遵从牛顿第三定律,其矢量和为零,所以质点系内所有内力的矢量和为零,故有

$$\left(\sum_i \boldsymbol{F}_i\right)\mathrm{d}t=\mathrm{d}\left(\sum_i m_i\boldsymbol{v}_i\right)=\mathrm{d}\boldsymbol{p} \tag{2.31a}$$

其中 $\boldsymbol{p}=\sum\limits_i m_i\boldsymbol{v}_i$,为质点系在时刻 t 的动量.这就是**质点系动量定理的微分形式,即作用于质点系上所有外力矢量和的元冲量(或者质点系上所有外力元冲量的矢量和),等于质点系动量的微分**.

质点系动量定理的微分形式在直角坐标系中各坐标轴方向的分量式为

$$\begin{cases}\left(\sum\limits_i F_{ix}\right)\mathrm{d}t=\mathrm{d}\left(\sum\limits_i m_i v_{ix}\right)=\mathrm{d}p_x\\ \left(\sum\limits_i F_{iy}\right)\mathrm{d}t=\mathrm{d}\left(\sum\limits_i m_i v_{iy}\right)=\mathrm{d}p_y\\ \left(\sum\limits_i F_{iz}\right)\mathrm{d}t=\mathrm{d}\left(\sum\limits_i m_i v_{iz}\right)=\mathrm{d}p_z\end{cases} \tag{2.31b}$$

即作用于质点系上所有外力沿某一坐标轴上分量的代数和的元冲量(或者质点系上所有外力沿某一坐标轴上分量的元冲量的代数和),等于质点系动量沿该坐标轴分量的微分.

式(2.31a)在时间 $t-t_0$ 内积分,可得

$$\int_{t_0}^{t}\left(\sum_i \boldsymbol{F}_i\right)\mathrm{d}t=\sum_i m_i\boldsymbol{v}_i-\sum_i m_i\boldsymbol{v}_{i0} \tag{2.32a}$$

或写成

$$\boldsymbol{I}=\sum_i \boldsymbol{I}_i=\boldsymbol{p}-\boldsymbol{p}_0 \tag{2.32b}$$

即作用在质点系上所有外力的合力在某段时间内的冲量(或作用在质点系上所有外力在某段时间内的冲量的矢量和)等于在同一时间段内质点系动量的增量.这就是**质点系动量定理的积分形式**.

质点系动量定理在直角坐标系中各坐标轴上的分量式为

$$\begin{cases}I_x=\sum\limits_i I_{ix}=\sum\limits_i\int_{t_0}^{t}F_{ix}\mathrm{d}t=p_x-p_{0x}\\ I_y=\sum\limits_i I_{iy}=\sum\limits_i\int_{t_0}^{t}F_{iy}\mathrm{d}t=p_y-p_{0y}\\ I_z=\sum\limits_i I_{iz}=\sum\limits_i\int_{t_0}^{t}F_{iz}\mathrm{d}t=p_z-p_{0z}\end{cases} \tag{2.32c}$$

式(2.32)表明,**作用在质点系上所有外力的合力在某段时间内的冲量沿某一坐标轴的分量(或作用在质点系上所有外力在某段时间内的冲量沿某一坐标轴的分量的代数和)等于在同一时间段内质点系动量沿该坐标轴的分量的增量**.

从质点系的动量定理可以看出内力不能改变质点系的动量,只有外力才能改变质点系的动量.

动量定理也只在惯性系中成立.

▶ 思考题

思 2.14 在跳高时,横杆下面为什么要铺上厚厚的海绵垫?运输各种仪器设备时,为什么箱子内四周要塞满泡沫塑料等松软的物质?

思 2.15 两个均未能打开降落伞的伞兵,一个落在青石板上险些丧命;另一个落在厚厚的雪地上,只受了点轻伤.试问由于雪的存在,使下列各物理量的值增大、减小还是保持不变?① 伞兵的动量增量;② 伞兵受到的合力冲量;③ 伞兵与接触面的碰撞时间;④ 伞兵受到的平均冲力.

2.3.3 动量守恒定律

对质点系来说,如果质点系所受的外力的矢量和为零,即

$$\sum_i \boldsymbol{F}_i = 0$$

则由式(2.31)或式(2.32)可知

$$\mathrm{d}\left(\sum_i m_i \boldsymbol{v}_i\right) = 0$$

则

$$\sum_i m_i \boldsymbol{v}_i = 常矢量 \tag{2.33a}$$

或

$$\sum_i m_i \boldsymbol{v}_i = \sum_i m_i \boldsymbol{v}_{i0} \tag{2.33b}$$

式(2.33)表明,**如果作用在质点系上所有的外力的矢量和为零,则该质点系的动量保持不变**.这称为质点系的**动量守恒定律**.

如果作用在质点系上的所有的外力沿某一坐标轴方向的分量代数和为零,则由式(2.31b)可知,**该质点系的动量沿该坐标轴的分量保持不变**,即

$$\begin{cases} \sum_i F_{ix} = 0 \text{ 时}, \sum_i m_i v_{ix} = 常量 \\ \sum_i F_{iy} = 0 \text{ 时}, \sum_i m_i v_{iy} = 常量 \\ \sum_i F_{iz} = 0 \text{ 时}, \sum_i m_i v_{iz} = 常量 \end{cases} \tag{2.33c}$$

这就是质点系的**动量沿坐标轴分量的守恒定律**.

当质点系所受合外力不等于零时,质点系的动量不守恒.但是在爆炸、碰撞、冲击等问题中,当外力远小于内力,且过程进行的时间极短,在这样的情况下,可以忽略外力的冲量,近似认为该

过程中系统的动量守恒.

动量守恒定律表明,质点系内不论运动情况如何复杂,不论内部各质点之间的作用如何强烈,只要质点系不受外力作用或作用于质点系的外力矢量和为零,则该质点系的动量守恒.质点系内各质点之间相互作用的内力虽然不能改变质点系的动量,但内力可以改变质点系中各个质点的动量.即内力可以使动量在质点系内各质点之间相互转移.

在推导动量守恒定律的过程中,我们应用了牛顿运动定律,但绝不能认为动量守恒定律是牛顿运动定律的推论,实际上不一定要根据牛顿运动定律来推导动量守恒定律.动量守恒定律是独立于牛顿运动定律之外自然界的更普遍适用的规律之一.实践表明,在有些牛顿运动定律不成立的问题中,动量守恒定律仍然适用.动量守恒定律不仅适用于宏观物体的机械运动过程,而且适用于分子、原子等微观粒子的运动过程.

动量守恒定律也仅适用于惯性系.

思考题

思 2.16 试述动量守恒定律及其适用条件.

思 2.17 在地面上空停着一只气球,气球下面吊着软梯,梯上站有一人.当这个人沿着软梯往上爬时,气球是否运动?如何运动?

思 2.18 一只企鹅,站在雪橇上,雪橇在光滑冰面上以速度 $\boldsymbol{v}_0$ 向前匀速运动.试就以下两种情况下判断雪橇的速率 v 变得小于、大于还是等于 v_0.① 企鹅从雪橇后端正向前端走去;② 企鹅从雪橇前端正向后端走去.

思 2.19 坐在静止的车上的人,依靠自己推车的力量能使车和人都前进吗?为什么?

2.4 功和能

2.4.1 功

1. 恒力所做的功

为了弄清功的基本概念,我们先来讨论最简单的情况,即恒力所做的功.

设有一恒力 $\boldsymbol{F}$ 作用在一质点上,质点移动的位移为 $\Delta\boldsymbol{r}$.若力 $\boldsymbol{F}$ 与位移 $\Delta\boldsymbol{r}$ 是同一方向,则力对质点所做的功为

$$A=F|\Delta\boldsymbol{r}| \tag{2.34}$$

若 $\boldsymbol{F}$ 与位移 $\Delta\boldsymbol{r}$ 不是在同一方向,则 $\boldsymbol{F}$ 对质点所做的功为

$$A=F|\Delta\boldsymbol{r}|\cos\theta \tag{2.35}$$

其中 θ 是 $\boldsymbol{F}$ 与 $\Delta\boldsymbol{r}$ 之间的夹角,如图 2-15 所示,θ 的取值范围为 $0\leqslant\theta\leqslant\pi$.

按矢量标积的定义,上式可写为

$$A=\boldsymbol{F}\cdot\Delta\boldsymbol{r} \tag{2.36}$$

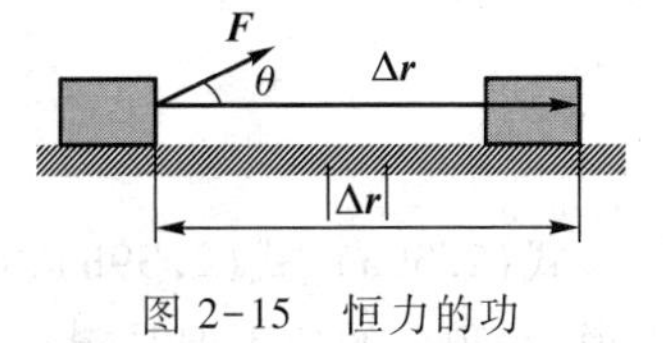

图 2-15 恒力的功

需要明确功是一标量,它没有方向,但可正、可负.功的正负由 θ 角来决定.当 $\frac{\pi}{2}<\theta\leqslant\pi$ 时,功为负值,说明力做负功;当 $0\leqslant\theta<\frac{\pi}{2}$

时，功为正值，说明力做正功；当 $\theta=\frac{\pi}{2}$ 时，功值为零，说明力不做功.

由于位移与参考系有关，所以功与参考系的选择有关.在国际单位制中，功的单位是焦耳[焦](J).

2. 变力所做的功

设做曲线运动的质点受到大小和方向随位置而变化的变力 $\boldsymbol{F}$ 作用，质点沿着一段曲线轨迹由 a 点运动到 b 点，如图 2-16 所示.在计算变力 $\boldsymbol{F}$ 在路程 ab 上做的功时，我们可以把物体的运动轨道分成若干个微小的路程元 Δs_i，其中 $i=1,2,\cdots,n$，与路程元 Δs_i 相对应的微小位移为 $\Delta \boldsymbol{r}_i$，称为位移元.在 Δs_i 足够小时，每一段微小路程 Δs_i 均可近似看成一段直线段，且与相应的位移元 Δr_i 的大小相等；且在每一段微小路程 Δs_i 之内，力 F_i 的大小和方向均可近似视为不变，即可近似看成恒力，力 F_i 在每个位移元 Δr_i 上所做的功可看成是恒力所做的功.根据上述恒力做功的定义，力 F_i 在位移元 Δr_i 上所做的元功可写成

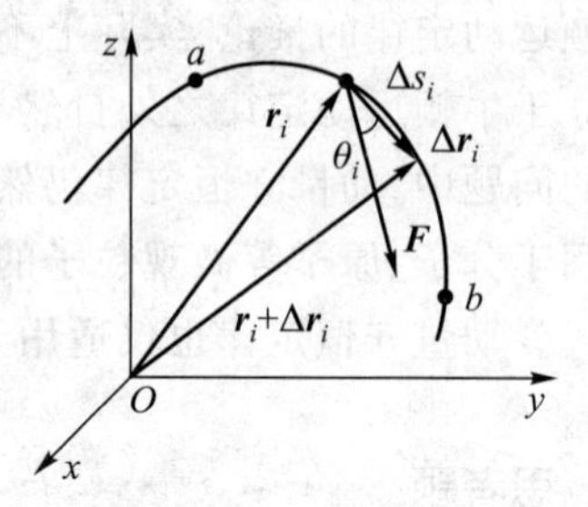

图 2-16　变力的功

$$\Delta A_i=F_i\left|\Delta \boldsymbol{r}_i\right|\cos\theta_i$$

式中 θ_i 为力 F_i 和位移元 Δr_i 之间的夹角.

当取 $n\to\infty$，$\Delta s_i\to 0$ 时，上式变为

$$\mathrm{d}A=F\left|\mathrm{d}\boldsymbol{r}\right|\cos\theta \tag{2.37a}$$

或

$$\mathrm{d}A=\boldsymbol{F}\cdot\mathrm{d}\boldsymbol{r} \tag{2.37b}$$

当 $\Delta s\to 0$ 时，路程元 $\mathrm{d}s$ 与位移元 $\mathrm{d}\boldsymbol{r}$ 的大小相等，即 $\mathrm{d}s=\left|\mathrm{d}\boldsymbol{r}\right|$，故表示元功的式(2.37a)也可以写成

$$\mathrm{d}A=F\cos\theta\mathrm{d}s \tag{2.38}$$

力 $\boldsymbol{F}$ 在路程 ab 上做的功 A，等于力 $\boldsymbol{F}$ 在路程 ab 上各段位移元上元功的代数和，即

$$A=\int_a^b\boldsymbol{F}\cdot\mathrm{d}\boldsymbol{r} \tag{2.39a}$$

或

$$A=\int_a^b F\cos\theta\left|\mathrm{d}\boldsymbol{r}\right| \tag{2.39b}$$

在直角坐标系中，力 $\boldsymbol{F}$ 和位移元 $\mathrm{d}\boldsymbol{r}$ 可分别表示为

$$\boldsymbol{F}=F_x\boldsymbol{i}+F_y\boldsymbol{j}+F_z\boldsymbol{k}$$

$$\mathrm{d}\boldsymbol{r}=\mathrm{d}x\boldsymbol{i}+\mathrm{d}y\boldsymbol{j}+\mathrm{d}z\boldsymbol{k}$$

故有

$$\mathrm{d}A=F_x\mathrm{d}x+F_y\mathrm{d}y+F_z\mathrm{d}z$$

$$A=\int_a^b(F_x\mathrm{d}x+F_y\mathrm{d}y+F_z\mathrm{d}z) \tag{2.40}$$

式(2.39a)、式(2.39b)、式(2.40)中的积分都是沿着曲线路径 ab 进行的，称为线积分.一般来说，线积分的值不但与起点和终点的位置有关，而且也与积分路径有关.所以功是过程量，与物

体受力的作用过程有关.

功也可用图解法计算,路程为横坐标 s,力为纵坐标,根据 F 随路程的变化关系所描述的路线称为示功图.曲线与边界所围的面积就是变力 F 在整个路程上所做的总功,如图 2-17 所示.用示功图求功比较直接方便,所以工程上常采用此种方法.

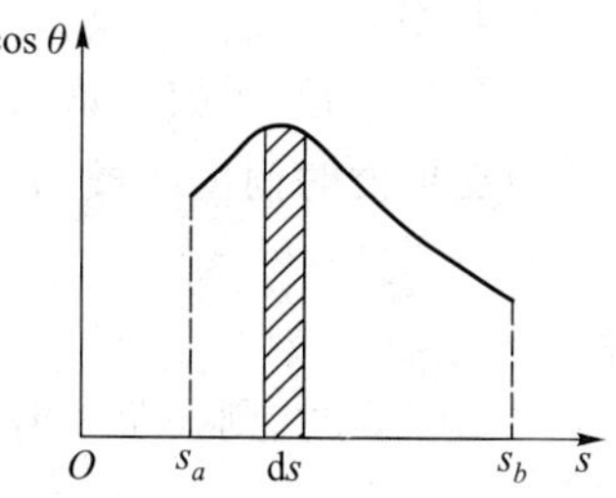

图 2-17　变力做功的示功图

应当注意:

(1) 功是标量,没有方向,但有正负,由 $\cos\theta$ 决定;

(2) 功对应于力,对应于力所作用的物体;

(3) 功是过程量,与物体受力作用的过程有关;

(4) 功是相对量,与参考系的选择是有关的.

若质点同时受到几个力 $\boldsymbol{F}_1,\boldsymbol{F}_2,\cdots,\boldsymbol{F}_n$ 的作用,且在这些力作用下从 a 点沿任意曲线运动到 b 点,则这些力的合力 $\boldsymbol{F}=\boldsymbol{F}_1+\boldsymbol{F}_2+\cdots+\boldsymbol{F}_n$,在此过程中对质点所做的功为

$$\begin{aligned}A&=\int_a^b\boldsymbol{F}\cdot\mathrm{d}\boldsymbol{r}=\int_a^b(\boldsymbol{F}_1+\boldsymbol{F}_2+\cdots+\boldsymbol{F}_n)\cdot\mathrm{d}\boldsymbol{r}\\&=\int_a^b\boldsymbol{F}_1\cdot\mathrm{d}\boldsymbol{r}+\int_a^b\boldsymbol{F}_2\cdot\mathrm{d}\boldsymbol{r}+\cdots+\int_a^b\boldsymbol{F}_n\cdot\mathrm{d}\boldsymbol{r}=A_1+A_2+\cdots+A_n\end{aligned}\tag{2.41}$$

即当几个力同时作用在质点上时,在某一过程中这些力的合力对质点所做的功,等于在这一过程中这些力分别对质点所做功的代数和.

3. 几种常见力的功

根据功的定义,可得以下几种常见力的功.

(1) 重力的功

质量为 m 的质点在地球表面附近的重力场中,沿任意曲线路径由 a 点运动到 b 点,取 z 轴竖直向上,a 点坐标为(x_1,y_1,z_1),b 点坐标为(x_2,y_2,z_2).则可计算得重力在这段曲线路径 $\overset{\frown}{ab}$ 上所做的功为

$$A=\int_a^b m\boldsymbol{g}\cdot\mathrm{d}\boldsymbol{r}=-(mgz_2-mgz_1)\tag{2.42}$$

(2) 万有引力的功

设一质量为 m'的质点 O,可看成固定不动的.另有一个质量为 m 的质点 A,在质点 O 对它的万有引力作用下,从起始位置 a(离质点 O 的距离为 r_1),沿任意曲线路径运动到位置 b(离质点 O 的距离为 r_2),计算可得万有引力在这段曲线路径 ab 上所做的功为

$$A=\int_{r_1}^{r_2}-G\frac{m'm}{r^2}\mathrm{d}r=-\left[\left(-G\frac{m'm}{r_2}\right)-\left(-G\frac{m'm}{r_1}\right)\right]\tag{2.43}$$

(3) 弹性力的功

弹簧一端固定,另一端系一质点,弹簧原长为 l_0,劲度系数为 k.质点沿直线由起始位置 1 移动到终了位置 2 的过程中弹性力所做的功为

$$A=\int_{x_1}^{x_2}(-kx)\,\mathrm{d}x=-\left(\frac{1}{2}kx_2^2-\frac{1}{2}kx_1^2\right)\tag{2.44}$$

其中$|x_1|$和$|x_2|$是质点在始、末位置时弹簧的形变量.式(2.42)、式(2.43)、式(2.44)表明,作用于质点的重力、万有引力和弹性力所做的功具有一个共同特点,就是功只跟质点始、末位置有关,

与质点运动的路径无关.质点沿任意一条闭合路径运动一周,重力、万有引力和弹性力所做的总功也必定为零.

4. 功率

对有些问题,需要考虑力做功的快慢,为此我们引入功率的概念.

力在单位时间内所做的功称为功率.若在 Δt 时间内完成功 ΔA,则这段时间内的平均功率为

$$\bar{P}=\frac{\Delta A}{\Delta t} \tag{2.45}$$

当 $\Delta t\to 0$ 时,则在某一时刻的瞬时功率为

$$P=\lim_{\Delta t\to 0}\frac{\Delta A}{\Delta t}=\frac{\mathrm{d}A}{\mathrm{d}t} \tag{2.46}$$

由于 $\mathrm{d}A=\boldsymbol{F}\cdot\mathrm{d}\boldsymbol{r}$,故上式可写为

$$P=\frac{\boldsymbol{F}\cdot\mathrm{d}\boldsymbol{r}}{\mathrm{d}t}=\boldsymbol{F}\cdot\boldsymbol{v}=Fv\cos\theta \tag{2.47}$$

即瞬时功等于力矢量与力作用点的速度矢量的标积(或点积),或者说瞬时功等于力沿力作用点的速度方向的投影和速度大小的乘积.

在国际单位制中,功的单位是焦耳(J),功率的单位是焦耳每秒($\mathrm{J\cdot s^{-1}}$),称为瓦特(W).

例 2.9 一个人拉着质量为 m 的物体.在地面上做加速运动,加速度为 a,已知拉力 $\boldsymbol{F}$ 的方向同水平方向的夹角为 θ,物体与地面之间的摩擦因数为 μ.求各力以及合力在物体从静止开始的 Δt 时间间隔内对物体所做的功.

解 取物体为研究对象.物体共受四个力的作用重力 $m\boldsymbol{g}$、拉力 $\boldsymbol{F}$、支持力 $\boldsymbol{F}_{\mathrm{N}}$、滑动摩擦力 $\boldsymbol{F}_{\mathrm{f}}$,如图 2-18 所示.取水平向右为 x 轴正方向,竖直向上为 y 轴正方向.根据牛顿第二定律,有

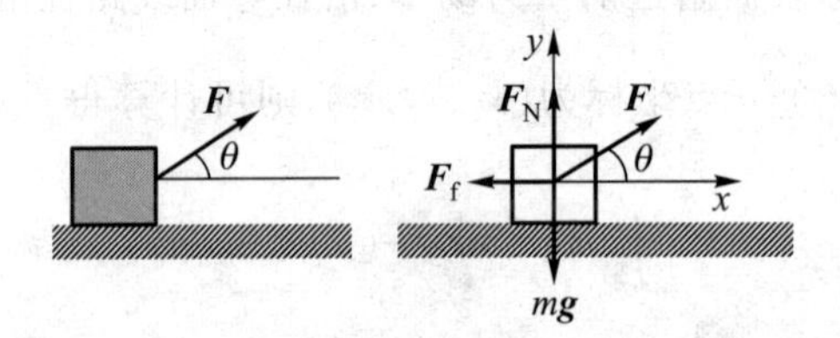

图 2-18

$$F\cos\theta-F_{\mathrm{f}}=ma$$
$$F\sin\theta+F_{\mathrm{N}}-mg=0$$

又

$$F_{\mathrm{f}}=\mu F_{\mathrm{N}}$$

联立解得

$$F=\frac{m(a+\mu g)}{\cos\theta+\mu\sin\theta}$$

$$F_{\mathrm{f}}=\frac{m\mu(g\cos\theta-a\sin\theta)}{\cos\theta+\mu\sin\theta}$$

物体在 Δt 时间间隔内位移为

$$\Delta x=\frac{1}{2}a(\Delta t)^2$$

由此得拉力在 Δt 时间间隔内对物体所做的功为

$$A_1=F\Delta x\cos\theta=\frac{m(a+\mu g)a(\Delta t)^2\cos\theta}{2(\cos\theta+\mu\sin\theta)}$$

滑动摩擦力在 Δt 时间间隔内对物体所做的功为

$$A_2=F_f\Delta x\cos\pi=-\frac{m\mu(g\cos\theta-a\sin\theta)a(\Delta t)^2}{2(\cos\theta+\mu\sin\theta)}$$

支持力在 Δt 时间间隔内对物体所做的功为

$$A_3=F_N\Delta x\cos\frac{\pi}{2}=0$$

重力在 Δt 时间间隔内对物体所做的功为

$$A_4=mg\Delta x\cos\frac{\pi}{2}=0$$

故合力做的功为

$$A=A_1+A_2+A_3+A_4=\frac{1}{2}m(a\Delta t)^2$$

思考题

思 2.20 对物体做功越多,物体受到的力越大;物体移动的距离越多,物体受到的力越大,这两句话是否正确?为什么?

思 2.21 如图所示,用同样的力拉同一物体,在甲(光滑平面)、乙(粗糙平面)上通过相同距离,则拉力在甲上做功多,还是在乙上做功多,还是同样多?解释原因.

思 2.22 如图所示,两个物体 A 和 B,质量相等,在水平面上移动的距离 s 相等,与水平面间的摩擦因数 μ 也相等.A 和 B 所受恒力 $\boldsymbol{F}_1$ 和 $\boldsymbol{F}_2$ 的大小相等,与水平面间的夹角也相等.问力 $\boldsymbol{F}_1$ 对物体 A 做的功与力 $\boldsymbol{F}_2$ 对物体 B 做的功是否相等?

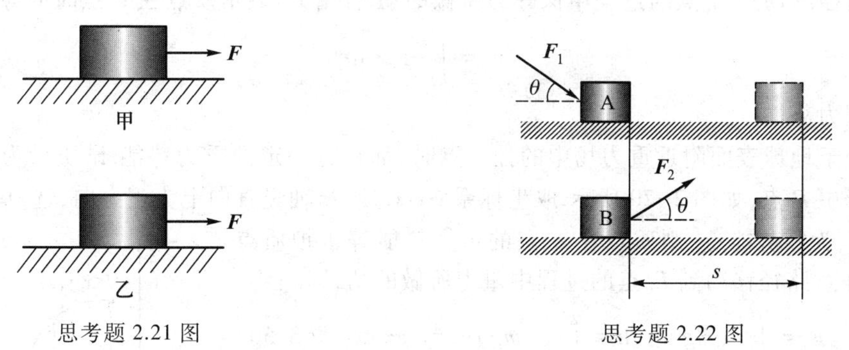

思考题 2.21 图　　思考题 2.22 图

2.4.2 保守力和势能

1. 保守力和非保守力

重力、万有引力、弹性力的功都与质点的始、末位置有关,而与质点所经历的路径长短和形状无关.如果一种力做的功只与始、末位置有关,而与路径无关,这种力称为**保守力**.重力、万有引力和弹性力都是保守力.而摩擦力不是保守力,其做功与路径有关,这样的力称为**非保守力**.

保守力做功只与始、末位置有关,而与路径无关,也可以表示为沿闭合路径(或过程)一周所做的功为零.数学上可以写成

$$A=\oint \boldsymbol{F}_{保} \cdot \mathrm{d}\boldsymbol{r}=0 \tag{2.48}$$

我们可以把系统的内力按它们做功的性质而区分为两类保守力和非保守力.

如果质点在某一部分空间内的任何位置,都受到与该位置对应的一个大小和方向都完全确定的保守力的作用,则称这部分空间存在着保守力场.如质点在地球表面附近空间中的任何位置,都受到一个大小和方向完全确定的重力的作用,所以这部分空间存在着重力场.重力场是保守力场.类似地,万有引力场也是保守力场.

2. 势能

在保守力场中,仅有保守力做功时,质点从 P_1 点移动到 P_2 点时,其动能将发生确定的变化.例如,在重力场中,仅有重力做功的情况下,质点从 $P_1(x_1,y_1,z_1)$ 点沿任意路径移动到 $P_2(x_2,y_2,z_2)$ 点时,见图 2-19,重力对质点做正功,质点的动能增大;质点从 $P_3(x_3,y_3,z_3)$ 点沿任意路径移动到 $P_4(x_4,y_4,z_4)$ 点时,重力对质点做负功,质点的动能减少.考虑到保守力做功仅与始末位置有关,而与中间路径无关,因此,也可以认为,质点在保守力场中与位置改变相伴随的动能增减,表明质点在保守力场中各点都蕴藏着一种能量,这种能量在质点位置改变时,有时释放出来,转化为质点的动能,表现为质点动能增大,例如质点在重力场中由 P_1 点移动到 P_2 点;有时储藏起来,表现为质点动能减少,例如质点在重力场中由 P_3 点移动到 P_4 点.这种与质点在保守力场中位置有关的能量称为势能.

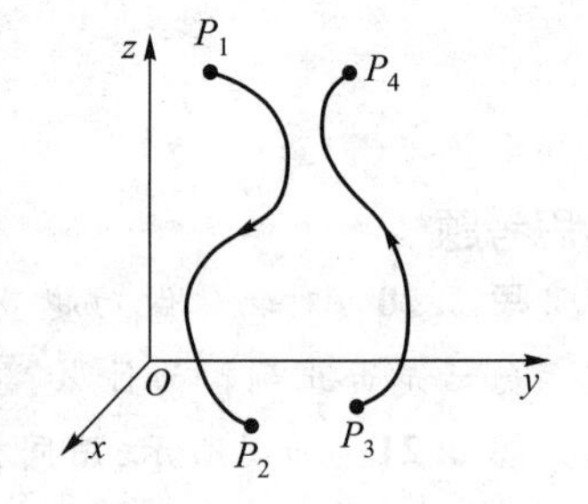

图 2-19 重力做功与路径无关

为了比较质点在保守力场中各点势能的大小,可在其中任选一个参考点 P_0,并令 P_0 点的势能等于零,我们把 P_0 点称为零势能点.定义**质点在保守力场中某点(P 点)的势能,等于质点从 P 点沿任意路径移动到 P_0 点的过程中保守力所做的功**.若用 E_p 表示质点在 P 点时的势能,则有

$$E_\mathrm{p}=\int_P^{P_0} \boldsymbol{F} \cdot \mathrm{d}\boldsymbol{r} \tag{2.49}$$

(1) 重力势能

质点处于地球表面附近重力场中的任一点时,都具有一定的重力势能.设质量为 m 的质点,处于重力场中 P 点,如图 2-20 所示.取坐标系 $Oxyz$,使 Oz 轴竖直向上为正方向,选 Oxy 平面内任意一点 P_0 点为零势能点,则质点在 P 点的重力势能等于把质点从 P 点沿任意路径移动到 P_0 点的过程中重力所做的功,即

$$E_\mathrm{p}=\int_P^{P_0}(m\boldsymbol{g}) \cdot \mathrm{d}\boldsymbol{r}=\int_z^0(-mg)\,\mathrm{d}z=mgz \tag{2.50}$$

即重力势能等于重力 mg 与质点和零势能点间的高度差 z 的乘积.

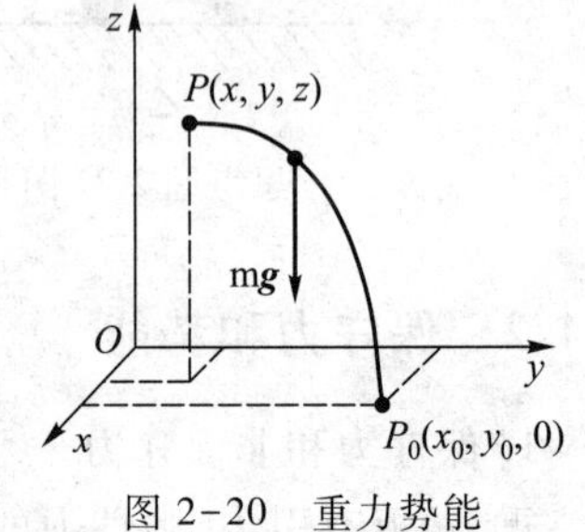

图 2-20 重力势能

在前面讨论重力的功时,曾得出结论质量为 m 的质点,在重力场中由起始位置 $a(x_1,y_1,z_1)$ 沿任意曲线移动到终了位置

$b(x_2,y_2,z_2)$的过程中，重力的功为

$$A=-(mgz_2-mgz_1) \tag{2.51}$$

取 $z=0$ 的平面为零势能面，则质点在位置 $a(x_1,y_1,z_1)$ 和 $b(x_2,y_2,z_2)$ 的势能分别为 $E_{p1}=mgz_1$ 和 $E_{p2}=mgz_2$.上式表明，**在重力场中，质点从起始位置移动到终了位置，重力的功等于质点在始、末位置重力势能增量的负值**.重力做正功，重力势能减少；重力做负功，重力势能增加.

(2) 万有引力势能

质点处于万有引力场中的任一点时，都具有万有引力势能.设固定点 O 处有一质量为 m' 的质点，在它的万有引力场中 P 点，有一质量 m 为的质点，P 点离固定点 O 的距离为 r，如图 2-21 所示.计算方便起见，通常习惯上选择质点 m 距离固定点 O 无穷远时为万有引力势能的零势能位置.根据势能的定义，则质点在 P 点的万有引力势能等于把质点 m 从 P 点沿任意路径移动到无穷远处的过程中万有引力所做的功，即

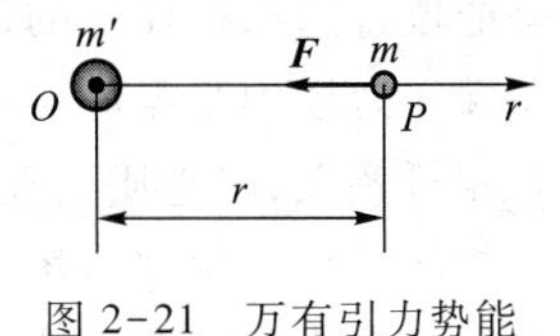

图 2-21 万有引力势能

$$E_p=\int_r^{\infty}\left(-G\frac{m'm}{r^2}\right)\mathrm{d}r=-G\frac{m'm}{r} \tag{2.52}$$

在质量为 m' 的质点的万有引力场中，把质量为 m 的质点由起始位置 P_1 点(P_1 点离固定点 O 的距离为 r_1)沿任意曲线移动到终了位置 P_2 点(P_2 点离固定点 O 的距离为 r_2)的过程中，万有引力所做的功为

$$A=\int_{r_1}^{r_2}-G\frac{m'm}{r^2}\mathrm{d}r=-\left[\left(-G\frac{m'm}{r_2}\right)-\left(-G\frac{m'm}{r_1}\right)\right] \tag{2.53}$$

取无穷远处为零势能位置，则质点在位置 P_1 点和 P_2 点的万有引力势能分别为 $E_{p1}=-G\dfrac{m'm}{r_1}$ 和 $E_{p2}=-G\dfrac{m'm}{r_2}$.上式表明，**在万有引力场中，质点从起始位置移动到终了位置，万有引力的功等于质点在始、末位置万有引力势能增量的负值**.万有引力做正功，万有引力势能减少；万有引力做负功，万有引力势能增加.

(3) 弹性势能

质点处于弹性力场中的任一点时，都具有弹性势能.为计算方便起见，往往选择弹簧原长处为弹性势能的零势能位置.设弹簧劲度系数为 k，以弹簧原长处为坐标原点 O，弹簧伸长方向作为 Ox 轴.根据势能的定义，则质点在 P 点的弹性势能等于把质点从 P 点沿任意路径移动到弹簧原长处(O 点)的过程中弹性力所做的功，即

$$E_p=\int_x^0(-kx)\mathrm{d}x=\frac{1}{2}kx^2 \tag{2.54}$$

即弹性势能等于弹簧的劲度系数与其形变量的平方乘积的一半.

质点在弹性力场中由起始位置 P_1 点(P_1 点弹簧的形变为 x_1)移动到终了位置 P_2 点(P_2 点弹簧的形变为 x_2)的过程中，弹性力所做的功为

$$A=\int_{x_1}^{x_2}(-kx)\mathrm{d}x=-\left(\frac{1}{2}kx_2^2-\frac{1}{2}kx_1^2\right) \tag{2.55}$$

选弹簧原长处为弹性势能的零势能位置，则质点在位置 P_1 点和 P_2 点的弹性势能分别为

$E_{p1}=\dfrac{1}{2}kx_1^2$ 和 $E_{p2}=\dfrac{1}{2}kx_2^2$.上式表明,**在弹性力场中,质点从起始位置移动到终了位置,弹性力的功等于质点在始、末位置弹性势能增量的负值**.弹性力做正功,弹性势能减少;弹性力做负功,弹性势能增加.

以上我们讨论了常见的三种势能,需要指出,势能概念的引入是以质点处于保守力场中这一事实为依据的.由于保守力做功仅与始、末位置有关,与质点所经历的中间路径无关,因此,质点在保守力场中任一确定位置,相对于选定的零势能位置都具有一个确定的、单值的势能值.由于零势能位置选取是任意的,所以势能的值具有相对性,与零势能位置的选取有关.所以,我们讲质点在保守力场中某点势能的量值时,必须明确是相对于哪个零势能位置而言的.虽然势能的量值具有相对意义,但是质点在保守力场中确定的两个不同位置的势能之差是不变的.

势能对应于保守力场,每一种保守力都对应一种势能,且势能属于存在保守力作用所涉及的两个物体组成的系统.例如,重力势能是属于物体和地球组成的系统的,不是只属于在重力场中运动的物体的.但为了方便,常把"系统的重力势能"简称为"物体的重力势能".

综合式(2.51)、式(2.53)、式(2.55)三式,可知,在保守力场中,质点从起始位置1移动到终了位置2,保守力的功等于质点在始、末位置势能增量的负值,即

$$A_{保}=-(E_{p2}-E_{p1})=-\Delta E_p \tag{2.56}$$

对于一个无穷小的元过程而言,有

$$dA_{保}=-dE_p \tag{2.57}$$

即保守力在某一过程中做的功,等于该过程始、末两个状态势能增量的负值.这是一个很重要的、具有普遍意义的结论,对所有保守力都成立.

3. 势能曲线

将势能随相对位置变化的函数关系用一条曲线描绘出来,就是势能曲线.图2-22中(a)、(b)、(c)分别给出的就是重力势能、弹性势能及引力势能的势能曲线.

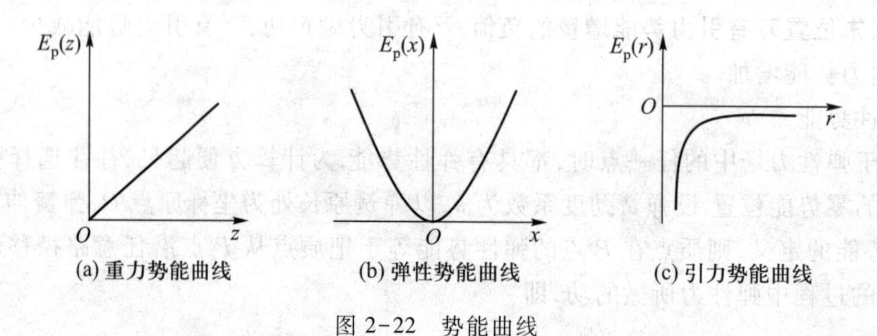

图2-22 势能曲线

2.4.3 动能和动能定理

如图2-23所示,一质量为 m 的质点,在合外力 $\boldsymbol{F}$ 的作用下,自 a 点沿曲线移动到 b 点,它在 a、b 两点的速率分别为 v_1 和 v_2.设想把路径 $\overset{\frown}{ab}$ 分成许多位移元,则在任一位移元 $d\boldsymbol{r}$ 上,合外力 $\boldsymbol{F}$ 对质点所做的元功为

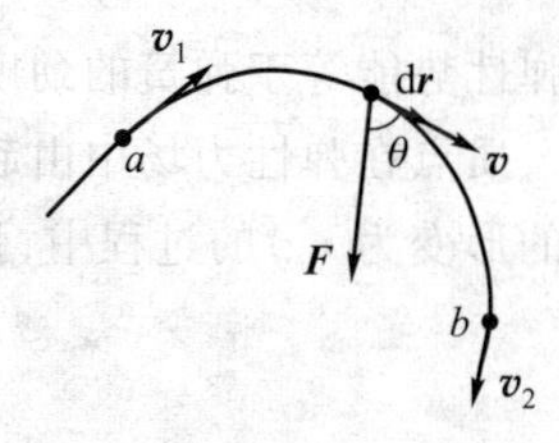

图2-23 质点的动能定理

$$\mathrm{d}A=\boldsymbol{F}\cdot\mathrm{d}\boldsymbol{r}=F\cos\theta|\mathrm{d}s|$$

其中 θ 为在位移元 $\mathrm{d}\boldsymbol{r}$ 上合外力 $\boldsymbol{F}$ 与位移元 $\mathrm{d}\boldsymbol{r}$ 之间的夹角.根据牛顿第二定律,有 $F\cos\theta=F_{\mathrm{t}}=ma_{\mathrm{t}}$,式中 a_{t} 为切向加速度,$a_{\mathrm{t}}=\frac{\mathrm{d}v}{\mathrm{d}t}$,因此,有

$$F\cos\theta=m\frac{\mathrm{d}v}{\mathrm{d}t}$$

在任一位移元 $\mathrm{d}\boldsymbol{r}$ 上,合外力 $\boldsymbol{F}$ 对质点所做的元功为

$$\mathrm{d}A=m\frac{\mathrm{d}v}{\mathrm{d}t}|\mathrm{d}s|=m\frac{|\mathrm{d}s|}{\mathrm{d}t}\mathrm{d}v=mv\mathrm{d}v \tag{2.58}$$

在路径 $\overset{\frown}{ab}$ 上,合外力 $\boldsymbol{F}$ 对质点所做的功为

$$A=\int_a^b\mathrm{d}A=\int_{v_1}^{v_2}mv\mathrm{d}v=\int_a^b\mathrm{d}\left(\frac{1}{2}mv^2\right)$$

即

$$A=\frac{1}{2}mv_2^2-\frac{1}{2}mv_1^2 \tag{2.59a}$$

我们把$\frac{1}{2}mv^2$(即质点质量和速率平方乘积的一半)定义为质点的动能,用符号 E_{k} 表示,即 $E_{\mathrm{k}}=\frac{1}{2}mv^2$.这样,$E_{\mathrm{k2}}=\frac{1}{2}mv_2^2$ 和 $E_{\mathrm{k1}}=\frac{1}{2}mv_1^2$ 就分别表示质点在初始状态和终了状态的动能.动能是物体由于运动而具有的能量.动能是描述物体运动状态的一种物理量.动能具有相对性,动能与参考系的选择有关.式(2.59a)可写成

$$A=E_{\mathrm{k2}}-E_{\mathrm{k1}}=\Delta E_{\mathrm{k}} \tag{2.59b}$$

式(2.59)表明,质点受到合外力做的功等于质点动能的增量.这一规律称为**质点的动能定理**.质点的动能定理只在惯性系中成立.

动能定理说明了做功与质点运动状态的变化(动能的变化)之间的关系,指出了质点动能的任何改变都是作用于质点的合外力对质点做功所引起的,作用于质点的合外力在某一过程中对质点所做的功,在量值上等于质点在同一过程中动能的增量;也就是说,合力的功是动能改变的量度.从这个意义上,可以说**功是物体之间能量转化的一种量度**.质点的动能定理还说明了作用于质点的合外力在某一过程中对质点所做的功,只与运动质点在该过程的始、末状态的动能有关,而与质点在运动过程中动能变化的细节无关.因此,只要知道了质点在某过程的始、末两状态的动能,就知道了作用于质点的合力在该过程中对质点所做的功.

需要指出的是,动量和动能虽然都和物体的质量和速度有关,都是表示物体运动状态的,但它们的意义并不相同.应理解动量和动能的区别和联系.与动量相联系的是外力的冲量,动量的变化是外力的时间累积作用的结果(即外力的冲量),并且动量是矢量,具有大小和方向;而与动能相联系的是外力的功,动能的变化是外力的空间累积作用结果(即外力的功),且动能是标量.动能是物体由于运动而具有的能量,是能量的一种形式,动能的改变可以描述物体之间不同运动形式的相互转化.而动量是物体机械运动状态的一种量度,动量的改变只能反映物体之间机械运动形式的相互转化.

最后，我们还要指出动量和动能具有的共同特征通常来说，外力做功与其所经的路径有关，但由功引起的动能的改变仅由物体在开始的运动状态（初动能）和做功后的运动状态（末动能）所决定；同样，外力的冲量与外力持续作用的时间有关，但由它所引起的动量的改变却仅由物体的初、末运动状态（动量）决定.因此当我们在不了解过程的详细情况而无法确定冲量（或功）时，可以考虑过程始、末状态的动量（或动能）的改变，来计算冲量（或功）.

例 2.10 一质量为 10 kg 的物体沿 x 轴无摩擦滑动，$t=0$ 时物体静止于原点，若物体在力 $F=3+4x$ 的作用下移动了 3 m（各量均采用国际单位制），它的速度增为多大？

解 由动能定理可知 $\int_0^x F\mathrm{d}x = \frac{1}{2}mv^2$，得

$$v = \sqrt{\int_0^x \frac{2F}{m}\mathrm{d}x} = \sqrt{\int_0^3 \frac{2(3+4x)}{10}\mathrm{d}x} = 2.3\ \mathrm{m \cdot s^{-1}}$$

2.4.4 质点系的动能定理

在处理力学问题时，往往会根据需要将若干个物体（或质点）作为一个整体来加以研究，通常我们把这些物体组成的总体称为系统.如果组成系统的各物体可以看成质点，则称为质点系.一个质量连续分布的物体可以看成由无限个质点所组成的质点系，广义地说，一部机器、一个人都可以看成是一个质点系.质点系既包括固体，也包括液体、气体；既包括单个物体，也包括多个物体的组合.所以，质点系概括了力学中最普遍的研究对象.

设质点系由 n 个质点组成，其中第 i 个质点的质量为 $m_i(i=1,2,\cdots,n)$，在某一过程中的初始状态的速率为 v_{i1}，末了状态的速率为 v_{i2}，用 A_i 表示作用于该质点的所有力在该过程中所做功的总和，对第 i 个质点应用质点的动能定理，有

$$A_i = \frac{1}{2}m_i v_{i2}^2 - \frac{1}{2}m_i v_{i1}^2$$

把质点的动能定理应用于质点系内所有的质点，并把所有方程相加，有

$$\sum_{i=1}^{n} A_i = \sum_{i=1}^{n} \frac{1}{2}m_i v_{i2}^2 - \sum_{i=1}^{n} \frac{1}{2}m_i v_{i1}^2$$

质点系内所有质点的动能之和，称为质点系的动能，即

$$E_\mathrm{k} = \sum_{i=1}^{n} E_{\mathrm{k}i} = \sum_{i=1}^{n} \frac{1}{2}m_i v_i^2$$

令 $E_{\mathrm{k2}} = \sum_{i=1}^{n} \frac{1}{2}m_i v_{i2}^2$，$E_{\mathrm{k1}} = \sum_{i=1}^{n} \frac{1}{2}m_i v_{i1}^2$，分别表示质点系在末状态和初状态的动能.则

$$\sum_{i=1}^{n} A_i = E_{\mathrm{k2}} - E_{\mathrm{k1}} = \Delta E_\mathrm{k} \tag{2.60}$$

式（2.60）表明，**质点系动能的增量，等于作用于质点系内各质点上的所有力在这一过程中所做功的总和**.这就是**质点系的动能定理**.质点系的动能定理同样只在惯性系中成立.

应用质点系的动能定理分析力学问题时，常把作用于质点系各质点的力分为内力和外力，质点系外的物体作用于质点系内各质点的作用力称为外力，质点系内各质点之间的相互作用力称为内力.当我们确定系统后，在分析系统内各质点受力情况的基础上，必须清楚地将系统的内力、

外力区别开来.必须强调,系统的内力、外力的区分,应视所取系统而异.用$\sum A_{外}$表示作用于质点系各质点的外力所做功的总和,$\sum A_{内}$表示质点系各质点的所受内力所做功的总和,则式(2.60)可改写成

$$\sum A_{外}+\sum A_{内}=E_{k2}-E_{k1}=\Delta E_{k} \tag{2.61}$$

即质点系从一个状态运动到另一个状态时动能的增量,等于作用于质点系所受到的所有外力和所有内力在这一过程中所做功的总和.

由于内力是成对出现的,且每一对内力都满足牛顿第三定律,故作用于质点系内所有质点上的一切内力的矢量和必然等于零.但是,在一般情况下,所有内力做功的总和并不为零,即$A_{内}\neq 0$.例如,炮弹爆炸时,把炮弹作为一个系统,爆炸中内力做功的结果使炮弹系统的动能增大;人跑步时的起跑过程,人作为一个系统,靠人的内力做功使系统的动能增大.所有这些,都是内力做功不等于零的例子.下面我们从理论上进行简单证明.

我们先以两个质点组成的质点系为研究对象进行讨论.如图2-24所示,质点1和质点2之间相互作用的内力(即系统内的各质点之间相互作用的力)分别为$\boldsymbol{F}_{12}$和$\boldsymbol{F}_{21}$(其中$\boldsymbol{F}_{12}$表示质点1受到质点2对它的作用力,$\boldsymbol{F}_{21}$表示质点2受到质点1对它的作用力).$\mathrm{d}\boldsymbol{r}_1$和$\mathrm{d}\boldsymbol{r}_2$是质点1、2分别在内力作用下的位移.则内力$\boldsymbol{F}_{12}$和$\boldsymbol{F}_{21}$所做功$A_1$、$A_2$分别为

$$A_1=\boldsymbol{F}_{12}\cdot\mathrm{d}\boldsymbol{r}_1$$

$$A_2=\boldsymbol{F}_{21}\cdot\mathrm{d}\boldsymbol{r}_2$$

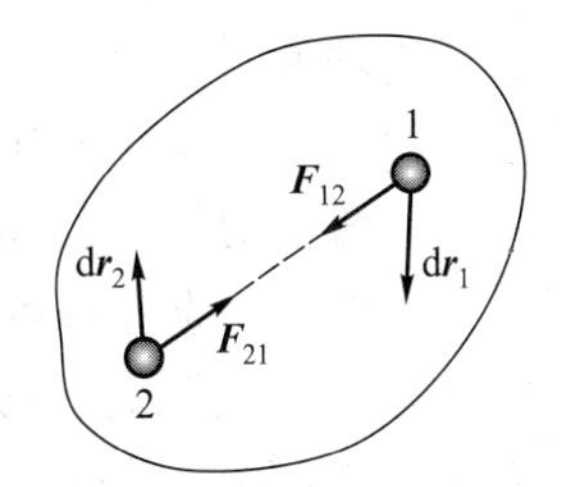

图2-24 质点系的内力做功

对于质点1和质点2组成的系统来说,把上面两式相加,并考虑到质点1和质点2之间相互作用的内力$\boldsymbol{F}_{12}$和$\boldsymbol{F}_{21}$是一对作用力和反作用力,它们遵从牛顿第三定律,任一时刻,有

$$\boldsymbol{F}_{12}+\boldsymbol{F}_{21}=0$$

可得内力所做的总功为

$$A=A_1+A_2=\boldsymbol{F}_{12}\cdot\mathrm{d}\boldsymbol{r}_1+\boldsymbol{F}_{21}\cdot\mathrm{d}\boldsymbol{r}_2=\boldsymbol{F}_{12}\cdot(\mathrm{d}\boldsymbol{r}_1-\mathrm{d}\boldsymbol{r}_2)=\boldsymbol{F}_{12}\cdot\mathrm{d}\boldsymbol{r}_{12}$$

其中$\mathrm{d}\boldsymbol{r}_{12}=\mathrm{d}\boldsymbol{r}_1-\mathrm{d}\boldsymbol{r}_2$为质点1、2之间的相对位移.

上述结论表明,一对内力做的功等于力与相互作用质点的相对位移的点积.如果相互作用的两个质点之间没有相对位移,或者一对内力的方向与相对位移的方向相互垂直,这一对内力做的功为零.

根据上述分析,在应用质点系的动能定理时,不仅要考虑外力的功,而且还要考虑内力的功,外力和内力的功都可以改变系统的动能.

思考题

思 2.23 试述质点的动能定理和质点系的动能定理.

思 2.24 动能定理是否是对所有参考系都成立?

2.4.5 功能原理

由质点系的动能定理

$$A_{外}+A_{内}=E_{k2}-E_{k1}$$

即质点系从一个状态运动到另一个状态时动能的增量，等于作用于质点系内各质点的所有外力和所有内力在这一过程中所做功的总和.如果我们把上式中内力所做的功再区分为保守内力的功和非保守内力的功，则有

$$A_{内}=A_{保内}+A_{非保内}$$

于是有

$$A_{外}+A_{保内}+A_{非保内}=E_{k2}-E_{k1}$$

根据式(2.56)，$A_{保内}=-(E_{p2}-E_{p1})=-\Delta E_p$，于是上式可写为

$$A_{外}+A_{非保内}=(E_{k2}+E_{p2})-(E_{k1}+E_{p1})=E_2-E_1=\Delta E \tag{2.62}$$

其中 $E_1=E_{k1}+E_{p1}$，$E_2=E_{k2}+E_{p2}$ 分别表示质点系在始、末状态时的机械能，而 $\Delta E=E_2-E_1$ 为系统机械能的增量.式(2.62)表明，**质点系所受的一切外力和一切非保守内力所做的功之和，等于质点系机械能的增量**.这个结论称为**系统的功能原理**.

在质点系内有多种保守力作用时，式(2.62)中的 E_p 应理解为各种势能的总和.例如质点受到重力和弹性力共同作用时，式中 E_p 为重力势能和弹性势能的总和.

功能原理表明，只有外力和非保守内力对系统做功，才能引起系统机械能的变化.功能原理和质点系的动能定理并没有本质上的区别.它们的区别仅在于功能原理中引入了势能而无需再考虑保守内力的功了，这正是应用功能原理解决力学问题的优点，因为计算势能增量往往比直接计算保守力的功要方便得多.

例 2.11 雪橇从高 h 的山顶 A 点沿冰道由静止下滑，坡道 AB 长为 s'，滑道与地面夹角为 θ.滑至点 B 后，又沿水平冰道继续滑行，滑行若干米 s 后停止在 C 处.如图 2-25 所示.若滑动摩擦因数为 μ.求雪橇沿水平冰道滑行的路程 s.

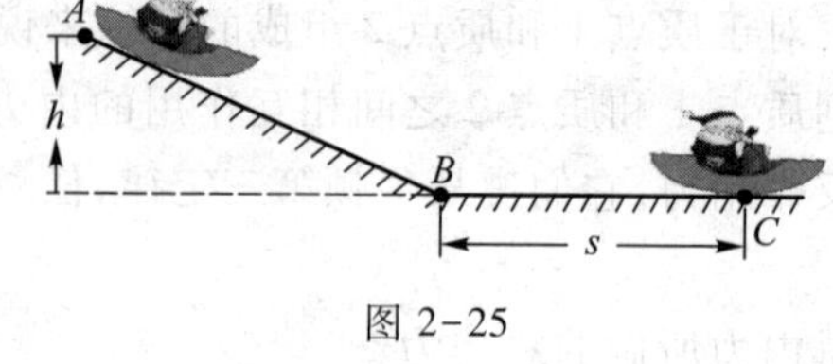

图 2-25

解 雪橇、冰道、地球为系统，系统无外力作用，系统内力中，重力为保守力，支持力不做功，摩擦力为非保守力.其中摩擦力大小为

$$F_f=\begin{cases}\mu mgs'\cos\theta & (斜面)\\ \mu mgs & (平面)\end{cases}$$

摩擦力做的功为

$$A_f=-\mu mgs'\cos\theta-\mu mgs=-\mu mg(s'\cos\theta+s)$$

以水平冰道上任一点为重力势能为零的参考点，则系统初态的势能 $E_{p1}=mgh$，动能 $E_{k1}=0$，机械能为 $E_1=mgh$；末态的势能、动能、机械能分别为 $E_{p2}=0$，$E_{k2}=0$，$E_2=0$.

由质点系的功能原理 $A_{外}+A_{非保内}=E_2-E_1$，有 $A_f=E_2-E_1$，即

$$-\mu mg(s'\cos\theta+s)=-mgh=-mgs'\sin\theta$$

解得雪橇沿水平冰道滑行的路程 s 为

$$s=\frac{(\sin\theta-\mu\cos\theta)}{\mu}s'$$

2.4.6 能量守恒定律

1. 机械能守恒定律

显然，在一个力学过程中，如果任意一段时间内，外力和非保守内力对系统都不做功，即

$$A_{外}=0, 且 A_{非保内}=0 \tag{2.63}$$

则由功能原理可知

$$E_{k2}+E_{p2}=E_{k1}+E_{p1}=常量 \tag{2.64a}$$

或

$$E_k+E_p=常量 \tag{2.64b}$$

这就是说,**如果作用于质点系的所有外力和非保守内力都不做功,则运动过程中质点系内各质点间的动能和势能可以互相转化,但它们的总和(即总机械能)是一个不随时间变化的常量**.这就是质点系的**机械能守恒定律**.在满足这一条件的情况下,如果系统内有保守力做功,也只能引起系统内动能和势能间的相互转化,当动能增加某一数值时,势能必减小同一数值;反之亦然,而不会引起系统机械能的改变.

2. 能量的转化及守恒定律

我们利用功能原理,对非保守内力做功再做一些讨论.考虑外力不做功的情形,即 $A_{外}=0$.这时,式(2.56)可写为

$$A_{非保内}=(E_{k2}+E_{p2})-(E_{k1}+E_{p1})=E_2-E_1$$

对于这样的系统,若 $A_{非保内}<0$,则 $E_2<E_1$,即若系统内非保守力做了负功,则系统的机械能减少,减少的机械能是用非保守内力所做的负功来量度的.事实表明,在这种情况下,系统有部分机械能转化为其他形式的能量.例如,系统内两个物体表面有摩擦而相对滑动时,摩擦力(为非保守力)做了负功,系统的机械能减少了,但物体会发热.这说明,摩擦力通过非保守力(摩擦力)做功,把物体的一部分机械能转化成热能.热能是区别于机械能的另一种形式的能量.自然界中除了机械能(动能和势能)、热能之外,还有其他许多形式的能量,如电磁能、化学能、原子核能等.若 $A_{非保内}>0$,则 $E_2>E_1$,即若系统内非保守力做了正功,则系统的机械能增加.在这种情况下,系统内部有其他形式的能量转化为机械能.例如,静止的炸弹爆炸过程,炸成的碎片所具有的机械能是在爆炸过程中由一部分化学能转化而来的.实践证明,如果系统和外界也没有其他形式的能量交换,那么系统的能量只能在内部相互转化,而能量的总和将保持不变.也就是说,**能量既不能消灭,也不能创造,它只能从一种形式转化为另一种形式.对一个孤立系统来讲,不论发生何种变化,各种形式的能量可以互相转化,但能量的总和保持不变**.这个结论称为**能量的守恒与转化定律**.

能量守恒与转化定律是从大量事实中综合归纳得出的结论,它适合于任何变化过程,不论是机械的、热的、电磁的、原子和原子核的,还是化学的、生物的过程,都适用.所以,能量守恒与转化定律是自然界中各种现象都遵从的一个普遍规律.

能量守恒与转化定律能使我们更加深刻地理解功和能量的意义.应当指出,我们不能把功和能看成是等同的.功是过程量,和能量的变化或交换过程相连;而能为状态量,只决定于系统的状态,系统在一定的状态就具有一定的能量;因此可以说,能量是系统状态的单值函数.

思考题

思 2.25 甲将弹簧缓慢拉伸 0.05 m 后,乙继续再将弹簧缓慢拉伸 0.03 m.甲乙两人谁做功多些?

思 2.26 质点系在某一运动过程中,无外力做功,作用于它的非保守内力先做正功,后做负

功,整个过程做功总和为零.问质点系始末两个状态机械能相等吗?整个过程机械能守恒吗?

思 2.27　起重机将一集装箱竖直地匀速上吊,此集装箱与地球作为一个系统,此系统的机械能是否守恒?

*2.5　流体的运动

常见的物质状态有固态、液态和气态三种.固体有一定的形状和大小;液体有一定体积,形状随容器而定,易流动,不易压缩;气体没有固定的体积和形状,自发地充满容器,易流动,易压缩.液体和气体与固体不同,它们不能保持固定的形状,这是因为液体和气体内部各部分之间很容易发生相对运动,我们把这种性质称为流动性.具有流动性的物体称为流体.流体除了具有流动性外,还具有黏性、可压缩性(液体的可压缩性是很小的).

研究流体运动的规律以及流体与其他物体之间相互作用规律的学科称为流体动力学.由于研究的是流体的机械运动,因此,反映机械运动本质的质点、质点系力学规律,对流体也同样适用.

早期的阿基米德发现的浮力定律和液体平衡理论为流体动力学打下基础,15 世纪达·芬奇、帕斯卡建立了流体动力学的雏形,直到 17 世纪牛顿才创立了动力学的初步模型,随后伯努利方程和欧拉方程的建立以及 1738 年伯努利出版了《流体动力学》一书标志流体动力学成为一门基本完整的理论.

流体动力学主要研究流体处于运动状态时的力学规律,以及这些规律在实际工程中的应用,因此流体动力学应用的领域非常广泛,包括大气的流动、石油和天然气的开采、水利工程、航天和航海、人体的血液流动、植物内部营养液的流动,等等.

2.5.1　理想流体、流线和流管

1. 理想流体

由流体的可压缩性可知,实际流体受力时的体积是会发生变化的.对于密闭的气体来说其压缩率可以达到很高,但是如果是非密闭条件,只要有极小的压强差就能导致气体迅速流动,结果对于气体密度的改变量微乎其微.对于液体来说其压缩率非常小,如压强增大一倍,水的体积只减少两万分之一,因此一般研究流体不必考虑压缩性.流体的流动性,其含义是流体内部各部分之间发生相对运动,相互接触又有相对运动必然出现摩擦力,这个力称为内摩擦力,流体的这种性质称为黏性.常见流体像水、酒精的黏性不大.我们研究的问题中,压缩性和黏性是影响流体运动的次要因素,只有流动性才是决定运动的主要因素.这样我们就可以引入一个理想模型——**理想流体**.所谓**理想流体就是绝对不可压缩并且完全没有黏性的流体**.**它是我们本节的研究对象**.

2. 稳定流动　流线和流管

理想流体的流动可以看成是许多流体质点的流动.如果流体质点流过空间任意指定点的流速 $\boldsymbol{v}$ 不随时间而变化,这种流动就是稳定流动.在图 2-26 中,流过 A、B、C 三点的流速 $\boldsymbol{v}_A$、$\boldsymbol{v}_B$、$\boldsymbol{v}_C$ 不随时间变化,这就是稳定流动,还得指出,稳定流动的流速与位置点有关,不同的位置对应不同的流速.

与电场线形象描述电场性质类似,描述理想流体的流动,我们可以在流体内部画一些线.**这**

些线上各点的切线方向就是流体质点流过该点的流速方向,这样的线我们称为流线.注意每个流体质点的运动轨迹就是一条流线.流线是不会相交的,稳定流动的理想流体,空间任一点的流速具有唯一性.

流线围成的管状空间就是流管,见图 2-27.图中阴影部分就是一段流管.因为稳定流动的理想流体流线是不会相交的,所以管内流体不会流出管外,管外流体也不会流进管内.

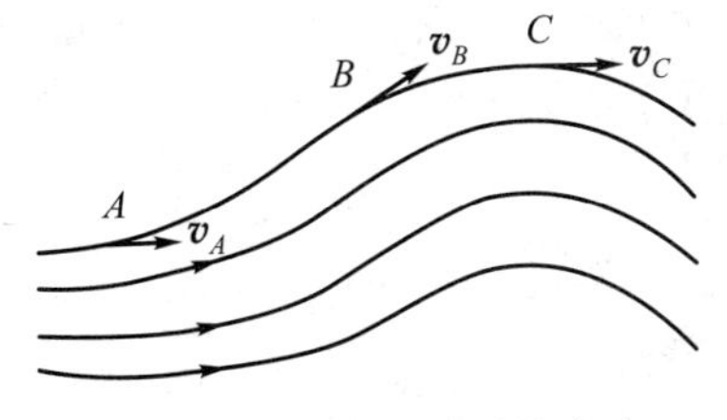

图 2-26　稳定流动时的流速

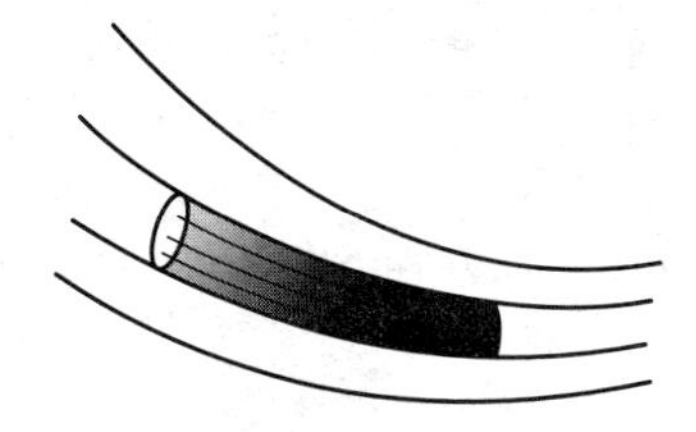
图 2-27　流管

2.5.2　连续性原理

在稳定流动的理想流体中任意取一段流管 S_1S_2,见图 2-28.

前后两个垂直流速方向的截面分别是 S_1、S_2,两截面上的平均流速是 $\boldsymbol{v}_1$,$\boldsymbol{v}_2$.经过一个较短的时间 Δt,流进和流出这段流管流体的质量分别是 m_1,m_2.由于理想流体的不可压缩性和流管内外流体不会混淆,可知流进和流出流管的流体体积相同,质量也相同.得出

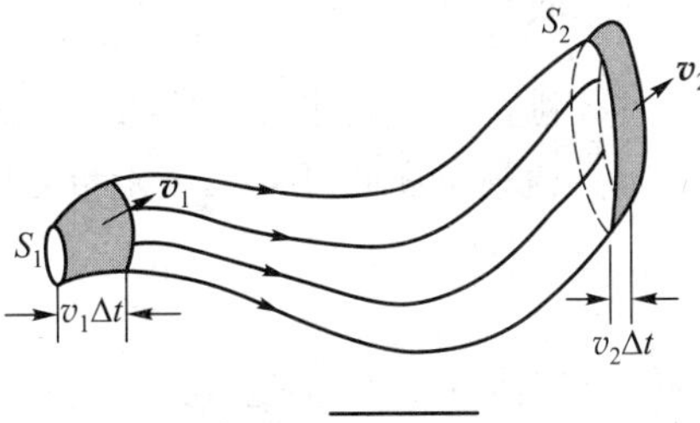

$$m_1=m_2 \tag{2.65}$$

$$m_1=\rho S_1v_1\Delta t \tag{2.66}$$

$$m_2=\rho S_2v_2\Delta t \tag{2.67}$$

图 2-28　连续性方程

将式(2.66)和式(2.67)两式代入式(2.65)得

$$\rho S_1v_1\Delta t=\rho S_2v_2\Delta t \tag{2.68}$$

整理得

$$S_1v_1=S_2v_2 \tag{2.69}$$

式(2.69)就是理想流体的连续性方程,也称为连续性原理.它体现了流体在流动中质量的守恒.**由于截面 S_1S_2 是任意选取的,因此在同一流管中任意截面都满足 Sv=常量,我们定义 $Q_v(=Sv)$ 为该流管的体积流量,表示在单位时间内流过截面的流体体积**.由式(2.69)我们可得出在同一流管中任意截面的体积流量都相等,截面大的地方流速小,截面小的地方流速大.

如果一个截面积为 S_0,流速为 v_0 的主管道分成 n 个管道,那连续性方程为

$$S_0v_0=S_1v_1+S_2v_2+\cdots+S_nv_n \tag{2.70}$$

式(2.70)表明主管道的体积流量等于各分管道体积流量之和.

例 2.12　冷却器由 19 根外直径为 20 mm,管壁厚为 2 mm 的列管组成,冷却水从外直径为 54 mm,管壁厚为 2 mm 的导管流入列管中,一直导管中水流速为 1.4 m·s^{-2},求列管中水的速度和体积流量.

解　列管的半径为

$$r_1=\frac{20-4}{2}\ \text{mm}=8\ \text{mm}$$

导管的半径为

$$r_0=\frac{54-4}{2}\ \text{mm}=25\ \text{mm}$$

由于

$$\frac{S_0}{S_1}=\left(\frac{r_0}{r_1}\right)^2=\left(\frac{25}{8}\right)^2$$

由式(11.6)连续性方程 $S_0v_0=S_1v_1+S_2v_2+\cdots+S_nv_n$ 得

$$S_0v_0=19S_1v_1$$

$$v_1=\frac{S_0v_0}{19S_1}=\frac{1}{19}\times\left(\frac{25}{8}\right)^2\times1.4\ \text{m}\cdot\text{s}^{-1}=0.72\ \text{m}\cdot\text{s}^{-1}$$

$$Q=S_1v_1=\pi(8\times10^{-3})^2\times0.72\ \text{m}^3\cdot\text{s}^{-1}=1.45\times10^{-4}\ \text{m}^3\cdot\text{s}^{-1}$$

列管中的水流速度为 $0.72\ \text{m}\cdot\text{s}^{-1}$,体积流量为 $1.45\times10^{-4}\ \text{m}^3\cdot\text{s}^{-1}$.

2.5.3 伯努利方程

伯努利方程是流体动力学的基本定律,它说明了理想流体在管道中稳定流动时,流体中某点的压强 p、流速 v 和高度 h 三个参量之间的关系为

$$\frac{p}{\rho g}+\frac{v^2}{2g}+h=\text{常量} \tag{2.71}$$

式中 ρ 是流体的密度,g 是重力加速度.下面我们用功能原理导出伯努利方程.

我们研究管道中任意一段流体的运动.设在某一时刻,这段流体在 a_1、a_2 位置,经过极短时间 Δt 后,这段流体达到 b_1、b_2 位置,如图 2-29 所示.

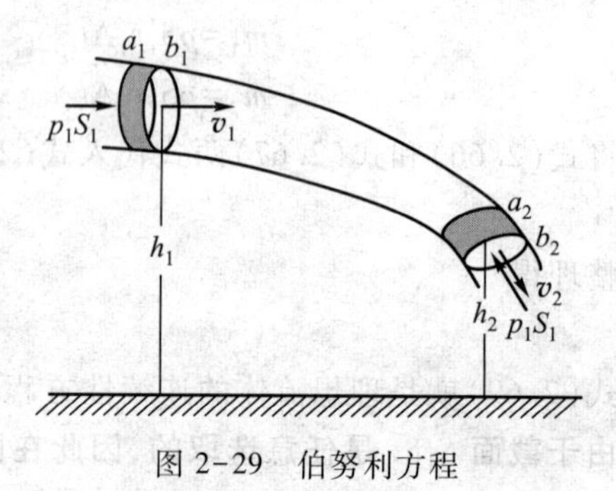

图 2-29　伯努利方程

现在计算在流动过程中,外力对这段流体所做的功.假设流体没有黏性,管壁对它没有摩擦力,那么,管壁对这段流体的作用力垂直于它的流动方向,因而不做功.所以流动过程中,除了重力之外,只有在流管中前后的流体对它做功.在它后面的流体推它前进,这个作用力做正功;在它前面的流体阻碍它前进,这个作用力做负功.

因为时间 Δt 极短,所以 a_1b_1 和 a_2b_2 是两段极短的位移,在每段极短的位移中,压强 p、截面积 S 和流速 v 都可视为不变.设 $p_1S_1v_1$ 和 $p_2S_2v_2$ 分别是 a_1b_1 和 a_2b_2 处流体的压强、截面积和流速,则后面流体的作用力是 p_1S_1,位移是 $v_1\Delta t$,所做的正功是 $p_1S_1v_1\Delta t$,而前面流体作用力做的负功是 $p_2S_2v_2\Delta t$,由此,外力的总功是

$$A=(p_1S_1v_1-p_2S_2v_2)\Delta t \tag{2.72}$$

因为理想流体不可压缩,所以 a_1b_1 和 a_2b_2 两小段流体的体积相等,都等于 $\Delta V=S_1v_1\Delta t=S_2v_2\Delta t$,所以两小段流体的质量也相等,都等于 $m=\rho\Delta V$,则上式可写成

$$A=(p_1-p_2)\Delta V \tag{2.73}$$

其次，计算这段流体在流动中机械能的变化.对于稳定流动来说，在 b_1a_2 间流体的机械能是不改变的.由此，就机械能的变化来说，可以看成是原先在 a_1b_1 处的流体，在 Δt 时间内移到了 a_2b_2 处，由此而引起的机械能变化量就等于 a_2b_2 处流体与 a_1b_1 处流体机械能的差值

$$E_2-E_1=\left(\frac{1}{2}mv_2^2+mgh_2\right)-\left(\frac{1}{2}mv_1^2+mgh_1\right)$$

$$=\rho\Delta V\left[\left(\frac{1}{2}v_2^2+gh_2\right)-\left(\frac{1}{2}v_1^2+gh_1\right)\right] \tag{2.74}$$

由功能原理得

$$A=E_2-E_1 \tag{2.75}$$

将式(2.73)和式(2.74)代入式(2.75)得

$$(p_1-p_2)\Delta V=\rho\Delta V\left[\left(\frac{1}{2}v_2^2+gh_2\right)-\left(\frac{1}{2}v_1^2+gh_1\right)\right] \tag{2.76}$$

整理后得

$$p_1+\frac{1}{2}\rho v_1^2+\rho gh_1=p_2+\frac{1}{2}\rho v_2^2+\rho gh_2 \tag{2.77}$$

由于所研究的这段流体是任意选取的，因此在同一流管中的任何位置式(2.77)所描述的等式关系均成立，所以还可以表示为

$$p+\frac{1}{2}\rho v^2+\rho gh=\text{常量} \tag{2.78}$$

这就是伯努利方程.该式表明在同一管道中任何一点处，流体每单位体积的动能和势能以及该处的压强能之和是个常量.这就是能量守恒定律在流体力学中的具体形式.在工程上，上式常写成

$$\frac{p}{\rho g}+\frac{v^2}{2g}+h=\text{常量} \tag{2.79}$$

$\frac{p}{\rho g}$、$\frac{v^2}{2g}$、h 三项都相当于长度，分别叫做压力头、速度头、水头.所以伯努利方程表明在同一管道的任一处，压力头、速度头、水头之和是一常量，对稳定流动的理想流体，用这个方程对确定流体内部压力和流速有很大的实际意义，在水利、造船、航空等工程部门有广泛的应用.

例 2.13 设有流量为 0.12 $\mathrm{m^3 \cdot s}$ 的水流过某一流管.A 点的压强为 2×10^5 Pa，A 点的截面积为 100 $\mathrm{cm^2}$，B 点的截面积为 60 $\mathrm{cm^2}$.假设水的黏性可以忽略不计，AB 两点的高度差为 2 m.求 AB 两点的流速和 B 点的压强.

解

$$S_Av_A=S_Bv_B=Q$$

$$v_A=\frac{Q}{S_A}=\frac{0.12}{100\times10^{-4}}\ \mathrm{m\cdot s^{-1}}=12\ \mathrm{m\cdot s^{-1}}$$

$$v_B=\frac{Q}{S_B}=\frac{0.12}{60\times10^{-4}}\ \mathrm{m\cdot s^{-1}}=20\ \mathrm{m\cdot s^{-1}}$$

伯努利方程为

$$p_A+\frac{1}{2}\rho v_A^2+\rho gh_A=p_B+\frac{1}{2}\rho v_B^2+\rho gh_B$$

$$h_B-h_A=2\ \mathrm{m}$$

$$p_B=p_A+\frac{1}{2}\rho(v_A^2-v_B^2)-\rho g(h_B-h_A)$$

$$=\left[2\times10^5+\frac{1}{2}\times1\ 000\times(12^2-20^2)-1\ 000\times9.8\times2\right]\ \text{Pa}=5.24\times10^4\ \text{Pa}$$

2.5.4 伯努利方程的应用

1. 流速计(皮托管)

皮托(pitot)管是一种用来测量流体速度的装置,如图 2-30 所示.装置中 U 形管的两端开口方向不同,A 处开口方向与流体水平向右的流速方向垂直,B 处开口方向与流速方向相反.当把皮托管两端串接到待测流体中时,U 形管中的流体高度不再变化时,我们就可以测量 U 形管中的两液面高度差 h.我们对 AB 两个位置列出伯努利方程

$$p_A+\frac{1}{2}\rho v_A^2+\rho gh_A=p_B+\frac{1}{2}\rho v_B^2+\rho gh_B \tag{2.80}$$

式中 A 处的流速 v_A 就是流体的流速 v,B 处的流速 $v_B=0$,同时 AB 两处的高度相差无几,令 $h_A=h_B$,式(2.80)变为

$$p_B-p_A=\frac{1}{2}\rho v^2 \tag{2.81}$$

AB 两处的压强差可用竖直管中的液面高度差计算:

$$p_B-p_A=\rho gh \tag{2.82}$$

最后联立式(2.81)和式(2.82)得到

$$v=\sqrt{2gh} \tag{2.83}$$

皮托管串接到待测流体中,必然会对流动产生一定的影响,测量计算数据有不同程度的偏差.在现代工程技术中,有时用激光测速仪取代皮托管,原因是激光测速仪不扰乱原来的流动状况,测量精度极高,并且还能测量不稳定流体流速的瞬时值和截面上的流速分布.

2. 流量计

流量计装置如图 2-31 所示.图中是一个粗细不均的水平流管,在最粗截面处和最细截面处向上接出竖直细管.在测量流量时,需要将流量计串接到待测流体中,当竖直细管中的液面高度不再变化时就可以测量计算了.

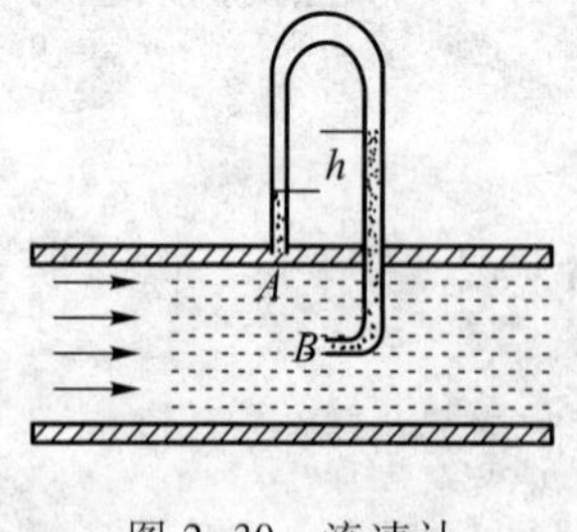

图 2-30 流速计

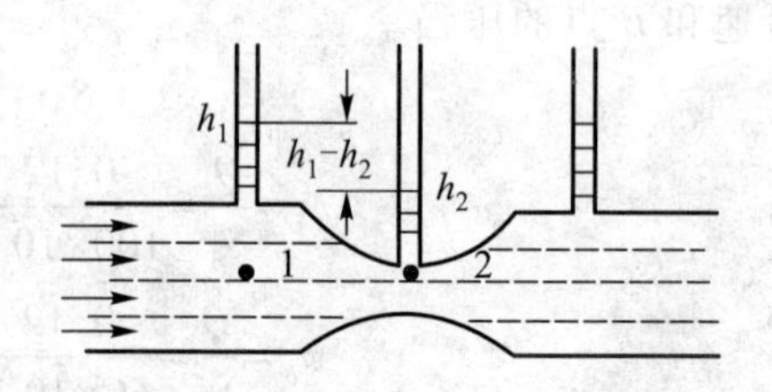

图 2-31 流量计

图中两竖直细管正下方同一高度上选取 1、2 两点作为研究点.列出水平流管的伯努利方程

$$p_1+\frac{1}{2}\rho v_1^2=p_2+\frac{1}{2}\rho v_2^2 \tag{2.84}$$

连续性方程

$$S_1v_1=S_2v_2 \tag{2.85}$$

联立式(2.84)和式(2.85),得

$$v_1=S_2\sqrt{\frac{2g(h_1-h_2)}{S_1^2-S_2^2}} \tag{2.86}$$

那么流量为

$$Q_V=S_1v_1=S_2v_2=S_1S_2\sqrt{\frac{2g(h_1-h_2)}{S_1^2-S_2^2}} \tag{2.87}$$

3. 空吸作用

伯努利方程的另外一个重要的应用就是空吸作用,图2-32是利用空吸作用制成的喷雾器的原理图.图中水平流管 A 处空气高速向右流动,当流速达到一定数值时,A 处压强 p_A 小于外界大气压 p_0 时,容器中的液体就会沿着竖直细管上升.**这种液体被高速流体吸引的现象叫做空吸作用**.当水平流管中的流速进一步增大,达到一个极限值时,容器中的液体就会进入水平流管和高速流动的空气混合后从 B 处喷出,这样液体就被冲散成大量的小液滴,这就是喷雾器的工作原理.

水流抽气机就是根据上述空吸作用的原理设计的,图2-33就是水流抽气机的原理图.图中水从圆锥形玻璃管的细口高速流出,该处水的压强小于空气压强,因而将空气从水平开口处吸入,吸入进来的空气被高速水流带走并从下水管中排出.这样就达到了抽气的目的.

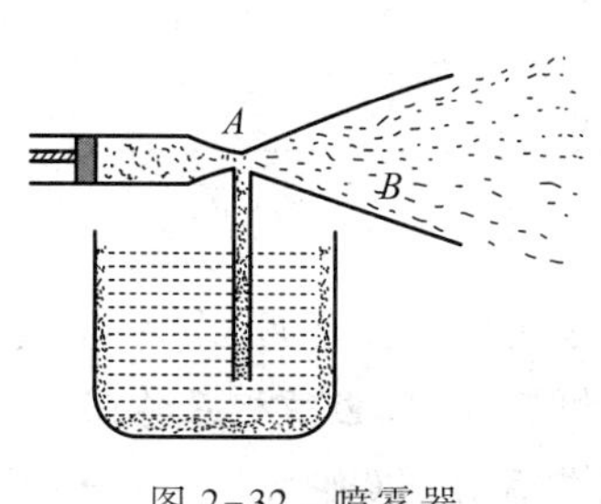

图2-32　喷雾器

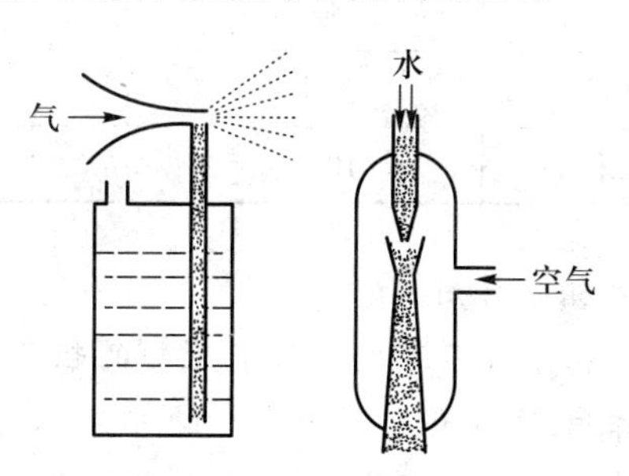

图2-33　水流抽气机

阅读材料 2

物质之间的基本相互作用

物质的运动和物质间的相互作用是物质的普遍属性.物质间有四种基本相互作用:引力相互作用,电磁相互作用,弱相互作用和强相互作用.

万有引力相互作用存在于宇宙万物之间;电磁相互作用是运动电荷间产生的;弱相互作用产生于放射性衰变过程和其他一些"基本"粒子衰变过程中;强相互作用是存在于核子之间的作用,它能使质子、中子这样的粒子聚合在一起.我们常遇到的力,如重力、支持力、正压力、摩擦力、库仑力、安培力、分子力、核力等都可归入这四种基本相互作用.然而这四种基本相互作用的范围(即力程)是不同的.万有引力和电磁相互作用的作用范围,原则上讲是不限制的,即可达无限远.弱相互作用和强相互作用是微观粒子间的相互作用,强相互作用的范围为 10^{-15} m,而弱相互作用的有效作用范围仅为 10^{-18} m.这四种基本相互作用的强度也相差巨大,如以强相互作用的力强度为 1,那么其他力的相对强度分别为电磁相互作用为 10^{-2},弱相互作用为 10^{-13},万有引力仅为 10^{-38}.万有引力的强度是最弱的.表 2-1 是万有引力、电磁力、强力、弱力四种力的相对强度和作用力程的比较.

表 2-1　四种基本相互作用的性质

	强力	电磁力	弱力	万有引力
相对强度	1	10^{-2}	10^{-13}	10^{-38}
作用力程	10^{-15} m	长程	$<10^{-18}$ m	长程

1. 电磁相互作用

带电的粒子或不带电但带有磁矩的粒子都能与电磁场直接发生作用,或者以电磁场为介质彼此发生作用.这种有电磁场参与的相互作用,称为电磁相互作用.电磁相互作用是通过交换电磁场的量子——光子而发生的.电磁相互作用是一种长程相互作用(作用半径 $r\to\infty$),其作用特征时间为 10^{-21} s 数量级.电磁相互作用是一种非常普遍的相互作用,光子、轻子、介子、质子均参与这种相互作用.

2. 弱相互作用

人们因研究核的 β 衰变(1934 年)而发现了弱相互作用.由于 β 衰变过程进行得异常缓慢,物质间的相互作用比已知的电磁力弱得多,故称弱相互作用.这种弱相互作用通过交换中间玻色子而进行.弱相互作用是一种更短程的相互作用(作用半径 $r<10^{-16}$ m),其作用特征时间则更长,可从 10^{-18} s 直到 15 min,也就是说弱相互作用相对来说是非常缓慢的.重子、介子、轻子均参与弱相互作用.但只有中微子是唯一不参与弱相互作用的粒子.W^+、W^-、Z^0 是规范粒子,表现在弱相互作用中.

3. 强相互作用

人们因研究核力(1935 年)而发现了强相互作用.由于核力比早已熟悉的电磁相互作用强得多,故称强相互作用.这种强相互作用是通过交换胶子场的量子——胶子而发生的.强相互作用是一种短程相互作用(作用半径 r 为 $10^{-14}\sim10^{-16}$ m),其作用时间一般在 10^{-23} s 的数量级.相对来说,强相互作用过程是非常迅速的.这种强相互作用只发生在介子和重子之间,光子及轻子不参与强相互作用.

4. 引力相互作用

引力相互作用是一种比弱相互作用更弱的相互作用.因此,引力在基本粒子世界的效应一般是略而不计的.

引力是人们最早熟悉的一种相互作用,但也是本质隐藏得最深的一种相互作用.对于引力的规律及本质的认识,在物理学史上经历了三个阶段.第一阶段是牛顿总结的万有引力定律;第二阶段是爱因斯坦的引力场方程;第三阶段是引力场的量子化(引力场能否量子化,尚未解决).

1968 年温伯格、萨拉姆和格拉肖提出一个理论,把弱相互作用和电磁相互作用统一为电弱相互作用,后被实验所证实.许多物理学家正在进行电弱相互作用和强相互作用统一的研究,并企盼把万有引力作用也包括进去,以最终实现四种基本相互作用的“大统一”理论.

习 题 2

2-1　质量为 16 kg 的质点在 Oxy 平面内运动，受一恒力作用，力的分量为 $F_x=6\ \mathrm{N}$，$F_y=7\ \mathrm{N}$，当 $t=0$ 时，$x_0=y_0=0$，$v_{x0}=-2\ \mathrm{m\cdot s^{-1}}$，$v_{y0}=0$. 当 $t=2\ \mathrm{s}$ 时，求：(1) 质点的位矢；(2) 质点的速度.

2-2　质量为 m 的子弹以速度 v_0 水平射入沙土中，设子弹所受阻力与速度反向，大小与速度成正比，比例系数为 k，忽略子弹的重力，求：(1) 子弹射入沙土后，速度随时间变化的函数；(2) 子弹进入沙土的最大深度.

2-3　已知一质量为 m 的质点在 x 轴上运动，质点只受到指向原点的引力作用，引力大小与质点离原点的距离 x 的平方成反比，即 $F=-k/x^2$，k 是大于零的比例常量. 设质点在 $x=A$ 时的速度为零，求质点在 $x=A/4$ 处的速度大小.

2-4　一质量为 2 kg 的质点，在 Oxy 平面上运动，受到外力 $\boldsymbol{F}=4\boldsymbol{i}-24t^2\boldsymbol{j}$ (SI 单位) 的作用，$t=0$ 时，它的初速度为 $\boldsymbol{v}_0=(3\boldsymbol{i}+4\boldsymbol{j})\ \mathrm{m\cdot s^{-1}}$，求 $t=1\ \mathrm{s}$ 时质点的速度及受到的法向力 F_n.

2-5　如图所示，用质量为 m_1 的板车运载一质量为 m_2 的木箱，车板与箱底间的摩擦因数为 μ，车与路面间的滚动摩擦可不计，计算拉车的力 F 满足什么条件才能保证木箱不致滑动？

2-6　如图所示，一倾角为 θ 的斜面放在水平面上，斜面上放一木块，两者间摩擦因数为 μ (其中 $\mu<\tan\theta$). 为使木块相对斜面静止，求斜面加速度 a 的范围.

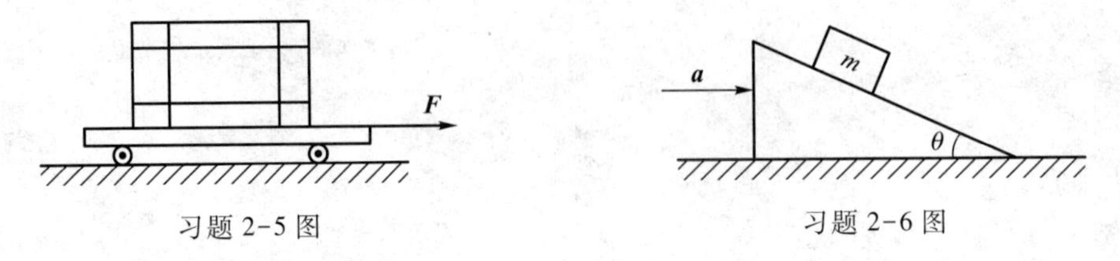

习题 2-5 图　　　　习题 2-6 图

2-7　如图所示，一小环套在光滑细杆上，细杆以倾角 θ 绕竖直轴匀角速度转动，角速度为 ω，求小环平衡时距杆端点 O 的距离 r.

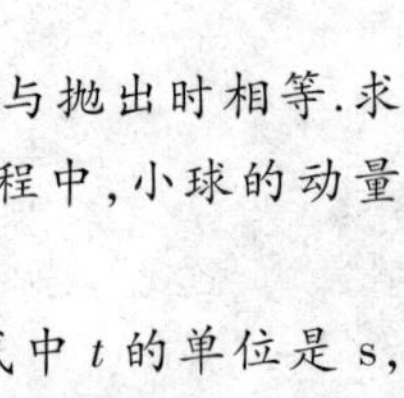

2-8　设质量为 m 的带电微粒受到沿 x 方向的电力 $\boldsymbol{F}=(b+cx)\boldsymbol{i}$，计算粒子在任一时刻 t 的速度和位置，假定 $t=0$ 时，$v_0=0$，$x_0=0$. 其中 b、c 为与时间无关的常量，m、F、x、t 的单位分别为 kg、N、m、s.

2-9　现有一质量为 m 的质点以与地的仰角 $\theta=30°$ 的初速 $\boldsymbol{v}_0$ 从地面抛出，若忽略空气阻力，求质点落地时相对抛射时动量的增量.

习题 2-7 图

2-10　质量为 m 的小球从某一高度处水平抛出，落在水平桌面上发生弹性碰撞. 并在抛出 1 s 后，跳回到原高度，速度仍是水平方向，速度大小也与抛出时相等. 求小球与桌面碰撞过程中，桌面给予小球的冲量的大小和方向. 并回答在碰撞过程中，小球的动量是否守恒？

2-11　作用在质量为 10 kg 的物体上的力为 $\boldsymbol{F}=(10+2t)\boldsymbol{i}$ (SI 单位)，式中 t 的单位是 s，从 $t=0$ 时刻开始，(1) 求 4 s 后，这物体的动量和速度的变化，以及力给予物体的冲量. (2) 为了使这力的冲量为 200 N·s，该力应在这物体上作用多久？试就一原来静止的物体和一个具有初速度 $-6\boldsymbol{j}\ \mathrm{m\cdot s^{-1}}$ 的物体，分别回答这两个问题.

2-12　一颗子弹由枪口射出时速率为 $\boldsymbol{v}_0$，当子弹在枪筒内被加速时，它所受的合力为 $F=a-bt$（a、b 为常量），其中各个物理量均采用国际单位制.① 假设子弹运行到枪口处合力刚好为零，试计算子弹走完枪筒全长所需时间；② 求子弹所受的冲量；③ 求子弹的质量.

2-13　一斜抛运动的物体，在最高点炸裂为质量相等的两块，最高点距地面为 19.6 m，爆炸后 1 s，第一块落到爆炸点正下方的地面，此处距抛出点的水平距离为 1.0×10^2 m.问第二块落在距抛出点多远的地面上？

2-14　一架以 $3.0\times10^2\ \mathrm{m\cdot s^{-1}}$ 的速率水平飞行的飞机，与一只身长为 0.20 m、质量为 0.50 kg 的飞鸟相碰.设碰撞后飞鸟的尸体与飞机具有相同速度，而原来飞鸟对于地面的速率很小，可忽略不计.试估计飞鸟对飞机的冲击力（碰撞时间可用飞鸟被飞机速率相除来估算）.根据本题计算结果，你对于高速运动的物体（如汽车、飞机）与通常情况下不足以引起危害的物体（如飞鸟、石子）相碰后会产生什么后果的问题有何体会？

2-15　质量为 m' 的人手里拿着一个质量为 m 的物体，此人用与水平面成 α 角的速率 v_0 向前跳去.当他达到最高点时，他将物体以相对于人为 u 的水平速率向后抛出.问由于人抛出物体，他跳跃的距离增加了多少？（假设人可视为质点.）

2-16　一质点所受合力为 $\boldsymbol{F}_{合}=(7\boldsymbol{i}-6\boldsymbol{j})$ N.① 当质点从原点运动到位置 $\boldsymbol{r}=(-3\boldsymbol{i}+4\boldsymbol{j}+16\boldsymbol{k})$ m 时，求 $\boldsymbol{F}_{合}$ 所做的功；② 如果质点运动到 $\boldsymbol{r}$ 处需 0.6 s，求合力做功的平均功率；③ 如果质点的质量为 $m=1$ kg，求质点动能的变化.

2-17　用铁锤将一铁钉击入木板，设木板对铁钉的阻力与铁钉进入木板内的深度成正比，在铁锤击第一次时，能将小钉击入木板内 1 cm，问击第二次时能击入多深？假定铁锤两次打击铁钉时的速度相同.

2-18　一人用质量为 1 kg 的水桶从深为 10 m 的井中提水，水桶刚离开水面时桶中装有 10 kg 的水，由于水桶漏水，每升高 1 m 要均匀漏去 0.2 kg 的水.若人把水桶匀速地从水面提到井口，在此过程中需做多少功？

2-19　一质量为 m 的陨石从距地面高 h 处由静止开始落向地面，忽略空气阻力，求：(1) 陨石下落过程中，万有引力的功是多少？(2) 陨石落地时的速率是多少？设地球可看成质量均匀的球体，其质量为 m'，半径为 R.

2-20　一质量为 m 的地球卫星，沿半径为 $3R_0$ 的圆轨道绕地球运动，已知 R_0 为地球半径，m_0 为地球质量.求：① 卫星的动能；② 卫星的引力势能（设卫星距地球无限远时，引力势能为零）；③ 卫星的机械能.

2-21　一根劲度系数为 k_1 的轻弹簧 A 的下端，挂一根劲度系数为 k_2 的轻弹簧 B，B 的下端挂一重物 C，其质量为 m'，如图所示.求这一系统静止时两弹簧的伸长量之比和弹性势能之比（设弹簧处于自然状态时，弹性势能为零）.

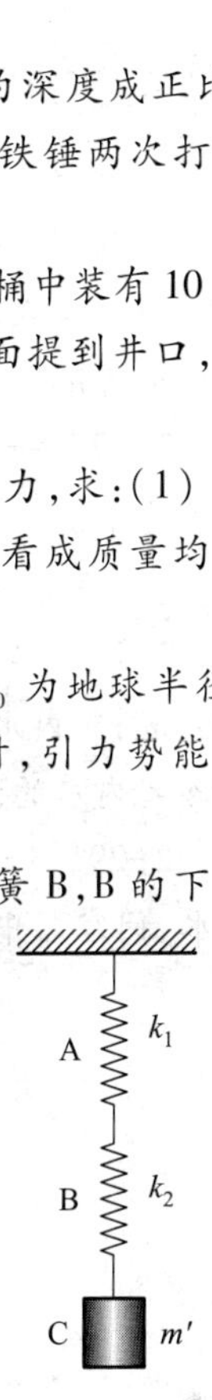

习题 2-21 图

2-22　试计算① 月球和地球对 m 物体的引力相抵消的一点 P，距月球表面的距离是多少？② 如果一个 1 kg 的物体在距月球和地球均为无限远处的势能为零，那么它在 P 点的势能为多少？已知地球质量为 5.98×10^{24} kg，地球中心到月球中心的距离 3.84×10^8 m，月球质量 7.35×10^{22} kg，月球半径 1.74×10^6 m.

2-23　一质量为 m 的质点，系在细绳的一端，绳的另一端固定在平面上，此质点在粗糙的水平面上做半径为 r 的圆周运动.设质点的初速率是 v_0，当它运动一周时，其速率为$\frac{v_0}{2}$.求：① 摩擦力做的功；② 滑动摩擦因数；③ 在静止以前质点共运动了多少圈？

2-24　由水平桌面、光滑竖直杆、不可伸长的轻绳、轻弹簧、理想滑轮以及质量为 m_1 和 m_2 的滑块组成如图所示装置，弹簧的劲度系数为 k，自然长度等于水平距离 BC，m_2 与桌面间的摩擦因数为 μ，最初 m_1 静止于 A 点，$AB=BC=h$，绳已拉直，现令滑块 m_1 落下，求它下落到 B 处时的速率.

2-25　质量为 m' 的大木块具有半径为 R 的四分之一弧形槽，如图所示.质量为 m 的小球从曲面的顶端滑下，大木块放在光滑水平面上，二者都做无摩擦的运动，而且都从静止开始，求小球脱离大木块时的速度.

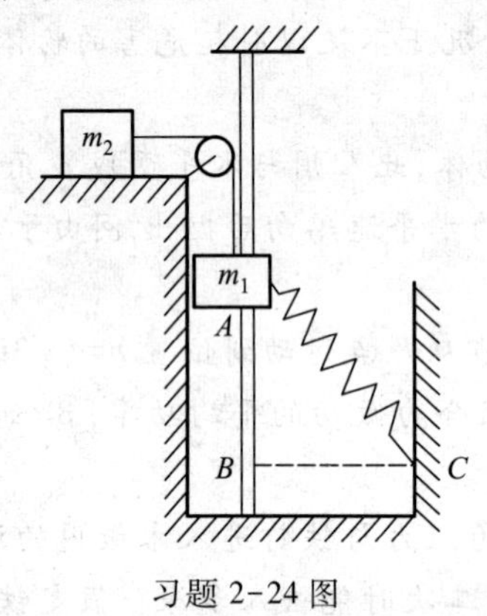

习题 2-24 图

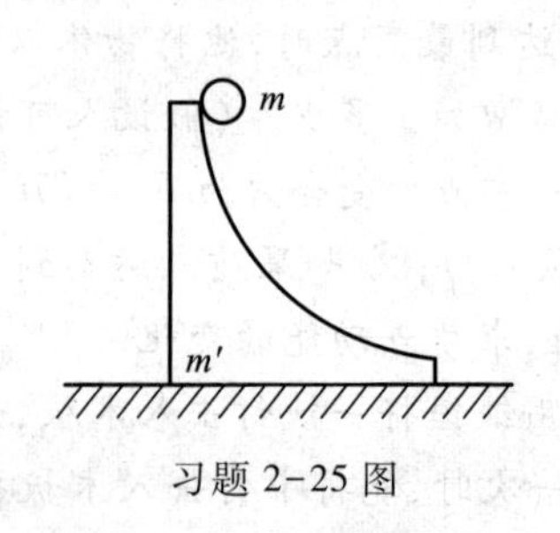

习题 2-25 图

2-26　注射器活塞的面积为 $S_1=1.2\ \mathrm{cm}^2$，注射针头截面积为 $S_2=1.0\ \mathrm{mm}^2$，当注射器水平放置时，用 $F=4.9\ \mathrm{N}$ 的力推动活塞移动了 $H=4.0\ \mathrm{cm}$.问药液（密度为 $\rho=1.0\times10^3\ \mathrm{kg/m^3}$）从注射器中流出所用的时间为多少？

2-27　一稳定的气流水平地流过飞机机翼，上表面气流的速率是 $v_1=80\ \mathrm{m\cdot s^{-1}}$，下表面气流的速率是 $v_1=60\ \mathrm{m\cdot s^{-1}}$. 若机翼的面积为 $S=8.0\ \mathrm{m}^2$，问速率差对机翼产生的升力为多少？（空气的平均密度是 $1.25\ \mathrm{kg\cdot m^{-3}}$.）

2-28　水管里的水在绝对压强为 $p_1=4.0\times10^5\ \mathrm{Pa}$ 的作用下流入房屋，水管的内直径为 $d_1=2.0\ \mathrm{cm}$，管内水的流速为 $v_1=4.0\ \mathrm{m\cdot s^{-1}}$，引入 5 m 高处二层楼浴室的水管内直径为 $d_2=1.0\ \mathrm{cm}$.求浴室内水的流速和压强.

2-29　一开口大容器，在底部有一小孔，截面积为 $S_1=1.0\ \mathrm{cm}^2$，若每秒向容器注入 $Q_V=0.40\ \mathrm{L}$ 的水，问容器中水深可达多少？

第3章　刚体的力学基础

前面已经讨论了质点动力学,实际中物体的机械运动可以是平动、转动、振动、形变,也可以是更为复杂的运动.如果所讨论的物体不能忽略其大小和形状,因而不能被视为质点.例如,在研究机床上的传动轮绕轴转动时,轮子上各点的运动情况不同,而且在力的作用下轮子还有微小的形变.因此,当我们进一步研究物体的转动以及更为复杂的运动时,质点模型不再适用.为了便于研究,可以将物体的微小形变忽略不计,即在受力作用或运动时,其各部分之间的距离和相对位置始终保持不变,这样的物体称为**刚体**.刚体也是一种抽象的理想模型,在现实中是不存在的,但它避免了形变所带来的困难,使问题的讨论大大地简化了.

本章将主要讨论刚体运动学,刚体定轴转动的转动定律、功能原理,角动量定理和角动量守恒定律,简要介绍刚体的平面运动和进动.

3.1　刚体运动学

3.1.1　刚体模型

实验表明,任何物体在受到力的作用或外界其他因素作用时,都会发生程度不同的形变.例如,压缩弹簧,弹簧会发生压缩形变;压电晶体在电场作用下会发生伸缩形变;汽车过桥时,桥墩会发生压缩形变,桥身会发生弯曲形变等.对一般物体来说,这种形变通常都非常微小,只有用精密仪器才能测量.在力的作用下,物体的这种微小形变如果对所研究的问题只是次要因素,以至于忽略它不影响对问题的研究,我们就认为这个物体在力的作用下将保持其形状、大小不变.我们把**在力的作用下,形状、大小都保持不变的物体称为刚体**.另外,物体可以看成由大量质点组成的,因此刚体也可定义为:**在力的作用下,如果组成物体的所有质点中,任意两点之间的相对距离在物体的运动过程中始终保持不变,这样的物体称为刚体**.例如在研究机器上飞轮的运动规律时,就可以把飞轮看成刚体.

物体受力作用时总是要发生形变的,因此,没有真正的刚体.刚体是力学中非常有用的一个理想模型.

刚体的平动和定轴转动是刚体的两种最简单、也是最基本的运动形式.刚体的运动一般来说是非常复杂的,但可以证明,刚体的一般运动通常可以分解为平动和转动的组合.因此,研究刚体的平动和转动是研究刚体复杂运动的基础.刚体的平动和转动在工程中也有着广泛的应用.

3.1.2　刚体的平动

在平直道路上运动的车厢,如果我们在车厢上任意画一些直线段 AB、CD 等,我们可以看到,在车厢运动过程中,这些直线始终保持它们的方向不变,如图 3-1 所示.气缸中活塞的往复运动、刨床上刨刀的运动等也都具有这样的特点.即在**刚体运动时,若在刚体内所做的任意一条直线,都始终保持和自身平行,这种运动就称为刚体的平动**.

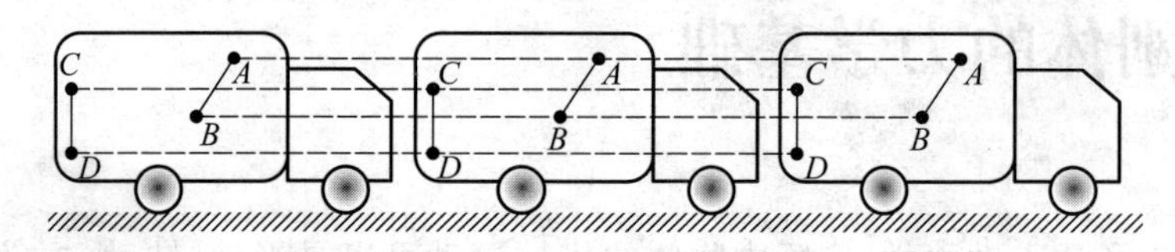

图 3-1　刚体的平动

在平直轨道上运动的火车车厢的运动形式是平动，并且车厢上任意一点的运动轨迹也都是直线.但是，切不可误认为做平动的刚体上任意一点的运动轨迹都必定是直线.图 3-2 是工程技术中被广泛应用的平行四连杆机构（如一些汽车的雨刷器采用的就是四连杆机构），其中 O_1A、O_2B 两杆长度相等（皆为 l），又 $O_1O_2=AB$，两杆各自可绕通过 O_1、O_2 并与纸面垂直的轴在纸面内转动.在四连杆机构运动过程中，O_1ABO_2 保持为平行四边形.按照平动的定义，杆 AB 的运动显然为平动.可以证明，做平动的 AB 杆上任意点的运动轨迹为圆.所以刚体做平动时，刚体上各点的运动轨迹可以为直线，也可以为曲线，且各点的运动轨迹都相同.也就是说，由刚体上一个点的运动轨迹曲线，经过平移可以得到另一个点的运动轨道曲线.而且，做平动的刚体上各点在任意一段时间间隔内的位移都相同，在任意时刻各点的速度、加速度也都相同.

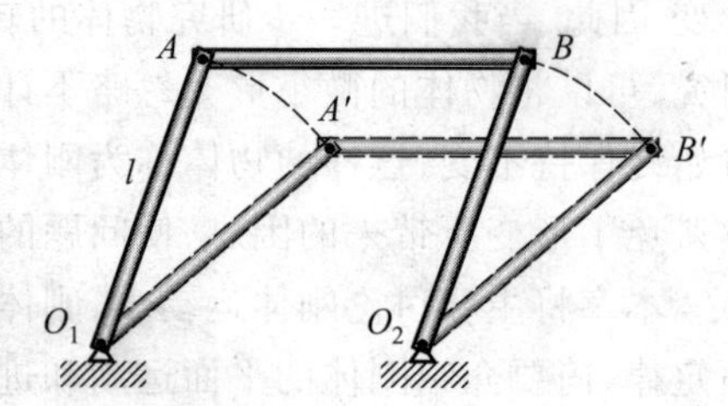

图 3-2　四连杆机构

综上所述，在刚体做平动时，由于各点运动情况都相同，只要知道了刚体上任意一点的运动，就可以完全确定整个刚体的运动.也就是说，刚体上任意一点的运动都可以代表整个刚体的运动，对刚体平动的研究可以归结为对质点运动的研究，通常用**质心**的运动来描绘刚体的平动.

3.1.3　刚体的定轴转动

1. 刚体的定轴转动

刚体运动时，如果**刚体内各点都绕同一条直线做圆周运动，则这种运动称为刚体的转动，这一直线称为转轴**.例如机床上飞轮的转动、电动机转子的运动，飞机螺旋桨的运动、门窗的开关、地球的自转等都是转动.如果做转动的**刚体转轴相对于参考系是固定不动的，这时刚体的转动就称为刚体绕固定轴的转动，简称为定轴转动**.

刚体做定轴转动时，具有如下特征：

（1）刚体内不在轴上的其他点，都在通过该点、并垂直于轴的平面内绕轴做圆周运动，圆心就是这些平面分别与轴的交点，半径就是该点到轴的垂直距离.

（2）由于刚体内各点位置不同，因此各点的轨道半径不尽相同，在同一段时间间隔内各点转过的圆弧长度也不尽相同.但由于刚体内各点之间的相对位置不变，刚体内各点在同一时间间隔内都绕轴转过相等的角度，因此刚体内各点的角位移、角速度、角加速度都相同.所以，用角量描述整个刚体的定轴转动最为方便.

2. 刚体定轴转动的角量描述

根据刚体定轴转动的特征，为了确定刚体在任意时刻的位置，我们设想：通过轴作两个平面（如图 3-3 所示），一个是相对于参考系固定不动的平面Ⅰ，另一个是固定在刚体上的平面Ⅱ，它随着刚体一起转动.以 θ 表示这两个平面之间的夹角,θ 角从平面 Ⅰ 算起,如从 z 轴的正端向负端看,规定 θ 角沿逆时针方向为正.这样,用 θ 角就能完全确定刚体做定轴转动时在空间的位置.θ 角称为刚体的角坐标.刚体在绕轴做定轴转动时,角坐标 θ 是时间的单值连续函数,即

$$\theta=\theta(t) \tag{3.1}$$

这就是刚体绕定轴转动的运动学方程.

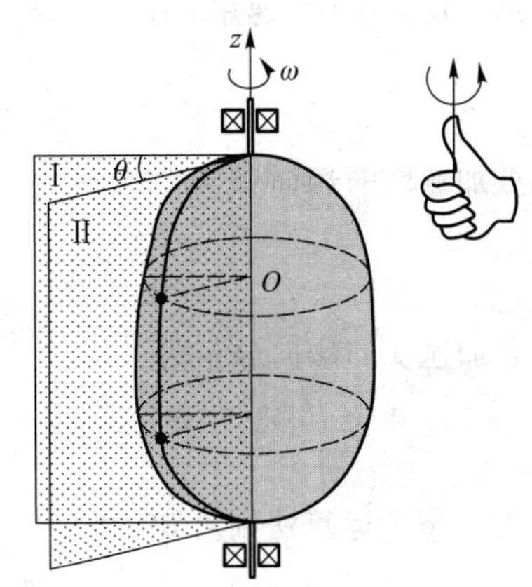

图 3-3　刚体定轴转动的角量描述

和质点做圆周运动时的角位移、角速度、角加速度定义方法类似,我们可以定义绕定轴转动刚体的角位移、角速度和角加速度.

定轴转动刚体在 t 时刻的瞬时角速度(简称角速度)为

$$\omega=\frac{\mathrm{d}\theta}{\mathrm{d}t} \tag{3.2}$$

这里,角速度是描述整个刚体绕定轴转动状态的物理量.刚体的角速度等于角坐标对时间的一阶导数.

在国际单位制中,角位置的单位为弧度(rad),角速度的单位为弧度每秒($\mathrm{rad\cdot s^{-1}}$ 或 $\mathrm{s^{-1}}$).工程上,机器的角速度常用转速 n 表示,其单位为转每分($\mathrm{r\cdot min^{-1}}$).因为一转相当于 2π 弧度,故角速度 ω 与转速 n 的关系为

$$\omega=\frac{2\pi n}{60}=\frac{\pi n}{30} \tag{3.3}$$

定轴转动刚体在 t 时刻的瞬时角加速度(简称角加速度)为

$$\alpha=\frac{\mathrm{d}\omega}{\mathrm{d}t}=\frac{\mathrm{d}^2\theta}{\mathrm{d}t^2} \tag{3.4}$$

定轴转动刚体的角加速度等于做圆周运动质点的角速度对时间的一阶导数,也等于角坐标对时间的二阶导数.在国际单位制中,角加速度的单位为弧度每二次方秒($\mathrm{rad\cdot s^{-2}}$ 或 $\mathrm{s^{-2}}$).

有限大小的角位移不是矢量,但无限小的角位移是矢量;角速度和角加速度都是矢量.无限小的角位移和角速度的方向如图 3-4 所示,即规定为:伸开右手,四指环绕转动方向,拇指就是角速度(或无限小角位移)的方向.显然对于刚体的定轴转动,角位移(无限小)、角速度和角加速度都是与转轴相平行的,可以用各个量的正负来描述它们的方向,即先规定转动的正方向,如果角速度或角加速度为正,表示角速度或角加速度的方向与规定的正方向相同;如果角速度或角加速度为负,表示角速度或角加速度的方向与规定的正方向相反.因此描述刚体的定轴转动,角位移、角速度和角加速度都可以作为标量进行运算;在描述刚体围绕不同的转轴转动时,则应用矢量运算.

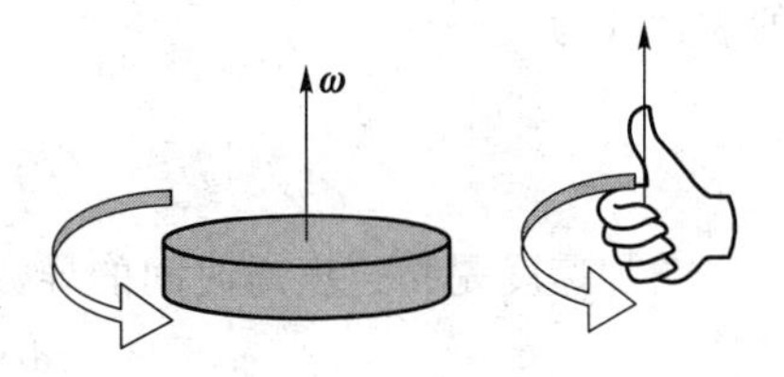

图 3-4　角速度的方向

3. 定轴转动刚体内各点的角量和线量关系

在许多问题中,往往需要考虑定轴转动刚体上某一点的情况.例如皮带传动时,就需要考虑轮子边缘的线速度,以确定皮带传动的速度.设 P 为刚体上的任一点,它与轴 O 的距离为 R.当刚体在 t 时间内转过角位移 $\mathrm{d}\theta$ 时,P 点通过的圆弧路程为

$$ds = R\,|\,d\theta\,| \tag{3.5}$$

P 点速度大小(即速率)为

$$v = \frac{ds}{dt} = R\,|\,\omega\,| \tag{3.6}$$

P 点加速度的切向分量为

$$a_t = \frac{dv}{dt} = R\alpha \tag{3.7}$$

P 点加速度的法向分量为

$$a_n = \frac{v^2}{R} = R\omega^2 \tag{3.8}$$

根据矢量的运算法则可知(如图 3-5 所示),角速度与速度的矢量关系为

$$\boldsymbol{v} = \boldsymbol{\omega} \times \boldsymbol{r} \tag{3.9}$$

角位移与位移的矢量关系为

$$d\boldsymbol{r} = d\boldsymbol{\theta} \times \boldsymbol{r} \tag{3.10}$$

加速度与角加速度和角速度的关系为

$$\boldsymbol{a} = \boldsymbol{\alpha} \times \boldsymbol{r} - \omega^2 \boldsymbol{r} \tag{3.11}$$

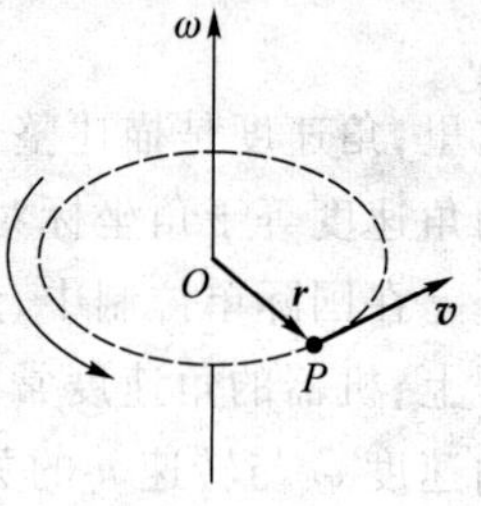

图 3-5　角速度矢量与线速度矢量的关系

当刚体做匀角加速转动时,有运动学关系:

$$\begin{cases} \omega = \omega_0 + \alpha t \\ \theta - \theta_0 = \omega_0 t + \dfrac{1}{2}\alpha t^2 \\ \omega^2 - \omega_0^2 = 2\alpha(\theta - \theta_0) \end{cases} \tag{3.12}$$

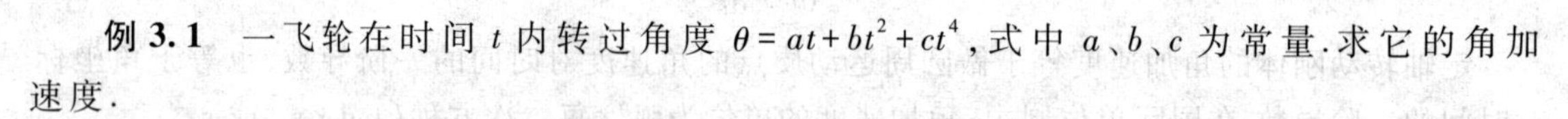

例 3.1　一飞轮在时间 t 内转过角度 $\theta = at + bt^2 + ct^4$,式中 a、b、c 为常量.求它的角加速度.

解　题意中给出飞轮的运动学方程为 $\theta = at + bt^2 + ct^4$,将此式对时间 t 求导,即得飞轮角速度的表达式为

$$\omega = \frac{d}{dt}(at + bt^2 + ct^4) = a + 2bt + 4ct^3$$

角加速度是角速度对时间的导数,因此得

$$\alpha = \frac{d\omega}{dt} = \frac{d}{dt}(a + 2bt + 4ct^3) = 2b + 12ct^2$$

由此可见,飞轮做的是变加速运动.

例 3.2　电机转子转速为 $n = 1\,450\ \mathrm{r \cdot min^{-1}}$,若停电后均匀减速,经过 10 s 时间完全停止转动,求转子在这段时间内转过的圈数.

解　选转子的转向为正方向.由题意知

$$t = 0,\ \omega_0 = 2\pi n = \frac{2\pi \times 1\,450}{60}\ \mathrm{rad \cdot s^{-1}}$$

在 t 时刻,由 $\omega = \omega_0 + \alpha t$ 得

$$\alpha=\frac{\omega-\omega_0}{t}=-\frac{\frac{2\pi\times1\ 450}{60}}{10}\ \mathrm{rad\cdot s^{-2}}=-15.2\ \mathrm{rad\cdot s^{-2}}$$

α 与 ω 反向,为减角速度转动.

由 $\omega^2-\omega_0^2=2\alpha(\theta-\theta_0)$ 得 10 s 内转过的角位移为

$$\theta-\theta_0=\frac{\omega^2-\omega_0^2}{2\alpha}=\frac{0-\omega_0^2}{2(-\omega_0/t)}=\frac{\omega_0 t}{2}=\pi nt$$

10 s 内转过的圈数 N 为

$$N=\frac{\theta-\theta_0}{2\pi}=\frac{\pi nt}{2\pi}=\frac{nt}{2}=\frac{\frac{1\ 450}{60}\times10}{2}=120.8$$

▶ 思考题

思 3.1 设地球绕日做圆周运动,地球自转和公转的角速度为多少?估算地球赤道上一点因地球自转具有的线速度和向心加速度.估算地心因公转而具有的线速度和向心加速度(自己搜集所需数据).

3.2 刚体定轴转动的转动定律

3.2.1 力矩

力是引起质点或平动物体运动状态发生变化的原因.力矩则是引起转动物体运动状态发生变化的原因.

设一刚体可绕 z 轴转动,在刚体与 z 轴垂直的平面内,作用一力 $\boldsymbol{F}$,如图 3-6 所示,O 点为转轴与力 $\boldsymbol{F}$ 所在平面的交点,则**力对转轴 z 之矩 M_z 定义为:力 $\boldsymbol{F}$ 的大小与 O 点到力 $\boldsymbol{F}$ 的作用线间垂直距离 h(称为力臂)的乘积**.即

$$M_z(F)=\pm Fh=\pm Fr\sin\varphi \tag{3.13}$$

式中 r 为 O 点到力 $\boldsymbol{F}$ 的作用点 A 所作径矢 $\boldsymbol{r}$ 的大小,φ 为径矢 $\boldsymbol{r}$ 与力 $\boldsymbol{F}$ 之间小于 180°的夹角;力矩的正负由右手螺旋定则确定,即从 z 轴正端向负端看,若力 $\boldsymbol{F}$ 使物体沿逆时针方向转动,则力矩 M_z 为正,式(3.13)中取正号;反之为负.因为力对轴之矩或为正、或为负,只有这两种情况,因此力对于定轴的力矩一般可视为代数量.

在国际单位制中,力矩的单位是:牛米(N·m).

当力 $\boldsymbol{F}$ 不在垂直于轴的平面内时,可以将力 $\boldsymbol{F}$ 按照柱面坐标系分解为垂直于轴的平面内的两个分力 $\boldsymbol{F}_t$、$\boldsymbol{F}_n$ 和轴向的一个分力 $\boldsymbol{F}_z$,即

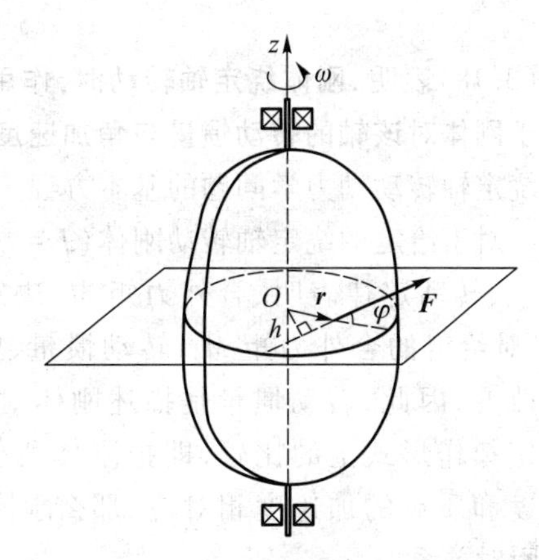

图 3-6 垂直于转轴平面内的力的力矩

$$\boldsymbol{F}=\boldsymbol{F}_{\mathrm{t}}+\boldsymbol{F}_{\mathrm{n}}+\boldsymbol{F}_{z}$$

按照矢量运算法则,力矩的矢量可以表示为

$$\boldsymbol{M}=\boldsymbol{r}\times\boldsymbol{F} \tag{3.14}$$

由于对定轴转动的刚体,只有在转轴方向上的力矩分量才能影响它的运动状态,按照矢量运算法则可以得到

$$M_z=\pm F_{\mathrm{t}}r \tag{3.15}$$

3.2.2 刚体定轴转动的转动定律

设某一刚体可绕定轴 z 轴转动,某时刻 t,角速度为 ω,角加速度为 α.设刚体是由大量质点组成的,这些质点都在垂直于轴的平面内各自做不同半径的圆周运动.考虑第 i 个质点,其质量为 Δm_i,到轴 z 的距离为 r_i.作用在质点 i 上的力可以分为两类:$\boldsymbol{F}_i$ 表示来自刚体以外一切力的合力(称为外力),$\boldsymbol{F}_i'$表示来自刚体以内其余各质点对质点 i 作用力的合力(称为内力).刚体绕定轴 z 轴转动过程中,质点 i 以 r_i 为半径做圆周运动,根据牛顿第二定律有

$$\boldsymbol{F}_i+\boldsymbol{F}_i'=(\Delta m_i)\boldsymbol{a}_i=(\Delta m_i)\frac{\mathrm{d}\boldsymbol{v}_i}{\mathrm{d}t}$$

将此矢量方程两边都投影到质点 i 的圆轨迹切线方向上,则有

$$F_{i\mathrm{t}}+F_{i\mathrm{t}}'=(\Delta m_i)a_{i\mathrm{t}}=(\Delta m_i)r_i\alpha$$

再将此式两边乘以 r_i,并对整个刚体求和,有

$$\sum_i F_{i\mathrm{t}}r_i+\sum_i F_{i\mathrm{t}}'r_i=\left(\sum_i \Delta m_i r_i^2\right)\alpha \tag{3.16}$$

等式左边第一项为作用在刚体上的外力对 z 轴的力矩的总和,称为合外力矩,用 M_z 表示;第二项为所有内力对 z 轴的力矩的总和.由于内力总是成对出现,而且每对内力大小相等、方向相反,且在同一条作用线上,因此内力对 z 轴之矩的和恒为零.

令

$$J_z=\sum_i \Delta m_i r_i^2 \tag{3.17}$$

称为刚体对 z 轴的转动惯量,则式(3.16)可以写成

$$M_z=J_z\alpha \tag{3.18}$$

式(3.18)表明,**刚体绕定轴转动时,作用在刚体上的所有外力对该轴之矩的代数和(合外力矩),等于刚体对该轴的转动惯量与角加速度的乘积**.这称为**刚体绕定轴转动的转动定律**.它是解决刚体绕定轴转动动力学问题的基本方程.

对于给定的绕定轴转动刚体(J_z=常量),角加速度反映了它绕定轴转动运动状态的变化.因此,转动定律表明,合外力矩 M_z 决定了绕定轴转动刚体的运动状态变化与否以及变化快慢.对给定的合外力矩 M_z,转动惯量越大,角加速度越小,即刚体绕定轴转动的运动状态越难改变,因此,转动惯量是描述刚体对轴转动惯性大小的物理量.如果把转动定律和牛顿第二定律作形式上的比较,即把刚体所受外力矩之和与质点所受的合力相对应,刚体的角加速度和质点的加速度相对应,那么刚体的转动惯量就与质点的质量相对应.刚体的转动定律也是瞬时关系.

例 3.3 一细绳跨过一个轴承光滑的定滑轮,绳的两端分别悬挂质量分别为 m_1 和 m_2 的物

体($m_1<m_2$),如图 3-7 所示.滑轮视为匀质圆盘,其质量为 m'、半径为 R,绳与滑轮间无相对滑动,不计水平轴处的摩擦,绳的质量可以忽略不计,绳不能伸长,试求物体的加速度和绳中张力大小. 已知定滑轮的转动惯量为 $J=\frac{1}{2}m'R^2$.

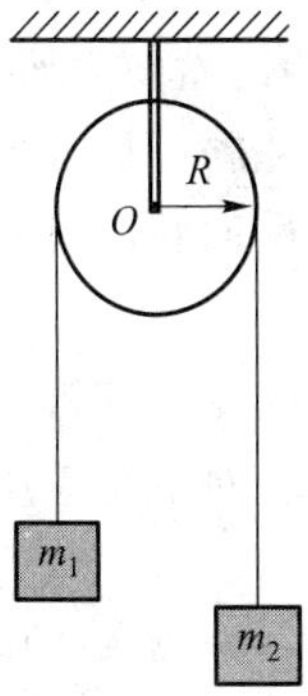

图 3-7

解 以地面为参考系,分别以 m_1、m_2 和滑轮为研究对象,m_1 和 m_2 均做平动,都可以看成质点.其隔离体受力分析如图 3-8 所示.设 m_1 的加速度 $\boldsymbol{a}_1$ 方向竖直向上,m_2 的加速度 $\boldsymbol{a}_2$ 方向竖直向下.

对 m_1 取竖直向上为坐标轴的正方向,根据牛顿第二定律,有

$$F_{T1}-m_1g=m_1a_1 \tag{1}$$

对 m_2 取竖直向下为坐标轴的正方向,根据牛顿第二定律,有

$$-F_{T2}+m_2g=m_2a_2 \tag{2}$$

对定滑轮进行受力分析,如图 3-8 所示.滑轮的运动可视为刚体的定轴转动.设定滑轮的角加速度为 α,顺时针方向为正方向,由于不计水平轴处的摩擦,根据转动定律,有

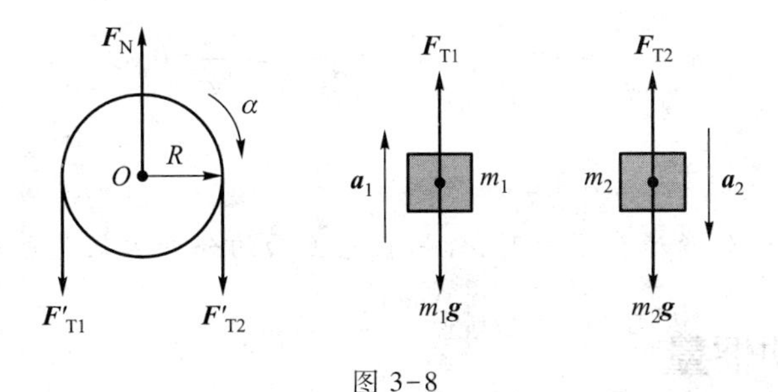

图 3-8

$$RF'_{T2}-RF'_{T1}=J\alpha \tag{3}$$

其中定滑轮视为匀质圆盘,其转动惯量为

$$J=\frac{1}{2}m'R^2$$

绳的质量忽略不计,所以同一段绳上各部分的张力大小相等,故

$$F'_{T1}=F_{T1} \tag{4}$$

$$F'_{T2}=F_{T2} \tag{5}$$

又因为绳不能伸长,且绳与滑轮间无相对滑动,所以 m_1 和 m_2 的加速度大小相等,且等于滑轮边缘上任一点的切向加速度大小.即有

$$a_1=a_2=R\alpha \tag{6}$$

联立求解以上各式,即得

$$a_1=a_2=\frac{m_2-m_1}{m_1+m_2+\frac{1}{2}m'}g,\ F_{T1}=\frac{2m_2+\frac{1}{2}m'}{m_1+m_2+\frac{1}{2}m'}m_1g,\ F_{T2}=\frac{2m_1+\frac{1}{2}m'}{m_1+m_2+\frac{1}{2}m'}m_2g$$

例 3.4 质量 $m=1.0$ kg、半径 $r=0.6$ m 的匀质圆盘,可以绕通过其中心且垂直盘面的水平光

滑固定轴转动,对轴的转动惯量 $J=mr^2/2$.圆盘边缘绕有绳子,绳子下端挂一质量为 $m=1.0$ kg 的物体,如图 3-9 所示.起初在圆盘上加一恒力矩使物体以速率 $v_0=0.6\ \mathrm{m\cdot s^{-1}}$匀速上升,若撤去所加力矩,问经历多少时间圆盘开始做反向转动?

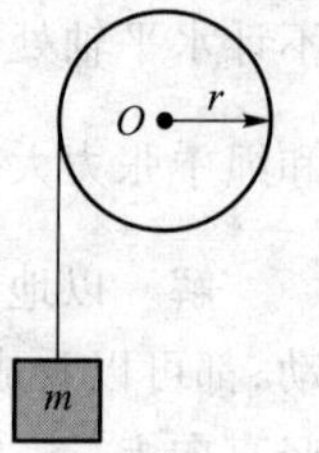

图 3-9

解 撤去恒力矩后物体做减速转动,设其加速度为 a,由运动学方程得(开始反向转动时)

$$v_0-at=0 \tag{1}$$

受力分析:

对滑轮应用转动定律有

$$F_\mathrm{T}r=J\alpha \tag{2}$$

对物体应用牛顿第二定律有

$$mg-F_\mathrm{T}=ma \tag{3}$$

联系方程

$$a=r\alpha \tag{4}$$

由以上 4 式联立求解得

$$a=\frac{mgr}{mr+J/r}=\frac{2}{3}g,\ t=\frac{v_0}{a}=\frac{v_0}{2g/3}=\frac{3v_0}{2g}=0.09\ \mathrm{s}$$

▶ 思考题

思 3.2 当刚体转动的角速度很大时,作用在它上面的合外力矩是否一定很大?

3.3 刚体的转动惯量

3.3.1 转动惯量

刚体对某 z 轴的转动惯量等于刚体上各质点的质量与该质点到转轴垂直距离平方的乘积之和,即

$$J_z=\sum_i \Delta m_i r_i^2$$

事实上,刚体的质量一般应看成是连续分布的,故上式中的求和应变为定积分,即

$$J_z=\int_V r^2\mathrm{d}m \tag{3.19}$$

式中 V 表示积分遍及刚体的整个体积.

在国际单位制中,转动惯量的单位是千克二次方米($\mathrm{kg\cdot m^2}$).

刚体对轴转动惯量的大小取决于三个因素,即刚体转轴的位置、刚体的质量和质量对转轴的分布情况.转动惯量的这些性质,在日常生活和工程实际问题中得到广泛的应用.

例如,为了使机器工作时运行平稳,常在回转轴上装置飞轮,一般飞轮的质量都非常大,而且飞轮的质量绝大部分都集中于轮的边缘上.所有这些措施都是为了增大飞轮对轮轴的转动惯量.

对形状简单、质量分布均匀的刚体,通常用理论方法计算转动惯量.对形状复杂的刚体,用理论方法求解对某轴的转动惯量是困难的,实际中多用实验方法测定.

例 3.5 质量为 m、长为 L 的匀质细杆.求:(1) 该杆对过中心且与杆垂直的轴的转动惯量;(2) 该杆对过其一端且与杆垂直的轴的转动惯量.

解 (1) 选取图 3-10(a)所示坐标系,根据转动惯量的定义,在距轴 x 处取一质量元,其长度为 $\mathrm{d}x$,质量为 $\mathrm{d}m=\frac{m}{L}\mathrm{d}x$,则该杆对过中心且与杆垂直的轴 z 的转动惯量为

$$J_z=\int_{-\frac{L}{2}}^{\frac{L}{2}}x^2\frac{m}{L}\mathrm{d}x=\frac{1}{12}mL^2$$

(2) 如图 3-10(b)所示,同理可得该杆对过其一端且与杆垂直的轴 z 的转动惯量为

$$J_z=\int_0^L x^2\frac{m}{L}\mathrm{d}x=\frac{1}{3}mL^2$$

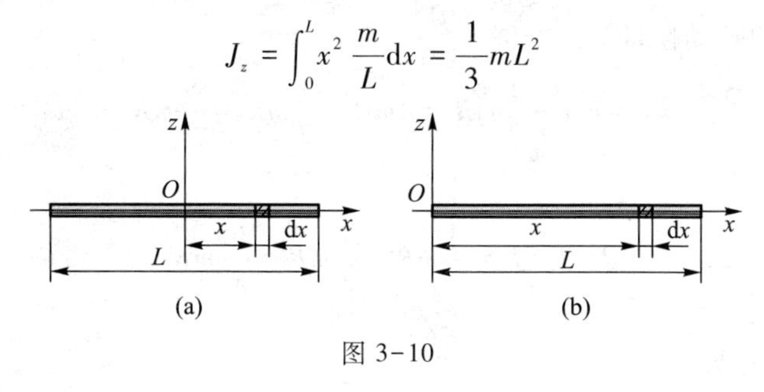

图 3-10

*3.3.2 平行轴定理

由例 3.2 结果可以看出,刚体做定轴转动时,当转轴通过刚体的质心时,其转动惯量相对于与该转轴平行的转轴而言是最小的.通过互相平行的不同转轴的转动惯量之间的定量关系就是平行轴定理.

平行轴定理 设刚体对通过其质心的一个轴的转动惯量为 J_C,另一个转轴与该转轴相平行且相对距离为 d;若刚体对该轴的转动惯量为 J_O,则

$$J_O=J_C+md^2 \tag{3.20}$$

证明 对任意刚体,设有两个距离为 d 的平行转轴,其中一个转轴过刚体的质心,建立直角坐标系,令两个平行轴沿 z 方向,质心为坐标原点 $x_C=0$,则

$$J_C=\int_V r^2\mathrm{d}m=\int_V(x^2+y^2)\mathrm{d}m$$

$$J_O=\int_V[(x+d)^2+y^2]\mathrm{d}m=\int_V(x^2+2dx+d^2+y^2)\mathrm{d}m$$

$$=\int_V(x^2+y^2)\mathrm{d}m+2d\int_V x\mathrm{d}m+d^2\int_V\mathrm{d}m$$

由质心定义 $x_C=\frac{1}{m}\int x\mathrm{d}m=0$ 可得

$$J_O=\int_V(x^2+y^2)\mathrm{d}m+d^2\int_V\mathrm{d}m=J_C+md^2$$

*3.3.3 可加性定理

由式(3.19)以及积分的意义,如果一个刚体可以看成由几部分刚体构成,则刚体对某个转轴的转动惯量是每一部分刚体对该转轴的和,即

$$J=\sum J_i \tag{3.21}$$

例 3.6 一个质量为 m 长度为 $2R$ 的细杆;一端连接转轴 O,另一端连接一个质量为 m 半径为 R 的圆盘;求:对转轴 O 的转动惯量.

解 由于

$$J=J_1+J_2$$

细杆的转动惯量为

$$J_1=\frac{1}{3}ml^2=\frac{4}{3}mR^2$$

由平行轴定理,圆盘的转动惯量为

$$J_2=md^2+\frac{1}{2}mR^2=4mR^2+\frac{1}{2}mR^2=\frac{9}{2}mR^2$$

根据可加性定理可得

$$J=J_1+J_2=\frac{4}{3}mR^2+\frac{9}{2}mR^2=\frac{65}{6}mR^2$$

*3.3.4 垂直轴定理

设刚体对原点的虚拟转动惯量为 $J_O=\int(x^2+y^2+z^2)\mathrm{d}m$,x 轴、y 轴、z 轴相互垂直且相交于原点;若刚体对 x、y 轴、z 的转动惯量分别为 J_x, J_y, J_z;则

$$J_x+J_y+J_z=2J_O \tag{3.22}$$

证明:由于 $J_x=\int(y^2+z^2)\mathrm{d}m$, $J_y=\int(x^2+z^2)\mathrm{d}m$, $J_z=\int(x^2+y^2)\mathrm{d}m$,有

$$J_x+J_y+J_z=2\int(x^2+y^2+z^2)\mathrm{d}m=2J_O$$

例 3.7 一个质量均匀分布的薄球壳,质量为 m,半径为 R;求:对其直径轴的转动惯量 J.

解 选取球心处为坐标原点,轴 x、y、z 相互垂直且相交于原点;则

$$J_O=\int(x^2+y^2+z^2)\mathrm{d}m=mR^2$$

由对称性,x 轴、y 轴、z 轴都是其直径轴,所以

$$J_x=J_y=J_z=J$$

根据垂直轴定理,可得

$$J_x+J_y+J_z=3J=2J_O$$

由此可得

$$J=\frac{2}{3}mR^2$$

同样道理,可用上述类似方法计算质量均匀分布的球体的转动惯量.

表 3-1 给出了几种常用匀质刚体对某轴的转动惯量.

表 3-1　几种常用刚体的转动惯量

图	说明	转动惯量 J
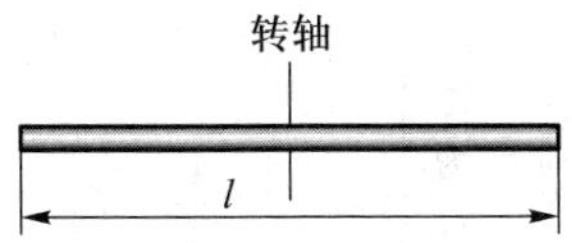 转轴 l	细棒 长为 l、质量为 m、质量均匀分布的细长直杆. 转轴:通过杆中心且与杆垂直.	$J=\frac{1}{12}ml^2$
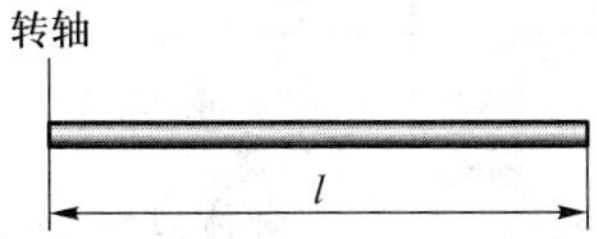 转轴 l	细棒 长为 l、质量为 m、质量均匀分布的细长直杆. 转轴:通过杆一端且与杆垂直.	$J=\frac{1}{3}ml^2$
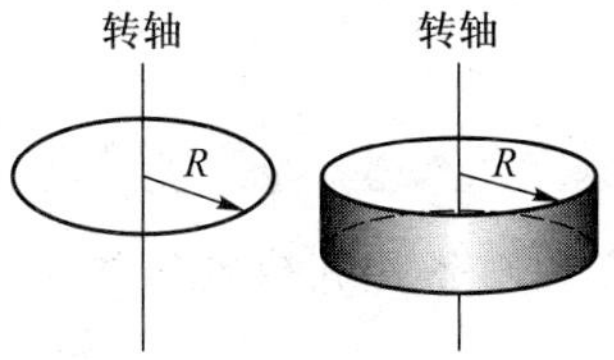 转轴　转轴 R　R	细圆环(薄壁圆筒) 半径为 R、质量为 m、质量均匀分布的细圆环(或薄壁圆筒). 转轴:通过环中心且与环面垂直(或沿薄壁圆筒的垂直于圆面的几何对称轴).	$J=mR^2$
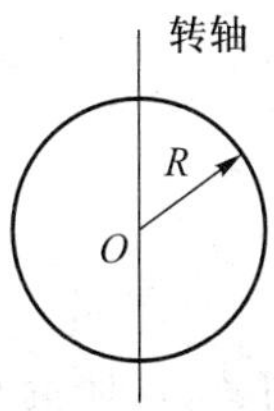 转轴 R O	细圆环 半径为 R、质量为 m、质量均匀分布的细圆环. 转轴:沿直径.	$J=\frac{1}{2}mR^2$
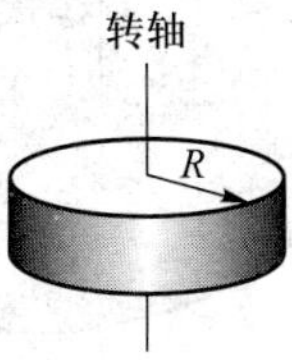 转轴 R	薄圆盘(圆柱体) 半径为 R、质量为 m、质量均匀分布的薄圆盘(或圆柱体). 转轴:沿通过中心且垂直于盘面(或圆柱体底面)的几何对称轴.	$J=\frac{1}{2}mR^2$

续表

图	说明	转动惯量 J
转轴 R_1 R_2	圆筒 内、外半径分别为 R_1、R_2，质量为 m、质量均匀分布的圆筒. 转轴:沿圆筒的几何对称轴.	$J=\frac{1}{2}m(R_1^2+R_2^2)$
转轴 $2R$ 转轴 $2R$	球体、球壳 半径为 R、质量为 m、质量均匀分布的球体(实心)、薄球壳(空心). 转轴:沿通过球心的几何对称轴.	球体:$J=\frac{2}{5}mR^2$ 球壳:$J=\frac{2}{3}mR^2$

▶ 思考题

思 3.3 刚体的转动惯量都与哪些因素有关？说“一个确定的刚体具有确定的转动惯量”，这话对吗？

思 3.4 设有两个圆盘是用密度不同的金属制成的，但质量和厚度都相等.对通过盘心且垂直于盘面的轴而言，哪个圆盘具有较大的转动惯量？

3.4 刚体定轴转动的功能原理

3.4.1 力矩的功

如图 3-11 所示，刚体绕定轴 z 转动，设作用在刚体上的 P 点有一力 $\boldsymbol{F}$，现研究在刚体转动时力 $\boldsymbol{F}$ 在其作用点 P 的元位移上的功.

将力 $\boldsymbol{F}$ 分解为两个力:$\boldsymbol{F}_{/\!/}$ 与 z 轴平行，$\boldsymbol{F}_{\perp}$ 在过 P 点并与 z 轴垂直的平面内.由于力的作用点 P 的元位移在垂直于转轴的平面内，$\boldsymbol{F}_{/\!/}$ 与力作用点的位移相垂直，故 $\boldsymbol{F}_{/\!/}$ 对刚体的定轴转动不做功.因此，在刚体做定轴转动时，力 $\boldsymbol{F}$ 在其作用点 P 的元位移上的功，就等于 $\boldsymbol{F}_{\perp}$ 在元位移上的功.

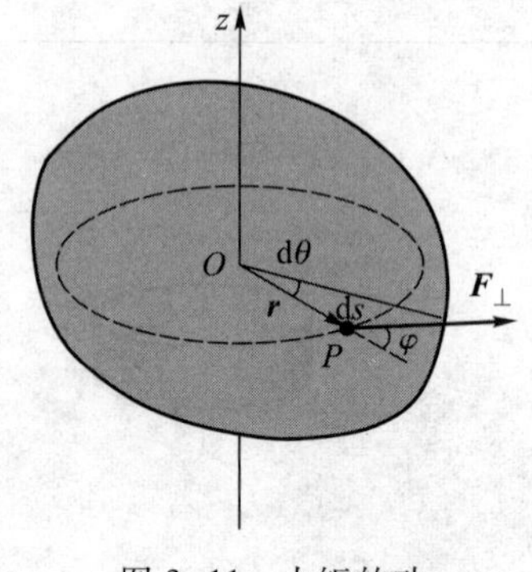

图 3-11 力矩的功

现在计算 $\boldsymbol{F}_{\perp}$ 在元位移上对刚体所做的功.由 $\boldsymbol{F}_{\perp}$ 所在平面与 z 轴的交点 O 向力的作用点 P 作径矢 $\boldsymbol{r}$，如图 3-11 所示.当刚体绕 z 轴转动、力 $\boldsymbol{F}$ 的作用点移动元位移 $\mathrm{d}\boldsymbol{r}$ 时，相应

的元路程为 ds，径矢 $\boldsymbol{r}$ 将扫过一个元角位移 $d\theta$，显然 $ds=rd\theta$.按功的定义，力 $\boldsymbol{F}_{\perp}$ 在元位移上的元功为

$$dA=\boldsymbol{F}_{\perp}\cdot d\boldsymbol{r}=F_{\perp}\cos(90^{\circ}-\varphi)\cdot rd\theta=F_{\perp}r\sin\varphi d\theta$$

式中 φ 是径矢 $\boldsymbol{r}$ 与力 $\boldsymbol{F}_{\perp}$ 之间的夹角.根据定义，$F_{\perp}r\sin\varphi$ 正是力 $\boldsymbol{F}$ 对 z 轴之矩 $M_z(\boldsymbol{F})$，故元功可写为

$$dA=M_z(\boldsymbol{F})d\theta \tag{3.23}$$

即作用在定轴转动刚体上的力 $\boldsymbol{F}$ 的元功，等于该力对 z 轴之矩与刚体的元角位移的乘积.

刚体从角坐标 θ_1 转到角坐标 θ_2 的过程中，力 $\boldsymbol{F}$ 的力矩对刚体所做的功

$$A=\int_{\theta_1}^{\theta_2}M_z(\boldsymbol{F})d\theta \tag{3.24}$$

当 M_z 为常量时，上式为

$$A=M_z(\theta_2-\theta_1) \tag{3.25}$$

若在转动的刚体上作用有力 $\boldsymbol{F}_1,\boldsymbol{F}_2,\cdots,\boldsymbol{F}_n$，那么在刚体绕轴转过 $d\theta$ 角的过程中，各力对刚体所做的总功等于各力所做功的代数和.

需要指出，所谓力矩的功，实质上还是力所做的功，并不存在关于力矩功的新定义.只不过是刚体在定轴转动过程中，力所做的功可用力矩和角位移的乘积来表示.

力矩做功的功率

$$P=\frac{dA}{dt}=\frac{M_z d\theta}{dt}=M_z\omega \tag{3.26}$$

3.4.2 刚体的定轴转动动能

刚体绕定轴 z 转动，转动惯量为 J_z，某时刻 t，角速度为 ω.刚体是由大量质点组成的，考虑第 i 个质点，其质量为 Δm_i，到转轴 z 的垂直距离为 r_i.质点 i 以 r_i 为半径做圆周运动，其速率为 $v_i=r_i\omega$，所以质点 i 的动能为 $\frac{1}{2}\Delta m_i v_i^2=\frac{1}{2}\Delta m_i r_i^2\omega^2$，由于动能为标量且永为正，故整个刚体的动能 E_k 等于刚体所有质点动能之算术和，即

$$E_k=\sum_i\frac{1}{2}\Delta m_i r_i^2\omega^2=\frac{1}{2}\omega^2\sum_i\Delta m_i r_i^2=\frac{1}{2}J_z\omega^2 \tag{3.27}$$

即绕定轴转动刚体的动能，等于刚体对转轴的转动惯量与其角速度平方乘积的一半.

将刚体绕定轴转动的动能 $\frac{1}{2}J_z\omega^2$ 与质点的动能 $\frac{1}{2}mv^2$ 加以比较，再一次看到转动惯量对应于质点的质量，即转动惯量是刚体绕轴转动惯性大小的量度.

3.4.3 刚体定轴转动的动能定理

用功能关系处理力学问题往往比较方便.根据转动定律，作用在刚体上的所有外力对该轴之矩的代数和，等于刚体对该轴的转动惯量与角加速度的乘积，即

$$M_z = J_z\alpha = J_z\frac{\mathrm{d}\omega}{\mathrm{d}t}$$

等式两边同乘以 $\mathrm{d}\theta$,这一方程可改写为

$$\mathrm{d}A = J_z\omega\mathrm{d}\omega = \mathrm{d}\left(\frac{1}{2}J_z\omega^2\right)$$

此式表示,绕定轴转动刚体动能的微分等于作用在刚体上所有外力元功的代数和.这就是绕定轴转动刚体的动能定理的微分形式.

若绕定轴转动的刚体在外力矩作用下,角速度从 ω_1 变到 ω_2,积分得

$$A = \frac{1}{2}J_z\omega_2^2 - \frac{1}{2}J_z\omega_1^2 \tag{3.28}$$

式中 A 表示刚体角速度从 ω_1 变到 ω_2 的过程中,作用在刚体上所有外力所做功的代数和.上式表明,**绕定轴转动的刚体在某一过程中动能的增量等于在该过程中作用在刚体上所有外力矩做功的总和**.这就是**绕定轴转动刚体的动能定理的积分形式**,简称为**绕定轴转动刚体的动能定理**.

需要指出,对于刚体,由于其内部任意两点之间都没有相对位移,所以内力的功的总和在任何过程中都等于零.但是,对非刚体或任意质点系,内力的功的总和一般不等于零.因此,**对于围绕同一固定轴转动的刚体系统,在某一过程中动能的增量,等于在该过程中作用在刚体上所有外力矩做功与所有内力矩做功的总和**.这就是**定轴转动的动能定理**.这与质点系动能定理的表述是相同的.

3.4.4 刚体的重力势能

在重力场中刚体也同样具有重力势能.和质点系的势能定义相同,刚体中各质元的重力势能的总和称为定轴转动刚体的重力势能.设刚体中任一质元质量为 Δm_i,离零势能面($h=0$ 处)高度为 h_i,则此质元与地球系统的重力势能为 $\Delta E_{pi}=\Delta m_i g h_i$,对一个不太大、质量为 m 的刚体的重力势能为

$$E_\mathrm{p} = \sum_i \Delta E_{\mathrm{p}i} = \sum_i \Delta m_i g h_i = g\sum_i \Delta m_i \cdot h_i$$

按质心的定义,此刚体的质心高度为

$$h_C = \sum_i \Delta m_i h_i / m$$

所以

$$E_\mathrm{p} = mgh_C$$

说明一个不太大的刚体的重力势能和它的全部质量集中在质心时所具有的势能一样,它决定于整个刚体的质量 m 和其质心 C 距势能零面的高度 h_C.

刚体的转动动能和重力势能之和称为刚体的机械能.

3.4.5 刚体的机械能守恒定律

从机械能方面看定轴转动的刚体和质点系是相同的.所以,质点系的功能原理和机械能守恒定律对于刚体也是适用的.

对一个定轴转动的刚体，如果转轴不通过质心，则转动时重力势能发生变化.如果外力矩不做功，只有重力力矩做功，则定轴转动刚体的机械能守恒，即

$$\frac{1}{2}J_z\omega^2+mgh_C=\text{常量}$$

这就是刚体定轴转动的机械能守恒定律.

例 3.8 一根质量为 m'、长为 L 的均质细棒 OA，可绕通过其一端且垂直于棒的水平轴 O 在竖直平面内转动，如图 3-12 所示.棒在轴承处的摩擦不计.如果让棒自水平位置开始自由释放，求：(1) 该棒转到与水平位置夹角为 θ 时的角加速度 α 和角速度 ω；(2) 该棒转到竖直位置时棒端 A 的速率 v_A.

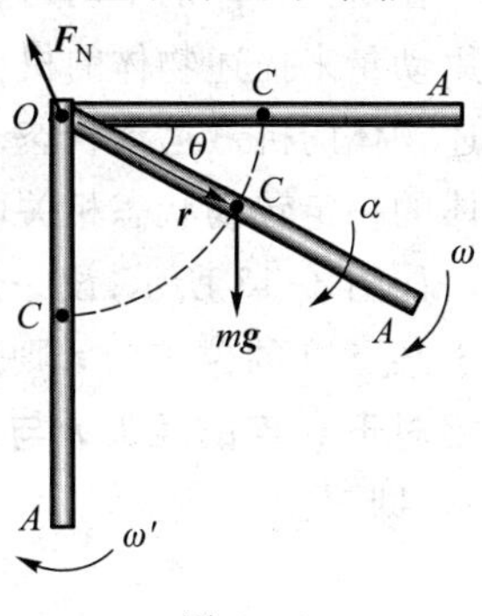

图 3-12

解 (1) 棒 OA 转到与水平位置夹角为 θ 时，受到重力 $m\boldsymbol{g}$(作用于质心 C)和轴上的支持力 $\boldsymbol{F}_N$ 的作用.对轴 O 而言，支持力 $\boldsymbol{F}_N$ 的力矩为零，所以由转动定律，有

$$m'g\frac{L}{2}\sin\left(\frac{\pi}{2}-\theta\right)=J\alpha$$

$$J=\frac{1}{3}m'L^2$$

得该棒转到与水平位置夹角为 θ 时的角加速度为

$$\alpha=\frac{3g}{2L}\cos\theta$$

由于棒转动过程中只有重力做功，故机械能守恒，有

$$m'g\frac{L}{2}\sin\theta=\frac{1}{2}J\omega^2$$

得该棒转到与水平位置夹角为 θ 时的角速度为

$$\omega=\sqrt{\frac{3g}{L}\sin\theta}$$

(2) 将 $\theta=\frac{\pi}{2}$ 代入上述结果，即得该棒转到竖直位置时的角速度为

$$\omega'=\sqrt{\frac{3g}{L}}$$

则此时棒端 A 的速率为

$$v_A=\omega'L=\sqrt{3gL}$$

思考题

思 3.5 假定地球是一个匀质球体，求地球绕自转轴的转动动能.取地球半径为 6.4×10^6 m，质量为 6.4×10^{24} kg.

3.5 角动量和角动量守恒定律

3.5.1 质点的角动量

在研究物体的平动时,我们用物体的动量来描述物体的运动状态.当研究物体转动问题时,仅用动量来描述物体的机械运动是不够的.因此引入另一个物理量——角动量,也称动量矩,来描述物体的机械运动状态.与质点运动时的动量相似,角动量是物体"转动运动量"的量度,是与物体的一定转动状态相关联的物理量,在这里我们先引入运动质点对某一固定点的角动量.

如图 3-13 所示,设一质量为 m 的质点沿任意曲线运动,在时刻 t,质点的动量为 $m\boldsymbol{v}$,质点相对于某点 O 的位矢为 $\boldsymbol{r}$.**则质点相对于 O 点的角动量定义为质点相对于 O 点的径矢 $\boldsymbol{r}$ 与质点的动量 $m\boldsymbol{v}$ 的矢积**.角动量用 $\boldsymbol{L}$ 表示,即

$$\boldsymbol{L}=\boldsymbol{r}\times m\boldsymbol{v} \tag{3.29}$$

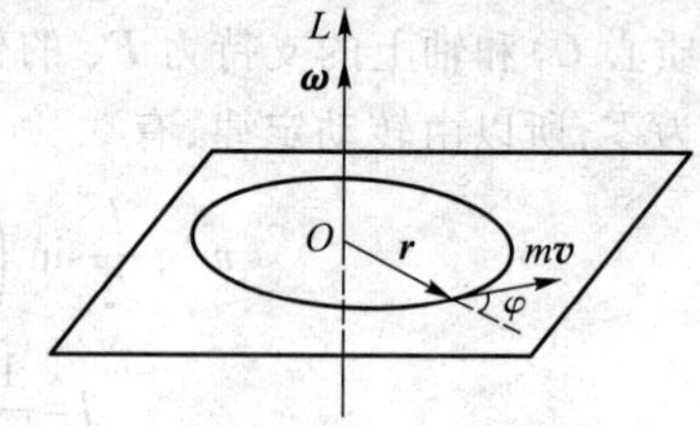

图 3-13 质点的角动量

角动量是一个矢量,根据矢积的定义,质点对 O 点的角动量矢量的方向垂直于 $\boldsymbol{r}$ 和 $m\boldsymbol{v}$ 组成的平面,其指向遵循右手螺旋定则.$\boldsymbol{L}$ 的大小为

$$L=rmv\sin\varphi \tag{3.30}$$

其中 φ 为位矢 $\boldsymbol{r}$ 与动量矢量 $m\boldsymbol{v}$ 之间的夹角.当质点做圆周运动时,$\varphi=\dfrac{\pi}{2}$,此时质点对圆心 O 的角动量大小为

$$L=rmv=mr^2\omega \tag{3.31}$$

特别指出,由式(3.29)可知,质点的角动量与质点对固定点 O 的径矢有关.同一质点对不同的固定点的径矢不同,所以角动量也不同.因此,在谈质点的角动量时,必须指明是对哪一点而言的.

角动量 $\boldsymbol{L}$ 在直角坐标系中各坐标轴的分量为

$$\begin{cases}L_x=yp_z-zp_y\\L_y=zp_x-xp_z\\L_z=xp_y-yp_x\end{cases} \tag{3.32}$$

在国际单位制中,角动量的单位是千克二次方米每秒($\mathrm{kg\cdot m^2\cdot s^{-1}}$).

3.5.2 质点的角动量定理

若将式(3.29)对时间 t 求导,可得

$$\frac{\mathrm{d}\boldsymbol{L}}{\mathrm{d}t}=\frac{\mathrm{d}}{\mathrm{d}t}(\boldsymbol{r}\times m\boldsymbol{v})=\boldsymbol{r}\times\frac{\mathrm{d}(m\boldsymbol{v})}{\mathrm{d}t}+\frac{\mathrm{d}\boldsymbol{r}}{\mathrm{d}t}\times m\boldsymbol{v}$$

因为

$$\boldsymbol{F}=\frac{\mathrm{d}(m\boldsymbol{v})}{\mathrm{d}t},\quad \boldsymbol{v}=\frac{\mathrm{d}\boldsymbol{r}}{\mathrm{d}t}$$

故上式可写为

$$\frac{\mathrm{d}\boldsymbol{L}}{\mathrm{d}t}=\boldsymbol{r}\times\boldsymbol{F}+\boldsymbol{v}\times(m\boldsymbol{v})$$

其中

$$\boldsymbol{r}\times\boldsymbol{F}=\boldsymbol{M},\quad \boldsymbol{v}\times(m\boldsymbol{v})=0$$

所以可得

$$\boldsymbol{M}=\frac{\mathrm{d}\boldsymbol{L}}{\mathrm{d}t} \tag{3.33}$$

上式说明,**作用在质点上的力矩等于质点角动量对时间的变化率**,上式为**质点角动量定理的微分形式**.其积分形式为

$$\int_{t_0}^{t}\boldsymbol{M}\mathrm{d}t=\boldsymbol{L}-\boldsymbol{L}_0 \tag{3.34}$$

其中 $\int_{t_0}^{t}\boldsymbol{M}\mathrm{d}t$ 称为冲量矩,上式说明作用于质点的冲量矩等于质点角动量的增量.

特别指出,在运用质点的角动量定理时,一定要确认等式两边的力矩和角动量是对同一固定点而言的.

3.5.3 质点角动量守恒定律

由式(3.34)可知,若 $\boldsymbol{M}=0$,则

$$\boldsymbol{L}=\boldsymbol{L}_0$$

或

$$\boldsymbol{L}=\boldsymbol{r}\times m\boldsymbol{v}=\text{常矢量} \tag{3.35}$$

即若质点所受外力对某固定点(或固定轴)的力矩为零,则质点对该固定点(或固定轴)的角动量守恒,这称为质点的角动量守恒定律.

3.5.4 刚体定轴转动的角动量

现在计算绕定轴转动刚体的角动量.当刚体以角速度 ω 绕定轴 z 转动时,刚体上任意一点均在各自所在的垂直于 z 轴的平面内做圆周运动.取刚体上任一质点 i,其质量为 Δm_i,速度为 $\boldsymbol{v}_i$,速度大小为 $v_i=r_i\omega$,到转轴 z 的垂直距离为 r_i.质点 i 以 r_i 为半径做圆周运动,所以质点 i 对 z 轴的角动量为 $r_i\Delta m_i v_i$.由于刚体上任一质点对 z 轴的角动量都具有相同的方向,因此整个刚体对 z 轴的角动量 L_z 等于各质点对 z 轴的角动量的和,即

$$L_z=\sum_i r_i\Delta m_i v_i=\sum_i \Delta m_i r_i^2\omega=J_z\omega \tag{3.36}$$

上式表明,**刚体绕定轴转动的角动量,等于刚体对该轴的转动惯量与角速度的乘积.**

3.5.5 刚体定轴转动的角动量定理

把刚体绕定轴转动的转动定律 $M_z=J_z\alpha$ 改写成

$$M_z=J_z\frac{\mathrm{d}\omega}{\mathrm{d}t}$$

由于刚体对固定轴的转动惯量 J_z 是常量,可以把它放入微分号内,即

$$M_z=\frac{\mathrm{d}(J_z\omega)}{\mathrm{d}t}=\frac{\mathrm{d}L_z}{\mathrm{d}t} \tag{3.37}$$

上式表明,绕定轴转动刚体角动量对时间的导数,等于作用在刚体上所有外力对转轴之矩的代数和.这是刚体绕定轴转动情况下,转动定律的角动量表达式.

将式(3.37)两边乘以 $\mathrm{d}t$ 并积分,得

$$\int_{t_1}^{t_2}M_z\mathrm{d}t=L_2-L_1=J_z\omega_2-J_z\omega_1 \tag{3.38}$$

式中 $J_z\omega_2$ 和 $J_z\omega_1$ 分别表示在 t_2 和 t_1 时刻转动刚体的角动量,$\int_{t_1}^{t_2}M_z\mathrm{d}t$ 称为在 (t_2-t_1) 时间间隔内的冲量矩.冲量矩表示了力矩在一段时间间隔内的累积效应.式(3.38)表明,绕定轴转动刚体角动量在某一段时间内的增量,等于同一时间间隔内作用在刚体上所有外力矩的冲量矩.这一关系称为刚体的角动量定理.

3.5.6 刚体定轴转动的角动量守恒定律

根据角动量定理式(3.38),**当作用在定轴转动刚体上所有外力对转轴的力矩的代数和为零时,刚体在运动过程中角动量保持不变(守恒)**,即

$$M_z=0\ \text{时},\quad J_z\omega=\text{常量}$$

这就是**刚体定轴转动的角动量守恒定律**.由于刚体绕给定轴 z 的转动惯量为一常量,故刚体的角速度 ω 保持不变,这时刚体做惯性转动.

对绕定轴转动的可变形物体(非刚体)来说,物体相对于转轴的位置是可变的,物体对轴的转动惯量不再是一个常量,可以证明,式(3.35)仍然成立,这时,如果作用在可变形物体上所有外力对转轴的力矩的代数和总是为零,则在运动过程中,可变形物体的角动量保持不变(守恒).这一结论在实际生活及工程中有着广泛的应用.例如,花样滑冰的表演者和芭蕾舞演员,绕通过重心的竖直轴高速旋转时,由于外力对轴的力矩总为零,因此,表演者对旋转轴角动量守恒,他们可以通过伸展或收回手脚(改变转动惯量)的动作来调节旋转的角速度.还有跳水运动员的旋转角速度的变化,直升机尾翼的设置等,都可用角动量守恒定律来解释.

角动量守恒定律是自然界普遍适用的定律之一.它不仅适用于包括天体在内的宏观物体的运动,而且适用于原子、原子核等牛顿定律已不适用的微观运动,因此角动量守恒定律是比牛顿定律更为基本的规律.

例 3.9 在光滑的水平桌面上,一轻绳一端连接一个小球,另一端穿过桌面中心的光滑圆孔,如图 3-14 所示.小球原来以角速度 $\omega_1=3\ \mathrm{rad\cdot s^{-1}}$ 沿半径 $r_1=0.2\ \mathrm{m}$ 的圆周运动.将绳子从小孔处缓慢向下拉,当半径变为 $r_2=0.1\ \mathrm{m}$ 时,小球的角速度 ω_2 为多大?

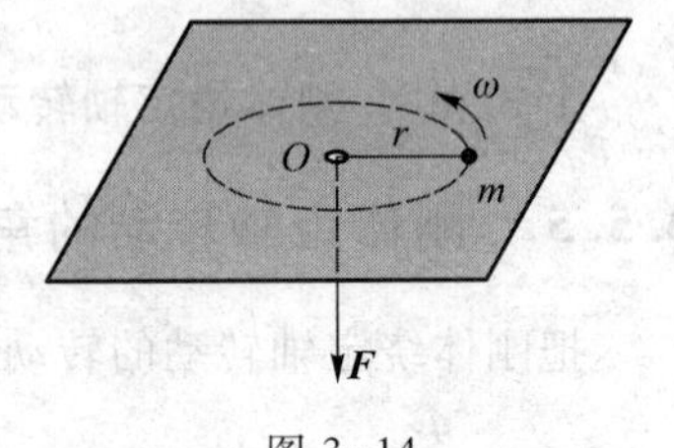

图 3-14

解 以小球为研究对象,小球受到:重力、桌面支持力、绳的拉力作用.重力、桌面支持力互相平衡,小球在运动情况下,对桌面中心的小孔 O,小球所受合外力矩等于零,所以小球角动量守恒,即

$$J_1\omega_1=J_2\omega_2$$

小球每一时刻都可以近似看成匀速圆周运动,上式即

$$mr_1^2\omega_1=mr_2^2\omega_2$$

其中 m 为小球的质量.由此解得

$$\omega_2=\left(\frac{r_1}{r_2}\right)^2\omega_1=\left(\frac{0.2}{0.1}\right)^2\times 3\ \text{rad}\cdot\text{s}^{-1}=12\ \text{rad}\cdot\text{s}^{-1}$$

例 3.10 如图 3-15 所示,两个匀质圆盘 A、B 分别绕过其中心轴 OO'同向转动,角速度分别是 ω_A、ω_B,两轮的半径分别为 r_A 和 r_B,质量分别为 m_A 和 m_B.求 A、B 两圆盘对心衔接(啮合)后的角速度 ω.

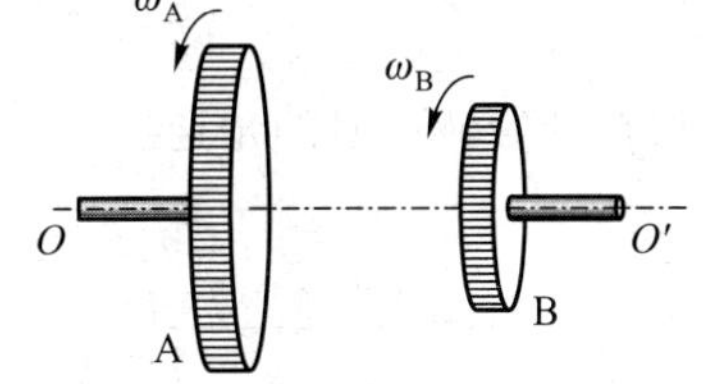

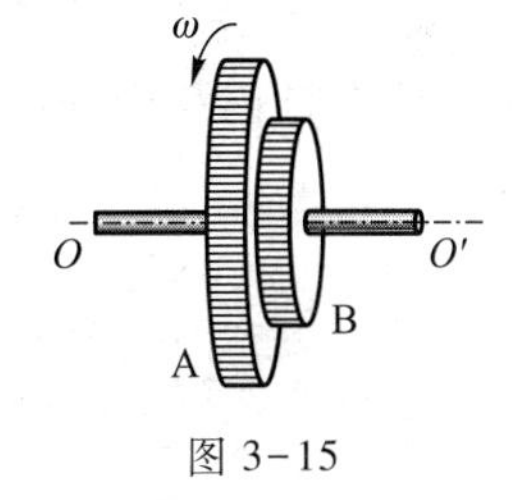

图 3-15

解 以 A、B 两圆盘为研究对象.在衔接过程中,系统对轴无外力矩作用(它们之间的摩擦力矩为内力矩),故系统角动量守恒,即衔接前两圆盘的角动量之和等于衔接后两圆盘的角动量之和,于是有

$$J_A\omega_A+J_B\omega_B=(J_A+J_B)\omega$$

式中

$$J_A=\frac{1}{2}m_Ar_A^2$$

$$J_B=\frac{1}{2}m_Br_B^2$$

分别为圆盘 A、B 绕轴 OO'的转动惯量.由上式得

$$\omega=\frac{J_A\omega_A+J_B\omega_B}{J_A+J_B}=\frac{\frac{1}{2}m_Ar_A^2\omega_A+\frac{1}{2}m_Br_B^2\omega_B}{\frac{1}{2}m_Ar_A^2+\frac{1}{2}m_Br_B^2}=\frac{m_Ar_A^2\omega_A+m_Br_B^2\omega_B}{m_Ar_A^2+m_Br_B^2}$$

讨论:假若 B 圆盘的转动方向与题中相反,则结果又如何呢?

假设 ω_A 为正,则有

$$J_A\omega_A-J_B\omega_B=(J_A+J_B)\omega$$

解得

$$\omega=\frac{m_Ar_A^2\omega_A-m_Br_B^2\omega_B}{m_Ar_A^2+m_Br_B^2}$$

若 $\omega>0$,则表示两圆盘衔接后的转动方向与原来圆盘 A 的转动方向相同;若 $\omega<0$,则表示两圆盘衔接后的转动方向与原来圆盘 A 的转动方向相反;若 $\omega=0$,则表示两圆盘衔接后静止.

例 3.11 长为 $l=0.40$ m、质量为 $m'=1$ kg 的匀质细杆,竖直悬挂,可绕上端的光滑水平轴 O 转动.一质量为 $m=8\times10^{-3}$ kg 的子弹在杆的转动面内以水平速度 $v=200\ \text{m}\cdot\text{s}^{-1}$在距转轴 O 为$\frac{3}{4}l$ 的 A 点垂直射入杆内,如图 3-16 所示.求:(1) 杆开始转动时的角速度 ω;(2) 杆从竖直位置开始摆动所能摆到的最大摆角 θ.

解 子弹射入杆的过程,时间极其短暂,杆几乎处于竖直位置不变,以杆和子弹为研究对象,此时系统受到的外力作用有:子弹和杆的重力、轴上的支持力,对转轴 O 而言,这些外力力矩的代数和等于零.所以,在子弹射入杆的过程中,系统角动量守恒(注意:**此过程动量不守恒!**).即射入前子弹和杆的角动量之和,等于射入后子弹和杆的角动量之和.以逆时针为正方向,于是有

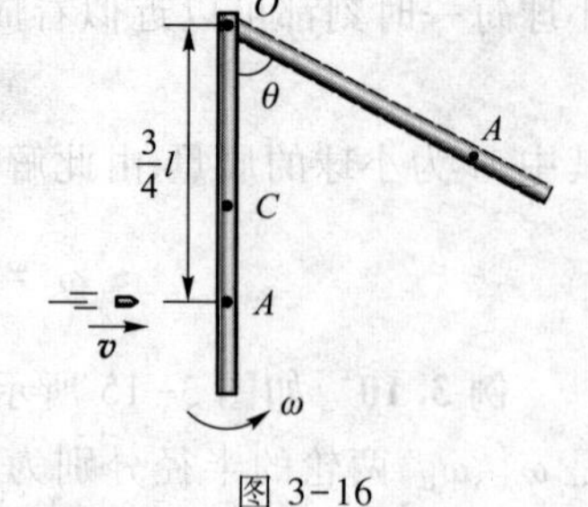

图 3-16

$$mv\frac{3}{4}l=\left[\frac{1}{3}m'l^2+m\left(\frac{3}{4}l\right)^2\right]\omega$$

解得杆开始转动时的角速度

$$\omega=\frac{mv\frac{3}{4}l}{\frac{1}{3}m'l^2+m\left(\frac{3}{4}l\right)^2}=\frac{8\times10^{-3}\times200\times\frac{3}{4}}{\frac{1}{3}\times1\times0.40+\frac{9}{16}\times8\times10^{-3}\times0.40}\ \text{rad}\cdot\text{s}^{-1}=8.88\ \text{rad}\cdot\text{s}^{-1}$$

子弹留在杆内与杆一起向上摆动的过程中,子弹、杆、地球作为系统,只有重力做功,系统机械能守恒,有

$$\frac{1}{2}\left[\frac{1}{3}m'l^2+m\left(\frac{3}{4}l\right)^2\right]\omega^2=m'g\frac{l}{2}(1-\cos\theta)+mg\frac{3}{4}l(1-\cos\theta)$$

解得

$$\theta=\arccos\left[1-\frac{\frac{1}{2}\left[\frac{1}{3}m'l^2+m\left(\frac{3}{4}l\right)^2\right]\omega^2}{m'g\frac{l}{2}+mg\frac{3}{4}l}\right]=94.3^\circ$$

▶ 思考题

思 3.6 试说明:地球两极冰山的融化是地球角速度变化的原因之一.

思 3.7 如果地球两极"冰帽"都融化了,而且水都回归海洋,试分析这对地球自转角速度会有什么影响,一昼夜的时间会变长吗?

思 3.8 一个人随着转台转动,转台轴上的摩擦忽略不计,他将两臂伸平,两手各拿一只重量相等的哑铃,这时他和转台的角速度为 ω,然后他保持两臂不动将哑铃丢下.问角动量是否守恒?他的角速度是否改变?

*3.6 刚体的平面运动

在刚体运动的过程中,如果刚体内部任意点与某固定参考平面的距离始终保持不变,则称此运动为刚体的平面运动.例如车辆在做直线运动时,对于垂直于地面的平面,车辆的车身或车轮上任意点,到该平面的距离保持不变.

3.6.1 刚体平面运动的基本动力学方程

在运动学中,可将刚体平面运动视为随任意选定的基点的平面和绕基点轴的转动.讨论动力学问题时,一般把基点选择在刚体的质心上,以便应用质心运动定理和对质心的角动量定理.

在惯性系中建立直角坐标系 $Oxyz$,Oxy 平面与讨论刚体平面运动时的平面平行.选择刚体质心 C 为坐标原点,在刚体上建立随刚体运动的质心坐标系 $Cx'y'z'$,两坐标系对应坐标轴始终保持平行.一般而言,刚体质心做变速运动,故 $Cx'y'z'$为非惯性系,如图 3-17 所示.

首先,在 $Oxyz$ 坐标系中对刚体应用质心运动定理:

$$\sum F_i = ma_C \tag{3.39}$$

其中 m 为刚体的质量.设作用于刚体的力均在 Oxy 坐标平面内,得投影式

$$\sum F_{ix} = ma_{Cx}, \sum F_{iy} = ma_{Cy}$$

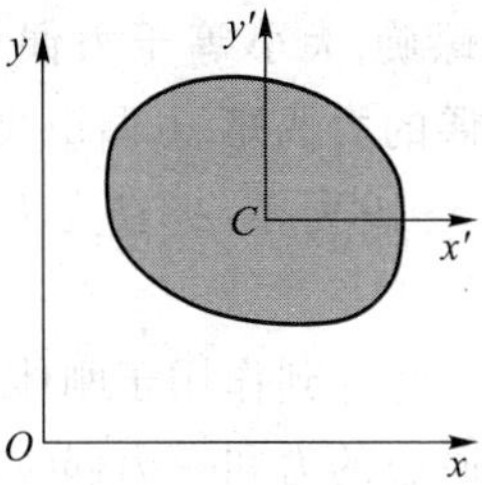

图 3-17

在对 $Cx'y'z'$坐标系研究刚体绕过质心 C 的 z'轴的角动量对时间的变化率,由刚体定轴转动的角动量定理可得

$$\sum M_{iz'} = \frac{\mathrm{d}L_{z'}}{\mathrm{d}t} = J_{z'}\alpha_{z'} \tag{3.40}$$

即作**用于刚体的各力对质心轴的合力矩等于刚体对该轴的转动惯量与刚体角加速度的乘积**,这与刚体的定轴转动定理具有完全相同的形式,称为**刚体对质心轴的转动定理**.

式(3.39)给出了刚体随质心平动的动力学,式(3.40)描述刚体绕质心轴转动的动力学.两式合在一起称为**刚体平面运动的基本动力学方程**.

3.6.2 刚体上受到力的特征

由刚体平面运动的基本动力学方程可得作用于刚体的力的特征.

根据式(3.39),作用刚体的力使质心做加速运动;根据式(3.40),它对质心轴的力矩使刚体产生角加速度.因此作用于刚体的力有两种效果.如图 3-18 所示,当刚体受到作用力 F 时,如果将 F 大小方向不变沿力的作用线滑移到 F',不改变力对刚体产生的两种效果.因此,**刚体所受的力可沿作用线滑移而不改变其效果**,即作用于刚体的力是**滑移矢量**.对于质点力学,力有三要素,即大小、方向和作用点,而对于刚体来说,力固然有其作用点,但力可以滑移,力的作用点不再是决定力的效果的重要因素.可以说,作用于刚体的力的三要素是大小、方向和作用线.

若力的作用线通过质心,该力对质心轴力矩为零,该力仅产生质心加速度.若刚体最初静止,则作用线通过质心的力使刚体产生平动.如宇航员离开空间站在空中行走需要助推小火箭的推力,该推力应过宇航员的质心,否则宇航员将绕质心做无休止的转动而无法工作.可见,测定和计算质心位置在刚体的运动中具有重要意义.

大小相等方向相反的一对平行力称为力偶.因为力偶的矢量和为零,故对质心运动没有影响.如图 3-19 中,F 和$-F$ 就是一对力偶.这两个力对质心轴力矩之和的大小为

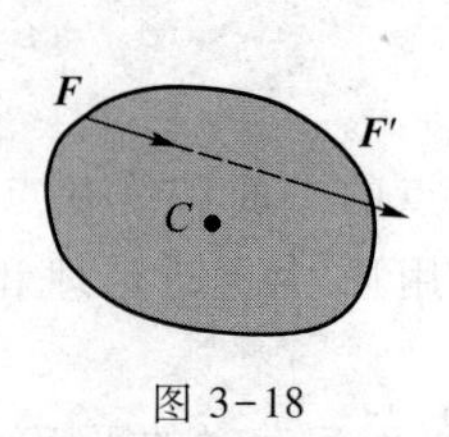

图 3-18

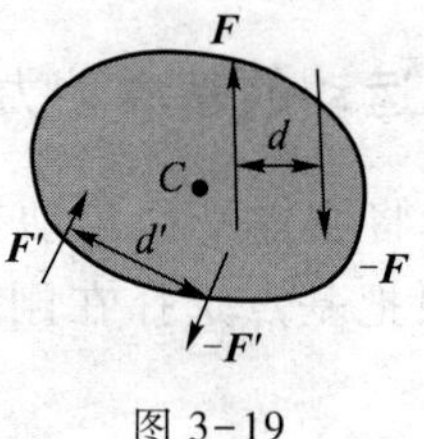

图 3-19

$$|M_z| = Fd$$

d 称为力偶的力偶臂.这对力偶的力矩的方向指向纸面内，恰好与二力旋转方向满足右手螺旋.**大小等于力偶中一个力与力偶臂乘积，方向与力偶中二力满足右手螺旋的力矩称为该力偶的力偶矩**.力偶矩决定力偶对刚体运动的全部效果.将二力的大小方向和作用线挪动后，如图 3-19 所示，挪动为 F'和$-F'$，只要不改变力偶矩，即 $F'd' = Fd$ 且力偶矩方向不变，则与原力偶等效.

考虑到作用于刚体的力的两种效果和力偶矩的概念，作用于刚体上的力等效于一作用线通过质心的力和一力偶.如图 3-20 所示，刚体受到力 F 的作用等效为与 F 大小和方向相同过质心的力 F'和一个与 F 对质心力矩相同的力偶 M_z.图 3-19 提供了一种分析刚体受力效果的简单方法.如一力沿切线方向作用于精致的滑轮边缘，其产生一种力偶的效果使滑轮加速转动，另一效果则为作用于质心的力，它将增加对支座的压力.

例 3.12 如图 3-21 所示，固定斜面倾角为 θ，质量为 m 半径为 R 的匀质圆柱体顺斜面向下做无滑滚动，求圆柱质心的加速度 a_C 及斜面作用于柱体的摩擦力 F_f.

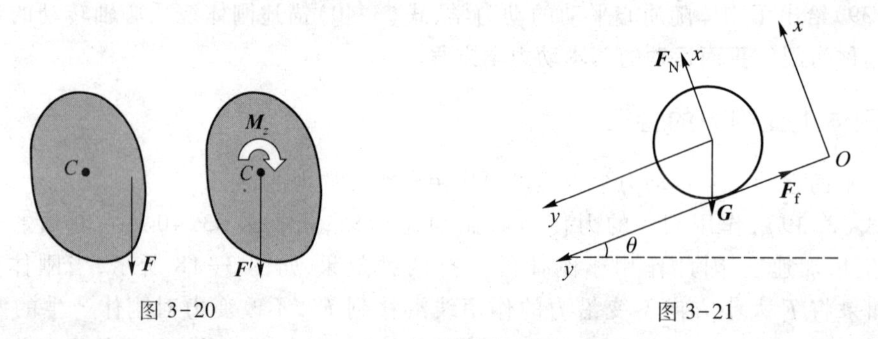

图 3-20　　图 3-21

解 将圆柱体视为刚体取隔离体，受力如图 3-21 所示.因圆柱体做无滑滚动，它与斜面接触的瞬时速度为零，F_f 为静摩擦力，其方向大小由圆柱体所受的其他力以及运动状况决定的.根据质心定理

$$F_N + G + F_f = ma_C$$

在斜面上建立直角坐标系 $Oxyz$，上面的方程在 y 轴的投影

$$G\sin\theta - F_f = ma_C$$

因圆柱体为匀质，质心在圆柱体质心轴上.建立平动的质心坐标系 $Cx'y'z'$，利用质心轴转动定理，有

$$F_f R = J\alpha = \frac{1}{2}mR^2\alpha$$

圆柱体做无滑动滚动时,有

$$a_C = R\alpha$$

解以上方程,得

$$a_C = \frac{2}{3} g\sin\theta$$

$$F_f = \frac{1}{3} mg\sin\theta$$

由结果可知,圆柱体沿斜面滚下时质心的加速度$\frac{2}{3}g\sin\theta$小于物体沿光滑斜面下滑的加速度 $g\sin\theta$.再有,正是由于静摩擦力矩的作用才使圆柱体产生角加速度.可见静摩擦力的存在保证了无滑动滚动的实现,又减小了质心运动的加速度.

按运动学观点,可按质点运动学处理刚体平动问题.但对刚体平动的动力学问题,却不能一律按质点运动处理.**刚体做平面运动又只做平动,称刚体做二维平动**.这时刚体的角速度和角加速度等于零,根据刚体平面运动的基本动力学方程,得

$$\sum F_i = ma_C, \quad \sum M_{iz'} = 0 \tag{3.41}$$

由式(3.41)可知,虽然刚体并未转动,却存在力矩平衡问题,不得不考虑刚体的形状大小,不可视为质点.当然,若对所研究问题仅用质心运动定理已足够,则可视为质点.

3.6.3 刚体平面运动的动能

刚体在做平面运动时,可以看成是质心的平动和刚体绕质心轴的转动,故**刚体做平面运动时的动能等于随质心平动动能和刚体相对质心系的绕质心轴转动的动能**,即

$$E_k = \frac{1}{2} mv_C^2 + \frac{1}{2} J_C \omega^2 \tag{3.42}$$

根据质心系动能定理,质点系动能增量等于一切内力和外力做功的代数和.对刚体来说,内力做功的代数和为零,故对于刚体的平面运动,动能定理表现为

$$\sum A_{外} = \Delta E_k = \Delta\left(\frac{1}{2} mv_C^2 + \frac{1}{2} J_C \omega^2\right) \tag{3.43}$$

例 3.13 在例 3.12 中,设圆柱体自静止开始滚下,求质心下落高度 h 时,圆柱体质心的速率.

解 圆柱体受力仍如图 3-21 所示,因为是无滑动滚动,静摩擦力不做功,只有重力做功.根据式(3.42),得

$$mgh = \frac{1}{2} mv_C^2 + \frac{1}{2}\left(\frac{1}{2} mR^2\right)\omega^2$$

考虑到无滑动条件 $v_C = \omega R$,得

$$v_C = \frac{2}{3}\sqrt{3gh}$$

*3.7 刚体的进动

本节介绍一种刚体转轴不固定的情况.大家知道,玩具陀螺不转动时,在重力矩作用下将发生倾倒.但当陀螺在高速旋转时,尽管仍然受到重力的作用,却不会倒下来.可以发现,陀螺**在绕本身对称轴线转动的同时,其对称轴还将绕竖直轴回转**,如图 3-22 所示.这种现象称为**进动**.

像陀螺仪这样,在重力矩的作用下之所以不发生倾倒,是机械运动矢量性的一种表现.在平动运动中,我们知道,质点在外力作用下不一定就沿外力方向运动.当质点初始运动方向和外力方向不一致时,质点的运动方向既不是原来的运动方向,也不是外力的方向,实际的运动方向是由上述两个方向共同决定的.在刚体转动中,也有类似的情况.本来旋转的刚体,在与它转动方向不同的外力矩作用下,也不是沿外力矩的方向转动,而会出现进动现象.当高速旋转的陀螺仪在倾斜状态时,因它自转的角速度远大于进动的角速度,我们可以把陀螺对 O 点的角动量 $\boldsymbol{L}$($L=J\omega$,ω 为陀螺自转的角速度)看成它对本身对称轴的角动量.由于重力 $\boldsymbol{P}$ 对 O 点产生一力矩,其方向垂直于转轴和重力所组成的平面.根据角动量定理,在极短的时间 $\mathrm{d}t$ 内,陀螺的角动量将增加 $\mathrm{d}\boldsymbol{L}$,其方向与外力矩的方向相同.因外力矩的方向垂直于 $\boldsymbol{L}$,所以 $\mathrm{d}\boldsymbol{L}$ 的方向也与 $\boldsymbol{L}$ 垂直,结果使 $\boldsymbol{L}$ 的大小不变而方向发生连续变化,如图 3-22 所示.因此,陀螺的自转轴将从 $\boldsymbol{L}$ 的位置转到 $\boldsymbol{L}+\mathrm{d}\boldsymbol{L}$ 的位置上.从陀螺的顶部向下看,其自转轴的回转方向是逆时针的.这样,陀螺就不会倒下,而沿一圆锥面转动,即绕竖直轴 Oz 进动.

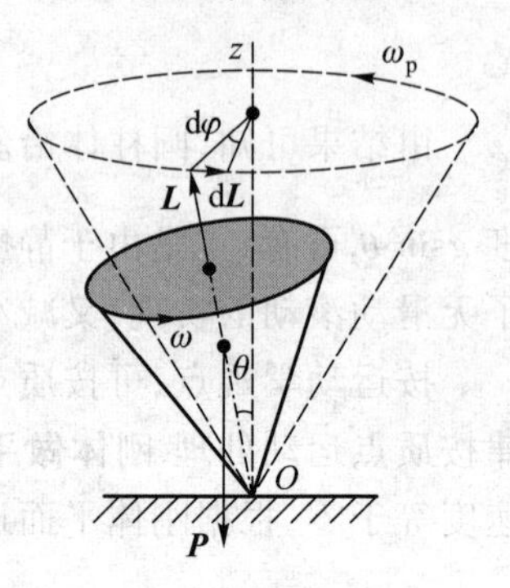

图 3-22 进动

下面计算进动的角速度.在 $\mathrm{d}t$ 时间内,角动量 $\boldsymbol{L}$ 的增量 $\mathrm{d}\boldsymbol{L}$ 很小,从图中可知

$$\mathrm{d}L=L\sin\theta\mathrm{d}\varphi=J\omega\sin\theta\mathrm{d}\varphi$$

式中 $\mathrm{d}\varphi$ 为自转轴在 $\mathrm{d}t$ 时间内绕 Oz 轴转动的角度,θ 为自转轴与 Oz 轴之间的夹角.由角动量定理

$$\mathrm{d}L=M\mathrm{d}t$$

代入上式可得

$$M\mathrm{d}t=J\omega\sin\theta\mathrm{d}\varphi$$

定义进动的角速度 $\omega_{\mathrm{p}}=\dfrac{\mathrm{d}\varphi}{\mathrm{d}t}$,可得

$$\omega_{\mathrm{p}}=\frac{M}{J\omega\sin\theta} \tag{3.44}$$

由此可知,进动角速度 ω_{p} 与外力矩成正比,与陀螺自转的角动量成反比.因此,当陀螺仪自转角速度增大时,进动角速度变小;而当陀螺仪自转角速度减小时,进动角速度却增加.实际中,由于陀螺仪受到地面的摩擦力,自转角速度不断减小,我们可以看出,其进动的角速度不断增加,当接近停止的时候,进动的角速度变得非常大.

回转效应在实践中有广泛的应用.例如,高速运动的子弹或炮弹,如果没有高速旋转,在空气阻力的作用下极有可能发生弹头翻转.为了避免这种现象,使子弹或炮弹在高温变软后嵌入膛内来复线而高速旋转.由于回旋效应,空气阻力的力矩使子弹或炮弹的自转轴绕弹道方向进动,这样,子弹或炮弹的弹头与飞行方向不至于有过大的偏离.

实际上,对于地球不仅公转和自转,由于赤道和黄道有一定的夹角,也会像陀螺那样发生进动.可以计算出地球的进动周期约为 26 000 年.地球自转的角速度矢量指向的恒星叫北极星.由于地球的进动,北极星会发生变化.当前的北极星为小熊座 α 星,5 000 年前是天龙座 α 星,5 000 年后则为仙王座 α 星.可以想到,地球的进动会改变人们在地面上看到的星空.另外,地球的进动还会使春分点、秋分点移动,这种现象叫“岁差”.

当然,回转效应有时也会引起有害的作用.例如,轮船在转弯时,由于回转效应,涡轮机的轴承将受到附加的力,在设计和使用中必须要考虑到这一点.

进动的概念在微观世界中也常用到.例如,原子中的电子同时参与绕核运动与电子本身的自旋,都具有角动量,在外磁场中将以外磁场方向为轴线进动.这是从物质结构来说明物质磁性的理论依据.

阅读材料3

能源的开发与利用

1. 什么是能源?

我们经常会提到能源问题,那么究竟什么是"能源"呢?通常来说在自然界中,凡是能提供机械能、热能、电能、化学能等各种形式能量的自然资源,统称为能源.能源是人类社会经济生活中的重要的物质基础,在人类利用能源的历史上有四个重要的发展时期,即火的使用,蒸汽机的发明和使用,电能的使用和原子能的利用.每一个高效的新能源的利用都与物理学的发展紧密相关,而且都会使社会进入一个新的天地.能源是国民经济的重要物质基础,未来国家命运取决于能源的掌控.能源的开发和有效利用程度以及人均消费量是生产技术和生活水平的重要标志.

2. 能源的分类

能源种类繁多,而且经过人类不断的开发与研究,更多新型能源已经开始能够满足人类需求.根据不同的划分方式,能源也可分为不同的类型.

按来源可分为三类:一是来自地球外部天体的能源(主要是太阳能),人类所需能量的绝大部分都直接或间接地来自太阳,除直接辐射外,为风能、水能、生物能和矿物能源等的产生提供基础;二是地球本身蕴藏的能量,通常指与地球内部的热能有关的能源和与原子核反应有关的能源,如原子核能、地热能等;三是地球和其他天体相互作用而产生的能量,如潮汐能.

按能源的产生方式分为两类:一次能源和二次能源.前者即天然能源,指在自然界现成存在的能源,如煤炭、石油、天然气、水能等.后者指由一次能源加工而成的能源产品,如电力、煤气、蒸汽及各种石油制品等.一次能源又分为可再生能源(水能、风能及生物质能)和非再生能源(煤炭、石油、天然气、油页岩等);二次能源则是指由一次能源直接或间接转换成其他种类和形式的能量资源,例如:电力、煤气、汽油、柴油、焦炭、洁净煤、激光和沼气等能源都属于二次能源.

按能源性质可分为有燃料型能源(煤炭、石油、天然气、泥炭、木材)和非燃料型能源(水能、风能、地热能、海洋能).人类利用自己体力以外的能源是从用火开始的,最早的燃料是木材,以后用各种化石燃料,如煤炭、石油、天然气、泥炭等.现正研究利用太阳能、地热能、风能、潮汐能等新能源.当前化石燃料消耗量很大,而且地球上这些燃料的储量有限.未来铀和钍将提供世界所需的大部分能量.一旦控制核聚变的技术问题得到解决,人类实际上将获得无尽的能源.

根据能源消耗后是否造成环境污染可分为污染型能源和清洁型能源,污染型能源包括煤炭、石油等,清洁型能源包括水力、电力、太阳能、风能以及核能等.

根据能源使用的类型,又可分为常规能源和新型能源.利用技术上成熟,使用比较普遍的能源叫做常规能源.包括一次能源中的可再生的水力资源和不可再生的煤炭、石油、天然气等资源.新近利用或正在着手开发的能源叫做新型能源.

按能源的形态特征或转换与应用的层次进行分类.世界能源委员会推荐的能源类型分为:固体燃料、液体燃料、气体燃料、水能、电能、太阳能、生物质能、风能、核能、海洋能和地热能.其中,前三个类型统称化石燃料或化石能源.已被人类认识的上述能源,在一定条件下可以转化为人们所需的某种形式的能量.

凡进入能源市场作为商品销售的如煤、石油、天然气和电等均为商品能源.国际上的统计数字均限于商品能源.非商品能源主要指薪柴和农作物残余(秸秆等).1975年,世界上的非商品能源约为0.6太瓦年,相当于6亿吨标准煤.据估计,中国1979年的非商品能源约合2.9亿吨标准煤.

凡是可以不断得到补充或能在较短周期内再产生的能源称为再生能源,反之称为非再生能源.风能、水能、海洋能、潮汐能、太阳能和生物质能等是可再生能源;煤、石油和天然气等是非再生能源.地热能基本上是非再生能源,但从地球内部巨大的蕴藏量来看,又具有再生的性质.核能的新发展将使核燃料循环而具有增值的性质.核聚变的能比核裂变的能可高出5~10倍,核聚变最合适的燃料重氢(氘)又大量地存在于海水中,可谓"取之不尽,用之不竭".核能是未来能源系统的支柱之一.

3. 中国的能源状况

中国能源资源有以下特点:一是能源资源总量比较丰富.中国拥有较为丰富的化石能源资源.其中,煤炭占主导地位.2006年,煤炭保有资源量10 345亿吨,剩余探明可采储量约占世界的13%,列世界第三位.已探明的石油、天然气资源储量相对不足,油页岩、煤层气等非常规化石能源储量潜力较大.中国拥有较为丰富的可再生能源资源.水力资源理论蕴藏量折合年发电量为6.19万亿千瓦时,经济可开发年发电量约1.76万亿千瓦时,相当于世界水力资源量的12%,列世界首位.二是人均能源资源拥有量较低.中国人口众多,人均能源资源拥有量在世界上处于较低水平.煤炭和水力资源人均拥有量相当于世界平均水平的50%,石油、天然气人均资源量仅为世界平均水平的1/15左右.耕地资源不足世界人均水平的30%,制约了生物质能源的开发.三是能源资源赋存分布不均衡.中国能源资源分布广泛但不均衡.煤炭资源主要赋存在华北、西北地区,水力资源主要分布在西南地区,石油、天然气资源主要赋存在东、中、西部地区和海域.中国主要的能源消费地区集中在东南沿海经济发达地区,资源赋存与能源消费地域存在明显差别.大规模、长距离的北煤南运、北油南运、西气东输、西电东送,是中国能源流向的显著特征和能源运输的基本格局.四是能源资源开发难度较大.与世界相比,中国煤炭资源地质开采条件较差,大部分储量需要井工开采,极少量可供露天开采.石油天然气资源地质条件复杂,埋藏深,勘探开发技术要求较高.未开发的水力资源多集中在西南部的高山深谷,远离负荷中心,开发难度和成本较大.

令人欣喜的是,2009年9月25日北京当天的新闻发布会上,中国地质部门宣布在青藏高原发现了一种名为可燃冰(又称天然气水合物)的环保新能源,预计十年左右能投入使用.可燃冰是水和天然气在高压、低温条件下混合而成的一种固态物质,具有使用方便、燃烧值高、清洁无污染等特点,是公认的地球上尚未开发的最大新型能源.发言人说,这是中国首次在陆域上发现可燃冰,使中国成为加拿大、美国之后,在陆域上通过国家计划钻探发现可燃冰的第三个国家.据粗略的估算,远景资源量至少有350亿吨油当量.

改革开放以来,中国能源工业迅速发展,为保障国民经济持续快速发展做出了重要贡献,我国能源的供给能力明显提高.能源节约效果显著.消费结构有所优化.中国能源消费已经位居世界第二.科技水平迅速提高.中国能源科技取得显著成就,以"陆相成油理论与应用"为标志的基础研究成果,极大地促进了石油地质科技理论的发展.石油天然气工业已经形成了比较完整的勘探开发技术体系,特别是复杂区块勘探开发、提高油田采收率等技术在国际上处于领先地位.中国政府高度重视环境保护,加强环境保护已经成为基本国策,社会各界的环保意识普遍提高.

但同时随着能源价格改革不断深化,价格机制不断完善;随着中国经济的较快发展和工业化、城镇化进程的加快,能源需求不断增长,构建稳定、经济、清洁、安全的能源供应体系面临着重大挑战,突出表现在以下几方面:资源约束突出,能源效率偏低;能源消费以煤为主,环境压力加大;市场体系不完善,应急能力有待加强.

4. 世界能源消费和预测

据国际能源署(IEA)发布的《世界能源展望2008》预测,从2006年至2030年世界一次能源需求从117.3亿吨油当量增长到了170.1多亿吨油当量,增长了45%,平均每年增长1.6%.煤炭需求的增长超过任何其他燃料,但石油仍是最主要的燃料.据估计,2006年城市的能源消耗达79亿吨油当量,占全球能源总消耗量的三分之二,这一比例将会在2030年上升至四分之三.在2006年至2030年期间,一次能源需求的增长将占世界一次能源总需求增长量的一半以上.全球石油需求(生物燃料除外)平均每年上升1% ,从2007年8 500万桶/日增加到2030年1.06亿桶/日.与去年的《展望》相比,2030年石油需求有所下调,下降了1 000万桶/日,这主要反映了较高的价格和略微放缓的GDP增长以及去年以来政府实行的新政策所带来的影响.所有预测中世界石油需求的增长都主要源于非经合组织(Non-OECD)国家(4/5以上的增长量来自中国、印度和中东地区),经合组织(OECD)成员国石油需求略有下降,主要是因为非运输行业石油需求的减少.全球天然气需求的增长更加迅速,以1.8 %的速度递增,在能源需求总额中所占比例略微上升至22%.天然气消费量的增长大部分来自发电行业.世界煤炭需求量平均每年增长2%,其在全球能源需求量中的份额从2006年的26 %攀升至2030年的29%.其中,全球煤炭消费增加的85%,主要来自中国和印度的电力行业.在《展望》预测期内,核电在一次能源需求中所占比例略有下降,从目前的6% 下降到2030年的5%(其发电量比例从15%下降到10%),现代可再生能源技术发展极为迅速,将于2010年后不久超过天然气,成为仅次于煤炭的第二大电力燃料.可再生能源的成本随着技术的成熟应用而降低,电力行业对可再生能源的利用占大部分增长.非水电可再生能源在总发电量所占比例从2006年的1%增长到2030年的4%.尽管水电产量增加,但其电力的份额下降两个百分点至14%.

由于石油、煤炭等目前大量使用的传统化石能源枯竭,同时新的能源生产供应体系又未能建立,人类在享受能源带来的经济发展、科技进步等利益的同时,也遇到一系列无法避免的能源安全挑战,能源短缺、资源争夺以及过度使用能源造成的环境污染等问题威胁着人类的生存与发展.按目前的消耗量,专家预测石油、天然气最多只能维持不到半个世纪,煤炭也只能维持一、两个世纪.所以不管是哪一种常规能源结构,人类面临的能源危机都日趋严重.当前世界所面临的能源安全问题呈现出与历次石油危机明显不同的新特点和新变化,它不仅仅是能源供应安全问题,而是包括能源供应、能源需求、能源价格、能源运输、能源使用等安全问题在内的综合性风险与威胁.

5. 新能源发展现状和趋势

部分可再生能源利用技术已经取得了长足的发展,并在世界各地形成了一定的规模.目前,生物质能、太阳能、风能以及水力发电、地热能等能源的利用技术已经得到了应用.IEA对2000—2030年国际电力的需求进行了研究,研究表明,来自可再生能源的发电总量年平均增长速度将最快.IEA的研究认为,在未来30年内非水利的可再生能源发电将比其他任何燃料的发电都要增长得快,年增长速度近6%,在2000—2030年间其总发电量将增加5倍,到2030年,它将提供世界总电力的4.4%,其中生物质能将占其中的80%.我国政府高度重视可再生能源的研究与开发.国家经贸委制定了新能源和可再生能源产业发展的规划,重点发展太阳能光热利用、风力发电、生物质能高效利用和地热能的利用.近年来在国家的大力扶持下,我国在风力发电、海洋能潮汐发电以及太阳能利用等领域已经取得了很大的进展.风能和太阳能对于地球来讲是取之不尽、用之不竭的健康能源,它们必将成为今后替代能源主流.

习 题 3

3-1　以 $M=20\ \mathrm{N\cdot m}$ 的恒力矩作用在有固定轴的转轮上，在 10 s 内该轮的转速由零均匀增大到 $100\ \mathrm{r\cdot min^{-1}}$.此时移去力矩 M，转轮因摩擦力矩 M_f 的作用经过 100 s 而停止.试推算此转轮的转动惯量.

3-2　一飞轮的质量 $m=60\ \mathrm{kg}$，半径 $R=0.25\ \mathrm{m}$，绕其水平中心轴 O 无摩擦转动，转速为 $900\ \mathrm{r\cdot min^{-1}}$.现利用一制动闸杆 AB，可使飞轮减速，闸杆可绕一端 A 转动，在闸杆的另一端 B 加一竖直方向的制动力 $\boldsymbol{F}$，已知闸杆的尺寸如图所示，闸瓦与飞轮之间的摩擦因数 $\mu=0.4$，飞轮可看成匀质圆盘.(1) 设制动力的大小 $F=100\ \mathrm{N}$，可使飞轮在多长时间内停止转动？在这段时间里飞轮转了几转？(2) 若使飞轮在 2 s 内转速减小一半，需加多大的力 F？

3-3　固定在一起的两个同轴均匀圆柱体可绕其光滑的水平对称轴 OO' 转动.设大小圆柱体的半径分别为 R 和 r，质量分别为 m' 和 m.绕在两柱体上的细绳分别与物体 m_1 和 m_2 相连，m_1 和 m_2 则挂在圆柱体的两侧，如图所示.设 $R=0.20\ \mathrm{m}$，$r=0.10\ \mathrm{m}$，$m=4\ \mathrm{kg}$，$m'=10\ \mathrm{kg}$，$m_1=m_2=2\ \mathrm{kg}$，且开始时 m_1 和 m_2 离地高度均为 $h=2\ \mathrm{m}$.求：(1) 柱体转动时的角加速度；(2) 两侧细绳的张力；(3) m_1 和 m_2 哪个先落地？它落地前瞬间的速率为多少？

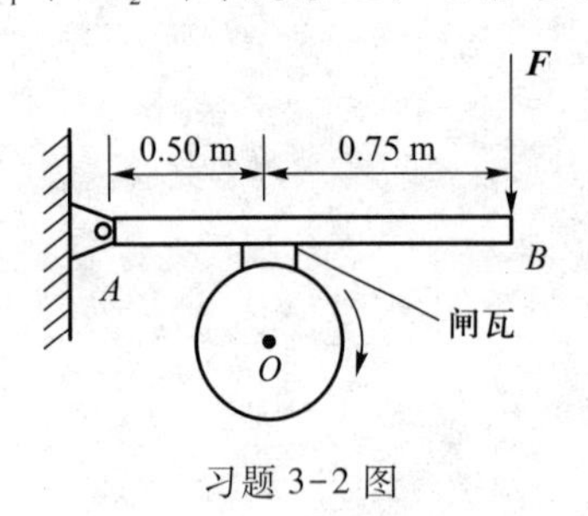

习题 3-2 图

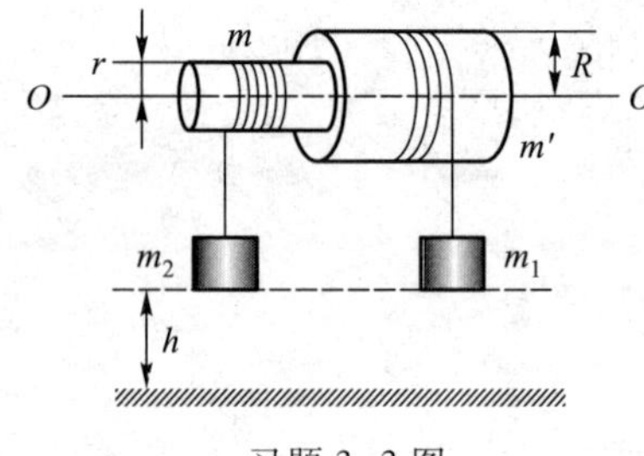

习题 3-3 图

3-4　计算如图所示系统中物体的加速度大小.设滑轮为质量均匀分布的圆柱体，半径为 $r=0.1\ \mathrm{m}$，轻绳不可伸长，且与滑轮之间无相对滑动，滑轮轴上摩擦不计，且忽略桌面与物体 m_1 间的摩擦，已知 $m_1=50\ \mathrm{kg}$，$m_2=200\ \mathrm{kg}$，滑轮质量 $m'=15\ \mathrm{kg}$.

3-5　如图所示，一匀质细杆质量为 m，长为 l，可绕过一端 O 的水平光滑固定轴转动，杆于水平位置由静止开始摆下.求：

(1) 初始时刻的角加速度；

(2) 杆转过 θ 角时的角加速度和角速度.

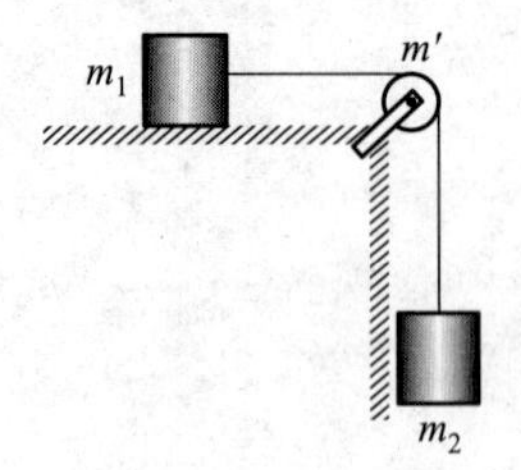

习题 3-4 图

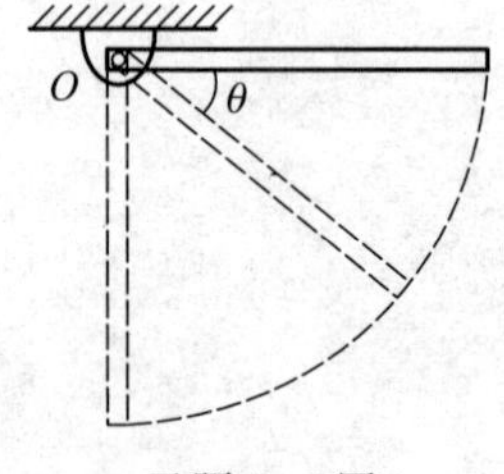

习题 3-5 图

3-6　一长为 1 m 的均匀直棒可绕其一端与棒垂直的水平光滑固定轴转动，抬起另一端使棒向上与水平面成60°角，然后无初转速地将棒释放，求：

（1）放手时棒的角加速度；

（2）棒转到竖直位置时的角速度.

3-7　如图所示，长为 L、质量为 m 的均匀细杆静止在水平桌面上，可绕通过左端 O 点的竖直光滑轴转动.一质量为 $m_0=m/3$ 的小球以速度 v_0 垂直击杆于 P 点，并以速度 $v=v_0/3$ 弹回.设 $OP=(3/4)L$，杆与水平面间的摩擦因数为 μ.求：

（1）开始转动时的角速度；

（2）杆所受摩擦力矩的大小；

（3）杆从开始转动到静止所转过的角度和经历的时间.

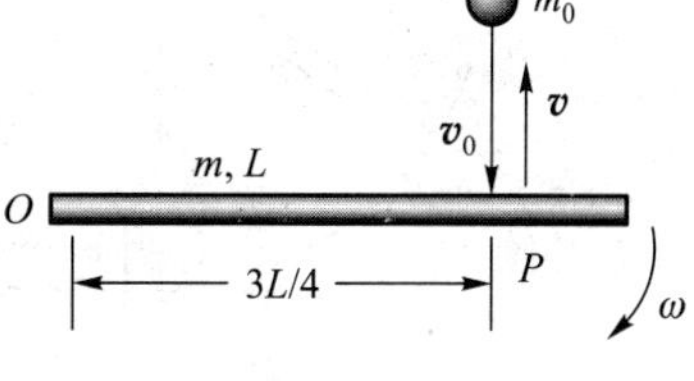

习题 3-7 图

3-8　如图所示，质量为 m'，长为 l 的均匀直棒，可绕垂直于棒一端的水平轴 O 无摩擦地转动，它原来静止悬挂在平衡位置上.现有一质量为 m 的弹性小球飞来，正好在棒的下端与棒垂直地相撞.相撞后，使棒从平衡位置处摆动到最大角度 $\theta=30°$处.

（1）设这碰撞为完全弹性碰撞，试计算小球初速 v_0 的值；

（2）相撞时小球受到多大的冲量？

3-9　有一质量为 m_1、长为 l 的均匀的细棒 OA，可绕一端的水平固定轴 O 自由转动，初始时静止悬挂.一水平运动的质量为 m_2 的小球，从侧面垂直于棒和轴与棒的另一端 A 相碰撞，设碰撞时间极短.已知小球在碰撞前后的速度分别为 v_1 和 v_2，方向如图所示.求：

（1）碰撞后瞬间细棒的角速度；

（2）细棒能够摆动的最大摆角 θ_m.

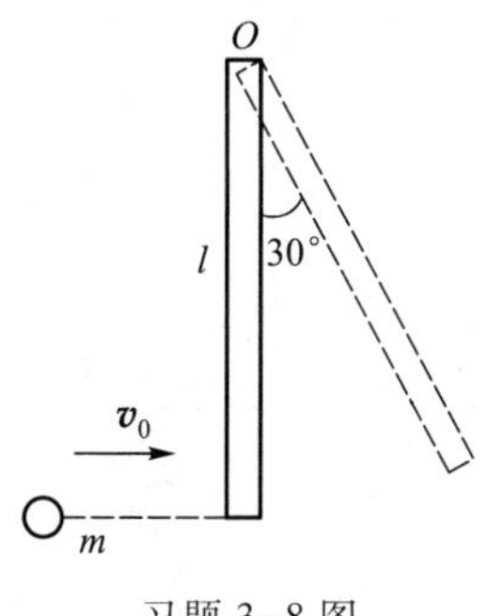

习题 3-8 图

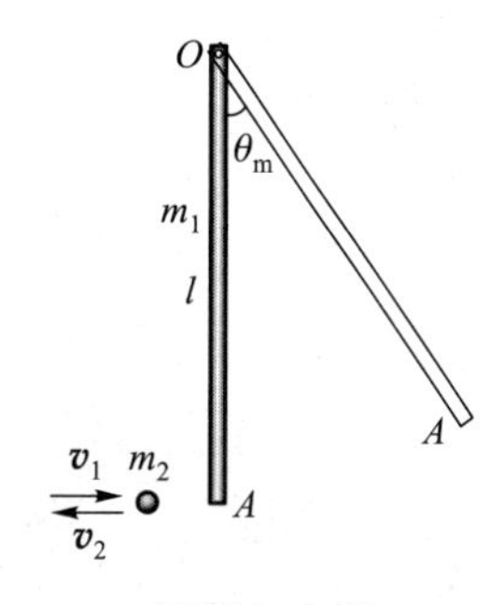

习题 3-9 图

3-10　如图所示，一长为 l、质量为 m_1 的匀质细杆，可绕通过其一端的水平轴 O 在竖直平面内自由转动.杆从水平位置由静止释放后，与 O 点正下方静止在光滑水平面上的物体 m_2 发生碰撞，$m_2=m_1/3$.求：

（1）杆在转动过程中的角加速度 α 的表达式；

（2）杆转到竖直位置时的角动量和动能；

（3）若碰撞是完全弹性的，碰撞后 m_2 的速度；

（4）弹簧被压缩的最大长度.

3-11　弹簧、定滑轮和物体的连接如图所示，弹簧一端固定在墙上，其劲度系数为 $k=$

$200\ \mathrm{N\cdot m^{-1}}$，定滑轮的转动惯量是 $0.5\ \mathrm{kg\cdot m^2}$，其半径为 0.30 m.假设定滑轮轴上摩擦忽略不计，刚开始时物体静止而弹簧处于自然状态.

（1）当质量 $m=6.0\ \mathrm{kg}$ 的物体落下 $h=0.40\ \mathrm{m}$ 时，它的速率为多大？

（2）物体最低可以下落到什么位置？

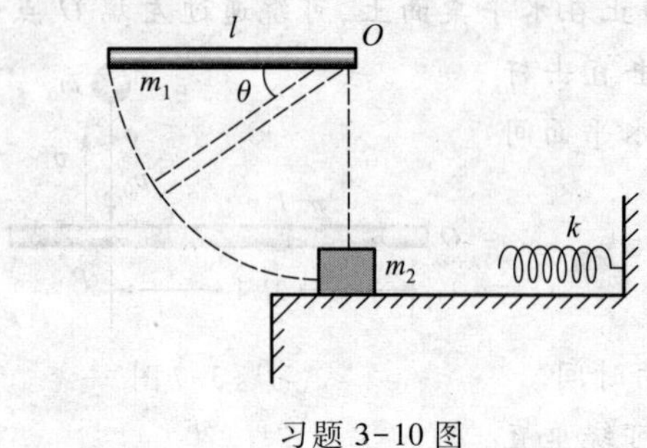

习题 3-10 图

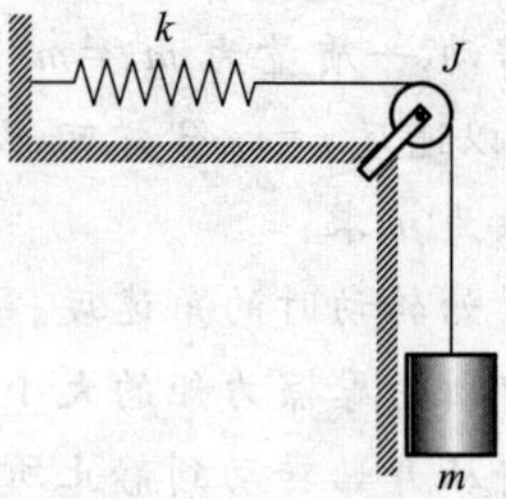

习题 3-11 图

第二篇　振动与波动

振动是自然界中最常见的运动形式之一.从狭义上说,物体在某个固定位置附近的往复性运动为**振动**,从广义上说,任何一个物理量在某一量值附近随时间作周期变化,都可以称为振动. 例如:电荷、电流、电场强度、磁场强度、温度等,都可能在某个数值附近周期性变化,因此都可以称为振动.虽然这些运动的本质各不相同,但就振动规律而言,它们有着相同的数学特征和运动规律.在各种振动中,机械振动是最直观的.理想的振动是简谐振动.简谐振动的振动方程可以用余弦函数(或正弦函数)表示;一般的周期性振动,可以分解为若干个不同频率简谐振动的叠加;对于复杂的非周期性振动,也可以分解为频率连续分布的无限多个简谐振动的叠加.因此,研究简谐振动的基本规律和简谐振动的叠加方法是研究振动规律的基础.

波动是振动在空间的传播,声波、水波、地震波、电磁波和光波等都是波.机械振动在弹性介质中传播时,形成机械波,电磁振荡在真空或介质内传播时,形成电磁波.激发波动的振动系统称为波源.各种波的产生和传播机制从本质上讲是不同的,但就振动状态的传播而言,有着共同或相似的特征,都有着时间和空间的周期性,都伴随有能量的传递,在传播过程中都有干涉、衍射、折射和反射现象.简谐振动在空间的传播形成简谐波.一般的波动也可以分解为若干个或无限多个不同频率的简谐波的叠加.

在本篇中,主要讨论机械振动和机械波的基本理论.

第4章　机械振动

振动是自然界中最常见的运动形式之一.从狭义上说,物体在某个固定位置附近的往复性运动为**振动**,从广义上说,任何一个物理量在某一量值附近随时间作周期变化,都可以称为振动.例如:电荷、电流、电场强度、磁场强度、温度等,都可能在某个数值附近周期性变化,因此都可以称为振动.虽然这些运动的本质各不相同,但就振动规律而言,它们有着相同的数学特征和运动规律.在各种振动中,机械振动是最直观的.理想的振动是简谐振动.简谐振动的振动方程可以用余弦函数(或正弦函数)表示;一般的周期性振动,可以分解为若干个不同频率的简谐振动的叠加;对于复杂的非周期性振动,也可以分解为频率连续分布的无限多个简谐振动的叠加.因此,研究简谐振动的基本规律和简谐振动的叠加方法是研究振动规律的基础.

本章主要讨论简谐振动和振动合成的基本理论,并简要介绍阻尼振动、受迫振动和共振现象.

4.1　机械振动的形成

4.1.1　机械振动

物体在某一稳定平衡位置附近做往复性运动称为**机械振动**.机械振动是一种常见的机械运动形式,广泛地存在于自然界中,例如,桥梁的摆动、心脏的跳动、车厢运动时的摇晃都可视为机械振动,并且是很复杂的振动.理论表明,任何复杂振动都可以分解为若干个简单振动,而若干个简单振动可以叠加合成为一个复杂振动.最简单、最基本的机械振动称为简谐振动,简称谐振动.弹簧振子和单摆在一定条件下的运动是谐振动.

4.1.2　机械振动的形成条件

由于机械振动是在平衡位置附近做往复性运动,所以物体偏离平衡位置后,要受到一种力的作用使其回到平衡位置,这种力称为**回复力**;当物体处于平衡位置时,必须有运动速度能够离开平衡位置;因此,机械振动的产生条件为:① 存在回复力;② 具有惯性运动,这就要求振动物体所受的阻尼足够小.

当物体的机械振动引起周围的弹性介质也陆续发生振动时,在空间形成了振动状态向外传播的机械波.因此研究振动的规律也是研究机械波所必备的理论基础.

思考题

思4.1　振动和机械振动有什么联系和区别?

4.2 简谐振动

4.2.1 简谐振动

一个做往复运动的物体,如果离开平衡位置的位移 x(或角位移 θ)随时间 t 按余弦(或正弦)函数规律变化,即

$$x=A\cos(\omega t+\varphi_0) \tag{4.1}$$

则这种运动称为**简谐振动**.

研究表明,做简谐振动的物体,尽管描述他们偏离平衡位置位移的物理量可以千差万别,但描述它们动力学特征的运动微分方程却完全相同.

4.2.2 简谐振动方程

以弹簧振子为例,推导出简谐振动方程.如图 4-1 所示,弹簧振子系统由劲度系数为 k,质量不计的轻弹簧和质量为 m 的物体组成,弹簧一端固定,另一端连接物体.当物体在无摩擦的水平面上受到弹簧弹性限度内的弹性力作用下,物体将做简谐振动.取 x 轴沿水平方向,以弹簧自然松弛状态时物体的位置作为坐标原点 O.物体在这个位置受合力为零,称为**平衡位置**.

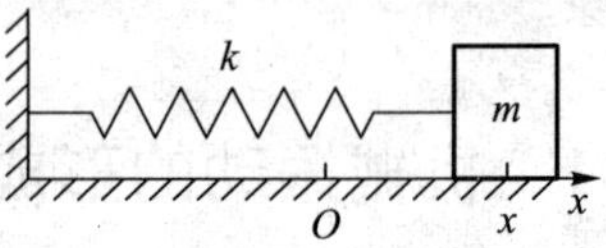

图 4-1 弹簧振子

在运动过程中,物体 m 相对平衡位置的位移为 x,加速度为 a,如果振子所受的摩擦阻力与弹簧的质量均忽略不计,根据胡克定律,物体受到的弹性力 F 与弹簧的伸长(或压缩)量 x 成正比

$$F=-kx \tag{4.2}$$

负号表示弹力与振子位移的方向相反.由牛顿运动定律,物体所受弹性力为合力,运动方程为

$$F=ma=m\frac{\mathrm{d}^2x}{\mathrm{d}t^2}=-kx \tag{4.3}$$

或

$$\frac{\mathrm{d}^2x}{\mathrm{d}t^2}+\omega^2x=0$$

其中 $\omega=\sqrt{\dfrac{k}{m}}$,式(4.3)称为弹簧振子系统的**动力学方程**,也是系统做简谐振动的**判据方程**.

由简谐振动的动力学方程可求解得位移与时间的函数关系为

$$x=A\cos(\omega t+\varphi_0) \tag{4.4}$$

式(4.4)称为简谐振动的**运动学方程**,A 和 φ_0 是由初始条件($t=0$ 时刻的位置 $x=0$ 和速度 $v=0$)确定的常量.可见,物体 m 的运动是简谐振动,其位移随时间以余弦函数形式作周期性变化.由式(4.4)还可得到物体的振动速度和加速度

$$v=\frac{\mathrm{d}x}{\mathrm{d}t}=-\omega A\sin(\omega t+\varphi_0)=v_{\mathrm{m}}\cos\left(\omega t+\varphi_0+\frac{\pi}{2}\right) \tag{4.5}$$

$$a=\frac{\mathrm{d}v}{\mathrm{d}t}=-\omega^2 A\cos(\omega t+\varphi_0)=a_{\mathrm{m}}\cos(\omega t+\varphi_0+\pi) \tag{4.6}$$

可见，做简谐振动的物体，其运动速度和加速度都随时间以余弦函数形式作周期性变化.

例 4.1 单摆问题.一质点用不可伸长的轻绳悬挂起来，使质点保持在竖直平面内摆动，就构成一个单摆.证明小角度单摆系统做的是简谐振动.

解 设质点的质量为 m，绳长为 l.当偏离竖直方向 θ 角时，质点受重力和绳的张力作用.张力 F_{T} 和重力的法向分力 $mg\cos\theta$ 的合力决定质点的法向加速度，重力的切向分力 $mg\sin\theta$ 决定质点沿圆周的切向加速度，如图 4-2 所示.质点的切向运动方程为

$$ml\frac{\mathrm{d}^2\theta}{\mathrm{d}t^2}=-mg\sin\theta$$

负号表示切向加速度总与摆角 θ 增大的方向相反.

当 θ 很小时，$\sin\theta\approx\theta$，上式变为

$$ml\frac{\mathrm{d}^2\theta}{\mathrm{d}t^2}=-mg\theta$$

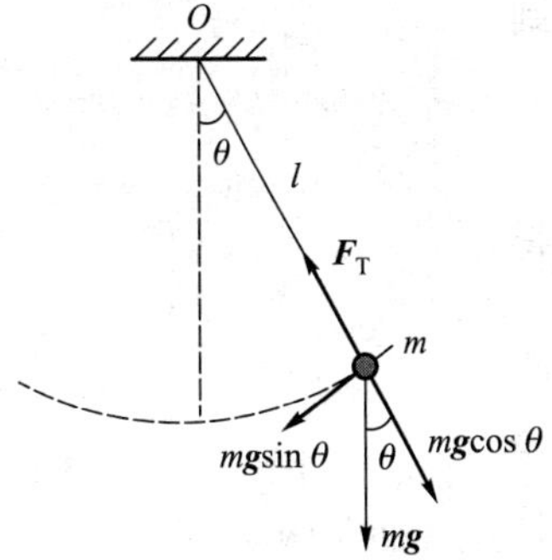

图 4-2 小角度单摆

或

$$\frac{\mathrm{d}^2\theta}{\mathrm{d}t^2}+\omega^2\theta=0$$

其中 $\omega=\sqrt{\frac{g}{l}}$，这就是小角度单摆系统的谐振动方程，求解可得角位移与时间的函数关系：

$$\theta=\theta_{\mathrm{m}}\cos(\omega t+\varphi_0)$$

由此证明了小角度单摆系统做的是简谐振动.

例 4.2 劲度系数为 k 的轻弹簧，下悬一质量为 m 的物体，在竖直方向上往复运动，证明此运动为简谐振动，并求振动周期 T.

解 取弹簧原长处为坐标原点，向下为 x 轴正方向；在任一位置（坐标为 x），物体受合外力为

$$F=mg-kx=-k\left(x-\frac{mg}{k}\right)$$

令 $x_0=\frac{mg}{k}$ 且令 $x'=x-x_0$；$\frac{\mathrm{d}^2x'}{\mathrm{d}t^2}=\frac{\mathrm{d}^2x}{\mathrm{d}t^2}$；则 $F=-kx'=m\frac{\mathrm{d}^2x'}{\mathrm{d}t^2}$，得

$$\frac{\mathrm{d}^2x'}{\mathrm{d}t^2}+\frac{k}{m}x'=0$$

故物体做简谐振动，令

$$\omega=\sqrt{\frac{k}{m}}$$

则

$$T=\frac{2\pi}{\omega}=2\pi\sqrt{\frac{m}{k}}$$

4.2.3 简谐振动的特征量

1. 振幅 A

简谐振动中,物体的运动范围为:$-A\leqslant x\leqslant A$,将物体离开平衡位置的最大位移的绝对值称为振动的**振幅**.用 A 表示,单位是米(m).设初始条件 $t=0$ 时,$x=x_0$,$v=v_0$,由式(4.4)和式(4.5)得到

$$\begin{cases}x_0=A\cos\varphi\\v_0=-A\omega\sin\varphi\end{cases}\tag{4.7}$$

解得

$$A=\sqrt{x_0^2+\left(\frac{v_0}{\omega}\right)^2}\tag{4.8}$$

可见振幅的大小由振动系统的初始状态决定.

2. 周期和频率

振动物体完成一次完全振动所需的时间称为**周期**,用 T 表示,单位是秒(s).一次完全振动的含义是指振动物体从一个振动状态出发经过最短时间回到这个完全相同的振动状态,物体的振动状态需要由物体的位移 x 和速度 v 共同决定.由式(4.5)可知做简谐振动物体的速度也按谐振动规律随时间作周期变化.由周期的定义,可得

$$x=A\cos(\omega t+\varphi_0)=A\cos[\omega(t+T)+\varphi_0]$$
$$v=-\omega A\sin(\omega t+\varphi_0)=-v_m\sin[\omega(t+T)+\varphi_0]$$

可得周期

$$T=\frac{2\pi}{\omega}\tag{4.9}$$

单位时间内完成的完全振动次数称为**频率**,用 ν 表示,单位是赫兹(Hz).可见

$$\nu=\frac{1}{T}=\frac{\omega}{2\pi}\tag{4.10}$$

即 $\omega=2\pi\nu$,ω 称为振动**圆频率**或**角频率**,表示 2π 秒内完成的完全振动的次数.因为特征量 T、ω、ν 由组成简谐振动的系统所决定,与外界无关,称为**固有周期**和**固有频率**.对于弹簧振子系统,固有周期和固有频率表示为

$$T=2\pi\sqrt{\frac{m}{k}}\tag{4.11}$$

$$\nu=\frac{1}{2\pi}\sqrt{\frac{k}{m}}\tag{4.12}$$

对于单摆,固有周期和固有频率表示为

$$T=2\pi\sqrt{\frac{l}{g}}\tag{4.13}$$

$$\nu=\frac{1}{2\pi}\sqrt{\frac{g}{l}} \tag{4.14}$$

显然周期、频率和圆频率取决于振动系统的自身性质,而与初始条件无关.

3. 相位和相位差

在简谐振动系统中,振动物体一个周期内有不同的运动状态.从式(4.4)和式(4.5)给出,在任一时刻 t,物体的振动状态需要由 $x(t)$ 和 $v(t)$ 共同决定,而这两式都由 $(\omega t+\varphi_0)$ 决定,即不论 t 取何值,只要 $(\omega t+\varphi_0)$ 相同,振动状态就相同.所以,$(\omega t+\varphi_0)$ 是决定简谐振动状态的物理量因子,称为**相位**.用 φ 表示,单位是弧度(rad).$t=0$ 时刻的相位称为**初相位(简称初相)**,决定振动系统的初始运动状态,即决定初始位移 x_0 和初始速度 v_0.由式(4.7)可求得初相位

$$\varphi_0=\arctan\left(\frac{-v_0}{x_0\omega}\right) \tag{4.15}$$

振动的相位直接与物体的振动状态相对应,也常用来比较两个谐振动状态的差异.设两个同频率的简谐振动,表达式分别为

$$x_1=A_1\cos(\omega t+\varphi_{01})$$
$$x_2=A_2\cos(\omega t+\varphi_{02})$$

在 t 时刻,它们的**相位差**是

$$\Delta\varphi=(\omega t+\varphi_{02})-(\omega t+\varphi_{01})=\varphi_{02}-\varphi_{01} \tag{4.16}$$

可见,在任一时刻,两个振动的相位差就是它们的初相位之差.

当 $\Delta\varphi=\pm 2k\pi(k=0,1,2,\cdots)$ 时,两个谐振动物体将同时运动到 x 轴正方向位移的最大值,同时从 x 轴正方向回到平衡位置,又同时运动到 x 轴负方向位移的最大值,它们步调一致,称这两个谐振动是同相的.

当 $\Delta\varphi=\pm(2k+1)\pi(k=0,1,2,\cdots)$ 时,两个谐振动物体将同时运动到相反方向的最大位移处,虽然同时通过平衡位置,但运动速度的方向相反,它们步调完全相反,称这两个谐振动是反相的.

当 $\Delta\varphi$ 取其他值时,并且 $0<\Delta\varphi<2\pi$ 范围,若 $\Delta\varphi>0$,称第二个谐振动超前于第一个谐振动,或者第一个谐振动落后于第二个谐振动.

比较式(4.4)、式(4.5)和式(4.6)可知,做谐振动的物体的速度相位超前位移相位 $\frac{\pi}{2}$,加速度的相位超前速度的相位 $\frac{\pi}{2}$,超前位移的相位 π,即与位移反相.

例 4.3 已知弹簧劲度系数 $k=80$ N/m;振子质量 $m=0.2$ kg;将它拉到距平衡位置 0.5 m 时,静止释放.求:(1) 以释放时为计时起点,求振动方程.(2) 以质点第一次到达平衡位置时为计时起点,求振动方程.

解 (1) 由已知条件 $k=80$ N/m,$m=0.2$ kg,得到 $\omega=\sqrt{\frac{k}{m}}=\sqrt{\frac{80}{0.2}}\ \mathrm{rad\cdot s^{-1}}=20\ \mathrm{rad\cdot s^{-1}}$,由题意 $x_0=0.5$ m,$v_0=0$,因此 $A=\sqrt{x_0^2+v_0^2/\omega^2}=x_0=0.5$ m,由

$$\tan\varphi_0=-\frac{v_0}{\omega x_0}=0,\begin{cases}0.5=0.5\cos\varphi\\0=-\omega A\sin\varphi\end{cases}$$

得到 $\varphi_0=0$，所以振动方程为

$$x=A\cos(\omega t+\varphi_0)=0.5\cos 20t \quad (\text{SI 单位})$$

(2) 第一次到达平衡位置的状态为 $x_0'=0, v_0'<0$，振动的圆频率 ω 和振幅 A 的状态与上述情况相同，$A=0.5\ \text{m}, \omega=20\ \text{rad}\cdot\text{s}^{-1}, \tan\varphi_0=-\dfrac{v_0}{\omega x_0}=\infty$，

$$\begin{cases}0=0.5\cos\varphi_0\\ v_0'=-\omega A\sin\varphi_0<0\end{cases}$$

得到 $\varphi_0=\dfrac{\pi}{2}$，所以振动方程为

$$x=0.5\cos\left(20t+\frac{\pi}{2}\right) \quad (\text{SI 单位})$$

4. 旋转矢量法

简谐振动可以用三角函数表示，也可用旋转矢量法来表示. 如图 4-3 所示，自原点 O 作一矢量 $\boldsymbol{A}$，使它的模等于要表示的简谐振动的振幅 A；$t=0$ 时刻，让 $\boldsymbol{A}$ 与 x 轴正方向夹角等于简谐振动的初相位 φ_0. 令 $\boldsymbol{A}$ 以该谐振动的角频率 ω 作为角速度，绕原点 O 沿逆时针方向旋转. 这时矢量 $\boldsymbol{A}$ 的末端点在 x 轴上的投影点的运动规律为

$$x=A\cos(\omega t+\varphi_0)$$

此式正是简谐振动的表达式. 这种借助几何图形描述简谐振动的方法称为旋转矢量法. 旋转矢量法能清晰而直观地把简谐振动的振幅、周期和相位反映出来.

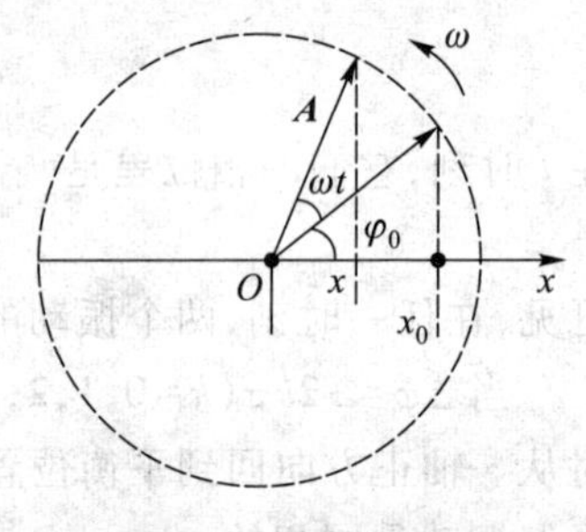

图 4-3　旋转矢量法

利用旋转矢量法，可以很容易地表示简谐振动的相位差. 两个频率相同、初相不同的谐振动的相位差，在旋转矢量图上就表示为两个旋转矢量 $\boldsymbol{A}_1$ 和 $\boldsymbol{A}_2$ 间的夹角，该夹角在两个矢量旋转过程中保持不变，即在任意时刻的相位差都等于它们的初相之差，即

$$\Delta\varphi=\varphi_{02}-\varphi_{01}$$

两个不同频率、初相也不同的谐振动的相位差，将随时间而不断变化.

一个谐振动物体在两个不同时刻的振动相位差，在旋转矢量图上对应于 $\boldsymbol{A}$ 在相应时间差 Δt 内转过的角度 $\Delta\varphi$，由

$$\Delta\varphi=(\omega t_2+\varphi_0)-(\omega t_1+\varphi_0)=\omega\Delta t$$

可得时间差为

$$\Delta t=\frac{\Delta\varphi}{\omega} \tag{4.17}$$

例 4.4　一物体沿 x 轴做简谐振动，平衡位置在坐标原点 O，振幅 $A=0.12\ \text{m}$，周期 $T=2\ \text{s}$. 当 $t=0$ 时，物体的位移 $x=0.06\ \text{m}$，且向 x 轴正方向运动. 求：(1) 简谐振动的表达式；(2) $t=0.5\ \text{s}$ 时物体的位移、速度和加速度；(3) 物体从 $x=-0.06\ \text{m}$ 向 x 轴负方向运动，第一次回到平衡位置所需的时间.

解　(1) 已知物体做简谐振动，故振动表达式为

$$x=A\cos(\omega t+\varphi_0)$$

由于振幅 $A=0.12\ \text{m}$, $T=2\ \text{s}$，所以 $\omega=\frac{2\pi}{T}=\pi$. 初相位 φ_0 由初始条件决定，将 $t=0$, $x=0.06\ \text{m}$ 代入简谐振动表达式，得到

$$0.06=0.12\cos\varphi_0$$

从而

$$\cos\varphi_0=\frac{1}{2},\varphi_0=\pm\frac{\pi}{3}$$

又根据向 x 轴负方向运动可知，$t=0$ 时，$v_0>0$，即 $v_0=-A\sin\varphi_0>0$，则 $\sin\varphi_0<0$，故取 $\varphi_0=-\frac{\pi}{3}$，所以，简谐振动表达式为

$$x=0.12\cos\left(\pi t-\frac{\pi}{3}\right)\quad(\text{SI 单位})$$

（2）由振动表达式对时间求导运算，可以分别得到速度和加速度的表达式，代入时间 $t=0.5\ \text{s}$，即为该时刻的位移、速度和加速度.

$$x\big|_{t=0.5\ \text{s}}=0.12\cos\left(\pi\times0.5-\frac{\pi}{3}\right)\ \text{m}=0.104\ \text{m}$$

$$v\big|_{t=0.5\ \text{s}}=\frac{\text{d}x}{\text{d}t}\bigg|_{t=0.5\ \text{s}}$$

$$=-0.12\pi\sin\left(\pi\times0.5-\frac{\pi}{3}\right)\ \text{m}\cdot\text{s}^{-1}=-0.188\ \text{m}\cdot\text{s}^{-1}$$

$$a\big|_{t=0.5\ \text{s}}=\frac{\text{d}^2x}{\text{d}t^2}\bigg|_{t=0.5\ \text{s}}$$

$$=-0.12\pi^2\cos\left(\pi\times0.5-\frac{\pi}{3}\right)\ \text{m}\cdot\text{s}^{-2}=-1.03\ \text{m}\cdot\text{s}^{-2}$$

（3）用旋转矢量法确定先后两个振动状态后，即可求出所需的时间.这两个振动状态分别是 t_1 和 t_2 时刻的状态，如图 4-4 所示，t_1 时刻，$x_1=-0.06\ \text{m}$, $v_1<0$，矢量 $\boldsymbol{A}$ 位于第二象限，$\varphi_1=\pi t_1-\frac{\pi}{3}=\frac{2\pi}{3}$；$t_2$ 时刻，$x_2=0$, $v_2>0$，矢量 $\boldsymbol{A}$ 垂直向下，$\varphi_2=\pi t_2-\frac{\pi}{3}=\frac{3\pi}{2}$.

由相位差可得

$$\Delta t=\frac{\Delta\varphi}{\omega}=\frac{\frac{3}{2}\pi-\frac{2}{3}\pi}{\pi}\ \text{s}=\frac{5}{6}\ \text{s}=0.83\ \text{s}$$

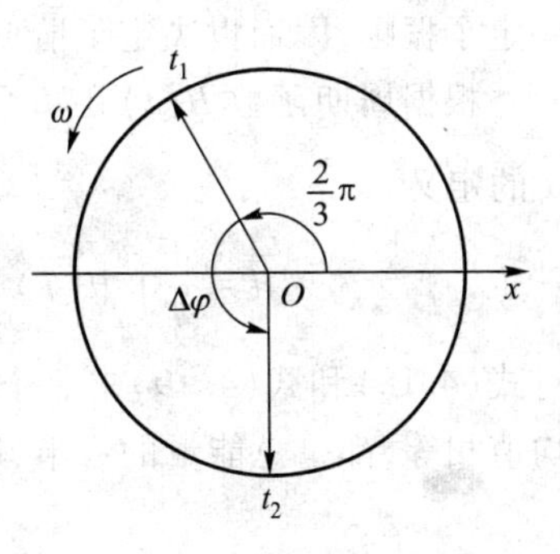

图 4-4　旋转矢量法求解

思考题

思 4.2　请说明下列运动是不是简谐振动：(1) 小球在地面上做完全弹性的上下跳动；(2) 小球在半径很大的光滑凹球面底部做小幅度的摆动.

思 4.3　简谐振动的速度和加速度在什么情况下是同号的？在什么情况下是异号的？加速度为正值时，振动质点的速率是否一定在增加？反之，加速度为负值时，速率是否一定在减小？

4.3 简谐振动的能量

以在水平面上做简谐振动的弹簧振子为例,分析其能量变化,显然振动物体只受弹性力这一保守力作用.在任一时刻 t,物体位移为 x 和速度为 v 表示为

$$x=A\cos(\omega t+\varphi_0)$$

$$v=-\omega A\sin(\omega t+\varphi_0)$$

则物体的**动能**为

$$E_k=\frac{1}{2}mv^2=\frac{1}{2}m\omega^2A^2\sin^2(\omega t+\varphi_0) \tag{4.18}$$

系统的**势能**为

$$E_p=\frac{1}{2}kx^2=\frac{1}{2}kA^2\cos^2(\omega t+\varphi_0) \tag{4.19}$$

由于 $\omega=\sqrt{\dfrac{k}{m}}$,因此系统总机械能为

$$E=E_k+E_p=\frac{1}{2}kA^2=\frac{1}{2}m\omega^2A^2 \tag{4.20}$$

显然,在振动过程中物体的动能和系统的势能都随时间作周期性的变化,但它们的幅值是相同的.当振子的位移最大时,势能最大而动能最小;当振子恰通过平衡位置时,动能最大而势能最小.而系统的**机械能守恒**.这是因为振子只受弹性力这一保守力作用,所以能量守恒.总能量与振幅的平方成正比,如图 4-5 所示.振幅的大小直接反映振动能量的大小,由于系统的初始振动状态决定了振幅,因而也决定了谐振动的总能量.

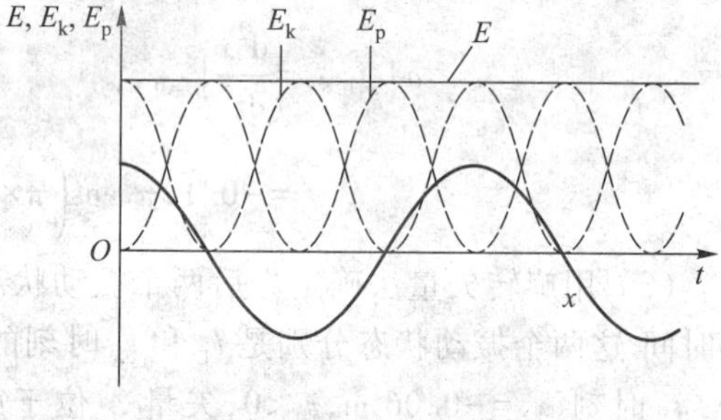

图 4-5　谐振动的能量

根据周期函数 $H(t)$ 在一个周期内的平均值 $\overline{H}$ 的定义

$$\overline{H}=\frac{1}{T}\int_0^T H(T)\,\mathrm{d}t$$

对式(4.18)和式(4.19)求一个周期内的平均值可知,简谐振动的动能和势能在一个周期内的平均值相等,都是总能量的一半,即为

$$\overline{E}_k=\overline{E}_p=\frac{E}{2}=\frac{1}{4}kA^2$$

思考题

思 4.4　分析下列表述是否正确,为什么?(1) 若物体受到一个总是指向平衡位置的合力,则物体必然做振动,但不一定是简谐振动;(2) 简谐振动过程是能量守恒的过程,凡是能量守恒的过程就是简谐振动.

4.4 简谐振动的合成

4.4.1 同方向、同频率谐振动的合成

在实际问题中，常会遇到一个物体同时参与两个或两个以上振动的情况，例如，两列声波同时传到空间某一点时，该处空气质点的振动就是两列波在该处引起的振动的合成.一切复杂振动均可看成多个简谐振动的合成，因此研究振动合成问题具有普遍性意义.

一般振动的合成问题比较复杂，在此只讨论简单的情况，即两个同方向、同频率的简谐振动合成.设物体同时参与两个谐振动

$$x_1 = A_1\cos(\omega t+\varphi_{01})$$

$$x_2 = A_2\cos(\omega t+\varphi_{02})$$

任一时刻，这两个谐振动的相位差等于它们的初相位之差.如图 4-6 所示，用旋转矢量表示时，矢量 $\boldsymbol{A}_1$ 和 $\boldsymbol{A}_2$ 间的夹角 $\Delta\varphi=\varphi_{02}-\varphi_{01}$ 将保持不变，并且矢量投影之和等于合矢量 $\boldsymbol{A}$ 的投影.显然，合矢量 $\boldsymbol{A}$ 在 x 轴上的投影

$$x = x_1+x_2 = A\cos(\omega t+\varphi_0) \tag{4.21}$$

由于合矢量 $\boldsymbol{A}$ 同样以角速度 $\boldsymbol{\omega}$ 逆时针绕 O 点旋转，所以物体的合运动仍然是在 x 方向上的简谐振动.利用矢量合成方法，可以得到合振动的振幅和初相分别为

$$A=\sqrt{A_1^2+A_2^2+2A_1A_2\cos(\varphi_{02}-\varphi_{01})} \tag{4.22}$$

$$\tan\varphi_0=\frac{A_1\sin\varphi_{01}+A_2\sin\varphi_{02}}{A_1\cos\varphi_{01}+A_2\cos\varphi_{02}} \tag{4.23}$$

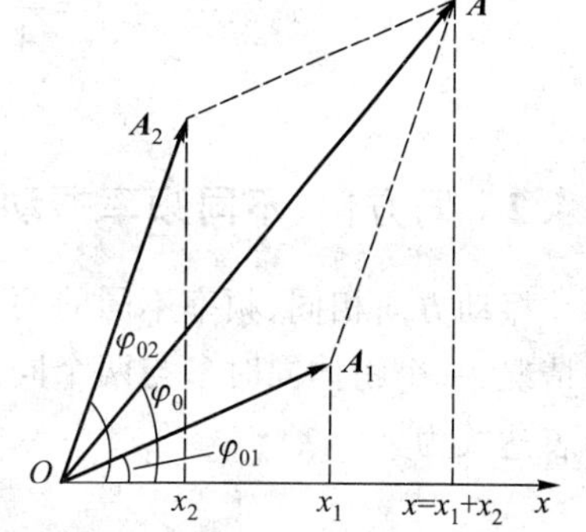

图 4-6 旋转矢量法进行振动的合成

由式(4.22)可知，合振幅 A 不仅与 A_1、A_2 有关，还与两谐振动的初相位差 $\Delta\varphi=\varphi_{02}-\varphi_{01}$ 有关.

当两谐振动同相时，$\Delta\varphi=\varphi_{02}-\varphi_{01}=\pm 2k\pi\ (k=0,1,\cdots)$，$A=A_1+A_2$，合振幅达到最大值，在旋转矢量图上，$\boldsymbol{A}_1$ 和 $\boldsymbol{A}_2$ 间的夹角为零.若两谐振动的振幅相同，$A_1=A_2$，则合振幅 $A=2A_1=2A_2$.

当两谐振动反相时，$\Delta\varphi=\varphi_{02}-\varphi_{01}=\pm(2k+1)\pi\ (k=0,1,\cdots)$，$A=|A_1-A_2|$；合振幅达到最小值，在旋转矢量图上，$\boldsymbol{A}_1$ 和 $\boldsymbol{A}_2$ 间的夹角为 π.若 $A_1=A_2$，则 $A=0$，即物体将静止不动.

当 $\Delta\varphi$ 为其他值时，有

$$|A_1-A_2|<A<|A_1+A_2|$$

总之，两个同方向同频率谐振动的合振动还是简谐振动，其合振幅和初相位由两个分振动的相位差决定.

例 4.5 有两个简谐振动，振动方程为

$$\left.\begin{aligned} x_1 &= 5\times10^{-2}\cos\left(10t+\frac{3\pi}{4}\right) \\ x_2 &= 6\times10^{-2}\cos\left(10t+\frac{\pi}{4}\right) \end{aligned}\right\}\ (\text{SI 单位})$$

求：(1) 合振动方程；(2) 若 $x_3=7\times10^{-2}\cos(10t+\beta)$，$\beta$ 取何值可使(x_2+x_3)振幅最小？

解 (1) x_1 与 x_2 两个振动的相位差为 $\Delta\varphi=\varphi_{02}-\varphi_{01}=\frac{3\pi}{4}-\frac{\pi}{4}=\frac{\pi}{2}$；合振动的振幅为

$$A=\sqrt{A_1^2+A_2^2}=7.8\times10^{-2}\ \text{m}$$

$$\tan\varphi_0=\frac{A_1\sin\varphi_{01}+A_2\sin\varphi_{02}}{A_1\cos\varphi_{01}+A_2\cos\varphi_{02}}=11.0$$

合振动的初相为

$$\varphi_0=\arctan 11.0=1.48$$

合振动的振动方程为

$$x=7.8\times10^{-2}\cos(10t+1.48)\quad (\text{SI 单位})$$

(2) x_2 与 x_3 两个振动的相位差为 $\Delta\varphi=\varphi_{03}-\varphi_{02}=\beta-\frac{\pi}{4}$；合振动的振幅最小的条件为 $\Delta\varphi=\beta-\frac{\pi}{4}=(2k+1)\pi$，$k=1,2,\cdots$，当 $\beta=\frac{\pi}{4}+(2k+1)\pi$ 时，(x_1+x_2)的振幅最小，振幅的最小值为

$$A=A_3-A_2=1\times10^{-2}\ \text{m}$$

4.4.2 同方向、不同频率振动的合成 拍

振动方向相同、频率不同的两个简谐振动的合成一般不再是简谐振动.在此只讨论一种简单的情况，一个物体同时参与两个同方向、频率相近($\omega_1\approx\omega_2$)的简谐振动的合成.设两个简谐振动的表达式为

$$x_1=A_1\cos\omega_1 t$$

$$x_2=A_2\cos\omega_2 t$$

为简单化，设两分振动的振幅相等($A_1=A_2=A_0$)，初相位都为零.利用三角函数关系，得到它们的合振动是

$$x=x_1+x_2=2A_0\cos\left(\frac{\omega_2-\omega_1}{2}t\right)\cos\left(\frac{\omega_2+\omega_1}{2}t\right)\tag{4.24}$$

由于 $\omega_1\approx\omega_2$，满足关系 $|\omega_2-\omega_1|\ll|\omega_2+\omega_1|$.所以可令

$$A_0(t)=\left|2A_0\cos\left(\frac{\omega_2-\omega_1}{2}\right)t\right|\tag{4.25}$$

式(4.25)可以视为振幅函数.物体的合振动是一个高频振动受到一个低频振动调制的运动.这种振幅随时间作周期性变化(忽强忽弱)的现象称为**拍**，如图 4-7 所示.合振幅每变化一个周期称为一拍，单位时间内拍出现的次数称为**拍频**.由于振幅只能取正值，所以拍频

$$\nu_{拍}=\frac{\omega_{拍}}{2\pi}=\left|\frac{\omega_2-\omega_1}{2\pi}\right|=|\nu_2-\nu_1|\tag{4.26}$$

拍频为两个分振动的频率之差.拍现象在声振动、电磁振荡和波动中经常遇到.例如，当两个频率相近的音叉同时振动时，就可听到时强时弱的“嗡、嗡……”的拍音.

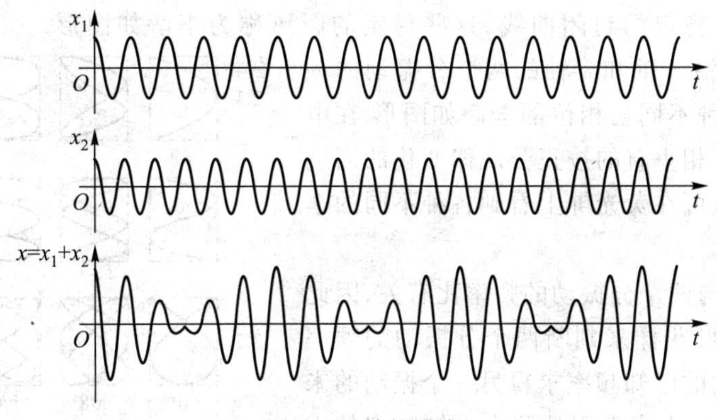

图 4-7　拍的形成

*4.4.3　频率相同、振动方向垂直的两个谐振动的合成

设物体同时参与两个振动方向互相垂直的谐振动，一个沿 x 轴方向，一个沿 y 轴方向，两个振动频率相同，振动方程分别为

$$\begin{cases} x=A_1\cos(\omega t+\varphi_{01}) \\ y=A_2\cos(\omega t+\varphi_{02}) \end{cases} \tag{4.27}$$

由式(4.27)消去时间 t，得到合振动的轨道方程

$$\frac{x^2}{A_1^2}+\frac{y^2}{A_2^2}-\frac{2xy}{A_1A_2}\cos(\varphi_{02}-\varphi_{01})=\sin^2(\varphi_{02}-\varphi_{01}) \tag{4.28}$$

由式(4.28)可知，一般情况下，物体合振动的轨迹为椭圆.当两个分振动振幅 A_1 和 A_2 给定时，物体的轨迹由两个分振动的初相位差($\varphi_{02}-\varphi_{01}$)决定.用旋转矢量法也可以作出物体合运动的轨迹.

下面讨论几种特殊情况：

(1) 当 $\varphi_{02}-\varphi_{01}=0$ 时，$y=\dfrac{A_2}{A_1}x$，轨迹为直线，合振动为简谐振动；当 $\varphi_{02}-\varphi_{01}=\pi$ 时，$y=-\dfrac{A_2}{A_1}x$，合振动也为简谐振动；但是两种情况下的振动方向不同.

(2) 当 $\varphi_{02}-\varphi_{01}=\dfrac{\pi}{2}$时，$\dfrac{x^2}{A_1^2}+\dfrac{y^2}{A_2^2}=1$，轨迹为正椭圆，若 $A_1=A_2=A$，轨迹为圆，且顺时针旋转；当 $\varphi_{02}-\varphi_{01}=\dfrac{3\pi}{2}$时，$\dfrac{x^2}{A_1^2}+\dfrac{y^2}{A_2^2}=1$，轨迹为正椭圆，若 $A_1=A_2=A$，轨迹为圆，为逆时针旋转，如图 4-8 所示.

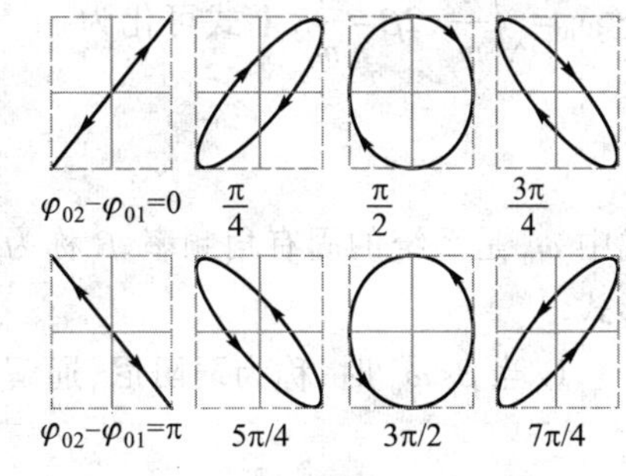

图 4-8　频率相同、振动方向相互垂直的两个简谐振动的合成

*4.4.4　李萨如图形

两个不同频率、相互垂直的简谐振动的合成后，质点的运动轨迹不仅与两振动频率有

关,也与初相之差有关,通常是不稳定、非闭合的曲线.当两个振动频率成整数比时,质点的运动轨迹是平面内稳定的封闭曲线,这些稳定的图形称为李萨如图形.

图 4-9 给出了沿 x 轴和 e 轴的两个分振动的频率比取不同值时几种不同初相位的李萨如图形.在电子示波器中,若使互相垂直的按正弦规律变化的周期成不同的整数比,就可在荧光屏上看到各种不同的李萨如图形.

由于图形花样与两个分振动的频率比有关,因此可以通过李萨如图形花样来判断两个分振动的频率比,进而由一个振动的已知频率求得另一个振动的未知频率.这是无线电技术中常用的测定未知频率的方法之一.

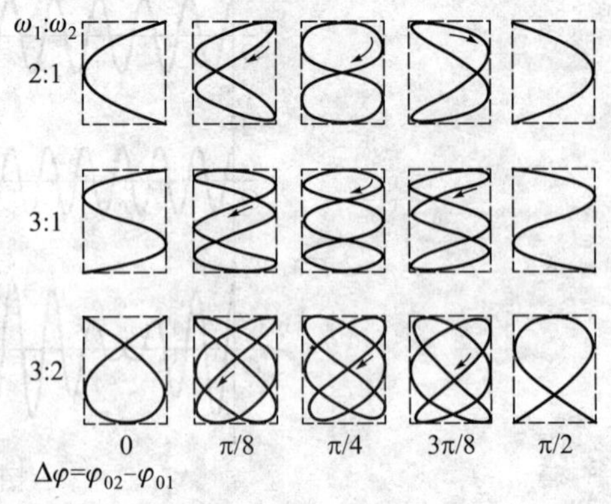

图 4-9　李萨如图形

*4.5　阻尼振动与受迫振动

4.5.1　阻尼振动

理想化的简谐振动机械能保持不变,这称为无阻尼自由振动.实际的振动系统存在各种形式的阻尼,使振动幅度逐渐衰减.要使振动持久不衰,则需由外界向系统不断供给能量.

黏性介质(例如气体或液体)中的运动物体,在速度不很大的情况下受到的黏性阻力的大小通常近似与运动速率成正比.在这种阻力作用下发生的振动为阻尼振动.

设物体受黏性阻力为 $F_{\mathrm{f}}=-Cv=-C\dfrac{\mathrm{d}x}{\mathrm{d}t}$,式中 C 称为阻力系数,负号表示阻力与物体运动方向相反.以弹簧振子为例,这时振子的动力学方程为

$$m\frac{\mathrm{d}^2x}{\mathrm{d}t^2}=-kx-C\frac{\mathrm{d}x}{\mathrm{d}t} \tag{4.29}$$

令 $\omega_0=\sqrt{\dfrac{k}{m}}$,$2\beta=\dfrac{C}{m}$,上式可化为

$$\frac{\mathrm{d}^2x}{\mathrm{d}t^2}+2\beta\frac{\mathrm{d}x}{\mathrm{d}t}+\omega_0^2x=0 \tag{4.30}$$

式中 ω_0 是系统的固有角频率,β 称为阻尼系数.方程(4.30)的解与阻尼的大小有关,有以下几种形式.

1. 当 $\beta<\omega_0$ 时,称为弱阻尼,通解为

$$x=A\mathrm{e}^{-\beta t}\cos(\omega t+\varphi) \tag{4.31}$$

式(4.31)称为阻尼振动方程,其中 $\omega=\sqrt{\omega_0^2-\beta^2}$,$A$ 和 φ 由初始条件确定.弱阻尼振动的振幅 $Ae^{-\beta t}$ 随时间 t 按指数衰减,阻尼越大,振幅衰减越快.阻尼振动的周期比系统的固有周期长.

2. 当 $\beta>\omega_0$ 时,称为**过阻尼**,通解为

$$x=c_1\mathrm{e}^{\lambda_1 t}+c_2\mathrm{e}^{\lambda_2 t}$$

其中 $\lambda_1=-\beta+\sqrt{\beta^2-\omega_0^2}$,$\lambda_2=-\beta-\sqrt{\beta^2-\omega_0^2}$;此时系统也不做往复运动,而是非常缓慢地回到平衡位置并停下来.

3. 当 $\beta=\omega_0$ 时,称为**临界阻尼**,通解为

$$x=(c_1+c_2t)\mathrm{e}^{-\beta t}$$

此时系统不做往复运动,而是较快地回到平衡位置并停下来.

阻尼振动、临界阻尼和过阻尼情况的 $x-t$ 曲线分别如图 4-10 中的 a,b 和 c 三条曲线所示.

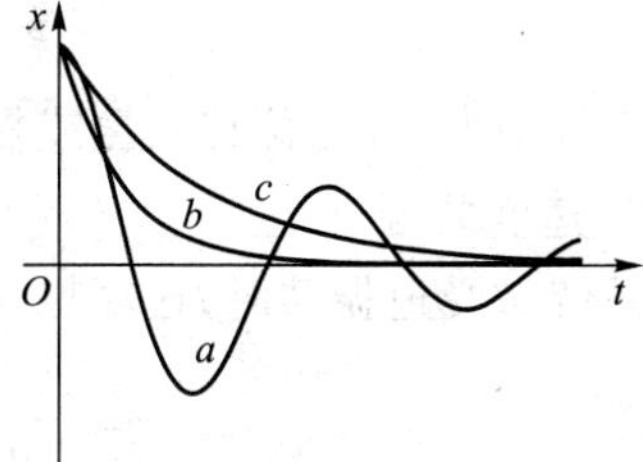

图 4-10　阻尼振动、临界阻尼和过阻尼振动

通常利用改变阻尼的方法控制系统的振动.例如有些精密仪器,物理天平、灵敏电流计中装有阻尼装置并调至临界阻尼状态,使测量快捷、准确.

4.5.2　受迫振动

物体在周期性外力作用下的振动称为**受迫振动**.对机械振动系统来说,最简单的方式是通过简谐型外力(也称简谐驱动力)对系统不断做功,从而使振动得以持久维持.

设作用在弹簧振子上的力,包括弹性恢复力、黏性阻力和简谐驱动力 $F\cos\ \omega_{\mathrm{p}}t$.物体的运动微分方程为

$$\frac{\mathrm{d}^2x}{\mathrm{d}t^2}+2\beta\frac{\mathrm{d}x}{\mathrm{d}t}+\omega_0^2x=f\cos\ \omega_{\mathrm{p}}t \tag{4.32}$$

其中 $\omega_0=\sqrt{\dfrac{k}{m}}$,$2\beta=\dfrac{C}{m}$,$f=\dfrac{F}{m}$.

方程(4.32)的通解为

$$x=A_0\mathrm{e}^{-\beta t}\cos(\omega t+\varphi')+A\cos(\omega_{\mathrm{p}}t+\varphi)$$

第一项 $\bar{x}=A_0\mathrm{e}^{-\beta t}\cos(\omega t+\varphi')$ 为方程的齐次通解,随着时间的推移,很快衰减为零.第二项 $x^*=A\cos(\omega_{\mathrm{p}}t+\varphi)$ 为方程的一个特解.在稳定情况下 $x=x^*$,即

$$x=A\cos(\omega_{\mathrm{p}}t+\varphi) \tag{4.33}$$

其中

$$A=\frac{f}{\sqrt{(\omega_0^2-\omega_{\mathrm{p}}^2)^2+4\beta^2\omega_{\mathrm{p}}^2}} \tag{4.34}$$

$$\varphi=\arctan\frac{-2\beta\omega_{\mathrm{p}}}{\omega_0^2-\omega_{\mathrm{p}}^2} \tag{4.35}$$

这说明稳定受迫振动,其频率等于简谐驱动力的频率,其振幅与系统的初始条件无关,而与系统固有频率、驱动力频率和阻尼系数有关.

4.5.3　共振

共振是受迫振动中所特有的现象.共振又分为位移共振和速度共振.

1. 位移共振

受迫振动的位移幅值(振幅)达到极大值的现象称为位移共振.由式(4.34)可知,当阻尼和驱动力幅值不变时,受迫振动的位移振幅是驱动力角频率 ω_p 的函数;令 $\frac{dA}{d\omega_p}=0$,得到

$$\omega_{pr}=\sqrt{\omega_0^2-2\beta^2} \tag{4.36}$$

此时振幅最大,称为位移共振或振幅共振.显然,位移共振的大小与阻尼有关.

2. 速度共振

系统做受迫振动时,速度也是驱动力角频率的函数,即

$$v=\frac{dx}{dt}=-\omega_p A\sin(\omega_p t+\varphi)=-v_m\sin(\omega_p t+\varphi)$$

式中

$$v_m=\frac{\omega_p f}{\sqrt{(\omega_0^2-\omega_p^2)^2+4\beta^2\omega_p^2}} \tag{4.37}$$

为速度幅值.受迫振动的速度幅值达到极大值的现象称为**速度共振**.

同理,令 $\frac{dv_m}{d\omega_p}=0$,得到 $\omega_{pv}=\omega_0$,此时速度振幅有极大值.当系统发生速度共振时,外界能量的输入处于最佳状态,即驱动力在整个周期内对系统做正功,用于补偿阻尼引起的能耗.因此,速度共振又称为**能量共振**.

共振现象在光学、电学、无线电技术中应用极广.如收音机的“调谐”就是利用了“电共振”.此外,如何避免共振对桥梁、烟囱、水坝、高楼等建筑物的破坏,也是设计制造者必须考虑的问题.

例 4.6 一弹簧系统,已知振子质量为 $m=1.0$ kg;弹簧的劲度系数为 $k=900$ N·m^{-1};阻尼系数为 $\beta=10.0$ s^{-1};为使振动能够持续进行,加上一个周期性外力 $F(t)=100\cos 30t$(SI 单位);求:(1) 稳定振动的圆频率、振幅、初相位和振动方程;(2) 若外力的频率可以调节,发生位移共振时的频率是多少?共振的振幅是多大?

解 振动系统的固有圆频率 $\omega_0=\sqrt{\frac{k}{m}}=30$ rad·s^{-1},驱动力频率为 $\omega_p=30$ rad·s^{-1}.

(1) 受迫振动达到稳定时,振动频率与外力的频率相同,$\omega=\omega_p=30$ rad·s^{-1};受迫振动达到稳定时,振幅和初相分别为

$$A=\frac{F}{m\sqrt{(\omega_0^2-\omega_p^2)^2+4\beta^2\omega_p^2}}=\frac{100}{2\times10\times30}\text{ m}=0.167\text{ m}$$

$$\tan\varphi=\frac{-2\beta\omega_p}{\omega_0^2-\omega_p^2}=-\infty$$

$$\varphi=-\frac{\pi}{2}$$

所以

$$x=A\cos(\omega_{p}t+\varphi)=0.167\cos\left(30t-\frac{\pi}{2}\right)\quad(\text{SI 单位})$$

（2）发生位移共振时，频率为

$$\omega_{pr}=\sqrt{\omega_0^2-2\beta^2}=26.45\ \mathrm{rad}\cdot\mathrm{s}^{-1}$$

共振时的振幅为

$$A=\frac{F}{m\sqrt{(\omega_0^2-\omega_p^2)^2+4\beta^2\omega_p^2}}=0.177\ \mathrm{m}$$

阅读材料 4

一、非线性振动

如果恢复力与位移不成线性比例或阻尼力与速度不成线性比例，系统的振动称为非线性振动.从动力学角度分析，发生非线性振动的原因有两个方面，即振动系统内在的非线性因素和系统外部的非线性影响.

1. 内在的非线性因素

振动系统内部出现非线性恢复力，这是最直接的原因.振动系统在非线性恢复力作用下，即使做无阻尼的自由振动也不是简谐振动，而是一种非线性振动.如果振动系统的参量不能保持常量，例如描述系统"惯性"的物理量，或摆长之类的参量不能保持常量，则形成参量振动一类的非线性振动，如漏摆.自激振动也是一种非线性振动，产生这种非线性振动的根本原因仍在系统本身内在的非线性因素.所谓自激振动，就是振动系统能从单向激励中自行有控地吸收能量，将单向运动能量转化成周期性振荡的能量.这种转化不是线性系统所能完成的，所以自激振动是非线性振动.例如，树梢在狂风中的呼啸，琴弦上奏出的音乐，自来水管突如其来的喘振，等等，都是自激振动的实例.

2. 外在的非线性影响

一种情况是非线性阻尼的影响，另一种情况是驱动力为位移或速度的非线性函数.只要存在以上所说的某一种非线性因素，系统的振动就是非线性的.因此，非线性振动是一种统称，针对具体不同的非线性因素，系统的振动形式是完全不同的.因此，对非线性振动研究的方法基本上是近似简化、图解及计算机处理.

二、消振器和隔振器

1. 消振器

工件切削加工时，加工系统往往会产生振动，当系统刚性不足时尤为明显.减小或消除振动的方法之一是采用专门的消振装置，常见的有阻尼消振器和冲击消振器.常见的是一种用于车床的消振装置——杠杆式浮动冲击消振器.它是由杠杆本体、滚轮、小轴、铰支轴及支架组成.为了使滚轮与工件的接触点更靠近车刀，支架可做成弯柄形式，这种消振器的基本工作原理是：杠杆式本体在其自重的作用下，通过滚轮自由地支靠在被加工零件的表面上，当工件自振时，通过滚轮与工件间的相互冲击，扩散振动能量起到消振的作用.

2. 隔振器

隔振器是连接设备和基础的弹性元件，用以减少和消除由设备传递到基础的振动力和由基础传递到设备的振动.设计和应用隔振器时，须考虑下列因素：① 能提供所需的隔振量；② 能承受规定的负载；③ 能承受温度和其他环境条件（湿度、腐蚀性流体等）的变化；④ 具有一定的隔振特性；⑤ 满足应用隔振器的设备对隔振器重量和体积的要求.

激发频率低于质量（设备）弹簧系统的固有频率时，隔振器不起隔振作用；激发频率与固有频率相近时，振动就会放大；只有当激发频率大于固有频率的几倍时，隔振器才有隔振效果.通常要求激发频率大于固有频率的2~3倍，以便获得良好的隔振效果.常用隔振器有以下几种：

(1) 钢弹簧隔振器　从重达数百吨的设备到轻巧的精密仪器都可以应用钢弹簧隔振器,通常用在静态压缩量大于5 cm的地方或者用在温度和其他环境条件不容许采用橡胶等材料的地方.这种隔振器的优点是:① 静态压缩量大,固有频率低,低频隔振良好;② 耐受油、水和溶剂等侵蚀,不受温度变化的影响;③ 不会老化或蠕变;④ 大量生产时特性变化很小.其缺点是:① 本身阻尼极小(阻尼比约0.005),以致共振时传递率非常大;② 高频时容易沿钢丝传递振动;③ 容易产生摇摆运动,因而常须加上外阻尼(如金属丝、橡胶、毛毡等)和惰性块.

(2) 橡胶隔振器　可用于受切、受压或切压的情况,很少用于受拉的情况.其优点是:可以做成各种形状和不同劲度.其内部阻尼作用比钢弹簧大,并可隔低至10 Hz左右的激发频率.缺点是:使用久了会老化,而且在重负载下会有较大蠕变(特别在高温时),所以不应受超过10%~15%(受压)或25%~50%(切变)的持续变形.天然橡胶的固有频率略低于合成橡胶,其机械性能特点为:变化小,拉力大,受破坏时延伸率长,而且价格较低,但不能用于与油类、碳氢化合物、臭氧接触的设备和环境温度较高处.氯丁橡胶和丁腈橡胶隔振器的抗碳氢化合物和臭氧的性能良好,丁腈橡胶隔振器还可适应高温.硅酮橡胶隔振器可用于其他材料不能胜任的低温或高温(-75 ℃至+200 ℃)环境.中国制造的橡胶隔振器有JG型、Z型等多种型号.

(3) 隔振垫　隔振垫有软木、毛毡、橡胶垫和玻璃纤维板等,优点是:价格低廉,安装方便,并可裁成所需大小和重叠起来使用,以获得不同程度的隔振效果.

(4) 气垫隔振器　一般由橡胶制件充气而成,振动的频率特别低时,它的隔振效果比钢弹簧更佳.固有频率可低至0.1~5 Hz.它在共振时阻尼高,而在高频时则阻尼小.缺点是:价格昂贵,负载有限,并需经常检查.

(5) 隔振机座　机器有时安装在隔振机座上,机座通常由混凝土或钢构成.采用沉重而刚性好的混凝土惰性块可以增加承载机器的有效重量,其作用是:① 减少振动,减小机器不平衡力的作用;② 提高力阻抗,使机器安装牢固;③ 降低重心,增加稳定性;④ 降低固有频率.惰性块的重量至少应等于机器的重量,最好是机器重量的两倍.往复式发动机和压缩机等通常需要3~5倍重量的机座,而轻型机器有时需要重达10倍于机器重量的机座.

习 题 4

4-1 原长为0.5 m的弹簧,上端固定,下端挂一个质量为0.1 kg的物体,当物体静止时,弹簧长为0.6 m.现将物体上推,使弹簧缩回到原长,然后放手,以放手时开始计时,取竖直向下为正向,写出振动表达式(取 $g=9.8\ \mathrm{m\cdot s^{-2}}$).

4-2 有一单摆,摆长 $l=1.0\ \mathrm{m}$,小球质量 $m=10\ \mathrm{g}$, $t=0$ 时,小球正好经过 $\theta=-0.06\ \mathrm{rad}$ 处,并以角速度 $\omega=0.2\ \mathrm{rad\cdot s^{-1}}$ 向平衡位置运动.设小球的运动可看成简谐振动,试求:(1) 角频率、频率、周期;(2) 用余弦函数形式写出小球的振动式(取 $g=9.8\ \mathrm{m\cdot s^{-2}}$).

4-3 简谐振动的振动曲线如图所示.求振动方程.

4-4 一个质点沿 x 轴做简谐振动,振幅为12 cm,周期为2 s.当 $t=0$ 时,位移为6 cm,且向 x 轴正方向运动.求:(1) 振动表达式;(2) $t=0.5\ \mathrm{s}$ 时,质点的位置、速度和加速度;(3) 如果在某时刻质点位于 $x=-6\ \mathrm{cm}$,且向 x 轴负方向运动,求从该位置回到平衡位置所需要的时间.

4-5 弹簧振子沿 x 轴做简谐振动.已知振动物体最大位移为 $x_m=0.4\ \mathrm{m}$ 时最大恢复力为 $F_m=0.8\ \mathrm{N}$,最大速度为 $v_m=0.8\pi\ \mathrm{m\cdot s^{-1}}$,又知 $t=0$ 的初位移为 $+0.2\ \mathrm{m}$,且初速度与所选 x 轴方向相反.求:(1) 求振动能量;(2) 求此振动的数值表达式.

4-6 当简谐振动的位移为振幅的一半时,其动能和势能各占总能量的多少?物体在什么位置时其动能和势能各占总能量的一半?

4-7 两个同方向的简谐振动曲线如图所示.(1) 求合振动的振幅;(2) 求合振动的振动表达式.

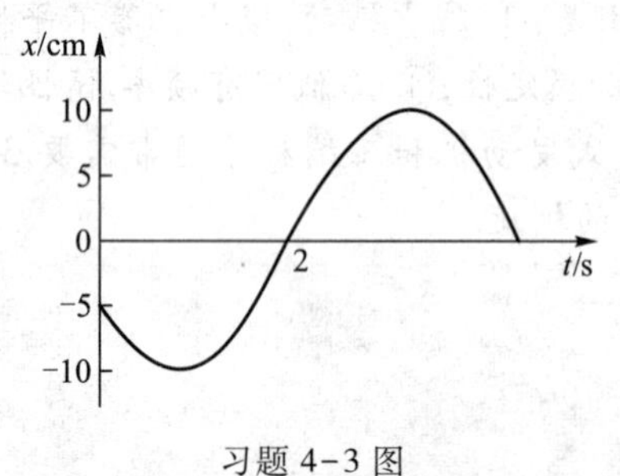

习题4-3图

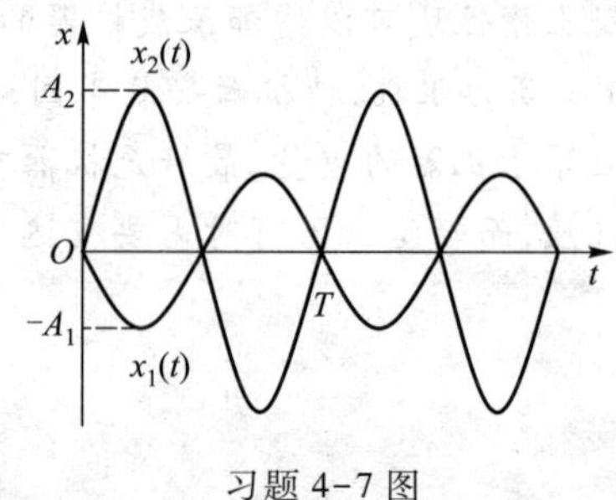

习题4-7图

4-8 两个同方向,同频率的简谐振动,其合振动的振幅为20 cm,与第一个振动的相位差为 $\frac{\pi}{6}$.若第一个振动的振幅为 $10\sqrt{3}$ cm.则(1) 第二个振动的振幅为多少?(2) 两简谐振动的相位差为多少?

4-9 在平板上放一个质量为2 kg的物体,平板在竖直方向做谐振动,其振动周期为 $T=0.5\ \mathrm{s}$,振幅 $A=4\ \mathrm{cm}$,初相位 $\varphi_0=0$.求:(1) 物体对平板的压力;(2) 平板以多大的振幅振动时,物体开始离开平板?

第5章　机械波

振动状态在空间的传播形成波动，简称波.机械振动在弹性介质中传播时，形成机械波，电磁振荡在真空或介质内传播时，形成电磁波.激发波动的振动系统称为波源.各种波的产生和传播机制从本质上讲是不同的，但就振动状态的传播而言，有着共同或相似的特征，都有着时间和空间的周期性，都伴随有能量的传递，在传播过程中都有衍射、折射和反射现象.简谐振动在空间的传播形成简谐波.一般的波动也可以分解为若干个或无限多个不同频率简谐波的叠加.

本章主要讨论机械波基本概念、简谐波的波动方程、波的传播规律、波的干涉等内容.

5.1　波动的描述

5.1.1　机械波的形成条件

波动是振动状态的传播过程，振动是产生波动的根源，机械振动在介质中的传播形成机械波.因此形成机械波的两个条件：一是有波源，二是有介质.比如振动的音叉会在空气中引起声波，音叉是波源，而空气则是传递振动的弹性介质.

一般的弹性介质可看成大量质元的集合.每个质元有一定的质量，各个质元之间的相互作用是弹性力，由于质点间的弹性作用和质点的惯性，使机械波能够在弹性介质中形成，并以有限的速度传播.机械波形成后，介质中各质元都在各自平衡位置附近振动，犹如投石入水，水波荡漾开去，而漂浮在水面的树叶只在原地运动，并未随波而去.因此波的传播不是介质中质元的传播，而是波源的振动状态沿波的方向由近及远向外传播，并且沿波传播方向各质元的振动相位是逐一落后的.波动具有一定的传播速度，并伴随着能量的传播.

5.1.2　横波与纵波

根据波的传播方向和质点的振动方向的关系，可以将波动分为两类：横波和纵波.质点的振动方向与波的传播方向垂直的波称为**横波**.比如抖动绳索的一端，沿绳就会形成如图5-1所示的横波.横波的所有质点的位移呈现周期性的峰-谷分布.

质点的振动方向平行于波的传播方向，并呈现出疏-密的周期性分布，这种波称为**纵波**.比如一定频率的声波使气体分子被周期性地膨胀和压缩，就会形成空气中分子以疏密相间的纵波，如图5-2所示.

无论是横波还是纵波，它们都具有时空周期性，固定空间一点来看，振动随时间的变化具有时间周期性，而固定一个时刻来看，空间各点的振动分布也具有空间周期性.周期性波的传播有两个特点，一是各质点都做与波源同方向、同频率的振动，二是各质点的相位不同，离波源越远的点，相位越落后.

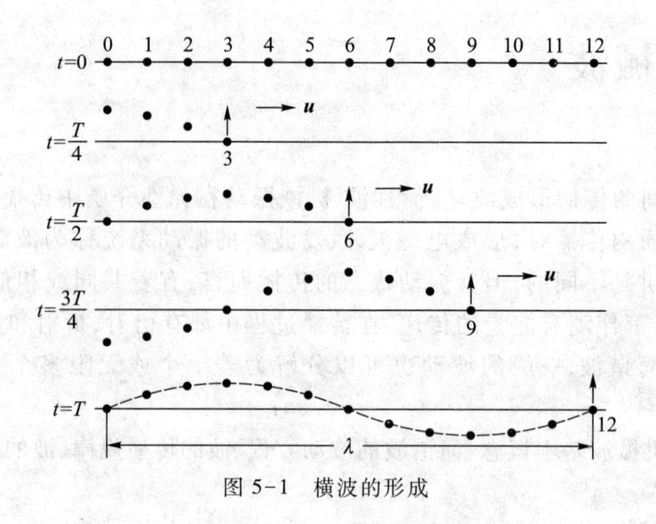

图 5-1 横波的形成

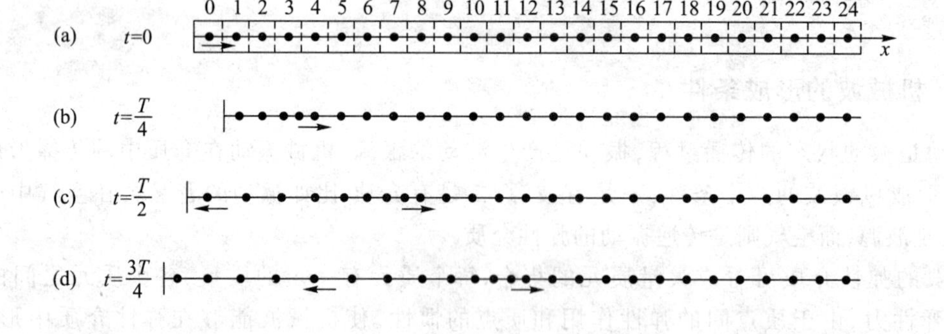

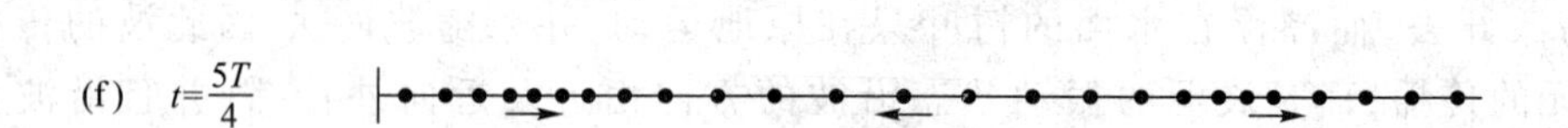

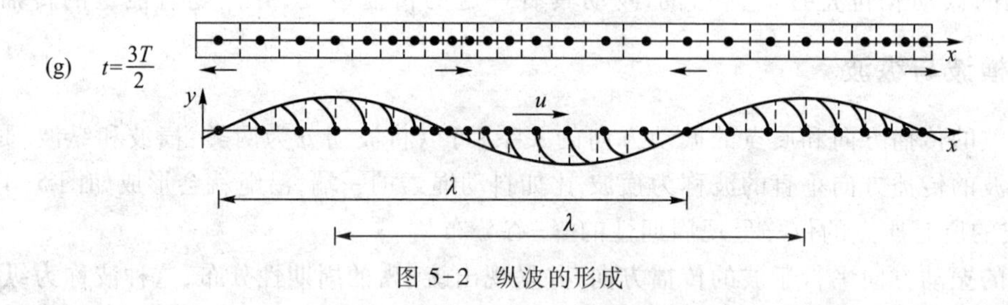

图 5-2 纵波的形成

横波和纵波是波的两种基本类型.实际的各种波,质元的运动通常很复杂,如水面波、地震波等.当波源做简谐振动时,介质中各质点也做简谐振动,这时的波称为简谐波.其他复杂的波可以由简谐波叠加而成.

5.1.3 波线和波面

在各向同性的均匀介质中,从一个点波源发出的振动状态,经过一定时间后,将到达一个球面上,引起该球面上各质点做相位相同的振动.介质中振动相位相同的点连成的曲面称为**波面**或

波振面.最前边的一个波面称为**波前**,在任意时刻,只有一个波前.波面是球面的波,叫做**球面波**.**在离波源足够远**,球面可看成是平面,这种波称为**平面波**.通常用有向线段表示波的传播方向,称为**波线**.在各向同性的介质中,波线与波面垂直,如图 5-3 和图 5-4 所示.

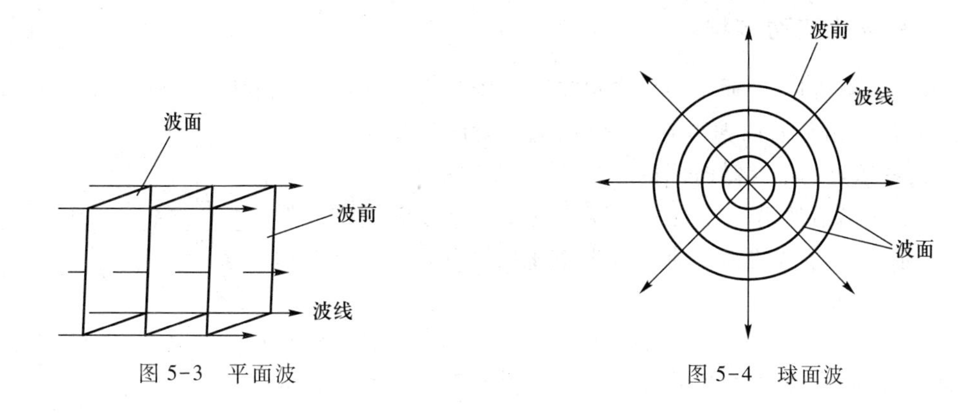

图 5-3　平面波　　　　图 5-4　球面波

5.1.4　波速和波长

简谐波在介质中传播时,单位时间内波动传播的距离称为**波速**,用 u 表示.波速取决于介质的性质.波的传播速度是振动状态传播的速度,也是相位传播的速度.因此波速也称为相速.无限介质中一般存在纵波与横波两种类型,但在液体和气体中只存在纵波.在液体和气体中纵波的传播速度为 $u=\sqrt{\frac{K}{\rho}}$,式中 K 是介质的体积模量.在固体中纵波的传播速度为 $u=\sqrt{\frac{E}{\rho}}$,式中 E 为固体的弹性模量.而固体中横波传播速度为 $u=\sqrt{\frac{G}{\rho}}$,式中 G 为固体的切变模量,ρ 是介质的密度.

简谐波在介质中传播时,振动相位相差为 2π 的两点之间的距离称为**波长**,用 λ 表示.波长也可以认为是一个完整波形(又称为完全波形)的长度.对横波来说,波长是相邻波峰(或波谷)的间距,如图 5-1 所示;而对纵波来说波长是相邻密集区(或稀疏区)的间距,如图 5-2 所示.

介质内在某质点处传播一个完全波形所需要的时间称为波的**周期**,用 T 表示.单位时间内,通过介质中某质点的完全波形的个数称为波的**频率**,用 ν 表示.周期与频率的关系为 $\nu=\frac{1}{T}$.波的周期和频率取决于波源的周期和频率,与速度的关系为

$$u=\frac{\lambda}{T}=\lambda\cdot\nu \tag{5.1}$$

思考题

思 5.1　振动和波动有什么联系和区别?

5.2 简谐波的波动方程

5.2.1 简谐波的波动方程

波源做简谐振动时，介质中各质点也将随着振动状态的传播而相继做同频率的简谐振动，形成简谐波．我们给出平面简谐波在无吸收、无散射的均匀无限大介质中传播时，各质点的位移随时间的变化关系，即波动方程．

设一列平面简谐波沿 x 轴正方向以波速 $\boldsymbol{u}$ 传播，t 时刻的波形如图 5-5 所示．取一条波线为 x 轴，设 t 时刻坐标原点 O 的振动表达式为

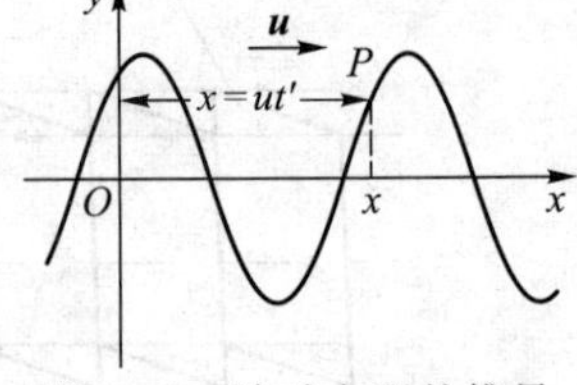

图 5-5 波动方程的推导

$$y_0=A\cos(\omega t+\varphi_0) \tag{5.2}$$

其中 y_0 是 O 处质点 t 时刻的位移，φ_0 是坐标原点 O 的振动初相位．

由于波是自 O 点向 P 点传播，所以 P 点的相位落后于 O 点的相位，延迟的时间是 $t'=\dfrac{x}{u}$，设 t 时刻坐标为 x 的 P 点的振动位移为

$$y=A\cos(\omega t+\varphi_P) \tag{5.3}$$

则 t 时刻，两点间的相位差为

$$\Delta\varphi=\varphi_0-\varphi_P=\omega t'=\frac{\omega x}{u}$$

所以

$$\varphi_P=\varphi_0-\frac{\omega x}{u}$$

即

$$y=A\cos\left[\omega\left(t-\frac{x}{u}\right)+\varphi_0\right] \tag{5.4a}$$

上式为沿 x 轴正向传播的**平面简谐波的波动方程**．与式(5.2)相比，式中 $-\dfrac{x}{u}$ 可理解为 P 点的振动落后于原点振动的时间．

利用 $\omega=\dfrac{2\pi}{T}=2\pi\nu$，$uT=\lambda$ 关系，平面简谐波的波动方程可改写为

$$y=A\cos\left(\frac{2\pi}{T}t-\frac{2\pi x}{\lambda}+\varphi_0\right) \tag{5.4b}$$

$$y=A\cos\left(2\pi\nu t-\frac{2\pi x}{\lambda}+\varphi_0\right) \tag{5.4c}$$

$$y=A\cos(\omega t-kx+\varphi_0) \tag{5.4d}$$

其中 $k=\dfrac{2\pi}{\lambda}$，称为角波数，它表示单位长度上波的相位变化，数值上等于 2π 长度内所包含的完整波形的个数．平面简谐波的波形曲线及其随时间的平移如图 5-6 所示．

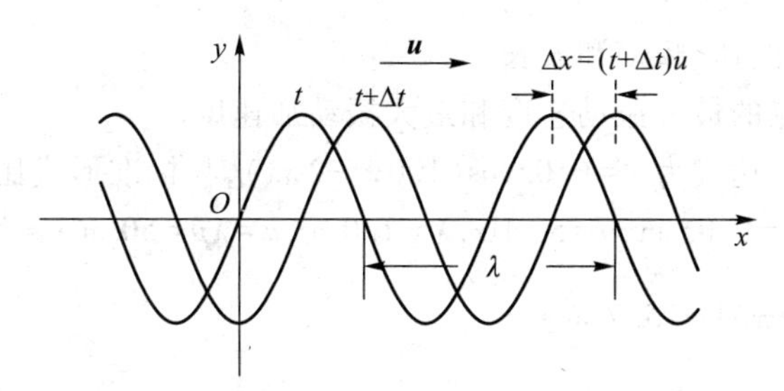

图 5-6　简谐波的波形曲线及其随时间的平移

若平面简谐波沿 x 轴负方向传播，P 点的振动超前于原点的振动，因此波动方程写为

$$y=A\cos\left[\omega\left(t+\frac{x}{u}\right)+\varphi_0\right] \tag{5.5a}$$

或

$$y=A\cos\left(\frac{2\pi}{T}t+\frac{2\pi x}{\lambda}+\varphi_0\right) \tag{5.5b}$$

$$y=A\cos\left(2\pi\nu t+\frac{2\pi x}{\lambda}+\varphi_0\right) \tag{5.5c}$$

$$y=A\cos(\omega t+kx+\varphi_0) \tag{5.5d}$$

波动方程反映介质中质点的运动规律.波动方程表示了位移 y 是质点坐标 x 和时间 t 的函数，为了理解其物理意义，可以从以下几方面作进一步分析.

（1）当 $x=x_0$ 时，位移 y 只是时间 t 的函数.波动方程(5.2)变成坐标为 x_0 的质点的振动位移随时间的表达式

$$y=A\cos\left(\omega t-\frac{\omega}{u}x_0+\varphi_0\right)=A\cos(\omega t+\varphi_1) \tag{5.6}$$

其中 φ_1 是质点 x_0 做谐振动的初相；这说明介质中质点 x_0 在做简谐振动.式(5.6)满足 $y(t)=y(t+NT)$，其中 N 为整数，这表明波动具有空间周期性，周期 T 代表了**波的时间周期性**.从质点运动来看，反映在每个质点的振动周期均为 T；从整个波形看，反映在 t 时刻的波形曲线与 $t+NT$ 时刻的波形曲线完全重合.

（2）当 $t=t_0$ 时，位移 y 只是质点坐标 x 的函数.波动方程(5.2)变成 t_0 时刻 x 轴上各质点的振动位移关于坐标 x 的分布图，即波形曲线图

$$y=A\cos\left(\omega t_0-\frac{2\pi x}{\lambda}+\varphi_0\right) \tag{5.7}$$

显然，式(5.7)满足 $y(x)=y(x+N\lambda)$，表明波动具有空间周期性，波长 λ 代表了波在空间的周期性.从质点来看，反映在相隔 $N\lambda$ 的两个质点其振动规律完全相同；从波形来看，波形在空间以 λ 为“周期”分布着.所以波长 λ 也叫做**波的空间周期**.

（3）若坐标 x 和时间 t 都变化，波动方程就表示波线上所有质点在各个不同时刻的位移情况.或形象地说，在这个波动方程中包括了无数个不同时刻的波形随着 t 的变化，并且满足 $y(x,t)=y(x+u\Delta t,t+\Delta t)$，这说明了 t 时刻的振动状态在 $t+\Delta t$ 时刻传到了 $x+u\Delta t$ 处.总之，波动方程反映了波的时间和空间双重周期性.

例 5.1　一横波沿绳子传播，其波动方程为 $y=0.05\cos(100\pi t-2\pi x)$　(SI 单位).

（1）求此波的振幅、波速、频率和波长；

（2）求绳子上各质点的最大振动速度和最大振动加速度.

解 （1）已知波的表达式为 $y=0.05\cos(100\pi t-2\pi x)$，与标准形式比较得

$$A=0.05\ \mathrm{m},\nu=50\ \mathrm{Hz},\lambda=1.0\ \mathrm{m},u=\lambda\nu=50\ \mathrm{m\cdot s^{-1}}$$

（2）$v_{\max}=\left(\dfrac{\partial y}{\partial t}\right)_{\max}=2\pi\nu A=15.7\ \mathrm{m\cdot s^{-1}}$

$$a_{\max}=\left(\frac{\partial^2 y}{\partial t^2}\right)_{\max}=4\pi^2\nu^2A=4.39\times10^3\ \mathrm{m\cdot s^{-2}}$$

$\Delta\varphi=2\pi(x_2-x_1)/\lambda=\pi$，两振动反相.

例 5.2 一列简谐波的波动方程为 $y=0.1\cos\left(10\pi t-4\pi x+\dfrac{\pi}{2}\right)$（SI 单位）；求：（1）波的振幅、波速、频率和波长；（2）$x=1.25$ m 处质元的振动方程；（3）$t=0.5$ s 时，$x=1.0$ m 处质元的振动速度；（4）$x=0.5$ m 和 $x=0.625$ m 两个质元之间相位差.

解 （1）由波动方程 $y=A\cos\left(\omega t-\dfrac{\omega x}{u}+\varphi_0\right)=0.1\cos\left(10\pi t-4\pi x+\dfrac{\pi}{2}\right)$，可知

$$A=0.1\ \mathrm{m};\omega=10\pi\ \mathrm{rad\cdot s^{-1}};u=2.5\ \mathrm{m\cdot s^{-1}};\nu=\frac{\omega}{2\pi}=5\ \mathrm{Hz},\lambda=\frac{u}{\nu}=0.5\ \mathrm{m}$$

（2）$x=1.25$ m，$y=0.1\cos\left(10\pi t-5\pi+\dfrac{\pi}{2}\right)=0.1\cos\left(10\pi t-\dfrac{\pi}{2}\right)$　（SI 单位）；

（3）$v=\dfrac{\mathrm{d}y}{\mathrm{d}t}=-\pi\sin\left(10\pi t-4\pi x+\dfrac{\pi}{2}\right)$

$$t=0.5\ \mathrm{s},x=1.0\ \mathrm{m},v=3.14\sin\frac{3\pi}{2}\ \mathrm{m\cdot s^{-1}}=3.14\ \mathrm{m\cdot s^{-1}}$$

（4）$\Delta\varphi=\omega\dfrac{\Delta x}{u}=10\pi\times\dfrac{0.652-0.5}{2.5}=\dfrac{\pi}{2}$

例 5.3 简谐波以 $u=2\ \mathrm{m\cdot s^{-1}}$ 自左向右传播，某点 A 的振动方程为 $y=3\cos(4\pi t-\pi)$（cm）；（1）选取 x 轴的正方向向右，以 A 点为坐标原点，求波动方程；（2）选取 x 轴的正方向向左，以 A 点左方 2 m 处的 B 点为坐标原点，求波动方程.

解 （1）由方程可知 $A=3$ cm；$\omega=4\pi\ \mathrm{rad\cdot s^{-1}}$；$u=2\ \mathrm{m\cdot s^{-1}}$；$\varphi_A=-\pi$；所以波动方程为

$$y=3\cos(4\pi t-2\pi x-\pi)$$

（2）$A=3$ cm；$\omega=4\pi\ \mathrm{rad\cdot s^{-1}}$；$u=2\ \mathrm{m\cdot s^{-1}}$；$\varphi_A=-\pi$；

$$\varphi_B-\varphi_A=\frac{\omega}{u}AB=4\pi;\varphi_B=\varphi_A+4\pi=3\pi$$

所以波动方程为

$$y=3\cos(4\pi t+2\pi x+\pi)\ (\mathrm{cm})$$

思考题

思 5.2 在波动方程中，坐标轴原点是否一定要选在波源处？$t=0$ 时刻是否一定是波源开

始振动的时刻？波动方程写成 $y=A\cos\omega\left(t-\frac{x}{u}\right)$ 时，波源一定在坐标原点处吗？在什么前提下波动方程才能写成这种形式？

5.3 简谐波的能量

5.3.1 简谐波的能量

当机械波传播到介质中的某处时，该处原来不动的质点开始振动，因而有动能，同时该处的介质也将发生形变，因而也具有势能，波的传播过程也就是能量的传播过程.设介质的密度为 ρ，有平面简谐波传播，其波动方程为

$$y=A\cos\left(\omega t-\frac{\omega x}{u}+\varphi_0\right) \tag{5.8}$$

在介质中取一质元 $\mathrm{d}m=\rho\mathrm{d}V$，该质元对应的动能为

$$\mathrm{d}W_k=\frac{1}{2}\mathrm{d}m\left(\frac{\partial y}{\partial t}\right)^2=\frac{1}{2}\rho\omega^2A^2\sin^2\left[\omega\left(t-\frac{x}{u}\right)+\varphi_0\right]\mathrm{d}V \tag{5.9}$$

为了求质元的弹性势能，设质元的自然长度为 $\mathrm{d}x$，绝对伸长量 $\mathrm{d}y$，所以质元的相对伸长量为 $\frac{\mathrm{d}y}{\mathrm{d}x}$，胡克定律指出，弹性力与相对伸长量的关系为

$$F=ES\frac{\mathrm{d}y}{\mathrm{d}x}=k\mathrm{d}y \tag{5.10}$$

式中 E 为固体的弹性模量，S 为介质的横截面积.所以，质元的弹性势能为

$$\mathrm{d}W_p=\frac{1}{2}k(\mathrm{d}y)^2=\frac{1}{2}\frac{ES}{\mathrm{d}x}(\mathrm{d}y)^2=\frac{1}{2}ES\mathrm{d}x\frac{\mathrm{d}^2y}{\mathrm{d}x^2}$$

将 $u=\sqrt{\frac{E}{\rho}}$ 代入可得

$$\mathrm{d}W_p=\frac{1}{2}\rho u^2\frac{\partial^2y}{\partial x^2}\mathrm{d}V$$

根据简谐波波动方程，可以得到

$$\mathrm{d}W_p=\frac{1}{2}\rho\omega^2A^2\sin^2\left[\omega\left(t-\frac{x}{u}\right)+\varphi_0\right]\mathrm{d}V \tag{5.11}$$

由式(5.9)和式(5.11)得到质元的**总机械能**

$$\mathrm{d}W=\mathrm{d}W_k+\mathrm{d}W_p=\rho\omega^2A^2\sin^2\left[\omega\left(t-\frac{x}{u}\right)+\varphi_0\right]\mathrm{d}V \tag{5.12}$$

可见，在波的传播过程中，质元的动能、弹性势能和总机械能都与质元的体积成正比.介质中任一质元的动能与势能在相同时刻总是相等，而且同相位变化，机械能不守恒.质元在平衡位置($y=0$)处，动能和势能都取最大值，在振动最大位移($y=\pm A$)处，动能和势能都为零.质元在远离平衡位置的过程中，动能和势能都减小，该质元向后面质元释放能量；质元在接近平衡位置的过

程中，动能和势能都增大，该质元从前面质元吸收能量.

通常用波的能量密度来表示介质中波的能量分布，所谓**波的能量密度**，即单位体积介质中所具有的波的能量，用 w 表示，由式(5.12)表示为

$$w=\frac{\mathrm{d}W}{\mathrm{d}V}=\rho\omega^2A^2\sin^2\left[\omega\left(t-\frac{x}{u}\right)+\varphi_0\right] \tag{5.13}$$

可见能量密度随时间作周期性变化，实际应用中是取其平均值.波的能量密度在一个周期内的平均值称为**平均能量密度**，用 $\bar{w}$ 表示，对平面简谐波有

$$\bar{w}=\frac{1}{T}\int_0^T w\mathrm{d}t=\frac{1}{2}\rho\omega^2A^2 \tag{5.14}$$

式(5.14)指出，平均能量密度与波振幅的平方、角频率的平方及介质密度成正比.此公式适用于各种弹性波.

5.3.2 能流和波的强度

能量随波而传播的特性，还可以用能流和能流密度的概念来描述.

单位时间内垂直穿过某一截面 S 的波的能量称为**能流**，用 $\boldsymbol{P}=w\boldsymbol{u}S$ 表示；而单位时间内垂直穿过某一面积 S 的波的平均能量称为**平均能流**，表达式为

$$\overline{\boldsymbol{P}}=\bar{w}\boldsymbol{u}S=\frac{1}{2}\rho\omega^2A^2\boldsymbol{u}S \tag{5.15}$$

波通过与其传播方向垂直的单位面积的平均能流称为能流密度或**波的强度**，简称波强，用 $\overline{\boldsymbol{I}}$ 表示，则有

$$\overline{\boldsymbol{I}}=\frac{\overline{\boldsymbol{P}}}{S}=\bar{w}\boldsymbol{u}=\frac{1}{2}\rho\omega^2A^2\boldsymbol{u} \tag{5.16}$$

波强 $\overline{\boldsymbol{I}}$ 是矢量，方向就是能量的传播方向，即波速的方向，如图 5-7 所示.波的强度的单位是瓦特每平方米($\mathrm{W\cdot m^{-2}}$).

例 5.4 一列简谐波的频率为 $f=500\ \mathrm{Hz}$，振幅为 $A=10^{-6}\ \mathrm{m}$，在空气中传播，空气密度为 $\rho=1.3\ \mathrm{kg\cdot m^{-3}}$，波速为 $u=340\ \mathrm{m\cdot s^{-1}}$，求波的平均能量密度和波的强度.

解 波的平均能量密度

$$\bar{w}=\frac{1}{2}\rho\omega^2A^2=1.28\times10^{-5}\ \mathrm{J\cdot m^{-3}}$$

波的强度

$$I=\bar{w}u=4.35\times10^{-3}\ \mathrm{W\cdot m^{-2}}$$

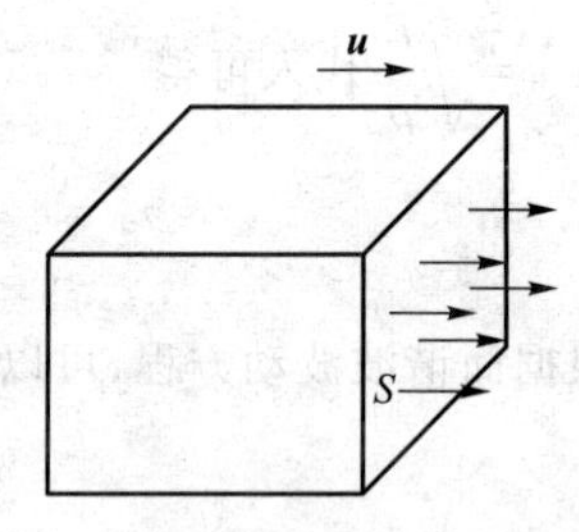

图 5-7 波的强度

▶ 思考题

思 5.3 从能量角度讨论振动和波动的联系和区别.

思 5.4 波在介质中传播时，为什么介质元的动能和势能具有相同的相位，而弹簧振子的动能和势能却没有这样的特点？

5.4 惠更斯原理

5.4.1 惠更斯原理

如图 5-8 所示,水波通过开有小孔的障碍物后,在小孔后方会出现圆形的波,它偏离原来的方向而向各处传播,就像是以小孔为波源发出的一样.

早在 1690 年,荷兰物理学家惠更斯观察和研究了波会绕到障碍物后面传播的现象,并提出了一个关于波的传播规律:在波的传播过程中,波面上的任一点都可作为发射子波的波源,在其后的任一时刻,所有子波波面的包络成为新的波面,即**惠更斯(C.Huygens)原理**.惠更斯原理不仅适用于机械波,也适用于电磁波,不论波动经过的介质是均匀的,还是非均匀的,是各向同性的还是各向异性的,只要知道某一时刻的波阵面,就可根据这一原理用几何方法来决定任一时刻的波阵面,进而确定波的传播方向.当波在无障碍的均匀、各向同性的介质中传播时,用惠更斯原理描绘的球面波和平面波的传播情况如图 5-9 所示,设 S_1 为某时刻 t 的波面,根据惠更斯原理,S_1 上的每一点发出的球面子波,经 Δt 时间后形成半径为 $u\Delta t$ 的球面,在波的前进方向上,这些子波的包迹 S_2 就成为 $t+\Delta t$ 时刻的新波面.我们发现新波面的几何形状不变,沿直线传播,这与实际情况相符合.

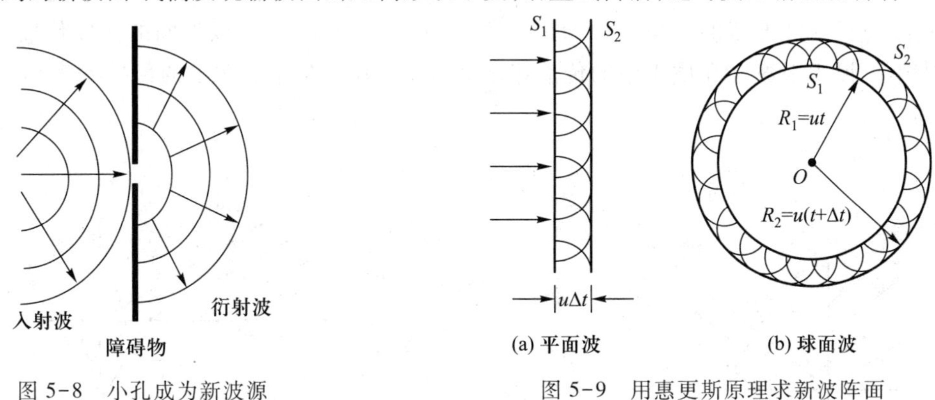

图 5-8 小孔成为新波源

图 5-9 用惠更斯原理求新波阵面

5.4.2 惠更斯原理的应用

1. 惠更斯原理解释波的衍射现象

波在传播过程中遇到障碍物时,其波线绕过障碍物边缘发生偏折的现象称为波的衍射(或绕射).衍射现象是波的重要特征之一.如图 5-10 所示,平面波到达障碍物 AB 上的一条狭缝时,根据惠更斯原理,缝上各点都可看成是发射子波的波源,作出它们的包迹,就成为新的波面.这个新波面已不再是平面了,在狭缝的边缘处,波面弯曲,波线发生偏折,使波偏离原来沿直线传播的方向而向两侧扩展,即产生了衍射现象.

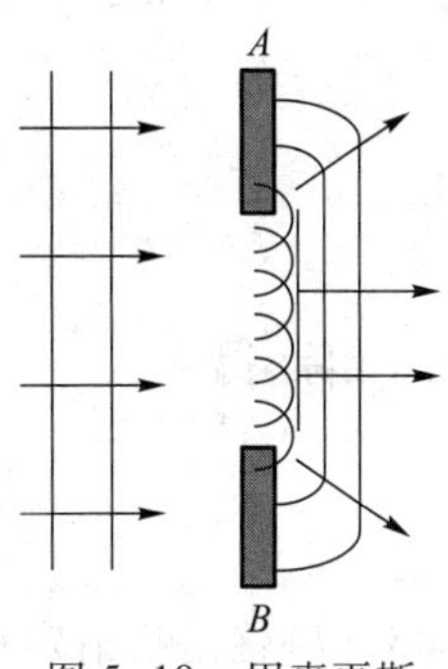

图 5-10 用惠更斯原理解释衍射现象

衍射现象是否明显,与障碍物上缝的宽度有关.当缝的宽度很小时,缝后出现图 5-8 中的圆形衍射波，彻底改变了入射波的波面形状，这时的衍射现象是很显著的.用惠更斯原理定性地解释波的衍射现象，其独到之处在于方法简单、图像直观.但它不能给出子波的振幅，从而不能定量地描述衍射波强度的分布.这些缺陷后来由菲涅耳做了重要补充，在光学中将进一步讨论惠更斯-菲涅耳原理.

2. 惠更斯原理解释波的反射定律和折射定律

当波动从一种介质传到另一种介质的分界面上时，波的传播方向会发生变化，形成折射波和反射波.设有一列平面波以波速 u 入射到两种介质的分界面上，根据惠更斯作图法，入射波传到的分界面上的各点都可看成发射子波的波源.作某一时刻这些子波的包迹，就能得到新的波阵面，从而确定反射波和折射波的传播方向.

先说明波的反射定律.如图 5-11 所示，设入射波的波阵面和两种介质的分界面均垂直于图面.在时刻 t，此波阵面与图面的交线 AB 到达图示位置，A 点和界面相遇.此后 AB 上各点将依次到达界面.在时刻$t+\Delta t$，B 点到达 C 点，我们作出此时刻界面上各点发出的子波的包迹，因为波在同一介质中传播，波速不变，所以在 $t+\Delta t$ 时刻，从界面上各点发出的子波到达 DC 面，显然 $AD=BC$，入射角和反射角相等.这就是反射定律.

如图 5-12 所示，在 t_0 时刻，入射波波前 AB 在两种介质界面上相继激发子波，同样会在介质 2 中传播.根据惠更斯原理，在 $t=t_1$ 时刻，各子波在介质 2 中的包迹 DC，形成该时刻折射波的波面.界面法线与折射波波线的夹角 γ 称为折射角.波在不同的介质中，以不同的速度传播，因此形成了折射现象.设入射波在介质 1 中的传播速度为 u_1，折射波在介质 2 中的传播速度为 u_2，由图 5-12 可知

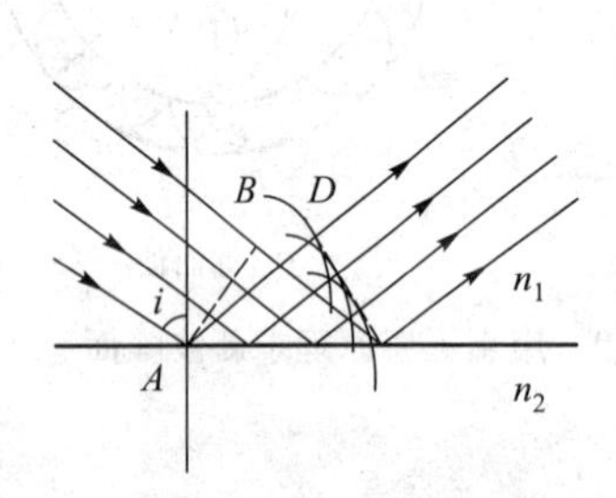

图 5-11 用惠更斯原理解释波的反射定律

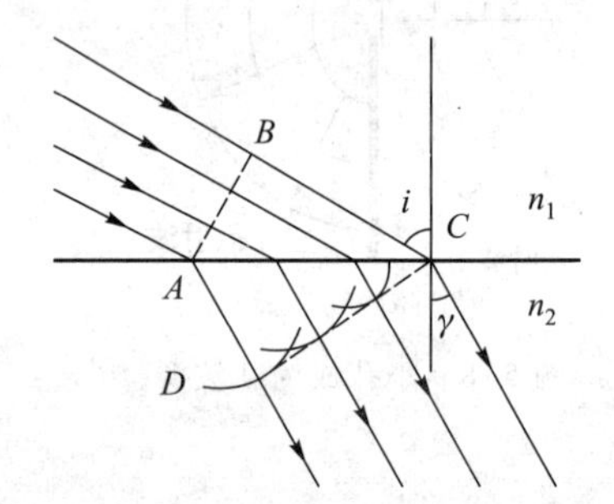

图 5-12 用惠更斯原理解释波的折射定律

$$BC=u_1(t_1-t_0)=AC\sin i$$

$$AD=u_2(t_1-t_0)=AC\sin \gamma$$

两式相除，得

$$\frac{\sin i}{\sin \gamma}=\frac{u_1}{u_2}=n_{21} \tag{5.17}$$

式(5.17)就是折射定律.式中 n_{21} 称为介质 2 对介质 1 的相对折射率.

5.5 波的干涉

5.5.1 波的叠加原理

当几列波在同一介质中相遇时,观察和实验表明:各列波在相遇前和相遇后,每个波的波长、频率、振动方向、传播方向等都保持原来的特性不变,每列波的传播就像其单独存在时一样;而相遇点的振动是各个波单独存在时在该点引起振动的合振动,即相遇点的位移是各个波单独存在时在该点引起的位移的矢量和.这一规律称为**波的叠加原理**.

波的叠加与振动的叠加是不完全相同的,振动的叠加仅发生在一个质点上,而波的叠加则发生在相遇范围内的许多质点上,这就形成了波的叠加所特有的现象,例如波的干涉现象;此外,任何复杂的波也都可以分解为频率或波长不同的许多平面简谐波的叠加.

5.5.2 波的干涉

几列波相遇的区域,其质点的振动一般很复杂.我们只讨论一种最简单的波的叠加情况.当两列频率相同,振动方向相同,相位差恒定的波在空间相遇叠加时,使相遇区域内某些点振动始终加强,使某些点振动始终减弱,在空间形成一个稳定的叠加图样,这种现象称为**波的干涉**.能产生干涉现象的波称为**相干波**,能形成相干波的波源为相干波源.干涉现象是波动所独具的特征之一.

如图 5-13 所示,设两列平面简谐波波源 S_1、S_2 的振动为

$$y_{S1}=A_{10}\cos(\omega t+\varphi_{01})$$

$$y_{S2}=A_{20}\cos(\omega t+\varphi_{02})$$

两列波在 P 点引起的振动分别为

$$y_{P1}=A_1\cos\left(\omega t-\frac{\omega}{u}r_1+\varphi_{01}\right)$$

$$y_{P2}=A_2\cos\left(\omega t-\frac{\omega}{u}r_2+\varphi_{02}\right)$$

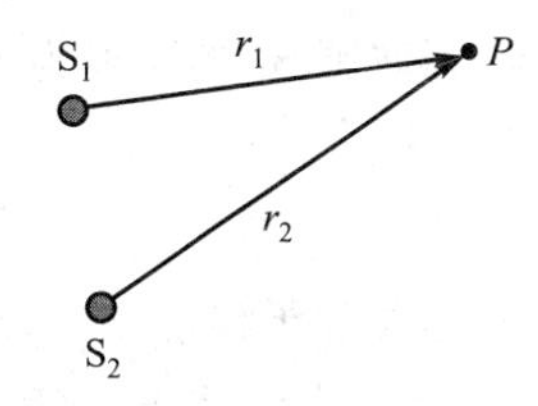

图 5-13 波的干涉

式中 A_1 和 A_2 分别为相干波在 P 点的振幅;r_1 和 r_2 为相干波源 S_1、S_1 至 P 点的距离;φ_{01}、φ_{02}则分别是两波源的初相位.根据叠加原理,则 P 点的合振动为

$$y=y_{P2}+y_{P2}=A\cos(\omega t+\varphi) \tag{5.18}$$

其中

$$A=\sqrt{A_1^2+A_2^2+2A_1A_2\cos(\Delta\varphi)} \tag{5.19}$$

由式(5.19)可知,相遇点的合振幅 A 决定于两列相干波在相遇点的相位差:

$$\Delta\varphi=(\varphi_{02}-\varphi_{01})-2\pi\frac{r_2-r_1}{\lambda} \tag{5.20}$$

当 $\Delta\varphi=\pm2k\pi(k=0,1,2,\cdots)$时,合振幅最大,为 $A=A_1+A_2$;振动加强,这些点称为干涉相长点.当 $\Delta\varphi=\pm(2k+1)\pi(k=0,1,2,\cdots)$时,合振幅最小,为 $A=|A_1-A_2|$;振动减弱,这些点称为干涉相消点.当 P 为其他值的各点的合振幅介于 $A=A_1+A_2$ 和 $A=|A_1-A_2|$之间.

相位差 $\Delta\varphi$ 由两部分组成,其中 $\varphi_{02}-\varphi_{01}$ 是两波源初相位不同而引起的相位差,而 $2\pi\frac{r_2-r_1}{\lambda}$ 是两波源到相遇点的**波程差** $\delta=r_2-r_1$ 而引起的相位差.如果两相干波源的初相相同,$\varphi_{01}=\varphi_{02}$,则式(5.20)简化为

$$\Delta\varphi=2\pi\frac{\delta}{\lambda} \tag{5.21}$$

此时,干涉相长与干涉相消条件可简化为

$$\delta=r_2-r_1=\begin{cases}\pm k\lambda & \text{干涉相长}\\ \qquad (k=0,1,2,\cdots) & \\ \pm(2k+1)\dfrac{\lambda}{2} & \text{干涉相消}\end{cases} \tag{5.22}$$

所以,从初相位相同的两个相干波源发出的波在空间叠加时,凡是波程差等于零或等于波长的整数倍的各点,干涉加强;凡是波程差等于半波长的奇数倍的各点,干涉减弱.干涉现象是所有波动的重要特征之一,在光学、声学等各方面都有着广泛的应用.

例 5.5 相干波源 S_1 和 S_2 相距 $d=30$ m,S_1 的相位比 S_2 的相位落后 π;两波源都在 x 轴上,且 S_1 为原点;若 $x_1=9$ m 的 A 点和 $x_2=12$ m 的 B 点是相邻的干涉静止点.求:(1) 波长 λ;(2) 所有的干涉静止点.

解 (1) A 点到波源 S_1 的距离为 $r_1=x_1=9$ m,到波源 S_2 的距离为 $r_2=d-x_1=21$ m,相位差为

$$\Delta\varphi_1=(\varphi_{02}-\varphi_{01})-2\pi\frac{r_2-r_1}{\lambda}=-\pi-\frac{24\pi}{\lambda}=(2k+1)\pi$$

B 点到波源 S_1 的距离为 $r_1=x_2=12$ m,到波源 S_2 的距离为 $r_2=d-x_2=18$ m,相位差为

$$\Delta\varphi_2=(\varphi_{02}-\varphi_{01})-2\pi\frac{r_2-r_1}{\lambda}=-\pi-\frac{12\pi}{\lambda}=(2k+1)\pi$$

A、B 是相邻干涉静止点,得 $\lambda=6$ m.

(2) 对 S_1 和 S_2 之间的任一点,S_1 发出的波向 x 正向传播,S_2 发出的波向 x 负向传播.因此

$$y_1=A\cos\left(\omega t-\frac{\omega x}{u}+\varphi_{01}\right)=A\cos\left(\omega t-\frac{2\pi x}{\lambda}\right)$$

$$y_2=A\cos\left(\omega t+\frac{\omega x}{u}+\varphi_{02}\right)=A\cos\left(\omega t+\frac{2\pi x}{\lambda}+\pi-\frac{2\pi d}{\lambda}\right)$$

相位差为

$$\Delta\varphi=\pi+2\pi\frac{2x-d}{\lambda}=(2k+1)\pi$$

$$2x-d=k\lambda;\ k=\frac{2x-d}{\lambda}$$

由于 $0\leqslant x\leqslant d$,所以 $-5\leqslant k\leqslant 5$,干涉静止点坐标为

$$x=\frac{k\lambda+d}{2}$$

其中 $k=0,\pm1,\pm2,\pm3,\pm4,\pm5$.

例 5.6 S_1 和 S_2 为相干波源,S_2 的相位超 S_1 的相位为$\frac{\pi}{4}$,波长 $\lambda=8.0\ \text{m}$,与 P 点距离分别为 $r_1=12.0\ \text{m}$,$r_2=14.0\ \text{m}$;S_1 在 P 点引起的振幅为 $A_1=0.3\ \text{m}$,S_2 在 P 点引起的振幅 $A_2=0.2\ \text{m}$;求:(1) P 点的合振幅;(2) 若使 P 点合振幅最大,则波长 λ 最大可能值是多少?

解 (1) 由题意 $\varphi_{02}-\varphi_{01}=\pi/4$ 知

$$\Delta\varphi=(\varphi_{02}-\varphi_{01})+\frac{2\pi}{\lambda}(r_1-r_2)=\frac{\pi}{4}+\frac{2\pi}{8}(12-14)=-\frac{\pi}{4}$$

$$A=\sqrt{A_1^2+A_2^2+2A_1A_2\cos\ \Delta\varphi}=\sqrt{0.3^2+0.2^2+2\times0.3\times0.2\cos\left(-\frac{\pi}{4}\right)}\ \text{m}=0.46\ \text{m}$$

(2) 欲使 P 点的振幅最大,则必须 $\Delta\varphi=2k\pi,k=0,\pm1,\cdots$.

又由于 $\Delta\varphi=\frac{\pi}{4}+\frac{2\pi}{\lambda}(12-14)=2k\pi$,则得 $\lambda=\frac{16}{1-8k}$,当 $k=0$ 时,λ 最大;故

$$\lambda_{\max}=16\ \text{m}$$

5.5.3 驻波

驻波是简谐波干涉的特例.两列振幅相同、传播方向相反的相干波的叠加形成驻波.设有两列沿 x 轴正、反两方向传播的相干波,波动方程分别为

$$y_1=A_0\cos\left(\omega t-\frac{2\pi x}{\lambda}\right)$$

$$y_2=A_0\cos\left(\omega t+\frac{2\pi x}{\lambda}\right)$$

两列波叠加,其合成波为

$$y=y_1+y_2=2A_0\cos\frac{2\pi x}{\lambda}\cos\ \omega t \tag{5.23}$$

式(5.23)为**驻波方程**.波形如图 5-14 所示.以下分析驻波的特征.

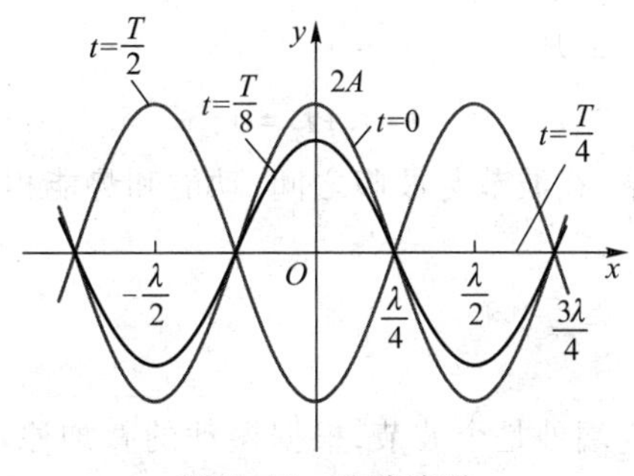

图 5-14 驻波波形

1. 波腹和波节

在驻波方程中,令 $A(x)=\left|2A_0\cos\frac{2\pi x}{\lambda}\right|$为振幅分布函数,当 $x=k\frac{\lambda}{2}(k=0,\pm1,\pm2,\cdots)$时,这些点的振幅最大,称为驻波的**波腹**.当 $x=(2k+1)\frac{\lambda}{4}(k=0,\pm1,\pm2,\cdots)$时,这些点的振幅为零,称

为驻波的**波节**.相邻波腹(或波节)间距离 $\Delta x=x_{k+1}-x_k=\frac{\lambda}{2}$.波节与波腹的位置固定,说明驻波的波形不随时间传播.

2. 相位分布

考察相邻的第 k 和第 $k+1$ 两个波腹,它们的振幅因子分别为 $\cos k\pi$ 和 $\cos(k+1)\pi$,这说明两相邻波腹处质元的振动相位差是 π,即相位相反,所以每一波节两侧对应点的振动相位相反;而相邻两个波节之间各点振动相位相同,它们同时达到位移的最大值,同时通过平衡位置,又同时达到位移的最小值.

3. 驻波的能量

考察驻波的能量,由驻波方程,介质的动能能量密度为

$$w_k=\frac{1}{2}\rho\left(\frac{\partial y}{\partial t}\right)^2=2\rho\omega^2A_0^2\cos^2\frac{2\pi x}{\lambda}\sin^2\omega t \tag{5.24}$$

介质的势能能量密度为

$$w_p=\frac{1}{2}\rho u^2\left(\frac{\partial y}{\partial x}\right)^2=2\rho\omega^2A_0^2\sin^2\frac{2\pi x}{\lambda}\cos^2\omega t \tag{5.25}$$

由式(5.24)和式(5.25)可知,波腹处($x=k\frac{\lambda}{2}$),动能能量密度 $w_k=0$,势能能量密度 $w_p=2\rho\omega^2A_0^2\cos^2\omega t$,动能为零,势能最大;波节处 $x=(2k+1)\frac{\lambda}{4}$,动能能量密度 $w_k=2\rho\omega^2A_0^2\sin^2\omega t$,势能能量密度 $w_p=0$,动能最大,势能为零.

形成驻波的两列相干波的平均能流密度分别为

$$\bar{\boldsymbol{I}}_1=\frac{1}{2}\rho\omega^2A^2\boldsymbol{u}$$

$$\bar{\boldsymbol{I}}_2=-\frac{1}{2}\rho\omega^2A^2\boldsymbol{u}$$

所以叠加后驻波的平均能流密度为

$$\bar{\boldsymbol{I}}=\bar{\boldsymbol{I}}_1+\bar{\boldsymbol{I}}_2=0 \tag{5.26}$$

所以,平均而言驻波不传播能量,在波节与波腹之间,动能和势能相互转化.在一个完整的波段内能量守恒.

5.5.4 半波损失

弦线上形成驻波时,在固定端处是个波节,根据振动的叠加原理可知,入射波和由它引起的反射波在反射点引起的振动相位是相反的,即相位差为 π.这意味着:在固定端处的反射波相对入射波发生了 π 的相位突变.由于波程差为半波长的两点之间的相位差是 π,因此,π 的相位突变也可理解为:在固定端处的反射波相对入射波损失了(或增加了)半个波长,被简称为"半波损失".

当抖动自然垂悬的绳索的一端时,其垂悬的另一端是自由的,并形成波腹.这意味着入射波和反射波在自由端是同相的,没有相位的突变,即不发生"半波损失".对于弹性波,定义介质波阻

为密度和波速的乘积，即 $Z=\rho u$，Z 大的介质称为**波密介质**，Z 小的介质称为**波疏介质**.当波从波疏介质垂直入射到波密介质界面上反射时，有半波损失，驻波在界面处形成波节.反之，当波从波密介质垂直入射到波疏介质界面上反射时，无半波损失，界面处出现波腹.这些现象在电磁波中同样也是存在的.

例 5.7 一弦线上有一列简谐波的波动方程为 $y_1=0.02\cos\left(\dfrac{\pi}{2}t+\dfrac{\pi}{2}x\right)$（SI 单位），在 $x=0$ 的固定端发生理想反射.求：(1) 反射波的波动方程；(2) 合成的驻波的波动方程；(3)波腹与波节的位置.

解 (1) 入射波向 x 轴负向传播，反射波向 x 轴正向传播，由于半波损失，在 $x=0$ 处反射波与入射波之间具有相位差 π；所以反射波的波动方程为

$$y_2=0.02\cos\left(\frac{\pi}{2}t+\frac{\pi}{2}x+\pi\right)$$

(2) 合成的驻波的波动方程为

$$y=y_1+y_2=0.02\cos\left(\frac{\pi}{2}t+\frac{\pi}{2}x\right)+0.02\cos\left(\frac{\pi}{2}t+\frac{\pi}{2}x+\pi\right)$$

由三角函数公式可得

$$y=0.04\cos\left(\frac{\pi}{2}+\frac{\pi}{2}x\right)\cos\left(-\frac{\pi}{2}t+\frac{\pi}{2}\right)$$

(3) 令 $\cos\left(\dfrac{\pi}{2}+\dfrac{\pi}{2}x\right)=\pm1$，则$\dfrac{\pi}{2}+\dfrac{\pi x}{2}=k\pi$，波腹位置坐标为

$$x=2k-1$$

其中 $k=1,2,\cdots$.

令 $\cos\left(\dfrac{\pi}{2}+\dfrac{\pi}{2}x\right)=0$，则$\dfrac{\pi}{2}+\dfrac{\pi x}{2}=(2k+1)\dfrac{\pi}{2}$，波节位置坐标为

$$x=2k$$

其中 $k=1,2,\cdots$.

思考题

思 5.5 在驻波的两相邻波节间的同一半波长上，描述各质点振动的什么物理量不同，什么物理量相同？

5.6 弹性介质的应变和应力

弹性指物体总有保持自身原有形状、大小和体积不变的属性.物体在外力作用下发生的形状和大小的改变，称为形变.在实际问题中，某些形变不可忽略.形变分为两类：若外力撤消后形变完全消失，此形变称为弹性形变；若外力撤消后形变不能完全消失，则称为塑性形变.在实际问题中，弹性形变和塑性形变的界限不十分严格.弹性体是变形体的一种，其特征为：在外力作用下物体变形，当外力不超过某一限度时，除去外力后物体即恢复原状.绝对弹性体是不存在的.物体在

外力除去后的残余变形很小时，一般就把它当成弹性体处理.研究弹性体在外力或其他因素作用下所产生的应力、应变和位移等，称为弹性理论.它是材料力学、结构力学、塑性力学的某些交叉学科的基础，广泛应用于建筑、机械、化工、航天等工程领域.

5.6.1 线应变与正应力

物体受力产生形变时，体内各点处变形程度一般并不相同.**用以描述一点处形变程度的力学量是该点的应变**.为此可在该点处取一单元体，比较形变前后单元体大小和形状的变化.

设一根直棒在不受外力作用时长度为 l_0，两端受拉力时将会伸长，受压力时将会缩短；其长度的增量用 Δl 表示，伸长时 Δl 为正，缩短为负.通常 Δl 称为该物体的绝对伸长，另外为了表示物体的长度变化程度，引入了相对伸长 $\Delta l/l_0$，也称为线应变，即

$$\varepsilon=\frac{\Delta l}{l_0} \tag{5.27}$$

组成物体的微观粒子之间在力的作用下相对位置会发生改变，其任一横截面两边材料之间存在一种相互拉伸的内力.力学上称**杆件截面上的分布内力集度**为**应力**.应力是受力杆件某一截面上的某一点处的内力集度.**垂直于截面的应力分量**称为**正应力**（或**法向应力**），用 σ 表示.

如图 5-15 所示，圆棒的材料结构均匀，所受拉力均匀分布在横截面上，此拉力与横截面积 S 之比，称为该横截面上的正应力.

$$\sigma=\frac{F}{S} \tag{5.28}$$

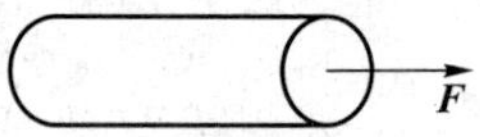

图 5-15 垂直于任一截面的拉力

若物体受力不均匀或者内部材料不均匀，可取一微小的面元，其面积为 $\mathrm{d}S$，设此面元上的张力为 $\mathrm{d}F$，则此面元上的正应力表示为

$$\sigma=\lim_{\Delta S\to 0}\frac{\Delta F}{\Delta S}=\frac{\mathrm{d}F}{\mathrm{d}S} \tag{5.29}$$

应力的单位为 Pa（帕斯卡，简称为"帕"）.1 Pa = 1 N · m^{-2}，工程实际中应力数值较大，常用 MPa 或 GPa 作单位，1 MPa = 10^6 Pa，1 GPa = 10^9 Pa.

正应力与线应变之间存在密切的函数关系.材料不同，函数关系也不尽相同，但具有一些共同特征.下面通过低碳钢材质，来研究线应变与正应力的关系.

低碳钢是工程技术中常用材料，其机械性具有代表性，其线应变与正应力关系如图 5-16 所示.

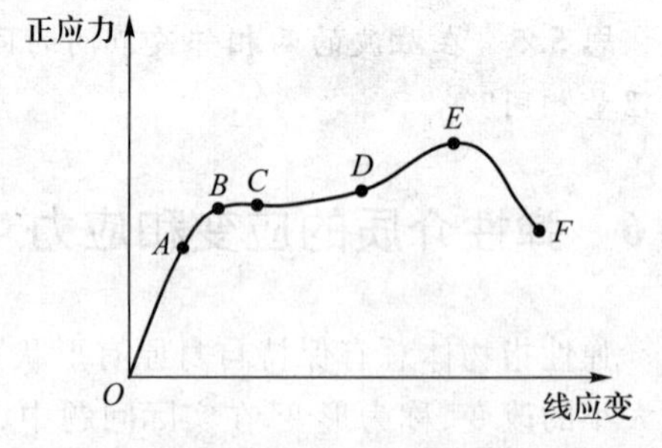

图 5-16 展性金属的应力-应变曲线

曲线中近似直线部分的 OA 段是弹性阶段，在此范围内，线应变与正应力近似成正比，对应于 A 点的应力为保持正比关系的最大应力，称为**正比极限**，低碳钢约为 1 MPa = 10^6 Pa.曲线中 AB 段不再为正比关系，但仍为弹性形变.对应 B 点的正应力称为**弹性极限**，超过 B 点后撤去外力，会有形变残留.

C 点之后为屈服阶段，CD 段是一段几乎与横轴平行的曲线，表明该阶段线应变迅速增加，但正应力并无明显加大，称为材料的屈服.D 点为此阶段最大正应力，称为**屈服强度**.

D 点开始进入强化阶段.在 DE 阶段只有加大正应力,才能使物体进一步伸长,称为材料的硬化.E 点为正应力的最大值,对应正应力称为**强度极限**.低碳钢的强度极限约为 4×10^8 Pa.

E 点之后的曲线部分称为颈缩阶段.当材料强化达到最高点后,其薄弱处的截面将显著缩小,产生"**颈缩现象**".形变迅速增加,当达到 F 点时材料断裂,F 点称为**断裂点**,其对应的正应力称为材料的**抗张强度**.

实验表明:在正比极限内,线应变和正应力成正比,即

$$\sigma=E\varepsilon \tag{5.30}$$

上式中比例系数 E 称为**弹性模量**,弹性模量只与材料的性质有关,反映了材料抵抗线变的能力,其值越大材料越不容易变形.由式(5.27)和式(5.28)可知

$$E=\frac{\sigma}{\varepsilon}=\frac{F/S}{\Delta l/l_0}=\frac{l_0F}{S\Delta l} \tag{5.31}$$

线应变与正应力的这种关系称为胡克定律.

表 5-1 一些常见材料的弹性模量

材料	低碳钢	铸铁	花岗岩	铅	骨		木材	腱	橡胶	血管
					拉伸	压缩				
$E/(10^9\text{N}\cdot\text{m}^{-2})$	196	78	50	17	16	9	10	0.02	0.001	0.000 2

5.6.2 切应变与切应力

当物体两端同时受到反向平行拉力 $\boldsymbol{F}$ 时会发生形变,如图 5-17 所示.**物体在平行于某个截面的一对方向相反的平行力的作用下,内部与该截面平行的平面发生错位,使原来与此截面正交的线段不再正交**,这种形变称为**切应变**.发生错位的平面称为**剪切面**,平行于平面的外力称为**剪切力**.

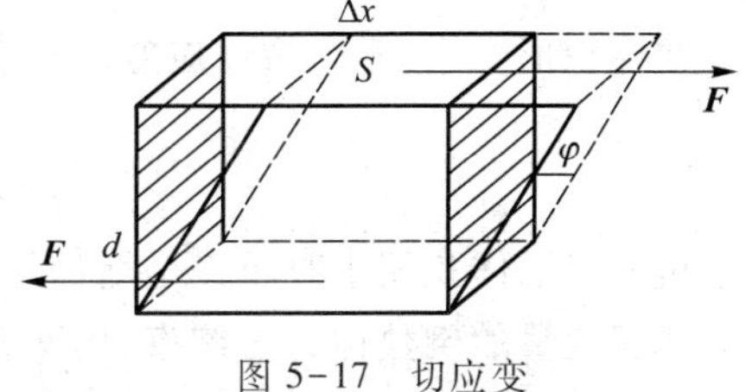

图 5-17 切应变

如图 5-17 中,原来与底面正交的线段虽然仍保持直线,但不再与底面正交,而是相对原位偏转了 φ 角.设两底面相对偏转位移为 Δx,垂直距离为 d,其剪切的程度用比值 $\Delta x/d$ 来衡量,此比值称为切应变,用 γ 表示,即

$$\gamma=\frac{\Delta x}{d}=\tan\varphi \tag{5.32}$$

实际情况中,φ 角一般很小,上式可写成

$$\gamma\approx\varphi$$

物体由于外因(受力、湿度变化等)而变形时,在物体内各部分之间产生相互作用的内力,以抵抗这种外因的作用,并力图使物体从变形后的位置回复到变形前的位置.在所考察的截面某一点附近单位面积上的**内力称为应力.同截面相切的力称为剪应力**或**切应力**,用 τ 表示.即

$$\tau=\lim_{\Delta S\to0}\frac{\Delta F}{\Delta S}=\frac{\mathrm{d}F}{\mathrm{d}S} \tag{5.33}$$

当内力在两底面上分布均匀时，则有

$$\tau=\frac{F}{S} \tag{5.34}$$

切应力具有与正应力相同的量纲和单位.

流体力学中，切应力又叫做**黏性力**，是流体运动时，由于流体的黏性，一部分流体微团作用于另一部分流体微团切向上的力.

实验表明：**若形变在一定限度内，切应力与切应变成正比**，这种正比关系称为**剪切形变的胡克定律**.即

$$\tau=G\gamma\approx G\varphi \tag{5.35}$$

式中，G 称为**切变模量**，由材料弹性决定. G 反映材料抵抗剪切形变的能力，单位与弹性模量相同.由式(5.43)和式(5.46)可知

$$G=\frac{\tau}{\gamma}=\frac{F/S}{\Delta x/d}=\frac{Fd}{S\Delta x} \tag{5.36}$$

5.6.3 体应变和体应力的关系

物体各部分在各个方向上受到同等压强时体积发生变化而形状不变，其体积变化 ΔV 与原体积 V_0 之比称为**体应变**，用 θ 表示，即

$$\theta=\frac{\Delta V}{V_0} \tag{5.37}$$

当物体受到来自各个方面的均匀压力，且物体是各向同性时，可发生体积变化.此时物体内部各个方向的截面上都有同样大小的压应力，或者说具有同样的压强.因此体应力可用压强 p 表示.

在体积形变中，**压强与体应变的比值**称为**体积模量**，用 K 表示，即

$$K=\frac{-p}{\theta}=-\frac{p}{\Delta V/V_0}=-V_0\frac{p}{\Delta V} \tag{5.38}$$

式中负号表示体积缩小时压强是增加的.

体积模量的倒数称为**压缩率**，用 k 表示，即

$$k=\frac{1}{K}=-\frac{\Delta V}{pV_0} \tag{5.39}$$

物体的 k 值越大，越易被压缩.

*5.7 多普勒效应

在前面的讨论中，我们假设了波源和观察者相对于介质都是静止的，这时观察者接收的波的频率等于波源的振动.但在实际生活中，经常会遇到这两者相对于介质运动的情况，这时观察者接收的波的频率就会不等于波源的振动频率.由于波源或观察者相对介质运动，使观察者接收的频率不等于波源的频率，1842 年，多普勒(J.C.Doppler，1803—1853)发现了此效应，因此称这种现象为多普勒效应或多普勒频移.在这里，我们只讨论波源和观察者的运动发生在两者的连线

上,以介质为参考系,设波源相对于介质的速度为 V_s,观察者相对于介质的速度为 V_R,波在介质中的传播速度为 u,波源发出的频率为 $\nu_s=\dfrac{u}{\lambda}$.观察者接收的频率 ν_R 是指单位时间内通过观察者的完整波长数,观察者测得的波速和波长表示为 u'和 λ'.假设波源和观察者靠近时,V_s,V_R 为正,两者远离时 V_s,V_R 为负.多普勒效应分为以下三种情况.

5.7.1 波源静止,观察者运动($V_s=0,V_R\neq0$)

波相对于观察者的速度 $u'=u+V_R$,又有 $\lambda'=\lambda$,所以观察者接收到的波的频率为

$$\nu_R=\frac{u'}{\lambda'}=\frac{u+V_R}{\lambda}=\frac{u+V_R}{uT}=\frac{u+V_R}{u}\nu_s \tag{5.40}$$

当观察者靠近波源时,有 $V_R>0$,由式(5.40)可知 $\nu_R>\nu_s$;当观察者远离波源时,有 $V_R<0$,同理得到 $\nu_R<\nu_s$.如图 5-18 所示.

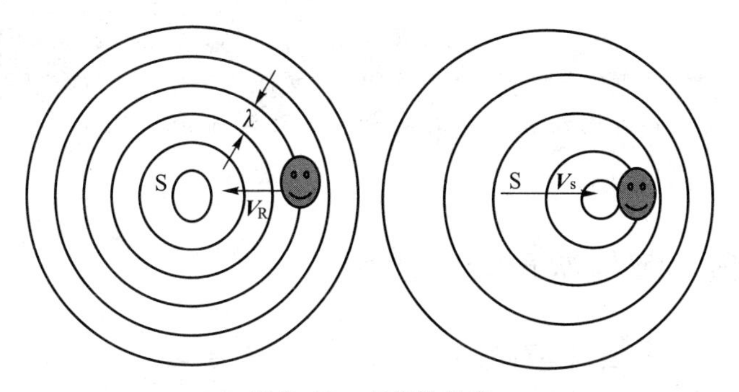

图 5-18 多普勒效应

5.7.2 波源运动,观察者不动($V_s\neq0,V_R=0$)

波相对于观察者的速度 $u'=u$,又有 $\lambda'=\lambda-V_sT=(u-V_s)T$,所以观察者接收到的波的频率为

$$\nu_R=\frac{u'}{\lambda'}=\frac{u}{\lambda-V_sT}=\frac{u}{(u-V_s)T}=\frac{u}{u-V_s}\nu_s \tag{5.41}$$

当波源靠近观察者时,$V_s>0$,由上式可知 $\nu_R>\nu_s$;当波源远离观察者时,$V_s<0$,由上式可知 $\nu_R<\nu_s$.

5.7.3 观察者和波源都运动($V_s\neq0,V_R\neq0$)

波相对于观察者的速度 $u'=u+V_R$,又有 $\lambda'=\lambda-V_sT=(u-V_s)T$,所以观察者接收到的波的频率为

$$\nu_R=\frac{u'}{\lambda'}=\frac{u+V_R}{\lambda-V_sT}=\frac{u+V_R}{(u-V_s)T}=\frac{u+V_R}{u-V_s}\nu_s \tag{5.42}$$

这就是多普勒频移公式.总之,波源与观察者相互靠近时,$V_s>0$,$V_R>0$,$\nu_R>\nu_s$;相互远离时,$V_s<0$,$V_R<0$,$\nu_R<\nu_s$.

多普勒效应是一切波动过程的共同特征,不仅机械波有多普勒效应,电磁波也有多普勒效应.由于电磁波的传播不依赖于介质,所以接收到的频率只需考察波源与观察者之间的相对运

动,又由于电磁波以光速传播,所以涉及相对运动时必须考虑相对论的时空变换关系.

多普勒效应有很重要的应用.例如利用超声波的多普勒效应来诊断心脏的跳动情况、测量血流速度,利用微波的多普勒效应可以监测车辆速度、用于报警等.天文学家发现来自所有星体的光谱都存在“红移”现象,即接受频率变低的多普勒效应,这对研究宇宙爆炸理论提供了有力的证据.

例 5.8 两列火车分别以 $v_1=20\ \text{km}\cdot\text{h}^{-1}$ 和 $v_2=15\ \text{km}\cdot\text{h}^{-1}$ 的速度相向行驶,如果第一列火车的汽笛声波的频率为 $\nu=600\ \text{Hz}$,空气中的声速为 $u=340\ \text{m}\cdot\text{s}^{-1}$;求:第二列火车上的观察者接收到汽笛声的频率.

解 由于 $V_s=v_1=20\ \text{m}\cdot\text{s}^{-1}$,$V_R=v_2=15\ \text{m}\cdot\text{s}^{-1}$,$\nu=600\ \text{Hz}$,$u=340\ \text{m}\cdot\text{s}^{-1}$;根据多普勒频移公式

$$\nu_R=\frac{u+V_R}{u-V_s}\nu=\frac{340+15}{340-20}\times600\ \text{Hz}=666\ \text{Hz}$$

▶ 思考题

思 5.6 波源向着观察者运动和观察者向着波源运动都会产生频率增高的多普勒效应,这两种情况有何区别?

*5.8 声波、超声波与次声波的应用

声源体发生振动会引起四周空气振荡,以波的形式传播,我们把它叫做声波.声波借助各种介质向四面八方传播.在开阔空间的空气中是一种球形的阵面波.声音是指可听声波的特殊情形,对于人耳的可听声波,频率范围是 20 Hz~20 kHz,如果物体振动频率低于 20 Hz 或高于20 000 Hz,人耳就听不到了,高于 20 000 Hz 的波称为超声波,而低于 20 Hz 的波称为次声波.

声波的强度称为声强.人的听觉不仅与声波的频率范围有关,还与声强的大小有关,对多数人的正常听觉而言声波频率为 1 000 Hz 时,能觉察的最弱声强约为 $10^{-12}\ \text{W}\cdot\text{m}^{-2}$,能觉察的最强的声强约为 $1\ \text{W}\cdot\text{m}^{-2}$,大于此值的声强通常只能引起人耳的痛觉.由于最弱和最强声强的数量级相差悬殊,所以通常用声强级表示声音的强弱.

声强级定义为

$$L=10\lg\frac{I}{I_0}\ \text{dB}$$

式中 I_0 称为基准声强,是声波频率为 1 000 Hz 时能觉察的最弱声强,即

$$I_0=1\times10^{-12}\ \text{W}\cdot\text{m}^{-2}$$

声强级的单位是分贝(dB).通常微风吹拂树叶的声强级约为 15 dB;正常谈话的声强级约为 60~70 dB;室内噪音达到 80 dB 以上,会感到交谈困难;长期在 90 dB 以上的高噪音环境下工作,会损坏听觉,影响健康.

超声波和次声波在人们的生产实践以及军事领域有着广泛的应用.

超声波方向性好,穿透能力强,易于获得较集中的声能,在水中传播距离远,可用于测距、测

速、清洗、焊接、碎石、杀菌消毒等，在军事、工业、农业上有很多的应用，通常用于医学诊断的超声波频率为 1~5 MHz.在我国北方干燥的冬季，如果把超声波通入水罐中，剧烈的振动会使罐中的水破碎成许多小雾滴，再用小风扇把雾滴吹入室内，就可以增加室内空气湿度.这就是超声波加湿器的原理.如咽喉炎、气管炎等疾病，很难利用血流使药物到达患病的部位，利用加湿器的原理把药液雾化，让病人吸入能够提高疗效.利用超声波巨大的能量还可以使人体内的结石做剧烈的受迫振动而破碎，从而减缓病痛，达到治愈的目的.次声波具有很强的穿透能力，可以穿透建筑物、掩蔽所、坦克、船只等障碍物.7 000 Hz 的声波用一张纸即可阻挡，而 7 Hz 的次声波可以穿透十几米厚的钢筋混凝土.地震或核爆炸所产生的次声波可将岸上的房屋摧毁.次声波如果和周围物体发生共振，能放出相当大的能量，次声波会干扰人的神经系统正常功能，危害人体健康.一定强度的次声波，能使人头晕、恶心、呕吐、丧失平衡感甚至精神沮丧.有人认为，晕车、晕船就是车、船在运行时伴生的次声波引起的.住在十几层高的楼房里的人，遇到大风天气，往往感到头晕、恶心，这也是因为大风使高楼摇晃产生次声波的缘故.更强的次声波还能使人耳聋、昏迷、精神失常甚至死亡.

阅读材料 5

非线性波和孤波

非线性波就是由非线性方程所描述的波，和所有的非线性一样，非线性波不遵循叠加原理.

1. 非线性效应对波动的影响

在前面的讨论中，认为传播波动的介质是弹性的，也就是说波的传播速度只与介质的性质有关，但实际上，波速还与介质内质点的振动状态有关.当波动振幅较大时，介质中波动的波动方程变为非线性的.一般来说，讨论非线性波动方程的解析解几乎是不可能的.因此，只能粗略地介绍一下非线性效应对波动的影响.非线性效应的影响导致波动叠加原理的失效.例如原来是正弦波，由于非线性因素所致，在传播一段距离后可能变成非正弦波，即由原来的单一频率波变成含有各高次频率的复合波.

2. 孤波

介质的色散性是指波速与频率有关，而非线性是指波速与质点振动状态有关.如果介质既是色散的又是非线性的，那么在色散效应和非线性效应的共同作用下可能出现一种特殊波——孤波.

在 1834 年 8 月，英国科学家、造船工程师约翰・罗素（John Scott Russell，1808—1882）观察到一只运行的木船船头挤出一堆水来；当船突然停下时，这堆水竟保持着它的形状，以每小时大约 13 千米的速度往前传播.10 年后，在英国科学促进协会第 14 届会议上，他发表了一篇题为《论水波》的论文，描述了这个现象.他把这团奇特的运动着的水堆称为“孤立波”或“孤波”.

1895 年德国的两位科学家 D.Korteweg 和 G.de Vrise 根据流体力学的理论研究了浅水槽中水的运动过程，设计出一个数学模型，浅水波的动力学方程为

$$\frac{\partial y}{\partial t}-6y\frac{\partial y}{\partial x}+\frac{\partial^3 y}{\partial x^3}=0$$

这就是著名的 KdV 方程，它的一个特解是

$$y=-\frac{u}{2}\mathrm{sech}^2\left[\frac{\sqrt{u}}{2}(x-ut)\right]$$

式中的常量 u 由初始条件决定，此波的波形就是一个钟形孤波，它以恒定的速度 u 向前传播.从 KdV 方程看，本身包含了非线性项和色散项，这两者都是使波包变形的原因，但两者的作用正好相反，只有波包具有稳定的形状和速度时，两种效应正好相互抵消这时才能形成孤波，所以孤波是色散效应和非线性效应达到平衡时的产物.

1965 年以后，人们进一步发现，除水波外，其他一些物质中也会出现孤波.在固体物理、等离子体物理、光学实验中，都发现了孤立子（或称孤子）.孤子与孤波的运动很相似，在传播过程中具有定域性、稳定性和完整性.因为光孤子不改变其波形、速度，光纤孤子通信具有失真小、保密性好等优点，对它的研究吸引了人们越来越多的注意，并正在成为现代通信技术的热门课题和重要发展方向.

习 题 5

5-1 已知一平面简谐波方程 $y=0.25\cos(125t-0.37x)$(SI 单位),分别求(1) $x_1=10$ m 和 $x_2=25$ m 两点处质点的振动方程;(2) x_1 和 x_2 两点间的振动相位差;(3) $t=4$ s 时 x_1 点的振动位移.

5-2 已知一列平面简谐波沿 x 轴正向传播,距坐标原点 O 为 x_1 处 P 点的振动式为 $y=A\cos(\omega t+\varphi)$,波速为 u,求:(1) 平面波的波动式;(2) 若波沿 x 轴负向传播,波动式又如何?

5-3 图示为一平面简谐波在 $t=0$ 时刻的波形图,求:(1) 该波的波动方程;(2) P 处质点的振动方程.

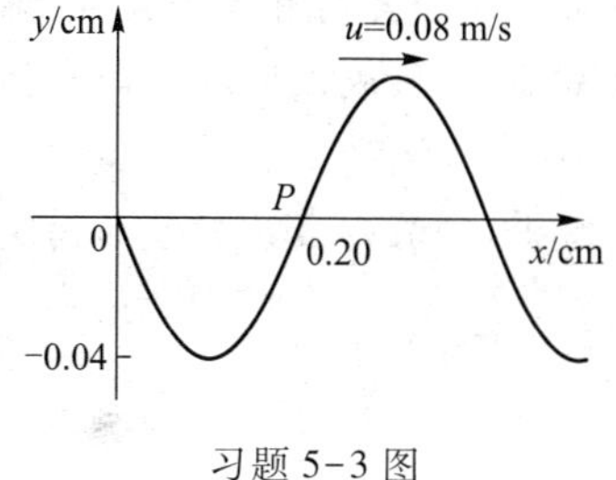

习题 5-3 图

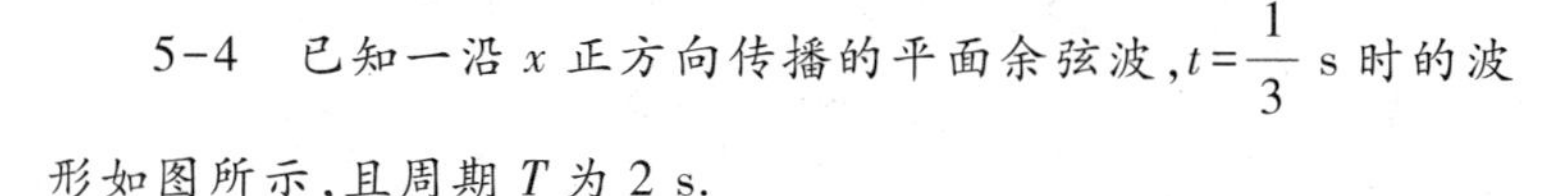

5-4 已知一沿 x 正方向传播的平面余弦波,$t=\dfrac{1}{3}$ s 时的波形如图所示,且周期 T 为 2 s.

(1) 写出 O 点的振动表达式;

(2) 写出该波的波动表达式;

(3) 写出 A 点的振动表达式;

(4) 写出 A 点离 O 点的距离.

5-5 一平面简谐波以速度 $u=0.8\ \mathrm{m\cdot s^{-1}}$ 沿 x 轴负方向传播.已知原点的振动曲线如图所示.试写出:(1) 原点的振动表达式;(2) 波动表达式;(3) 同一时刻相距 1 m 的两点之间的相位差.

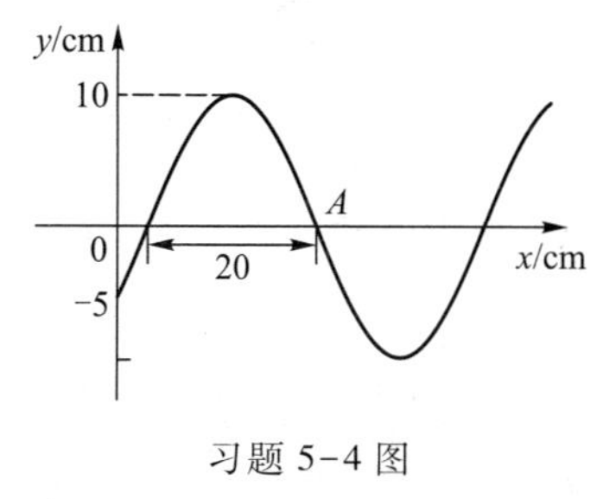

习题 5-4 图

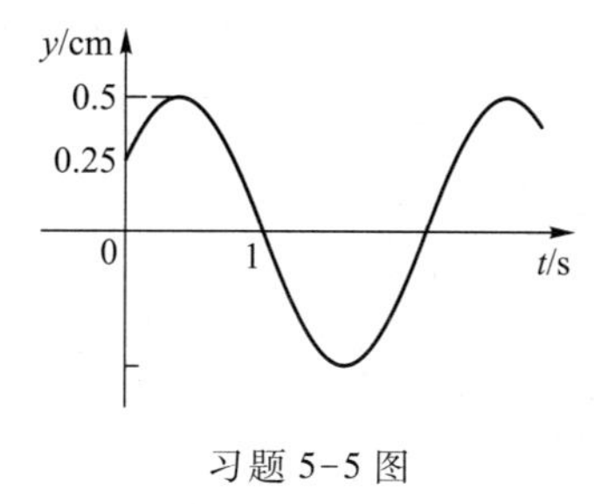

习题 5-5 图

5-6 某质点做简谐振动,周期为 2 s,振幅为 0.06 m,开始计时($t=0$),质点恰好处在负向最大位移处,求该质点的振动方程;若此振动以速度 $u=2\ \mathrm{m\cdot s^{-1}}$,沿 x 轴正方向传播时,形成一维简谐波的波动方程,求该波的波长.

5-7 一弹性波在介质中传播的速度 $u=10^3\ \mathrm{m\cdot s^{-1}}$,振幅 $A=1.0\times10^{-4}$ m,频率 $\nu=10^3$ Hz.若该介质的密度为 $800\ \mathrm{kg\cdot m^{-3}}$,求:(1) 该波的平均能流密度;(2) 1 分钟内垂直通过面积 $S=4.0\times10^{-4}\ \mathrm{m^2}$ 的总能量.

5-8 S_1 与 S_2 为左、右两个振幅相等的相干平面简谐波源,它们的间距为 $d=\dfrac{5\lambda}{4}$,S_2 质点的振动比 S_1 超前$\dfrac{\pi}{2}$,设 S_1 的振动方程为 $y_{10}=A\cos\dfrac{2\pi}{T}t$,且介质无吸收,(1) 写出 S_1 与 S_2 之间的合

成波动方程;(2) 分别写出 S_1 左侧与 S_2 右侧的合成波动方程.

5-9　设 S_1 与 S_2 为两个相干波源,相距 $\frac{1}{4}$ 波长,S_1 比 S_2 的相位超前 $\frac{\pi}{2}$.若两波在 S_1、S_2 连线方向上的强度相同且不随距离变化,问 S_1、S_2 连线上在 S_1 外侧各点合成波的强度如何? 在 S_2 外侧各点的强度又如何?

5-10　绳索上的波以波速 $u=25\ \mathrm{m\cdot s^{-1}}$ 传播,若绳的两端固定,相距 2 m,在绳上形成驻波,且除端点外其间有 3 个波节.设驻波振幅为 0.1 m,$t=0$ 时绳上各点均经过平衡位置.沿绳的方向为 x 轴,设形成该驻波的向 x 轴正向传播的其中一列行波的波动方程为

$$y_1=0.05\cos(50\pi t-2\pi x)\ (\text{SI 单位})$$

试写出:(1) 形成该驻波的向 x 轴负向传播的另一列行波的波动方程;(2) 驻波的表示式.

第三篇　热学

热学是研究物质的各种热现象和变化规律的一门学科.它起源于人们对冷热现象的探索,人们为了明确地表征物体的冷热程度引入了温度的概念,并把与温度相关的现象称为热现象,

热学有两种不同的描述方法——热力学和统计物理学.

热力学是热现象的宏观理论,它是从通过对大量热现象的直接观察和实验测量中总结出来的基本定律(例如热力学第一定律和热力学第二定律)出发,运用逻辑推理和数学推理的方法来研究热力学系统和热力学过程的宏观性质和一般规律.热力学第一定律是在19世纪由迈耶(R. J. Mayer)、焦耳(J. P. Joule)、亥姆霍兹(H. von Helmholtz)等人在实验的基础上建立的与热现象有关的能量守恒与转化的热力学定律;而热力学第二定律则是开尔文(Kelvin)、克劳修斯(R. Clausius)等人建立的描述能量传递方向的热力学定律.

统计物理学是热现象的微观理论,它是从物质的微观结构出发,通过物理简化模型,运用统计方法来研究微观量和宏观量之间的关系和大量分子运动所遵循的统计规律.19世纪由克劳修斯、麦克斯韦(J. C. Maxwell)、玻耳兹曼(L. Boltzmann)、吉布斯(J. W. Gibbs)等人在经典力学基础上建立起经典统计物理.20世纪初,狄拉克(P. A. M. Dirac)、爱因斯坦(A. Einstein)、费米(E. Fermi)、玻色(S. Bose)等人在量子力学基础上又建立了量子统计物理.

热力学的结论来源于实验,具有可靠性好的特点,但同时它对问题的本质缺乏深入的阐述;统计物理学的分析对热现象的本质给出了解释,但其正确性需要热力学结论来验证.这两种不同的描述方法相互结合,准确深入地揭示了热现象的本质.

本篇共分两部分:气体动理论与热力学基础.

第6章 气体动理论

气体动理论(kinetic theory of gases)也称分子物理学,是在物质结构分子学说的基础上,为说明气体的物理性质和气态现象而发展起来的理论.它开始于19世纪,于20世纪20年代形成完整的理论.

气体是由大量做无规则热运动的气体分子构成的系统.这种以大量粒子为研究对象的系统称为热力学系统.对于单个气体分子而言,它的热运动具有偶然性和无序性,因此用经典力学的方法研究单个气体分子的运动情况是没有意义的;但对于大量气体分子而言,它们的热运动却存在一定的规律性,并且存在确定可测的宏观性质.这种大量的偶然事件在宏观上表现的规律性称为统计规律性.气体动理论就是从气体分子热运动的观点出发,运用统计方法研究大量气体分子的宏观性质和统计规律的理论,它是统计物理学最基本的内容.

本章将根据力学规律和运用统计方法,研究气体宏观性质的微观本质和大量分子在平衡态下所遵循的统计规律.

6.1 气体系统状态的描述

6.1.1 平衡态和状态参量

1. 热力学系统

对于热力学系统,系统外的一切物体或外界环境称为外界,依据其与外界之间进行能量和物质交换的特点,我们可把系统分为孤立系统、封闭系统和开放系统三类.**孤立系统**是指与外界既无能量交换,又无物质交换的系统;**封闭系统**是指与外界仅有能量交换,而无物质交换的系统;**开放系统**是指与外界既有能量交换,又有物质交换的系统.

2. 热力学系统的平衡态

热力学系统的宏观状态可分为平衡态和非平衡态.在没有外界影响的条件下,系统的宏观性质不随时间变化的状态称为**平衡态**,否则称为**非平衡态**.

如图6-1所示,有一封闭容器,用隔板分成左、右两室.初始时使左室中充满某种气体,右室真空,气体分子均匀分布在左室中.现在如果把隔板抽走,则气体分子逐渐从左室向右室运动.开始时,两室中气体的压强、密度等不相同,而且随着时间不断变化,这样的状态就是非平衡态.经过一段足够长的时间后,气体分子均匀分布在整个容器中,整个容器中的压强、密度和温度必定会达到处处一致,如果再没有外界的影响,则容器中的气体将保持状态不变,这时容器内气体所处的状态即为平衡态.

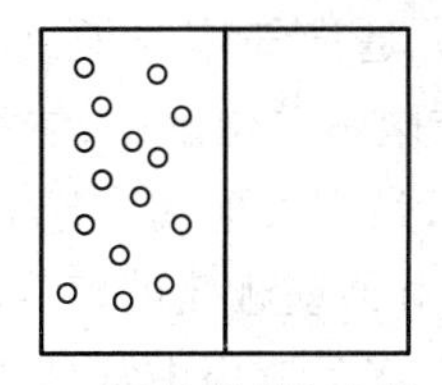

(a) 有隔板的封闭容器

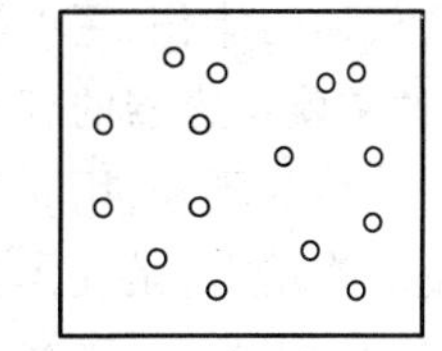

(b) 抽去隔板的封闭容器

图6-1 平衡态与非平衡态

对于平衡态的理解,首先明确平衡态仅是指系统的宏观性质不随时间变化,组成系统的微观粒子则始终在做无规则的热运动.因此热力学中的平衡态是一种动态平衡,称为**热动平衡**,这种平衡与力学中的平衡是不一样的.其次平衡态是一种理想状态,是在一定条件下对实际情况的理想抽象.事物是普遍联系的,因而真正"不受外界影响"的孤立系统在实际中是不存在的.在实际问题中,如果系统所受外界的影响可以忽略,当系统处于相对稳定的情况时,可近似认为该系统处于平衡态.最后,平衡态不同于系统受恒定外界影响所达到的稳定态.例如一金属杆两端分别始终与温度保持恒定的沸水和冰水接触,热量不断从一端传往另一端,经过一段时间,则杆各处温度虽然不同却并不随时间变化,达到宏观性质不变的稳定状态,这种状态称为**稳定态**.但稳定态并不是平衡态,因为虽然金属杆的宏观状态稳定,但它一直处在外界影响之下,不断有热量沿杆从高温端传递到低温端;当然金属杆各处的温度和密度也不尽相同,这一点就请聪明的读者自己找原因了.

当热力学系统处于平衡态时,由平衡态的概念可知其宏观性质将不随着时间而改变,因此表示其宏观性质的状态参量将保持不变.首先,处于平衡态的系统,系统内温度处处相同.我们把这一性质称为平衡态的热平衡条件.若系统内温度不均匀,则系统还没有处于平衡态,系统内发生热传递现象,直到系统内温度处处均匀为止,此时系统达到平衡态.其次,处于平衡态的系统,系统内压强处处相等.我们把这一性质称为平衡态的力学平衡条件.若系统内压强不均匀,则系统还没有处于平衡态,系统内粒子受到压力的作用从高压的区域向低压的区域运动,直到系统内压强处处相同为止,此时系统达到平衡态.然后,处于平衡态的系统,系统内各组分的密度和浓度都处处相同.若系统内某种组分的密度不均匀,则系统还没有处于平衡态,系统内发生扩散现象,直到系统内各组分的密度都处处均匀为止,此时系统达到平衡态.

3. 状态参量

当热力学系统处在平衡态时,其一系列宏观性质不随时间变化,描述系统宏观性质相应的物理量都具有确定值,如体积、压强等.这些宏观量与系统所处的状态有关,称为系统的态函数.一般来说,对于给定的系统,这样的态函数有若干个.我们把可以独立改变的并足以确定热力学系统平衡态的一组宏观量称为系统的**状态参量**.例如,一定质量的某种气体处在平衡态时,一般选择气体的体积 V、压强 p 和温度 T 这三个量来描述它的状态.气体的体积、压强和温度等物理量称为**气体系统的状态参量**.为了详尽地描述气体系统状态,有时还需要知道别的状态参量.比如说,如果系统是由多种物质组成的,那就必须知道它们的浓度;如果系统处在电场或磁场中,还需要知道电场强度或磁感应强度.一般来说,我们常用几何参量、力学参量、化学参量和电磁参量等四类参量来描述系统的状态.究竟需要哪几个参量才能完全地描述系统的状态要由研究问题的性质而定.

气体的体积,用 V 表示,是指气体分子热运动所能活动的空间,并非气体分子本身体积的和,通常就是容器的容积.在国际单位制中,体积的单位是立方米,符号为 m^3.

气体的压强,用 p 表示,是指大量气体分子频繁作用于容器器壁并指向器壁单位面积上的平均垂直作用力,是气体分子对器壁碰撞的宏观表现.在 SI 单位中,压强的单位是帕斯卡,符号为 Pa. $1\ Pa=1\ N\cdot m^{-2}$.过去,在实际应用中常见的单位还有标准大气压(atm)和毫米汞柱(mmHg).它们之间的换算关系为

$$1\ atm=1.013\times10^5\ Pa=760\ mmHg$$

思考题

思 6.1 气体平衡态有什么特征?

思 6.2 稳定态与平衡态有什么区别?

6.1.2 热力学第零定律温度

温度表征物体的冷热程度,温度概念的引入和定量测量都是以热力学第零定律为基础的,因此我们首先介绍一下热力学第零定律.

1. 热平衡

在生活中,我们经常能够看到这样的现象,当我们手中捧着一杯热水时,如果杯子是金属杯或玻璃杯时手会感觉发烫,如果用的是真空保温杯则感觉不到烫.手感觉到烫说明有热量传导到手上,感觉不到热则说明没有热量的传导,因此反映出金属杯和玻璃杯是导热的,而真空保温杯几乎是绝热的.

我们把这种两个物体通过导热材料互相接触称为相互热接触.实验发现,如果我们将热接触的两个物体孤立起来,那么经过足够长的时间后,它们的宏观状态不再随着时间变化,称为两物体达到**热平衡**.

2. 热力学第零定律

如果有三个物体 A、B、C,其中 A 和 B 相互热接触,B 和 C 相互热接触,实验发现当 A 和 B 达到热平衡,同时 B 和 C 也达到热平衡,则 A 和 C 一定也达到热平衡,这一规律称为**热力学第零定律**.

3. 温度

通过热力学第零定律我们看到热平衡具有可传递性,这种可传递性反映出处在热平衡的两个物体一定具有某种唯一的共同属性.处在热平衡的系统所具有的共同属性称为**温度**,用 T 或 t 表示.

处在热平衡的物体一定具有相同的温度,这是温度计测量温度的依据. 如果温度计与待测物体处于热平衡,则温度计与待测物体具有相同的温度.

4. 温标

温度宏观上可简单地认为是表示物体冷热程度的量度.微观上来讲,温度是物体分子热运动剧烈程度的量度.温度只能通过物体随温度变化的某些特性(称为测温性质)来间接测量,为了定量地计量物体的温度,需要先规定温度的分度法,再规定某一特定状态(称为参考点)温度的具体数值.温度的数值表述称为温标,每一种具体规定的数值表示法称为一种**温标**.这里我们仅介绍最常用的两种温标——摄氏温标和热力学温标.

(1) 摄氏温标

历史上规定:在一个标准大气压下,纯水和纯冰达到平衡时的温度为 0 度(符号℃),纯水和水蒸气达到平衡时的温度为 100 度.中间温度值与具体温度计选择有关,对于酒精或水银温度计,认为它们的体积随着温度线性变化,把 0 度和 100 度刻度值之间均分 100 个刻度,刻度值每升高一个刻度表示温度值升高 1 度.

由于各种物质的各种测温性质,比如水银和酒精的体积、铂丝和各种半导体的电阻,以及各种温差电偶的温差电动势等,它们随温度的变化不可能都是一致的.如果把某种物质的测温性质与温度的关系确定为线性,则其他测温性质与温度的关系就可能不是线性的.这就导致选择不同的测温物质的同一测温属性,或同一测温物质的不同测温属性所建立起来的温标可能不一致.也就是说所建立的温标与温度计的测温物质和测温性质有关.

(2) 热力学温标

在以后所学的热力学第二定律的基础上,还可以引入一种不依赖于测温物质的温标,温度由卡诺循环的热量来规定,称为**热力学温标**.由于热力学温标不依赖任何测温物质,因此它所表示的温标是确定的、绝对的,又称为**绝对温标或开尔文温标**.由热力学温标确定的温度称为热力学温度,单位为开尔文,符号 K.热力学温标规定纯水的三相点的温度为 273.16 K.

摄氏温标与绝对温标的温度值的换算关系为

$$T/\mathrm{K}=t/^{\circ}\mathrm{C}+273.15$$

6.1.3 理想气体物态方程

1. 气体实验定律

(1) 玻意耳定律

1662 年,英国化学家玻意耳(Boyle)根据实验结果提出"在密闭容器中的定量气体,在恒温下,气体的压强和体积成反比关系",这一关系称为玻意耳定律.

(2) 查理定律

法国科学家查理(Charles)通过实验发现"体积不变时,一定质量的理想气体的压强与热力学温度成正比",这一关系称为查理定律.

(3) 盖吕萨克定律

1802 年,法国科学家盖吕萨克通过实验发现"压强不变时,一定质量气体的体积跟热力学温度成正比",这一关系称为盖吕萨克定律.

(4) 阿伏伽德罗定律

1811 年,意大利化学家阿伏伽德罗通过实验发现"在同温同压下,相同体积的气体含有相同数目的分子",这被称为阿伏伽德罗定律.由此可知在相同的温度和压强下,物质的量相等的各种气体(严格来讲应为理想气体)所占的体积相同.且实验指出,1 mol 任何气体在标准状况下所占有的体积都为 22.4 L,我们把"22.4 $\mathrm{L\cdot mol^{-1}}$"称为在标准状态下气体的摩尔体积.

2. 理想气体

严格遵守上述实验定律的气体称为理想气体,这是一个理想的模型.一般在温度足够高,压强足够小的情况下,实际气体都可近似地看成理想气体.所谓温度足够高,要求气体温度远远高于它的液化临界温度;压强足够小要求气体压强远远高于它的液化临界压强.不同气体的临界温度和临界压强是不同的,因此可以看成理想气体的条件也不相同.对于空气中的各种气体(比如氧气、氮气、氢气、氦气等)临界温度很低(约几十开)和临界压强很大(约几十个大气压),所以在常温常压下(例如标准态),都可以作为理想气体.但是有些气体(例如水蒸气)在常温常压下(例如标准态)就不能看成理想气体了.

3. 理想气体物态方程

根据上述气体实验定律可以得到,对一定质量的气体,当压强不太大(和大气压相比),温度

不太低(和室温相比)时,p、V、T 之间有下列关系式:

$$\frac{pV}{T}=C \tag{6.1}$$

由阿伏伽德罗定律可以确定,式(6.1)中常量 C 在标准状态下为

$$C=\frac{p_0V_0}{T_0}=\nu\frac{p_0V_{0m}}{T_0}\equiv\nu R \tag{6.2}$$

其中 $p_0=1.013\times10^5\ \mathrm{Pa}$;$T_0=273.15\ \mathrm{K}$;$\nu$ 为气体的物质的量;气体摩尔体积 $V_{0m}=22.4\ \mathrm{L\cdot mol^{-1}}$.由此可得

$$R=\frac{p_0V_{0m}}{T_0}=8.31\ \mathrm{J/(mol\cdot K)} \tag{6.3}$$

称为摩尔气体常量(也称为普适气体常量).结合式(6.1)、式(6.2)可得

$$pV=\nu RT=\frac{m}{M}RT \tag{6.4}$$

式中 m 为气体质量,M 为摩尔质量,该式就称为**理想气体物态方程**.

引入玻耳兹曼常量

$$k=\frac{R}{N_A}=1.38\times10^{-23}\ \mathrm{J/K} \tag{6.5}$$

其中 $N_A=6.022\times10^{23}\ \mathrm{mol^{-1}}$,为阿伏伽德罗常量.则有

$$pV=\nu N_AkT=NkT$$

$$p=\frac{NkT}{V}=nkT \tag{6.6}$$

其中 n 为单位体积内的分子数,称为气体分子的数密度.

例 6.1 一容器内有氧气 0.5 kg,压强为 $10\times1.01\times10^5\ \mathrm{Pa}$,温度为 47 ℃,因容器漏气,过一段时间后,压强减到原来的一半,温度降到 27 ℃,求:(1) 容器体积;(2) 漏了多少氧气(氧气分子的相对分子质量为 32).

解 (1) 由理想气体物态方程式(6.4)可知容器体积为

$$V=\frac{mRT}{Mp}=\frac{0.5\times8.31\times(273+47)}{32\times10^{-3}\times10\times1.01\times10^5}\ \mathrm{m^3}=4.1\times10^{-2}\ \mathrm{m^3}$$

(2) 容器漏气后,容器内压强为 p'、温度为 T'、质量为 m',则

$$m'=\frac{p'VM}{RT'}=\frac{5\times1.01\times10^5\times4.1\times10^{-2}\times32\times10^{-3}}{8.31\times(273+27)}\ \mathrm{kg}=0.27\ \mathrm{kg}$$

所以漏掉氧气质量为 $m-m'=(0.5-0.27)\,\mathrm{kg}=0.23\ \mathrm{kg}$.

思考题

思 6.3 在什么情况下,可以将气体作为理想气体来进行研究?

6.2 压强和温度的统计意义

热力学系统是由大量分子、原子等微观粒子组成的,各个粒子都在做无规则热运动.热力学系统的宏观性质一般用相应的状态参量来描述.那么系统的宏观状态参量(如温度、压强等)与这些微观粒子的运动有什么关系呢?本节将讨论气体压强、温度与气体分子运动的关系,从而揭示压强和温度的微观实质.

6.2.1 理想气体微观模型

从微观分子热运动基本特征出发,对理想气体模型作如下假定:

首先,理想气体分子本身大小与分子间的距离相比较,可以忽略不计.在标准状态下,气体分子间的平均距离约为分子有效直径的50倍.分子本身线度比起分子之间距离小得多而可忽略不计;气体越稀薄,分子间距比其有效直径更大,所以一般情况下,气体分子可视为质点.

然后,除碰撞瞬间外,分子间相互作用力可忽略不计.一般情况下,宏观物体内部,分子与分子之间存在着作用力,称为分子力.分子力是近程力,作用距离的数量级为10^{-9} m;由于理想气体分子间距很大,因此除碰撞瞬间有力作用外,分子的相互作用力可以忽略.所以分子在两次碰撞之间做自由的匀速直线运动.

其次,分子之间及分子与器壁间的碰撞可视为完全弹性碰撞.分子与分子之间的作用力都是保守力,所以分子发生碰撞的系统仅受内保守力作用,机械能是守恒的,碰撞前后没有机械能损失.因此分子间及分子与器壁之间的碰撞是完全弹性碰撞.

这就是理想气体的微观模型,也可以说理想气体分子是弹性的自由运动质点.

6.2.2 统计假设

热力学系统是由大量分子组成的.单个分子的运动遵循力学规律,但是由于支配分子运动的作用主要是分子之间的碰撞,所以各个分子都在做无规则热运动,每个分子的运动状态(例如某一时刻分子速度的大小和方向)都是完全随机的.因此,单个分子的运动可以看成一个随机事件,大量分子的运动可以看成大量随机事件组成的统计系统,遵循统计规律.

统计规律指出在相同的条件下每一个随机事件出现的概率都相等,因此处于平衡状态的理想气体,其性质还将符合如下两条统计假设:首先忽略重力的影响,平衡态时每个分子的位置处于容器内空间中任何一点的概率是相等的.简单地说,分子按位置的分布是均匀的.若以N表示容器体积V内的分子总数,则分子数密度n到处一样;其次在平衡态时,每个分子沿着任何一个方向运动的概率都是一样的.因此速度的每个分量的平均值相等,并且都为零.即

$$\overline{v}_x=\overline{v}_y=\overline{v}_z=0 \tag{6.7}$$

所以$\overline{v}=0$.由此还可以得出一条推论:速度的每个分量平方的平均值也应该相等,且速度的平方值在三个方向上均分.即

$$\overline{v_x^2}=\overline{v_y^2}=\overline{v_z^2}=\frac{1}{3}\overline{v^2} \tag{6.8}$$

上述统计假设只适用于由大量分子构成的集体行为.这些假设都具有一定的实验基础,所导

出的结果符合理想气体的性质.

6.2.3 理想气体压强公式

容器中气体宏观上施于器壁的压强,是大量气体分子对器壁不断碰撞的结果.无规则运动的气体分子不断与器壁相碰撞.就某一个分子来说,它对器壁的碰撞是断续的,而且它每次碰撞给器壁多大的冲量,碰在什么地方,都是偶然的、随机的.但就大量分子整体来说,每一时刻都有许多分子与器壁相碰,所以在宏观上就表现出一个恒定的、持续的压力.这好比在下雨天打伞,每一雨滴落在伞上何处,给伞多大的冲量,完全是随机的.但由于雨滴数目众多,每一时刻总有许多雨滴落在伞上,因此伞将受到一个持续的压力.由此可知气体压强在数值上等于单位时间内与器壁相碰撞的所有分子作用于器壁单位面积上的总冲量的统计平均值,这就是气体压强的微观本质.按照这一思想,我们可以推导出理想气体的压强公式.

假设有一长方形容器,边长为 a、b、c,如图 6-2 所示.在容器内有 N 个同类理想气体分子处于平衡态.由于容器内气体分子数量巨大,容器器壁中每个器壁均受到均匀的、连续的冲力.因为气体处于平衡态,各处的压强都相等,我们只需要计算任何一个器壁所受的压强即可.我们计算器壁 A 受到的压强.

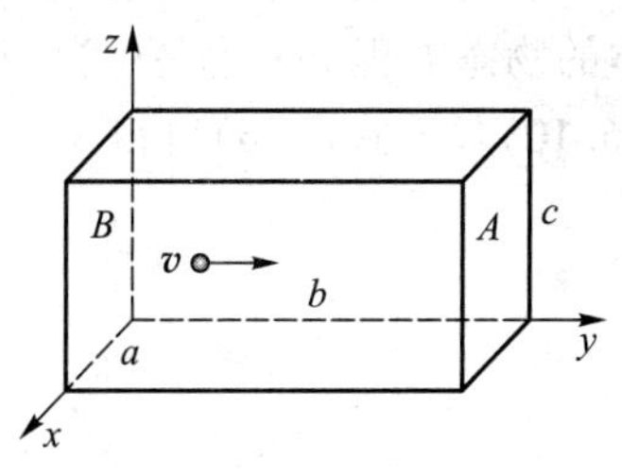

图 6-2 理想气体压强公式

考虑到气体分子速度有一定的分布,我们把分子速度标记为 $\boldsymbol{v}$,设其分子数密度为 n,器壁 A 面积 $\Delta S=ac$.第 i 个分子的质量为 m,速度为 $\boldsymbol{v}_i$, $\boldsymbol{v}_{iy}$是 $\boldsymbol{v}_i$ 的 y 分量.考虑第 i 个分子与器壁 A 碰撞.碰撞前,分子的动量为 $m\boldsymbol{v}_i$,动量在垂直于 A 方向(即 y 方向)的投影为 $p_{iy1}=mv_{iy}$.碰撞后,分子的速度在垂直于 A 方向的投影变为 $p_{ix2}=-mv_{ix}$,$p_{iy2}=-mv_{iy}$.x 方向动量增量为 $\Delta p_{iy}=p_{iy2}-p_{iy1}=-2mv_{iy}$.而该分子沿 y 轴运动的情况来看,它以 v_{iy}从器壁 A 弹回,飞向器壁 B,并与其碰撞,又以 v_{iy}回到器壁 A 再碰撞.所以相邻两次撞击器壁 A 需要时间为 $\tau=\dfrac{2b}{v_{iy}}$,单位时间的碰撞次数为$\dfrac{1}{\tau}=\dfrac{v_{iy}}{2b}$;由动量定理,第 i 个分子对器壁 A 的平均冲力大小为

$$F_i=\frac{\Delta p_{iy}}{\tau}=\frac{mv_{iy}^2}{b}$$

根据压强定义,器壁受到的压强大小为

$$p=\frac{\sum_i F_i}{\Delta S}=\frac{\sum_i mv_{iy}^2}{abc}=\frac{N}{abc}\frac{m\sum_i v_{iy}^2}{N}=nm\frac{\sum_i v_{iy}^2}{N}$$

由平均值的定义,有

$$\frac{\sum_i v_{iy}^2}{N}=\overline{v_y^2}$$

代入式(6.8),可得

$$p=nm\overline{v_y^2}=\frac{1}{3}nm\overline{v^2} \tag{6.9}$$

或者

$$p=\frac{2}{3}n\,\overline{\varepsilon_{\mathrm{kt}}} \tag{6.10}$$

式中$\overline{\varepsilon_{\mathrm{kt}}}=\frac{1}{2}m\,\overline{v^2}$为分子的平均平动动能.式(6.9)或式(6.10)就称为**理想气体的压强公式**.

理想气体压强公式把宏观量p和大量分子微观量的统计平均值$\overline{\varepsilon_{\mathrm{kt}}}$(或$\overline{v^2}$)联系起来,显示了宏观量与微观量的关系.压强具有统计意义,气体的压强是"大量分子"撞击器壁的"统计平均"效果,对一个或少数几个分子,压强的概念是没有意义的.

6.2.4 理想气体温度公式

温度是热力学中特有的一个物理量,它在宏观上表征了物体冷热状态的程度.我们由理想气体的物态方程和压强公式可以得出理想气体的温度和分子平均平动动能之间的关系.把式(6.10)代入式(6.6)可得

$$p=\frac{2}{3}n\,\overline{\varepsilon_{\mathrm{kt}}}=nkT$$

$$\overline{\varepsilon_{\mathrm{kt}}}=\frac{1}{2}m\,\overline{v^2}=\frac{3}{2}kT \tag{6.11}$$

上式即为**理想气体温度公式**.

该式说明气体的温度是与气体分子运动的平均平动动能成正比的.换句话说,温度公式揭示了气体温度的统计意义,即气体的温度是气体分子平均平动动能的量度.物体内部分子运动越剧烈,分子平均平动动能越大,则物体的温度越高.因此,可以说温度是物体内部分子无规则热运动剧烈程度的量度.如果两种气体的温度相同,则意味着这两种气体的分子平均平动动能相等;如果一种气体的温度高于另一种气体,则意味着这种气体的分子平均平动动能比另一种气体的分子平均平动动能要大.按照这个观点,热力学温度零度将是永远不可能达到的.温度是大量气体分子热运动的集体表现,具有统计意义,对于个别分子或极少数分子,谈温度是没有意义的.

利用式(6.11),我们可以求得气体分子的方均根速率

$$\sqrt{\overline{v^2}}=\sqrt{\frac{3kT}{m}}=\sqrt{\frac{3RT}{M}} \tag{6.12}$$

例 6.2 试求常温下氮气分子和氧气分子的平均平动动能和方均根速率.(设常温下 $T=20\ ^\circ\mathrm{C}$, $p=1.01\times10^5$ Pa.)

解 氮气分子和氧气分子的平均平动动能均为

$$\overline{\varepsilon_{\mathrm{kt}}}=\frac{3}{2}kT=\frac{3}{2}\times1.38\times10^{-23}\times(273+20)\ \mathrm{J}=6.07\times10^{-21}\ \mathrm{J}$$

氮气分子的方均根速率为

$$\sqrt{\overline{v_{\mathrm{N_2}}^2}}=\sqrt{\frac{3RT}{M}}=\sqrt{\frac{3\times8.31\times(273+20)}{28\times10^{-3}}}\ \mathrm{m\cdot s^{-1}}=511\ \mathrm{m\cdot s^{-1}}$$

$$\sqrt{\overline{v_{\mathrm{O_2}}^2}}=\sqrt{\frac{3RT}{M}}=\sqrt{\frac{3\times8.31\times(273+20)}{32\times10^{-3}}}\ \mathrm{m\cdot s^{-1}}=478\ \mathrm{m\cdot s^{-1}}$$

▶ 思考题

思 6.4 如果有两个理想气体系统，一种是氧气，一种为氮气，那么在相同的温度下两种气体分子的平均平动动能是否相等？

6.3 气体分子的速率分布律

6.3.1 麦克斯韦速率分布律

气体是由大量分子组成的.处在平衡态下的气体分子时刻不停地做杂乱无章的运动，分子间频繁地碰撞，使得每个分子的运动速度的大小和方向不断地改变，各分子的速度千差万别.但是，从整体上来说，气体分子的速度还是有规律的.早在 1859 年麦克斯韦（J. C. Maxwell）就用概率论和统计力学证明了，在平衡态下，理想气体分子按速率的分布有确定的规律，这个规律就叫做**麦克斯韦速率分布律**.麦克斯韦速率分布律的具体形式为

$$\frac{\mathrm{d}N}{N}=4\pi\left(\frac{m}{2\pi kT}\right)^{\frac{3}{2}}\mathrm{e}^{-\frac{mv^2}{2kT}}v^2\mathrm{d}v \tag{6.13}$$

式中，N 为平衡态下气体总分子数，m 为分子质量，T 为热力学温度，v 为分子速率，$\mathrm{d}v$ 为速率区间 $v\sim v+\mathrm{d}v$ 的间隔宽度，$\mathrm{d}N$ 为速率处在速率区间 $v\sim v+\mathrm{d}v$ 内的分子数.式（6.13）表示分布在速率区间 $v\sim v+\mathrm{d}v$ 内的分子数与总分子数的比率，也反映了分子速率处在 $v\sim v+\mathrm{d}v$ 区间内的概率.

6.3.2 速率分布函数及其曲线

1. 速率分布函数

可定义速率分布函数为

$$f(v)=\frac{\mathrm{d}N}{N\mathrm{d}v} \tag{6.14}$$

则

$$f(v)=\frac{\mathrm{d}N}{N\mathrm{d}v}=4\pi\left(\frac{m}{2\pi kT}\right)^{\frac{3}{2}}\mathrm{e}^{-\frac{mv^2}{2kT}}v^2 \tag{6.15}$$

称为**麦克斯韦速率分布函数**.

速率分布函数 $f(v)$ 的意义为：处在 v 附近单位速率区间的分子数与总分子数的比值，它反映了分子在速率空间中的概率密度的分布规律.将式（6.15）对速率积分，就可得到所有速率区间的分子数与总分子数的比，显然它等于 1，即

$$\int_0^\infty f(v)\,\mathrm{d}v=\int_0^N\frac{\mathrm{d}N}{N}=1 \tag{6.16}$$

称为速率分布函数的归一化条件.

2. 速率分布曲线

$f(v)-v$ 关系曲线称为麦克斯韦速率分布曲线，如图 6-3 所示.

(1) 由图 6-3 显然可知, $v \to 0, f(v) \to 0$; $v \to \infty$, $f(v) \to 0$; 这表明气体分子速率非常小或非常大的概率都是很小的.

(2) 图中曲线下宽度为 $\mathrm{d}v$ 的阴影面积就等于

$$f(v)\,\mathrm{d}v=\frac{\mathrm{d}N}{N}$$

即为该区域内的分子数与总分子数的比值; 由归一化条件可知曲线下的总面积等于 1. 由此可知, 速率在 $v_1 \sim v_2$ 之间的分子数与总分子数的比值为

$$\frac{\Delta N}{N}=\int_{v_1}^{v_2} f(v)\,\mathrm{d}v \tag{6.17}$$

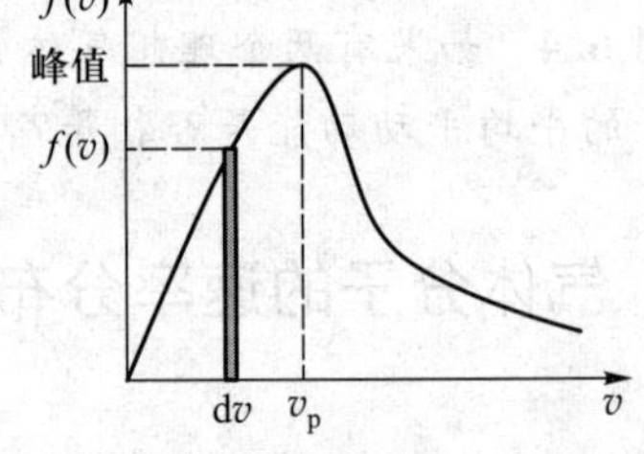

图 6-3　速率分布曲线最概然速率 v_p

(3) 见图 6-3 速率分布曲线具有一个峰值, 对应于速率 v_p, 称为最概然速率. 表明处在 $v_p \sim v_p+\mathrm{d}v$ 速率区间的分子数最多, 换句话说就是从系统中任意挑选一个分子, 这个分子的速率处在 $v_p \sim v_p+\mathrm{d}v$ 速率区间的可能性最大.

▶ 思考题

思 6.5　简述麦克斯韦速率分布函数的几何意义.

6.3.3　三种统计速率

1. 最概然速率

麦克斯韦速率分布曲线的峰值对应于速率 v_p; 速率在 v_p 附近的分子数最多, 因此 v_p 称为**最概然速率**, 其大小可通过对 $f(v)$ 求极值得到. 由极大值条件 $\left.\frac{\mathrm{d}f(v)}{\mathrm{d}v}\right|_{v=v_p}=0$ 可得

$$v_p=\sqrt{\frac{2kT}{m}}=\sqrt{\frac{2RT}{M}} \tag{6.18}$$

如图 6-4 所示, 通过比较氮气在 300 K 和 900 K 时的速率分布曲线, 我们发现温度越高, 最概然速率 v_p 越大, 峰值 $f(v_p)$ 越小. 如图 6-5 所示, 在一定的温度下, 气体的摩尔质量 (或分子质量) 越小, 最概然速率 v_p 越大, 峰值 $f(v_p)$ 越小.

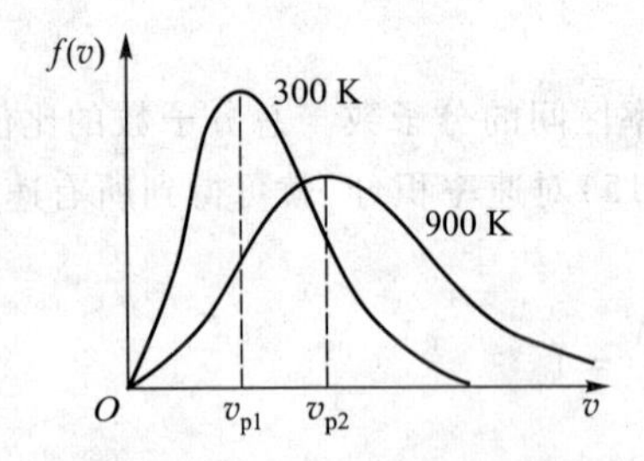

图 6-4　氮气在 300 K 和 900 K 麦克斯韦速率分布曲线

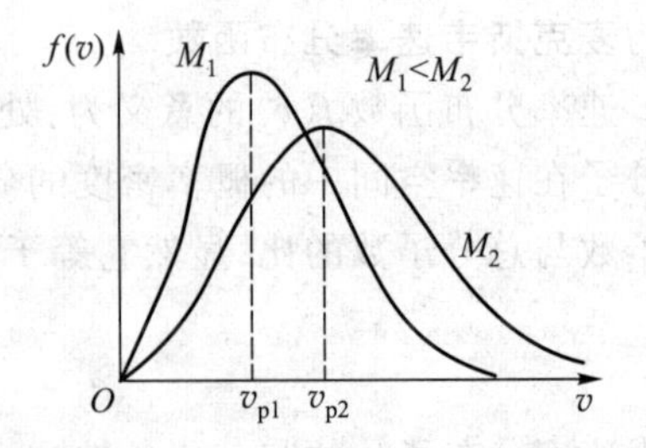

图 6-5　不同相对分子质量的气体分子

2. 平均速率

由式 (6.15) 可知分布在 $v \sim v+\mathrm{d}v$ 区间的分子数为 $\mathrm{d}N=Nf(v)\,\mathrm{d}v$. 由于 $\mathrm{d}v$ 很小, 所以可以认

为 dN 个这些分子的速率都等于 v.因此这 dN 个分子的速率之和为 vdN.全部分子的速率之和即为

$$\int_0^\infty v\mathrm{d}N = N\int_0^\infty vf(v)\,\mathrm{d}v$$

由此可知平均速率为

$$\bar{v} = \frac{\int_0^\infty v\mathrm{d}N}{N} = \int_0^\infty vf(v)\,\mathrm{d}v = \sqrt{\frac{8kT}{\pi m}} = \sqrt{\frac{8RT}{\pi M}} \tag{6.19}$$

3. 方均根速率

同理由于速率分布在 $v \sim v+\mathrm{d}v$ 区间的 dN 个分子速率都可认为等于 v,因此这 dN 个分子速率平方和为 v^2dN,所以有

$$\overline{v^2} = \frac{\int_0^\infty v^2\mathrm{d}N}{N} = \int_0^\infty v^2 f(v)\,\mathrm{d}v = \frac{3kT}{m}$$

$$\sqrt{\overline{v^2}} = \sqrt{\frac{3kT}{m}} = \sqrt{\frac{3RT}{M}} \tag{6.20}$$

显然,对于确定的气体系统温度越高,三种速率就越大;温度越低,三种速率就越小.在一定的温度下,气体的摩尔质量(或分子质量)越小,三种速率就越大;气体的摩尔质量(或分子质量)越大,三种速率就越小.

例 6.3 在容积为 10^{-2} m^3 的容器中,装有质量为 200 g 的氧气,若气体分子的方均根速率为 200 m · s^{-1},求:(1) 气体的压强;(2) 气体的温度.

解 气体的质量密度为

$$\rho = mn = m\frac{N}{V}$$

(1) 由压强公式,可得气体的压强

$$p = \frac{1}{3}mn\overline{v^2} = \frac{1}{3}\frac{N}{V}\overline{v^2} = \frac{0.2\times200^2}{3\times10^{-2}}\ \mathrm{Pa} = 2.67\times10^5\ \mathrm{Pa}$$

(2) 由 $\overline{\varepsilon_{\mathrm{kt}}} = \frac{1}{2}m\overline{v^2} = \frac{3}{2}kT$,得气体的温度

$$T = \frac{2\overline{\varepsilon_{\mathrm{kt}}}}{3k} = \frac{0.2\times22.4\times10^{-3}\times200^2}{10^{-2}\times6.02\times10^{23}\times3\times1.38\times10^{-23}}\ \mathrm{K} = 719\ \mathrm{K}$$

思考题

思 6.6 最概然速率的物理意义是什么?

*6.3.4 速率分布律实验验证

麦克斯韦速率分布律提出后,物理学家就试图用实验加以验证.由于条件的限制,直到 20 世纪 20 年代随着高真空技术的发展,麦克斯韦速率分布律的实验验证才得以实现.1920 年由施特恩(Stern)做了第一次实验,对麦克斯韦速率分布律进行了验证.1955 年库什(Kusch)和米勒(Miller)又进行了一次高精度的实验,验证麦克斯韦速率分布律.

我们介绍一下库什和米勒所做的实验.如图 6-6 所示.A 是金属蒸气源,从金属蒸气源中产生的分子通过狭缝形成一条很窄的分子射线.B 和 C 是两个相距为 l 的同轴圆盘,盘上各开有一个很窄的狭缝,两狭缝形成一个很小的夹角 θ,约为 2°左右.D 为接收分子射线的接收器.整个装置放在高真空容器中,以防射线中的分子与其他分子碰撞.当两个同轴圆盘以角速度 ω 匀速旋转时,并不是所有的分子都能通过 B 和 C 盘,只有速率满足如下关系式要求的分子才能通过而被接收器 D 接收到.即

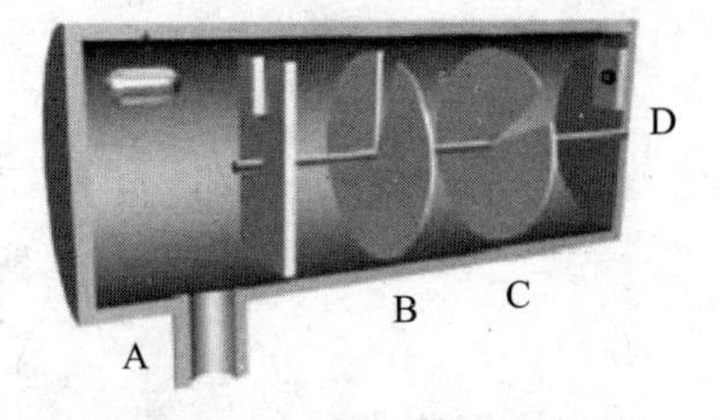

图 6-6 测定气体分子速率的实验装置

$$\theta=\omega t=\omega\frac{l}{v}$$

$$v=\frac{\omega}{\theta}l \tag{6.21}$$

由此可见,圆盘 B 和 C 起到速率选择的作用.当改变 ω 时,可以使不同速率的分子通过.考虑到 B 和 C 狭缝都有一定的宽度,速率在 $v\sim v+\Delta v$ 区间的分子都能通过圆盘而被 D 接收到.实验时,改变 ω,D 所接收到的分子的速率不同,相同时间间隔接收到的分子数量也不同.使圆盘分别以 ω_1,ω_2,…匀速旋转,测出相同时间间隔内分子射线中速率处在 $v_1\sim v_1+\Delta v$,$v_2\sim v_2+\Delta v$,…各不同速率区间内分子数 ΔN_1,ΔN_2,…占总分子数 N 的百分比.在实验条件不变的情况下,改变时间间隔,即改变总分子数 N,测得分布在各个速率区间内的分子数与总分子数的比值不变.这说明对大量气体分子而言,其速率遵从一定的统计分布规律,从而验证了麦克斯韦速率分布律.

*6.4 气体分子的速度分布律和玻耳兹曼分布律

6.4.1 麦克斯韦速度分布律

1. 麦克斯韦速度分布律

对于处于平衡态的理想气体系统,由于分子沿各个方向运动的概率相等,速度分布函数与速度方向无关,仅是速度大小的函数;因此速度分布函数可以假设为

$$F(v_x,v_y,v_z)=F(v^2)$$

由于分子对三个速度分量的分布应该相互独立,所以进一步假设

$$F(v^2)=F(v_x^2+v_y^2+v_z^2)=g(v_x^2)g(v_y^2)g(v_z^2)$$

而指数函数刚好满足自变量相加对应函数相乘的条件,故

$$F(v^2)=A\mathrm{e}^{-\alpha v_x^2}\mathrm{e}^{-\alpha v_y^2}\mathrm{e}^{-\alpha v_z^2}=A\mathrm{e}^{-\alpha(v_x^2+v_y^2+v_z^2)}$$

A 为常量,可由归一化条件确定.因为

$$\int_{-\infty}^{+\infty}\int_{-\infty}^{+\infty}\int_{-\infty}^{+\infty}F(v_x,v_y,v_z)\,\mathrm{d}v_x\mathrm{d}v_y\mathrm{d}v_z=\int_{-\infty}^{+\infty}\int_{-\infty}^{+\infty}\int_{-\infty}^{+\infty}A\mathrm{e}^{-\alpha(v_x^2+v_y^2+v_z^2)}\,\mathrm{d}v_x\mathrm{d}v_y\mathrm{d}v_z=1$$

即

$$A\left[\int_{-\infty}^{+\infty}\mathrm{e}^{-\alpha(v_x^2)}\,\mathrm{d}v_x\right]^3=1$$

可得

$$A=\left(\frac{\pi}{\alpha}\right)^{-\frac{3}{2}}$$

常量 α 可利用$\overline{v_x^2}=\frac{kT}{m}$解出，即

$$\overline{v_x^2}=\frac{kT}{m}=\frac{\int_{-\infty}^{+\infty}v_x^2\mathrm{e}^{-\alpha v_x}\mathrm{d}x}{\int_{-\infty}^{+\infty}\mathrm{e}^{-\alpha v_x}\mathrm{d}x}$$

解得

$$\alpha=\frac{m}{2kT}$$

所以**麦克斯韦速度分布函数**为

$$F(v_x,v_y,v_z)=\left(\frac{m}{2\pi kT}\right)^{\frac{3}{2}}\mathrm{e}^{-\frac{m}{2kT}(v_x^2+v_y^2+v_z^2)}\tag{6.22}$$

表示在速度 v 附近单位速度空间体积内的分子数占总分子数的比值.这就是著名的麦克斯韦速度分布律.

2. 麦克斯韦速率分布律

利用麦克斯韦速度分布律，可以推导出麦克斯韦速率分布律.由麦克斯韦速度分布函数可知，在单位速度空间内的分子数为 $NF(v_x,v_y,v_z)$，且只是速率的函数，所以在以速率 v 为半径、$\mathrm{d}v$ 为厚度的“速度空间的球壳”内分子数密度处处相等，其分子数为 $NF(v_x,v_y,v_z)4\pi v^2\mathrm{d}v$.这些分子速率均处在 $v\to v+\mathrm{d}v$ 区间，由此可得出麦克斯韦速率分布函数为

$$Nf(v)\mathrm{d}v=NF(v_x,v_y,v_z)4\pi v^2\mathrm{d}v$$

即

$$f(v)=F(v_x,v_y,v_z)4\pi v^2=4\pi\left(\frac{m}{2\pi kT}\right)^{\frac{3}{2}}\mathrm{e}^{-\frac{mv^2}{2kT}}v^2$$

这就是麦克斯韦分布函数.

6.4.2 玻耳兹曼分布律

1. 玻耳兹曼分布律

在上一节中，我们讨论麦克斯韦速率分布律是理想气体分子在不受外力或外力场可以忽略时，处于热平衡态的气体分子速率分布律.玻耳兹曼把麦克斯韦分布律推广到气体分子处在保守力场(如重力场、电场等)中的情形.

(1) 因为在麦克斯韦速率分布律中含有分子的平动动能 $\varepsilon_{\mathrm{kt}}=\frac{mv^2}{2}$，在推广到存在保守力场时，分子除了具有平动动能 $\varepsilon_{\mathrm{kt}}$外还具有势能 ε_{p}，所以应该用分子能量 $\varepsilon=\varepsilon_{\mathrm{kt}}+\varepsilon_{\mathrm{p}}$ 代替式(6.15)中平动动能 $\varepsilon_{\mathrm{kt}}=\frac{mv^2}{2}$.

(2) 由于保守力场的存在，气体分子在保守力场的作用下在空间的分布不再均匀，其分布除

了按速度区间 $v_x \sim v_x+\mathrm{d}v_x$、$v_y \sim v_y+\mathrm{d}v_y$、$v_z \sim v_z+\mathrm{d}v_z$ 分布外，还应该按位置坐标 $x \sim x+\mathrm{d}x$、$y \sim y+\mathrm{d}y$、$z \sim z+\mathrm{d}z$ 分布.

玻耳兹曼在这两条推广的基础上运用概率论理论导出了气体分子在力场中处于平衡态时，其速度介于区间 $v_x \sim v_x+\mathrm{d}v_x$、$v_y \sim v_y+\mathrm{d}v_y$、$v_z \sim v_z+\mathrm{d}v_z$ 内，坐标介于区间 $x \sim x+\mathrm{d}x$、$y \sim y+\mathrm{d}y$、$z \sim z+\mathrm{d}z$ 内的分子数为

$$\mathrm{d}N = n_0\left(\frac{m}{2\pi kT}\right)^{\frac{3}{2}} \mathrm{e}^{-\frac{\varepsilon}{kT}}\mathrm{d}v_x\mathrm{d}v_y\mathrm{d}v_z\mathrm{d}x\mathrm{d}y\mathrm{d}z \tag{6.23}$$

式中 n_0 为待定常量，表示在分子势能 $\varepsilon_{\mathrm{p}}=0$ 处气体分子的数密度.这一规律称为玻耳兹曼分子按能量分布定律，简称**玻耳兹曼分布律**.

2. 重力场中的气体分子分布

下面我们来看一下保守力场为重力场时，理想气体分子的分布情况.在重力场中，分子势能为 $\varepsilon_{\mathrm{p}}=mgz$，代入式(6.23)得

$$\mathrm{d}N = n_0\left(\frac{m}{2\pi kT}\right)^{\frac{3}{2}} \mathrm{e}^{-\frac{\varepsilon_{kt}}{kT}}\mathrm{d}v_x\mathrm{d}v_y\mathrm{d}v_z\mathrm{e}^{-\frac{mgz}{kT}}\mathrm{d}x\mathrm{d}y\mathrm{d}z$$

上式对三个速度分量进行积分后，考虑麦克斯韦分布函数的归一化条件，得到坐标介于区间 $x \sim x+\mathrm{d}x$、$y \sim y+\mathrm{d}y$、$z \sim z+\mathrm{d}z$ 内的分子数为

$$\mathrm{d}N' = n_0\mathrm{e}^{-\frac{mgz}{kT}}\mathrm{d}x\mathrm{d}y\mathrm{d}z$$

所以重力场中气体分子的数密度为

$$n = \frac{\mathrm{d}N'}{\mathrm{d}x\mathrm{d}y\mathrm{d}z} = n_0\mathrm{e}^{-\frac{mgz}{kT}} \tag{6.24}$$

当 $z=0$ 时，$n=n_0$，即 n_0 表示重力势能为零处气体分子的数密度.由上式可知，重力场中的气体分子数密度随着高度的升高呈现指数衰减.

如果我们把大气分子当成等温状态下的理想气体，则由压强公式可得

$$p = nkT = n_0kT\mathrm{e}^{-\frac{mgz}{kT}} = p_0\mathrm{e}^{-\frac{mgz}{kT}} = p_0\mathrm{e}^{-\frac{Mgz}{RT}} \tag{6.25}$$

式中 $p_0=n_0kT$，为 $z=0$ 时的大气压，M 为大气的摩尔质量.该式称为**等温大气压公式**.

例 6.4 以地面为重力势能零点，试求：温度为 T 时大气分子的平均重力势能.

解 以地面为坐标原点，方向竖直向上为 z 轴正向，分子数密度为

$$n = n_0\mathrm{e}^{-\frac{mgz}{kT}}$$

在 z 处垂直 z 轴取截面积为 ΔS 高为 $\mathrm{d}z$ 的小体积元，该体积元中的分子重力势能相同，均为 mgz，体积元内分子重力势能和为

$$\mathrm{d}\varepsilon_{\mathrm{p}} = n\Delta S\mathrm{d}z(mgz) = mgzn_0\mathrm{e}^{-\frac{mgz}{kT}}\Delta S\mathrm{d}z$$

所以大气分子的平均重力势能为

$$\bar{\varepsilon}_{\mathrm{p}} = \frac{\int_0^{\infty} mgzn_0\mathrm{e}^{-\frac{mgz}{kT}}\Delta S\mathrm{d}z}{\int_0^{\infty} n_0\mathrm{e}^{-\frac{mgz}{kT}}\Delta S\mathrm{d}z} = kT$$

6.5 能量均分定理

6.5.1 自由度

1. 自由度

前面讨论分子热运动时，把分子视为质点，只考虑分子的平动.实际上，除了单原子分子可看成质点(只有平动)外，一般由两个以上原子组成的分子，不仅有平动，而且还有转动和分子内原子间的振动.为了确定分子各种运动形式能量的统计规律，需要引用自由度的概念.

自由度是确定一个物体的空间位置所需要的独立坐标的数目，或者说物体能够沿以运动的独立坐标的数目；用字母 i 表示.

一个质点在空间任意运动，确定其位置需用三个独立坐标(x,y,z)，所以自由质点的自由度 $i=3$.因为质点只可能进行平动，所以质点有三个平动自由度.如果对质点的运动加以限制，自由度将减少.比如质点被限制在平面上运动，则 $i=2$；如果质点被限制在直线上运动，则其自由度 $i=1$.

一个刚体在空间任意运动时，可分解为质心的平动和绕通过质心轴的转动，它既有平动自由度还有转动自由度.确定刚体质心的位置，需三个独立坐标(x_c,y_c,z_c)，即自由刚体有三个平动自由度 $t=3$；确定刚体通过质心轴的空间方位，需要三个方位角(α,β,γ)，只有其中两个是独立的，所以需 2 个转动自由度；另外还要确定刚体绕通过质心轴转过的角度 θ——还需 1 个转动自由度，这样确定刚体绕通过质心轴的转动位置，共有三个转动自由度 $r=3$.所以，一个任意运动的刚体，总共有 6 个自由度，即 $i=t+r=3+3=6$.但是对于一个直线型刚体，只要确定其质心的位置和质心轴的空间方位，就可以确定其空间位置，因此直线型刚体的自由度为 $i=t+r=3+2=5$.

对于由 n 个质点构成的质点系统，若系统是完全自由的，则每个质点自由度 $i=3$，总自由度 $i=3n$.对于质点系统整体而言，其体系的平动自由度 $t=3$，转动自由度 $r=3$，其他的自由度是用来描述各质点间相对运动的自由度，称为振动自由度，用 s 表示，所以必然有 $s=3n-t-r=3n-6$.

2. 气体分子自由度

单原子分子，如氦(He)、氖(Ne)、氩(Ar)等分子只有一个原子，其分子模型可看成自由质点，所以有 3 个平动自由度 $i=t=3$.

双原子分子，如氢气(H_2)、氧气(O_2)等，它们在温度不太高时，分子几乎不发生形变，可认为是分子是刚性的.其模型可看成是通过一个刚性杆连接起来的两个质点，即为一个直线型刚体.因此确定其质心需 3 个平动自由度，确定其转轴需要 2 个转动自由度，故 $i=5$.若考虑分子形变，则分子模型为两质点组成的质点系，$i=3\times2=6$，增加一个振动自由度.

多原子分子，如二氧化碳(CO_2)、水蒸气(H_2O)、甲烷气体(CH_4)等多原子分子气体，若不考虑分子形变，其分子模型可认为是多个质点通过刚性杆连接组成的刚体，其自由度为 $i=6$；若考虑分子形变，其分子模型为多质点组成的质点系，其自由度 $i=3n$.

3. 自由度的冻结

根据量子理论，微观粒子的能量是不连续的，具有**能级**；因此分子的各种运动形式(振动、转动、平动）都有相应的能级分布.因为分子的振动能级和转动能级的能级间隔较大，所以在低温（$T\approx 10^1$ K）时分子之间相互碰撞不可能使分子的振动能级和转动能级发生跃变，相对于分子振动和转动自由度被“冻结”了，分子失去了振动和转动自由度.当温度升高到常温（$T\approx 10^2$ K）时，分子热运动加剧，分子碰撞能够使得转动能级发生越变，因而转动自由度“解冻”；但是，振动自由度依然被“冻结”.而温度升高到高温（$T\approx 10^3$ K）时，分子热运动更剧烈，则振动自由度也被“解冻”.

因此，在低温下各种分子都可以看成质点；在常温下双原子分子和多原子分子都可以看成刚体；在高温下，双原子分子和多原子分子就需要作为质点系.因为我们一般是在常温下研究气体系统行为的，所以分子可以看成刚性的，双原子分子的自由度 $i=t+r=3+2=5$；多原子分子的自由度 $i=t+r=3+3=6$.

6.5.2 分子能量均分定理

前面我们得出了理想气体分子的平均平动动能为

$$\overline{\varepsilon_{\mathrm{kt}}}=\frac{1}{2}m\,\overline{v^2}=\frac{3}{2}kT$$

结合式（6.8）可得

$$\frac{1}{2}m\,\overline{v_x^2}=\frac{1}{2}m\,\overline{v_y^2}=\frac{1}{2}m\,\overline{v_z^2}=\frac{1}{2}kT \tag{6.26}$$

由于分子运动的无规则性，在平衡状态下分子沿各个方向运动的概率都相同，所以可以认为气体分子的平均平动动能是平均分配在每一个平动自由度上的.同样由于分子运动的无规则性，在平衡状态下分子沿各个方向，以各种形式运动的概率都相同，在每个自由度上，分子都应该具有相同的平均动能.所以**处于温度为 T 的平衡状态时，气体分子在任何一个自由度上，相应平均动能都相等，其大小均为$\frac{1}{2}kT$**.这样的能量分配原则称为**能量均分定理**.

由能量均分定理可知，自由度为 i 的气体分子的平均动能为

$$\overline{\varepsilon_{\mathrm{k}}}=\frac{i}{2}kT \tag{6.27}$$

当温度很高时，分子内部的原子具有振动形式，在每个振动自由度上不但具有一份平均动能，还具有一份平均（振动）势能.理想气体分子内各原子间的振动势能和振动动能的平均值是相等的，所以在每个振动自由度上还有平均势能，其量值也为$\frac{1}{2}kT$.因此气体分子的平均能量为

$$\overline{\varepsilon}=\frac{1}{2}(t+r+2s)kT \tag{6.28}$$

我们需要注意的是，能量均分定理是对大量分子统计平均的结果，是一个统计规律.对于个别分子而言，在某一时刻它的各种形式的动能不一定按照自由度均分.能量均分的物理原因是，气体由非平衡态向平衡态演化的过程是依靠大量分子无规则地、频繁地碰撞并交换能量来实现的.在碰撞的过程中，一个分子的能量可以传递给另一个分子，一种形式的能量可以转化为另一种形式的能量，一个自由度的能量可以转移到另一个自由度上，当到达平衡态时，能量就按自由

度平均分配了.

6.5.3 理想气体内能

热力学系统的内能是指气体所有分子各种形式的动能(平动动能、转动动能和振动动能)以及分子之间、分子内各原子之间相互作用势能的总和.对于理想气体,因为分子之间相互作用力可以忽略,不用考虑分子间的势能,所以**理想气体的内能为气体所有分子各种形式的无规则热运动动能和分子内各原子间相互作用势能(振动势能)的总和**.所以理想气体内能为 $E=N\bar{\varepsilon}$,其中 N 为气体分子数,$\bar{\varepsilon}$ 为每个分子的平均能量.代入式(6.28),理想气体内能可表示为

$$E=N(t+r+2s)\frac{kT}{2}=\nu(t+r+2s)\frac{RT}{2} \tag{6.29}$$

在常温下,振动自由度 $s=0$,有

$$E=\nu(t+r)\frac{RT}{2}=\frac{i}{2}\nu RT \tag{6.30}$$

理想气体的内能只是温度的函数,而与体积无关,这是因为理想气体忽略了分子相互作用势能的缘故.分子间的作用势能显然和分子间距有关,从而和体积有关.所以对于非理想气体,内能不仅和温度有关,还和体积有关.常温下理想气体的内能只是指气体分子各种无规则热运动动能的总和,并不计及分子有规则运动(指整体宏观定向运动)能量.气体分子的内能与宏观运动的机械能有明显的区别,不能混为一谈.

例 6.5 一容器内装有某刚性双原子分子理想气体的温度为 273 K,密度为 $\rho=1.25\ \mathrm{g\cdot m^{-3}}$,压强为 $p=1.01\times10^2$ Pa.求:(1) 气体的摩尔质量;(2) 气体分子的平均平动动能和平均转动动能;(3) 单位体积内气体分子的总平动动能;(4) 设该气体有 0.3 mol,求气体的内能.

解 (1) 由理想气体物态方程

$$pV=\frac{m}{M}RT$$

得

$$M=\frac{m}{V}\frac{RT}{p}=\frac{\rho RT}{p}=\frac{1.25\times10^{-3}\times8.31\times273}{10^{-3}\times1.013\times10^{5}}\ \mathrm{kg\cdot mol^{-1}}=0.028\ \mathrm{kg\cdot mol^{-1}}$$

(2) 气体分子平均平动动能和平均转动动能为

$$\overline{\varepsilon_{\mathrm{kt}}}=\frac{3}{2}kT=\frac{3}{2}\times1.38\times10^{-23}\times273\ \mathrm{J}=5.65\times10^{-21}\ \mathrm{J}$$

$$\overline{\varepsilon_{\mathrm{kr}}}=kT=1.38\times10^{-23}\times273\ \mathrm{J}=3.77\times10^{-21}\ \mathrm{J}$$

(3) 单位体积内气体分子的总平动动能为

$$E_{\mathrm{kt}}=\overline{\varepsilon_{\mathrm{kt}}}\cdot n=\overline{\varepsilon_{\mathrm{kt}}}\cdot\frac{p}{kT}=5.65\times10^{-21}\times\frac{1.013\times10^{2}}{1.38\times10^{-23}\times273}\ \mathrm{J\cdot m^{-3}}=1.52\times10^{2}\ \mathrm{J\cdot m^{-3}}$$

(4) 由常温下气体的内能公式,有

$$E=\frac{m}{M}\cdot\frac{t+r}{2}RT=0.3\times\frac{5}{2}\times8.31\times273\ \mathrm{J}=1.70\times10^{3}\ \mathrm{J}$$

6.6 平均碰撞频率和平均自由程

6.6.1 平均碰撞频率

在室温下空气分子热运动的平均速率约为 $4\times10^2\ \text{m}\cdot\text{s}^{-1}$,声速约为 $3\times10^2\ \text{m}\cdot\text{s}^{-1}$,两个是同数量级的,而且前者还稍快些.根据这一关系克劳修斯在 1858 年提出了这样一个有趣的问题:若摔破一瓶香水,我们听到声音和闻到气味是否应该几乎是同一时刻?但实际上却是声音先到,气味的传播要慢得多.这是因为香水分子在空气中的运动过程中不断与其他的分子相碰撞,每碰撞一次,其速度的大小和方向都会发生改变,其所走过的路径是一条十分复杂的折线.

分子的热运动是杂乱无章的,每个分子都要与其他分子频繁碰撞.我们把**每个分子与其他分子在单位时间内平均碰撞次数称为平均碰撞频率**,用 $\overline{z}$ 表示.

为了考察分子之间的碰撞情况,必须要考虑分子的大小和相对运动.为使问题简化,我们假设每个分子都是直径为 d 的刚性小球,分子间的相对运动速率平均为 $\overline{u}$;且分子与分子做完全弹性碰撞.

设想跟踪一个分子 A,由于它与其他分子不断碰撞,其球心所走过的轨迹是一条折线,如图 6-7 所示.设想以分子 A 的球心经过的轨迹为轴,以分子的直径 d 为半径做一个曲折的圆柱体.这样,凡是球心在此圆柱体内的分子都会和 A 碰撞,所以在一定时间内,分子 A 与其他分子发生碰撞的次数等于圆柱体内所包含的分子数目.在 Δt 时间内,分子 A 所走过的相对路程为 $\overline{u}\Delta t$,对应体积为 $\pi d^2\overline{u}\Delta t$,设分子数密度为 n,则分子 A 在单位时间内与其他分子的碰撞次数为

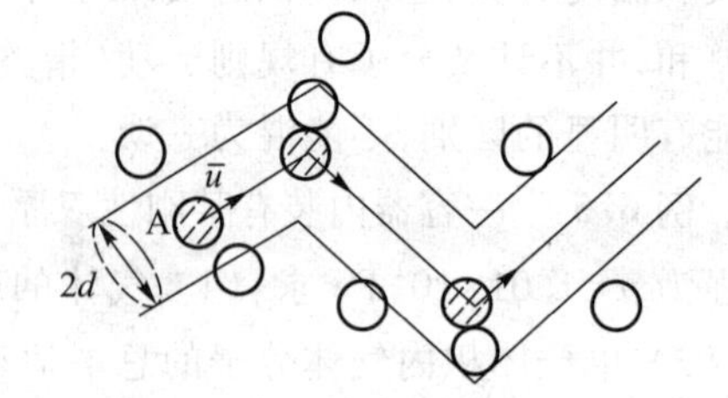

图 6-7　分子平均碰撞频率的计算模型

$$\overline{z}=n\pi d^2\overline{u} \tag{6.31}$$

考虑两个分子 A_j 和 A_i 分别以速度 v_j 和 v_i 运动,相对速度则为 $\boldsymbol{u}_{ij}=\boldsymbol{v}_i-\boldsymbol{v}_j$.再设两个分子速度的夹角为 α,则有 $\alpha\in[0,\pi]$.由于分子沿各个方向运动的概率都相等,所以 α 在$[0,\pi]$区间上取任意数值的概率也都是相等的.由此可得:对于大量分子而言,两个分子速度的夹角的平均值为 $\overline{\alpha}=\dfrac{\pi}{2}$;因此,对于大量分子平均而言分子之间的碰撞可以看成以平均速率垂直碰撞,由此可以得到平均相对速率 $\overline{u}$ 和平均速率 $\overline{v}$ 之间关系为

$$\overline{u}=\sqrt{2}\,\overline{v} \tag{6.32}$$

代入式(6.31)可得

$$\overline{z}=\sqrt{2}\,n\pi d^2\overline{v} \tag{6.33}$$

上式即为气体分子平均碰撞频率的统计公式.

6.6.2 平均自由程

由于分子热运动的无规则性,任意一个分子都要与其他分子频繁碰撞,在任意连续两次碰撞

之间,可认为分子做直线运动,它所经过的直线路程,称为**自由程**.对于单个分子而言,其自由程时长时短,带有偶然性.我们把**分子在连续两次碰撞之间所经过的自由程平均值称为平均自由程**,用 $\bar{\lambda}$ 表示.由平均碰撞频率概念可知自由程的平均时间间隔为$\frac{1}{\bar{z}}$,所以式(6.33)可知平均自由程为

$$\bar{\lambda}=\frac{\bar{v}}{\bar{z}}=\frac{1}{\sqrt{2}\,n\pi d^2} \tag{6.34}$$

由式(6.34)可以看出平均自由程只与分子直径和密度有关.结合理想气体压强公式 $p=nkT$,上式还可表示为

$$\bar{\lambda}=\frac{kT}{\sqrt{2}\,\pi d^2 p} \tag{6.35}$$

例 6.6 计算空气分子在标准状况下的平均自由程和平均碰撞频率.已知空气分子的平均相对分子质量为 29,空气分子的有效直径为 $d=3.5\times10^{-10}$ m.

解 在标准状况下 $T=273$ K,$p=1.01\times10^5$ Pa,空气分子平均自由程为

$$\bar{\lambda}=\frac{kT}{\sqrt{2}\,\pi d^2 p}=\frac{1.38\times10^{-23}\times273}{\sqrt{2}\times3.14\times(3.5\times10^{-10})^2\times1.01\times10^5}\ \text{m}=6.86\times10^{-8}\ \text{m}$$

因为空气分子的平均相对分子质量为 29,所以空气分子摩尔质量为 29 g · mol^{-1},所以空气分子的平均速率为

$$\bar{v}=\sqrt{\frac{8RT}{\pi M}}=\sqrt{\frac{8\times8.31\times273}{3.14\times29\times10^{-3}}}\ \text{m}\cdot\text{s}^{-1}=446\ \text{m}\cdot\text{s}^{-1}$$

则空气分子在标准状况下的平均自由程为

$$\bar{z}=\frac{\bar{v}}{\bar{\lambda}}=\frac{446}{6.86\times10^{-8}}\ \text{s}^{-1}=6.51\times10^9\ \text{s}^{-1}$$

*6.7 气体的输运过程

我们前面的讨论都是气体处于平衡态时的情况.实际上,由于气体系统不可避免地受到外界环境的影响,气体常处在非平衡态,也就是说,气体各部分的物理性质不同,比如流速不同、密度不同、温度不同等.处在非平衡态的气体,不受外界干扰的情况下,由于气体分子的热运动和碰撞,分子间不断地交换能量、质量、动量,最后气体内各部分的物理性质由不均匀趋向均匀,气体状态趋于平衡态,这一现象称为**气体内的迁移现象或输运过程**.气体的输运过程有三种:黏性过程、扩散过程和热传导过程.

6.7.1 黏性过程

对于流动的气体,如果气体各层的宏观流速(定向运动速度)不同时,则在相邻两层之间的接触面上形成摩擦力,阻碍两层间的相对运动,这种摩擦力称为黏性力.由于黏性力的作用,使得流动较慢的气层加速,使得流动较快的气层减速,最终使得各气层的流速趋于一致,这一过程称

为**黏性过程**.设气体沿 x 轴正向流动,宏观流速 u,u 沿 z 方向变化,如图 6-8 所示,u 沿 z 方向梯度为$\frac{du}{dz}$.任取一平行 z 轴的平面 ΔS,则以 ΔS 为接触面的上下两层气体间存在一对大小相等方向相反的黏性力,用 F 表示.通过实验人们发现黏性力和接触面面积 ΔS、流速梯度$\frac{du}{dz}$成正比,即

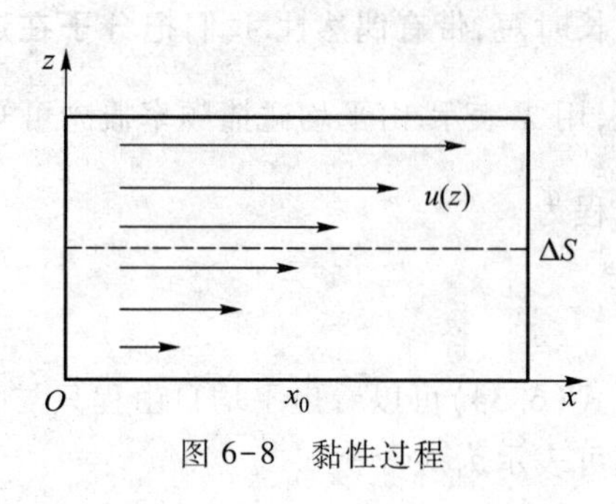

图 6-8　黏性过程

$$F=\pm\eta\frac{du}{dz}\cdot\Delta S \tag{6.36}$$

其中 η 称为黏度,单位 Pa · s.式(6.36)称为牛顿黏性定律.

我们假设气体是单一组分的,分子质量为 m,且有均匀的分子数密度 n 和温度 T,则 ΔS 上下的两气层有相同的分子热运动速率,设分子平均速率为 $\bar{v}$,平均自由程为 $\bar{\lambda}$.因为分子热运动的随机性,分子沿各个方向运动的几率都相等,所以在任一体积内沿 z 轴正向和负向运动的分子数占总分子数的$\frac{1}{6}$.因此在 dt 时间内沿 z 轴正向或负向通过 ΔS 的分子数近似为

$$N=\frac{1}{6}n\,\bar{v}\,dt\Delta S \tag{6.37}$$

通过这些分子在气层间的运动,使得气层间分子交换定向动量,每一个分子定向动量为 $p'=mu_z$,使得下面一层气层得到的动量为

$$dp'=\frac{1}{6}n\,\bar{v}\,dt\Delta Smu_{z+dz}-\frac{1}{6}n\,\bar{v}\,dt\Delta Smu_z=\frac{1}{6}n\,\bar{v}\,dt\Delta Sm\frac{du}{dz}dz$$

而平均来说,通过 ΔS 的分子都是在离 ΔS 距离等于平均自由程 $\bar{\lambda}$ 处发生最后一次碰撞的,所以我们取 $dz=2\bar{\lambda}$,所以有

$$dp'=\frac{1}{3}n\,\bar{v}\bar{\lambda}\,dt\Delta Sm\frac{du}{dz}$$

根据动量定理,上边气层作用在下边气层上的力为

$$F=\frac{dp'}{dt}=\frac{1}{3}nm\,\bar{v}\bar{\lambda}\Delta S\frac{du}{dz}=\frac{1}{3}\rho\,\bar{v}\bar{\lambda}\Delta S\frac{du}{dz}$$

对比式(6.36)可得黏度为

$$\eta=\frac{1}{3}\rho\,\bar{v}\bar{\lambda} \tag{6.38}$$

该式说明了黏性阻力是分子热运动与分子间碰撞产生的宏观效果.

6.7.2　自扩散过程

当某种气体的密度不均匀时,气体分子会从密度大的区域向密度小的区域迁移运动,使其密度逐渐趋于均匀,这一过程称为**扩散过程**.为了简单起见,在本节中我们只讨论单纯的扩散过程.我们可以选择两种相对分子质量相等或相近的气体(如 N_2和 CO),放在一个容器的两边,中间用隔板隔开,如图 6-9(a)所示.设两边气体的温度、压强、密度都相同.抽去隔板后,由于整个容器

内的 N_2和 CO 两种气体的密度的分布都不均匀，因此气体分子都向另一侧扩散.现我们只讨论其中的一种气体（如 N_2）的扩散规律.

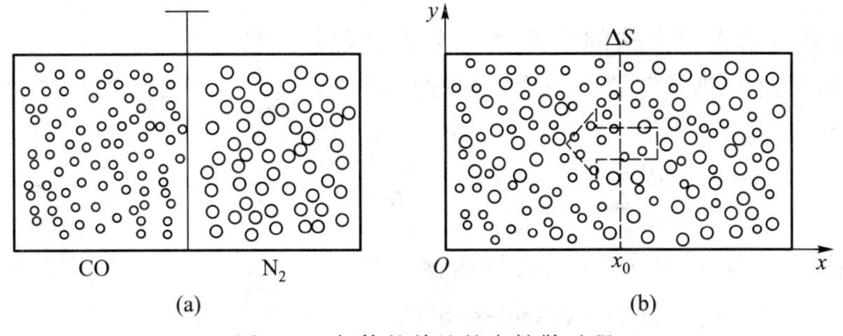

图 6-9　气体的单纯的自扩散过程

如图 6-9（b）所示，设 N_2的密度为 ρ，在自扩散过程进行中，ρ 沿 x 方向逐渐增大，ρ 沿 x 方向密度梯度为$\frac{d\rho}{dx}$.假想在 $x=x_0$ 处有一垂直于 x 轴的平面 ΔS.通过实验人们发现：单位时间内通过这个平面的气体质量与平面处的密度梯度、平面面积成正比，即

$$\frac{\Delta M}{\Delta t}=-D\frac{d\rho}{dx}\Delta S \tag{6.39}$$

式中 D 为扩散系数，单位 $m^2 \cdot s^{-1}$；负号表示质量沿逆着密度梯度的方向发生迁移.式（6.39）称为菲克（Fick）定律.

若气体分子的质量为 m，数密度为 n，则气体密度 $\rho=nm$，分子数密度的梯度$\frac{dn}{dx}=m\frac{d\rho}{dx}$.由式（6.36）可知在 Δt 时间内沿 x 正向和负向通过 ΔS 的分子数分别为$\frac{1}{6}n_x\,\bar{v}\Delta t\Delta S$ 和$\frac{1}{6}n_{x+dx}\bar{v}\Delta t\Delta S$，所以有

$$\begin{aligned}\Delta M&=\left(\frac{1}{6}n_x\,\bar{v}\Delta t\Delta S-\frac{1}{6}n_{x+dx}\bar{v}\Delta t\Delta S\right)m\\&=-\frac{1}{6}\bar{v}\Delta t\Delta Sm\frac{dn}{dx}dx=-\frac{1}{6}\bar{v}\Delta t\Delta S\frac{d\rho}{dx}dx\end{aligned}$$

同黏性过程一样，我们取 $dx=2\bar{\lambda}$，则

$$\frac{\Delta M}{\Delta t}=-\frac{1}{3}\bar{v}\bar{\lambda}\Delta S\frac{d\rho}{dx}$$

对比式（6.39）可得扩散系数为

$$D=\frac{1}{3}\bar{v}\bar{\lambda} \tag{6.40}$$

6.7.3　热传导过程

当气体的温度不均匀时，热量将由高温处向低温处传递，使得气体各处温度将趋于均匀，这个过程就称为**热传导过程**.

为了简单起见，我们讨论一维热传导过程：设温度只沿 x 方向变化，T 由左向右递减，变化梯度为 $\frac{\mathrm{d}T}{\mathrm{d}x}$，热量将沿 x 方向传递，如图 6-10 所示.

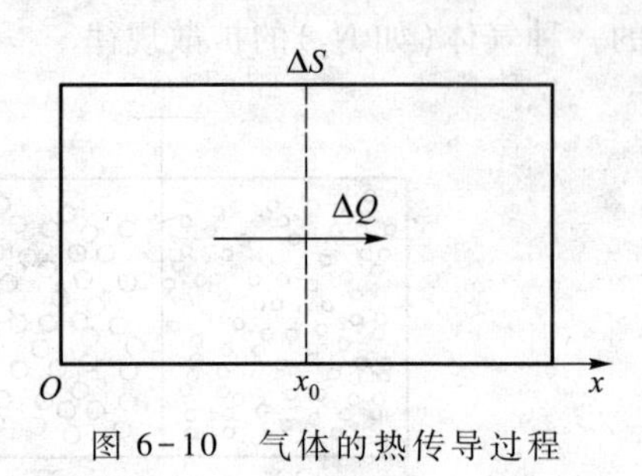

图 6-10　气体的热传导过程

假想在 $x=x_0$ 处有一垂直于 x 轴的平面 ΔS，实验发现单位时间流过该平面的热量与平面面积、温度梯度成正比，即

$$\frac{\Delta Q}{\Delta t}=-\kappa\frac{\mathrm{d}T}{\mathrm{d}x}\Delta S \tag{6.41}$$

式中 κ 为热导率，单位 $\mathrm{W}\cdot(\mathrm{m}\cdot\mathrm{K})^{-1}$，由导热物质的性质及状态决定.式(6.41)称为傅里叶(Fourier)定律.

热量流过 ΔS，是 ΔS 两侧气体分子热运动能量进行互相交换的结果.每个分子平均热运动能量为 $\bar{\varepsilon}=\frac{1}{2}ikT$，在 Δt 时间内沿 x 正向和负向通过 ΔS 的分子数 $\frac{1}{6}n\,\bar{v}\Delta t\Delta S$，所以沿 x 正向流过 ΔS 的热量为

$$\Delta Q=\frac{1}{6}n\,\bar{v}\Delta t\Delta S\left(\frac{1}{2}ikT_x-\frac{1}{2}ikT_{x+\mathrm{d}x}\right)=-\frac{1}{6}n\,\bar{v}\Delta t\Delta S\,\frac{1}{2}ik\,\frac{\mathrm{d}T}{\mathrm{d}x}\mathrm{d}x$$

同样我们取 $\mathrm{d}x=2\,\bar{\lambda}$，则

$$\frac{\Delta Q}{\Delta t}=-\frac{1}{3}\rho\,\bar{v}\bar{\lambda}c_V\,\frac{\mathrm{d}T}{\mathrm{d}x}\Delta S=-\frac{1}{3}\rho\,\bar{v}\bar{\lambda}c_V\,\frac{\mathrm{d}T}{\mathrm{d}x}\Delta S$$

其中，$c_V=\frac{1}{2}\,\frac{1kT}{m}$，称为气体的比定容热容.对比式(6.41)可得热导率为

$$\kappa=\frac{1}{3}n\,\bar{v}\bar{\lambda}\frac{1}{2}ik \tag{6.42}$$

*6.8　实际气体的范德瓦耳斯方程

在通常的压强和温度下，平均而言气体分子间距很大，我们可以忽略气体分子的大小和分子间的作用力，近似地用理想气体物态方程来处理问题.但是，在近代科研和工程技术中，经常要处理高压或低温条件下的气体问题.这时，由于气体分子间距小，分子的大小和分子间的作用力就不能忽略了.范德瓦耳斯(van der Waals)把气体分子看成有引力作用的刚性球，对理想气体物态方程加以修正，从而导出了实际气体的范德瓦耳斯方程.

6.8.1　分子体积引起的修正

根据理想气体物态方程，1 摩尔理想气体的压强为

$$p=\frac{RT}{V_{\mathrm{m}}}$$

V_{m} 是气体分子运动的空间大小.由于理想气体模型中我们把气体分子看成质点，不考虑分子体积，所以 V_{m} 即为气体分子自由活动的空间大小.而现在我们需要计入分子体积，分子自身体积也

要占据空间，因此气体分子活动空间不再等于 V_m，而要减去一个反映气体分子所占有体积的修正量 b，称为**体积修正常量**.则 1 摩尔气体的物态方程修正为

$$p=\frac{RT}{V_m-b} \tag{6.43}$$

为了确定 b 的大小，我们假设在气体分子内除某一分子 A 外，其他分子都固结在一定的位置，分子 A 运动过程中与它们碰撞.如果用分子 d 来表示分子的有效直径，当分子 A 与任一分子 B 相碰时，它们的中心间距就为 d.现在设想，如图 6-11 所示，分子 A 收缩成一个点，而其他分子的直径都扩展为 $2d$，则碰撞时 A 和 B 中心间距仍为 d.也就是说，当分子 A 趋近任一其他分子时，其中心将被排除在直径为 $2d$ 的球形区域外.实际上，只有这些球形区域面对着分子 A 的一半是 A 的中心不能进入的.这样就可以确定 b 为

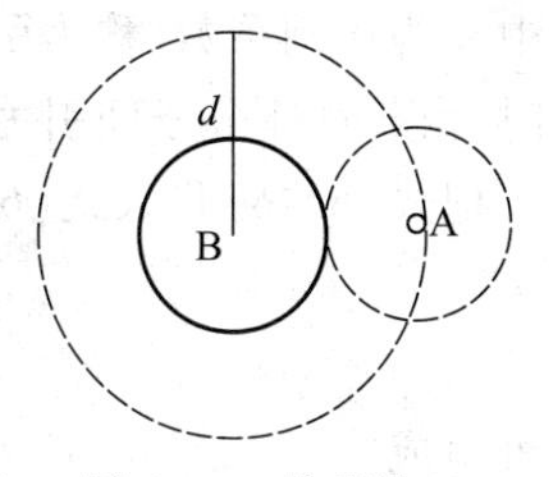

图 6-11　体积修正

$$b\approx N_A\times\frac{1}{2}\times\frac{4}{3}\pi d^3\approx 4\times N_A\times\frac{4}{3}\pi\left(\frac{d}{2}\right)^3 \tag{6.44}$$

上式说明 b 约为 1 摩尔气体内所有气体分子的体积总和的 4 倍.

6.8.2　分子间引力引起的修正

我们都知道分子间引力随分子的距离增大而急剧减小，引力有一个有效作用距离 s，当分子间距大于 s 时，引力可以忽略不计.因此，对于气体分子内部的任一分子 A，只有处于以它为中心以 s 为半径的球形作用圈内分子才对它有引力的作用，如图 6-12 所示.由于这些分子相对于 A 球对称分布，故它们对 A 的引力作用互相抵消.而靠近器壁的分子 B 则不同，因为 B 的引力作用圈有一部分处于器壁外，处于器壁外的范围内没有气体分子，B 受到的引力的合力指向气体内部，所以在靠近器壁厚度为 s 的区域内气体分子受到指向气体内部的引力的作用.因此在考虑分子间作用力情况下，器壁受到的压强就要比理想气体时的压强小 Δp，通常把 Δp 称为**气体的内压强**.此时 1 摩尔气体物态方程修正为

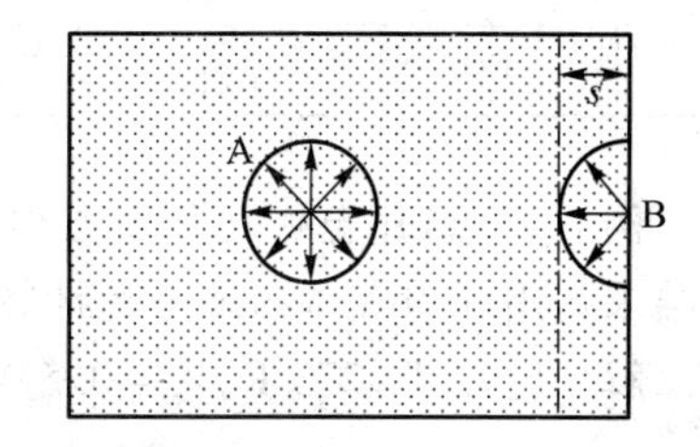

图 6-12　分子间引力引起的修正

$$p=\frac{RT}{V_m-b}-\Delta p \tag{6.45}$$

由气体压强的统计意义可知，压强等于气体分子在单位时间内对单位面积器壁冲量的统计平均值.以 Δq（以便与压强区分开）表示因分子间引力作用使得分子在垂直于器壁方向上动量减少的数值，则由冲量定理可知

$$\Delta p=(\text{在单位时间内与单位面积器壁相碰的分子数})\times 2\Delta q$$

显然垂直于器壁方向上动量减少的数值 Δq 的大小与指向气体内部的分子间引力作用成正比，而分子受到的引力的大小与容器内气体分子数密度成正比，即

$$\Delta q\propto n$$

同时在单位时间内与单位面积器壁相碰的分子数也与 n 成正比，所以有

$$\Delta p \propto n^2 \propto \frac{1}{V_m^2}$$

写为等式的形式为

$$\Delta p = \frac{a}{V_m^2} \tag{6.46}$$

式中 a 为比例系数,称为**引力修正常量**,由气体的性质决定,表示 1 摩尔某种气体在占有单位体积时,由于气体分子间引力的作用而引起的压强减小量.

把式(6.46)代入式(6.45)就得到了**1 摩尔气体的范德瓦耳斯方程**

$$p = \frac{RT}{V_m - b} - \frac{a}{V_m^2}$$

也可写成

$$\left(p + \frac{a}{V_m^2}\right)(V_m - b) = RT \tag{6.47}$$

表 6-1 不同气体的体积修正常量和引力修正常量

气体	$a/(m^6 \cdot Pa \cdot mol^{-2})$	$b/(10^{-6}\ m^3 \cdot mol^{-1})$
H_2	0.024 3	27
He	0.003 5	24
O_2	0.138	32
N_2	0.142	39
CO_2	0.365	43

例 6.7 试用范德瓦耳斯方程计算温度为 0 ℃,摩尔体积为 0.55 $L \cdot mol^{-1}$ 的 CO_2 的压强,并将结果与用理想气体物态方程计算的结果相比较.

解 已知 $T = 273$ K,$V_m = 0.55 \times 10^{-3}\ m^3 \cdot mol^{-1}$,由表 6-1 可查出

$$a = 0.365\ m^6 \cdot Pa \cdot mol^{-2}, \quad b = 43 \times 10^{-6}\ m^3 \cdot mol^{-1}$$

由范德瓦耳斯方程可得

$$p = \frac{RT}{V_m - b} - \frac{a}{V_m^2} = \left[\frac{8.31 \times 273}{0.55 \times 10^{-3} - 43 \times 10^{-6}} - \frac{0.365}{(0.55 \times 10^{-3})^2}\right]\ Pa = 3.26 \times 10^6\ Pa$$

若用理想气体物态方程计算,则

$$p = \frac{RT}{V_m} = \frac{8.31 \times 273}{0.55 \times 10^{-3}}\ Pa = 4.12 \times 10^6\ Pa$$

阅读材料 6

一、真空的获得、测量和应用

真空是一种不存在任何物质的空间状态，是一种物理现象．事实上，在真空技术里，真空是相对于对大气而言，当一特定空间内部的部分物质被排出，使其压力小于一个标准值，则称此空间为真空或真空状态．目前在自然环境里，只有外太空堪称最接近真空的空间．

1．真空的获得

目前获得真空的方法主要有两种：一是通过某些机构的运动把气体直接从密闭容器中排出；另一种是通过物理、化学等方法将气体分子吸附或冷凝在低温表面上．

人们通常把真空获得设备称为真空泵．按照真空泵的工作原理，真空泵可分为两种类型——气体传输泵和气体捕集泵．气体传输泵是一种能使气体不断地吸入和排出，以达到抽气目的的真空泵；气体捕集泵是一种使气体分子被吸附或凝结在泵的内表面上，从而减小了容器内的气体分子数目而达到抽气目的的真空泵．实际应用中常用的气体输运泵有：旋片式机械真空泵、罗茨真空泵、油扩散泵和涡轮分子泵；常用的气体捕集泵有：低温吸附泵和溅射离子泵．

我们以旋片式机械真空泵为例对真空泵的工作原理作一简单说明．图 6-13 为旋片式机械真空泵工作原理示意图．旋片式机械真空泵主要由定子、转子、旋片、定盖、弹簧等零件组成．其结构是利用偏心地装在定子腔内的转子（转子的外圆与定子的内表面相切，两者之间的间隙非常小）和转子槽内滑动的借助弹簧张力和离心力紧贴在定子内壁的两块旋片，当转子旋转时，始终沿定子的内壁滑动．两个旋片把转子、定子内腔和定盖所围成的月牙形空间分隔成 A、B、C 三个部分．当转子按图示方向旋转时，与吸气口相通的空间 A 的容积不断地增大，其压强不断降低，当 A 空间内的压强低于被抽容器内的压强时，被抽容器内的气体不断地被抽进吸气腔 A，此时 A 空间正处于吸气过程．B 腔的空间的容积正逐渐减小，压力不断地增大，此时正处于压缩过程．而与排气口相通的空间 C 的容积进一步地减小，C 空间的压强进一步升高，当气体的压强大于排气压强时，被压缩的气体推开排气阀，被抽的气体不断地穿过油箱内的油层而排至大气中，在泵的连续运转过程中，不断地进行着吸气、压缩、排气过程，从而达到连续抽气的目的．

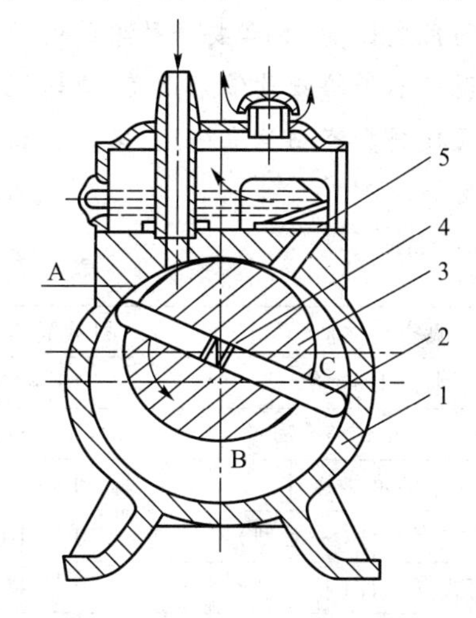

图 6-13　旋片式机械真空泵原理示意图

1—泵体；2—旋片；3—转子；4—弹簧；5—排气阀

2．真空的测量

真空的测量就是真空度的测量，真空度是指低于大气压力的气体稀薄程度．以压力来表示真空度是由于历史上沿用下来，压力高意味着真空度低；反之，压力低则真空度高．大气的压力为 1.01×10^{5} Pa，直接测量这样大的压力是容易的，但在真空技术中，遇到的气体压力都很低，比如 10^{-1} Pa 的压力，这时作用在 1 cm^{2}的压力只有 10^{-5} N，这样小的压力用直接测量单位面积所承受的力是不可能的.因此,测量真空度的方法通常是在气体中造成一定的物理现象,然后测量这个过程中与气体压强有关的某些物理量,再设法间接确定出真实的压力来.

用以探测低压空间稀薄气体压力所用的仪器称为真空计.真空计的种类繁多,按真空计测量原理可分为直接测量真空计和间接测量真空计.直接测量真空计,这种真空计直接测量单位面积上的力,有:(1) 静态液位真空计——利用U形管两端液面差来测量压力;(2) 弹性元件真空计——利用与真空相连的容器表面受到压力的作用而产生弹性形变来测量压力值的大小.间接测量真空计根据低压下与气体压力有关的物理量的变化来间接测量压力的变化.属于这类的真空计有:压缩式真空计、热传导真空计、热辐射真空计、电离真空计、放电管指示器、黏性真空计、场致显微仪、分压力真空计等.

真空度的测量中,除极少数直接测量外,绝大多数是间接测量.这是真空测量的特点,但这种方法也会造成某些问题.任何具体物理现象与压力的关系,都是在某一压力范围内才最显著,超出这个范围,关系变得弱了.因此,任何方法都有其一定的测量范围,这个范围就是真空计的"量程".尽可能扩展每一种方法的量程,是真空科学研究的重要内容之一.近代真空技术所涉及的压力范围宽达19个数量级(10^{-14}~10^{5} Pa),没有任何一种真空计能测量如此宽的压力范围,因此总是用几种真空计分别管辖一定的区域.但由于各种真空计在原理上的差异.在相互衔接的区域,往往要造成较大的误差.而且在被测空间引起一定物理现象,有时还会出现这样的问题,即从测量的角度出发,本需要一种单纯的物理现象,但有时却不可避免地带来一系列寄生现象,这些寄生现象不但给测量带来误差,有时还会"喧宾夺主",完全把主要现象掩盖住了.为改善真空计性能及提高真空测量准确度,必须突出主要现象,抑制寄生现象.表6-2给出一些真空计的压力测量范围.

表6-2　一些真空计的压力测量范围

真空计名称	测量范围/Pa	真空计名称	测量范围/Pa
水银U形管	10^{5}~10	高真空电离真空计	10^{-1}~10^{-5}
油U形管	10^{4}~1	高压力电离真空计	10^{2}~10^{-4}
光干涉油微压计	1~10^{-2}	B-A计	10^{-1}~10^{-8}
压缩式真空计(一般型)	10^{-1}~10^{-3}	宽量程电离真空计	10~10^{-8}
压缩式真空计(特殊型)	10^{-1}~10^{-5}	放射性电离真空计	10^{5}~10^{-1}
弹性变形真空计	10^{5}~10^{2}	冷阴极磁放电真空计	1~10^{-5}
薄膜真空计	10^{5}~10^{-2}	磁控管型电离真空计	10^{-2}~10^{-11}
振膜真空计	10^{5}~10^{-2}	热辐射真空计	10^{-1}~10^{-5}
热传导真空计(一般型)	10^{2}~10^{-1}	分压力真空计	10^{-1}~10^{-14}
热传导真空计(特殊型)	10^{5}~10^{-1}		

3. 真空的应用

真空的应用范围极广,主要分为低真空、中真空、高真空和超高真空应用.低真空是利用低真空获得的压力差来夹持、提升和运输物料,以及吸尘和过滤,如吸尘器、真空吸盘.中真空一般用于排除物料中吸留或溶解的气体或水分、制造灯泡、真空冶金和用作热绝缘.如真空浓缩生产炼乳,不需要加热就能蒸发乳品中的水分.真空冶金可以保护活性金属,使其在熔化、浇铸和烧结等过程中不致氧化,如活性难熔金属钨、钼、钽、铌、钛和锆等的真空熔炼;真空炼钢可以避免加入的一些少量元素在高温中烧掉和有害气体杂质等的渗入,可以提高钢的质量.高真空可用于热绝缘、电绝缘和避免分子电子、离子碰撞的场合.高真空中分子自由程大于容器的线性尺寸,因此高真空可用于电子管、光电管、阴极射线管、X 射线管、加速器、质谱仪和电子显微镜等器件中,以避免分子、电子、和离子之间的碰撞.这个特性还可应用于真空镀膜,以供光学、电学或镀制装饰品等方面使用.外层空间的能量传输与超高真空的能量传输相似,故超高真空可用作空间模拟.在超高真空条件下,单分子层形成的时间长(以小时计),这就可以在一个表面尚未被气体污染前,利用这段充分长的时间来研究其表面特性,如摩擦、黏附和发射等.

二、低温物理技术及其应用

因为随着温度的降低,物质中原子、分子的热运动会减弱,当物质温度接近绝对零度时,物质处在能量的基态或低激发态,这将导致物质的物理性质发生很大的变化.例如:某些金属和合金的电阻消失,产生超导现象;液体氦的黏性几乎消失,产生超流现象;顺磁物质可表现出铁磁性或反铁磁性;固体比热容发生突变等.低温下产生的这些物理变化,大大加深了人们对物质世界的认识.我们通常把低温技术定义为研究温度在 120 K 以下所发生的现象和过程或使用的技术和相关设备等.低温技术与一般的冷冻和冷藏技术不同,它所能达到的温度更低,技术也更加复杂.

低温技术在工程领域有着重要的应用.下面我们作一下简要介绍.

(1) 在能源研究方面的应用.

能源是人类赖以生存和发展的基础,开发受控热核聚变曾被认为是彻底解决能源危机的根本途径,因为海水中每千克含有的氢同位素氘和氚的聚变能相当于 300 千克汽油燃烧的能量.而聚变的实验装置中真空室在放电前要求很高的真空度,此时采用低温真空泵是最佳的选择.

天然气是当今世界的主要能源之一,当它温度降低到 -162 ℃时变成液态,其体积缩小大约 640 倍,从而便于存贮和运输.大型船舶可装运 5 万吨级的液化天然气.

而作为新世纪清洁能源的电能,它在传输过程中要损耗大量的能量.如果低温超导技术能得到广泛应用,将大大减少能量的浪费.

(2) 在航空航天技术中的应用.

低温可使得室温下的气体转换成液体,气体液化后体积缩小几百倍,因此火箭常常用液氧和液氢作为燃料.一架宇宙飞船的推进火箭可携带液氧多达 530 m^3、液氢 1 438 m^3.而且这些低温燃料还起到冷却火箭外壳的作用,使其与大气高速摩擦时不被烧坏.

广袤的太空是高真空极低温环境,在宇宙飞船上天之前必须在模拟太空环境中进行试验,这对于保证飞船的安全十分重要.太空环境的人工模拟就需要依靠低温技术,不仅需要低温技术使模拟空间到达足够低的温度,还需要低温泵来获得高真空度.

(3) 在超导电子学中的应用.

低温能降低电子器件的噪声,提高微弱信号的声噪比,比如探测地层中矿藏分布和资源的红多光谱扫描仪,防空预警系统中导弹制导系统的红外探测器等.在低温下利用约瑟夫森效应,量子器件可精确测量极微弱磁场的变化,可用来记录人的脑磁图,用来诊断某些疾病.低温超导微电子器件也可用来制造速度更快的计算机.超导电子学已成为一门前景辉煌的学科,有人预计到 2020 年在信息技术领域,超导应用的产值将占 46%.这些都需要低温技术来保障.

习 题 6

6-1　真空度为 1.01×10^{-13} Pa 的空气在常温下单位体积内平均有多少个分子？（常温下温度取 20 ℃.）

6-2　在 90 km 高空，大气的压强为 0.18 Pa，密度为 $3.2\times10^{-6}\ \mathrm{kg\cdot m^{-3}}$.求该处的温度.(取空气相对分子质量为 29.)

6-3　温度为 27 ℃时，1 mol 氦气、氢气和氧气内能各为多少？

6-4　一容器被中间的隔板分成相等的两半，一半装有氦气，温度为 250 K，另一边装有氧气，温度为 310 K，两者压强相等.求去掉隔板后两种气体混合后的温度.

6-5　假定 N 个粒子的速率分布函数为

$$f(v)=\begin{cases}a & (0<v<v_0)\\0 & (v>v_0)\end{cases}$$

(1) 作出速率分布曲线；(2) 由 v_0 求出常量 a；(3) 求粒子的平均速率.

6-6　日冕的温度为 2×10^{6} K，求其中电子的方均根速率.星际空间的温度为 2.7 K，其中气体主要是氢原子，求那里氢原子的方均根速率.

6-7　氮气分子的有效直径为 3.8×10^{-10} m，求氮气在标准状况下的平均自由程和平均碰撞频率.

第 7 章 热力学基础

气体动理论(也称分子物理学)是研究热现象的微观理论,热力学是研究热现象的宏观理论.热力学是根据对热现象的直接观察和实验测量所得到的普适定律,从能量转化的角度出发,应用数学推理和逻辑推理的方法来研究热现象的宏观过程所遵循的规律.热力学与分子物理学分别是从两个不同的角度来研究物质热运动规律的,它们彼此密切联系、相互补充,宏观方法和微观方法紧密结合,构成热物理学完整的理论体系.

本章主要讨论热力学过程所遵循的普适定律,即热力学第一定律和热力学第二定律及其应用;简要介绍热机和制冷机的工作原理.

7.1 热力学第一定律

7.1.1 准静态过程

所谓热力学过程就是热力学系统状态变化的路径;任何一个热力学过程都是从一定的初始状态出发,经历一系列的中间状态过渡到终态.若系统从一个平衡态过渡到另一个平衡态,且中间过程所经历的任一中间状态都可以视为平衡态,这样的过程称为**准静态过程或平衡过程**.如果中间状态不都能看成平衡态,这样的过程称为**非静态过程或非平衡过程**.

准静态过程是一种理想过程.在任何过程的进行过程中必然要破坏原来状态从而使系统处于非平衡态,严格说系统经历一系列的中间状态不可能都是平衡态,因此严格意义上的准静态过程实际上是不存在的.但是,如果在热力学过程中系统偏离平衡态无限小并且随即可以恢复到平衡状态,就可近似认为是准静态过程.因此**准静态过程是一个进行足够缓慢,以至于将系统所经历的任一中间状态都可以近似认为是平衡态的过程**.

系统的平衡态被破坏后要达到新的平衡态需要一定的时间,称为弛豫时间,用 τ 表示.利用弛豫时间可以解释"过程进行足够缓慢"的含义.例如对于活塞压缩气缸内气体的过程,若活塞使气体体积改变 ΔV 需要的时间为 Δt,而气体的弛豫时间为 τ;如果 $\Delta t \gg \tau$,就可以认为气体体积连续变化过程中的任一中间态近似为平衡态.在一个不大的容器内气体的弛豫时间一般很小(约为 10^{-3} s),因此转速为 150 $\mathrm{r \cdot min^{-1}}$ 的四冲程热机,其整个压缩过程的时间约为 $\Delta t \approx 0.2$ s,而弛豫时间 $\tau \approx 10^{-3}$ s;可以认为 $\Delta t \gg \tau$,所以有理由将活塞压缩气缸内的气体的过程视为准静态过程.

气体系统的准静态过程,在 $p-V$ 图上可以表示为一条曲线,称为过程曲线.这是因为系统在平衡态下,所有宏观性质保持不变,因此所有状态参量都是确定的,所以在 $p-V$ 图上,每一个点都可以代表一个平衡态;因此任意一条曲线都可以表示一个准静态过程,如图 7-1 所示.

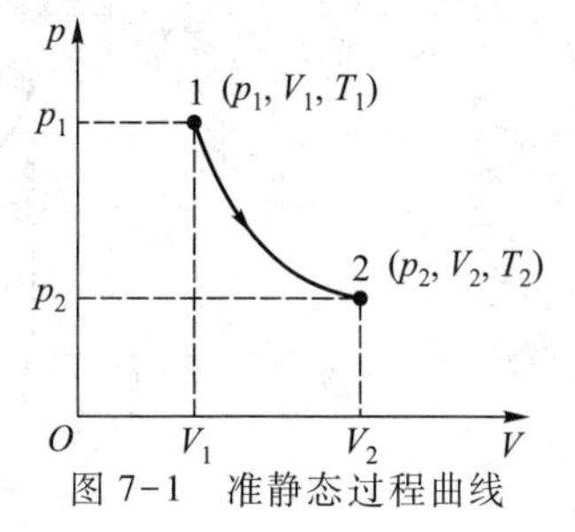

图 7-1 准静态过程曲线

系统不需要外界帮助而发生的过程称为**自发过程**,系统通过自发过程只能从非平衡态过渡到平衡态,因此自发过程一定是非准静态过程.系统在外界帮助下而发生的过程称为**非自发过程**.系统经历的过程是自发过程还是非自发过程与系统的选取有关.例如一个密封容器内储有温度为 p 的空气,容器内再放置一杯温度为 V 的开水;对于从开水向空气传热的过程,如果以开水(或空气)作为研究的系统,则这个传热过程不是自发的;如果将开水和空气一起作为研究的系统,这个传热过程则是自发的.**所以通过变换系统的选取,可以将一个非自发过程转化为自发过程**.

▶ 思考题

思 7.1 为什么说在 p-V 图上,任意一点都可以表示一个平衡态,任意一条曲线都可以表示一个准静态过程?非平衡态和非准静态过程在 p-V 图上又如何表示?

7.1.2 功和热量

1. 功

在力学中曾经讨论了功的概念,我们知道做功是物体与物体之间传递能量的一种方式.在热现象中,系统经历的热力学过程也可以通过做功的方式与外界交换能量.做功一般伴随着宏观上的定向位移(对于气体系统则一定伴随着体积变化),功的数值是系统与外界之间定向运动的能量和无规则热运动能量的相互转化的量度.

在热力学中,系统与外界之间做功的方式很多,例如体积变化时压强做功、液体表面积改变时表面张力做功、电磁场中介质的电磁力做功等.本章主要讨论气体系统,在此着重讨论气体系统在无摩擦准静态过程中对外做的功,这种情况下系统对外做的功可以用系统的状态参量来表示.

如图 7-2 所示,活塞与气缸之间无摩擦,气体的体积(准静态)膨胀或压缩;当活塞移动微小位移 $\mathrm{d}l$ 时,系统向外界所做的元功为

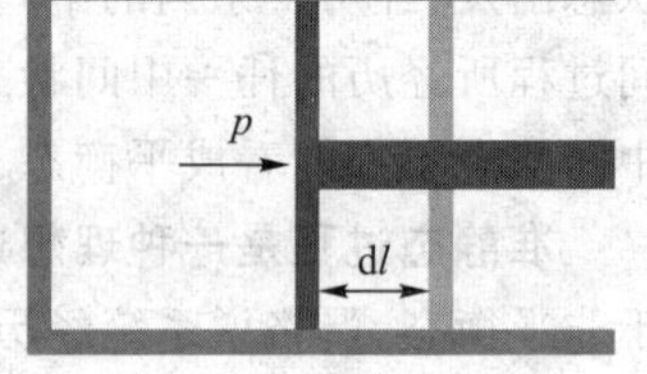

图 7-2 气体做功

$$\mathrm{d}A=pS\mathrm{d}l=p\mathrm{d}V \tag{7.1}$$

系统体积由 V_1 变为 V_2,系统向外界所做的功为

$$A=\int_{V_1}^{V_2}p\mathrm{d}V \tag{7.2}$$

由式(7.2)可知,当气体的体积膨胀时,对外做正功;体积压缩时,对外做负功.由图 7-3 可知,气体系统做功的数值等于 p-V 图上过程曲线下的面积.显然功的数值不仅与初态和末态有关,而且还依赖于过程的路径;所以功与过程的路径有关,**功是过程量**.

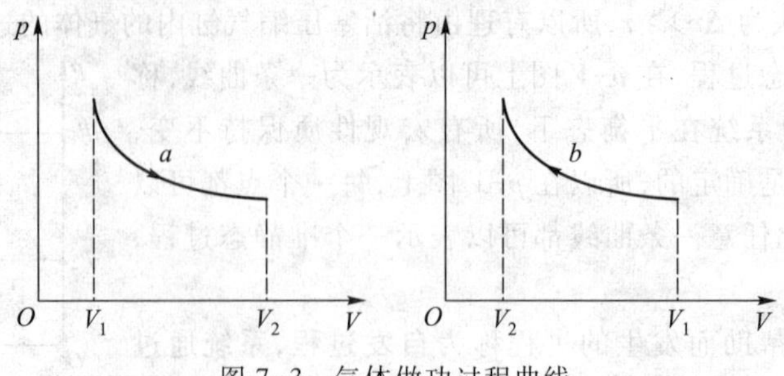

图 7-3 气体做功过程曲线

2. 热量

系统和外界存在温度差时将发生热传导,这是能量传递的又一种方式.通过热传导方式系统和外界之间传递的能量为**热量**.热量伴随着温差传热过程,是系统与外界之间相互传递无规则热运动能量的量度.热量也是一个过程量,与系统经历的过程路径有关.热量的数值一般可由下式表示:

$$dQ = mcdT = \nu C_m dT \tag{7.3}$$

其中 c 为比热容,m 为系统的质量,$\nu = \frac{m}{M}$为物质的量,M 为摩尔质量,C_m 为摩尔热容.

在 7.3 式中,系统从外界吸热时 $dQ>0$,系统向外界放热时 $dQ<0$.应当明确系统的比热容 c 和摩尔热容 C_m 都与系统经历过程的具体路径有关,**都是过程量**.热量的单位和能量单位相同,都是焦耳(J).

思考题

思 7.2 能否说系统含有热量?能否说系统含有功?

思 7.3 如果系统吸热,其温度是否一定升高?系统放热,其温度是否一定降低?

7.1.3 内能

内能是系统内所有分子无序热运动的动能和所有分子相互作用的势能的总和.它包括组成系统所有分子的平动动能、转动动能、振动能量和所有分子间的势能.内能与物体内部分子的热运动和分子间的相互作用情况有关.同一个物体,在相同物态下,分子热运动越剧烈,内能就越大.内能对应于大量分子组成的系统,对于单个分子,内能是没有意义的.

内能是物质系统的一种固有属性,即一切物体系统都具有内能,不依赖于外界对系统是否有影响.内能是一种广延量(容量性质),即内能的大小与物质的数量(物质的量或质量)成正比,系统的内能等于系统各个部分(或各个子系统)的内能总和.内能是状态的单值函数,系统的内能一般可以表示为系统的某些状态参量(例如温度、体积等)的某种特定的函数,函数的具体形式取决于物质系统的性质(具体地说取决于物态方程).当系统处于某一平衡态时,系统的所有状态参量都是一定的,内能是唯一确定的.当系统从原先的平衡态过渡到另一个新的平衡态时,内能的变化量仅取决于变化前后的系统状态,而与这个变化所经历的具体过程(例如是经历一个等温过程还是等压过程)完全无关.内能的这一性质与功、热量有着本质的区别.

从严格意义上说,内能应该定义为物体系统内所有分子的动能、分子间的相互作用势能、原子内部的电子能和核内部粒子间的相互作用能等.前两项又可统称为分子热运动能,就是通常意义上所说的“内能”.后面两项在大多热物理过程中不变,因此在研究热现象问题中一般只需要考虑前两项.但在涉及电子的激发、电离等物理过程中或发生化学反应时电子的能量将大幅度变化,此时内能中必须考虑电子能的贡献.核内部粒子间的相互作用能仅在发生核反应时才会变化,因此绝大多数情形下,都不需要考虑这一部分的能量.**我们研究的理想气体内能一般情况下只包括所有分子的动能**.

根据能量均分原理,理想气体的内能可以表述为

$$E=\nu\frac{i}{2}RT \tag{7.4}$$

其中 i 为分子的自由度.对于一定量的理想气体,在温度一定的情况下,内能具有唯一的数值.所以理想气体的内能是温度的单值函数.

思考题

思 7.4 试说明物体系统的机械能和内能的区别,并判断以下说法是否正确:

(1) 物体在某种情况下,机械能和内能均为零.

(2) 物体在任何情况下,机械能和内能均不能为零.

(3) 一切物体任何情况下都具有内能,机械能可以为零,内能不为零.

(4) 物体在任何情况下都具有机械能,内能可以为零,机械能不为零.

7.1.4 热力学第一定律

在系统和外界之间传递能量有两种方式,即传递热量和做功.热力学第一定律就是描述系统从外界吸热与系统内能的改变和系统对外做功的相互关系的规律.通过归纳大量实验现象人们得到,对于任意的系统经历的任何过程,**系统吸收的热量等于系统的内能增量和系统对外做功之和**.即

$$Q=\Delta E+A \tag{7.5}$$

其微分形式为

$$\mathrm{d}Q=\mathrm{d}E+\mathrm{d}A$$

式(7.5)即为热力学第一定律的表达式.在式中系统如果吸热 Q 为正,系统如果放热 Q 为负;系统如果对外做功,A 为正,外界如果对系统做功,A 为负.

综上所述,热力学第一定律的实质就是能量守恒与转化定律在热现象中的具体反映,如果将式中的内能推广到所有形式的能量之和(即总能量),热力学第一定律就是能量守恒与转化定律的表达式.这是自然界任何系统和过程都遵循的一个普遍规律.热力学第一定律还反映出,做功与传热是量度能量转化的两种基本形式,功和热量具有等价性.不需要外界提供能量而能够持续对外做功的机器称为**第一类永动机**,由热力学第一定律可以断定这种机器是不能制造出来的.所以**第一类永动机不能制造成功**又可以作为热力学第一定律的另一种表述.

例 7.1 系统由状态 a 经历某一过程过渡到状态 b,在此过程中系统吸热 345 J,对外做功 125 J;若系统由状态 b 经历另一过程回到状态 a,外界对系统做功 80 J;求:在后一过程中系统吸取的热量.

解 对 $a\rightarrow b$ 的过程,吸热 $Q_1=345$ J,对外做功 $A_1=125$ J;由热力学第一定律可得

$$\Delta E=E_b-E_a=Q_1-A_1=220\ \mathrm{J}$$

对 $b\rightarrow a$ 的过程,对外做功 $W_2=-80$ J;由热力学第一定律可得

$$Q_2=(E_a-E_b)+A_2=-300\ \mathrm{J}$$

所以在后一过程中系统吸取的热量为-300 J,即系统向外界放出 300 J 的热量.

▶ 思考题

思 7.5　热力学系统对外做功数值大于所吸收的热量时是否违背能量守恒与转化定律?

7.2　热力学第一定律对理想气体的应用

7.2.1　等体过程

理想气体系统经历体积保持不变的过程为等体过程.由理想气体物态方程可得到等体过程的参量关系满足

$$\frac{p}{T}=\text{常量}$$

由 $dA=pdV$,因为 $dV=0$,所以等体过程中气体对外不做功，即

$$A=0 \tag{7.6}$$

理想气体的内能是温度的单值函数,所以内能增量为

$$\Delta E=\frac{i}{2}\nu R\Delta T \tag{7.7}$$

由热力学第一定律得到系统吸取的热量

$$Q=\Delta E+A=\Delta E+0=\Delta E$$

即

$$Q=\frac{i}{2}\nu R\Delta T \tag{7.8}$$

根据式(7.3),可以得到理想气体的摩尔定容热容为

$$C_{V,\mathrm{m}}=\frac{i}{2}R \tag{7.9}$$

▶ 思考题

思 7.6　是否可以说没有体积变化的过程系统就一定不对外做功?

7.2.2　等压过程

理想气体系统经历压强保持不变的过程为等压过程.由理想气体物态方程可得到等压过程的参量关系满足

$$\frac{V}{T}=\text{常量}$$

由 $dA=pdV$,等压过程对外做的功为

$$A=\int_{V_1}^{V_2}p\mathrm{d}V=p(V_2-V_1)=p\Delta V \tag{7.10}$$

内能变化量为

$$\Delta E=\frac{i}{2}\nu R\Delta T=\frac{i}{2}p\Delta V \tag{7.11}$$

由热力学第一定律可得系统吸取的热量为

$$Q=\Delta E+A=\frac{i+2}{2}p\Delta V=\frac{i+2}{2}\nu R\Delta T \tag{7.12}$$

由式(7.3)可以得到摩尔定压热容

$$C_{p,\mathrm{m}}=\frac{i+2}{2}R \tag{7.13}$$

显然摩尔定压热容和摩尔定容热容的差值

$$C_{p,\mathrm{m}}-C_{V,\mathrm{m}}=R \tag{7.14}$$

式(7.14)称为迈耶(Mayer)公式.

▶ **思考题**

思 7.7 为什么摩尔定压热容比摩尔定容热容多一个数值 R? 是否据此可以给摩尔气体常量 R 赋予一个新的物理意义?

7.2.3 等温过程

理想气体系统经历温度保持不变的过程为等温过程.由理想气体物态方程可得到等温过程的参量关系满足

$$pV=\text{常量}$$

等温过程气体对外做的功为

$$A=\int_{V_1}^{V_2}p\mathrm{d}V=\nu RT\int_{V_1}^{V_2}\frac{\mathrm{d}V}{V}=\nu RT\ln\frac{V_2}{V_1}=\nu RT\ln\frac{p_1}{p_2} \tag{7.15}$$

由于温度没有发生变化,所以系统内能变化量为

$$\Delta E=0 \tag{7.16}$$

由热力学第一定律可得到系统从外界吸收的热量为

$$Q=\Delta E+A=\nu RT\ln\frac{V_2}{V_1}=\nu RT\ln\frac{p_1}{p_2} \tag{7.17}$$

▶ **思考题**

思 7.8 传热一定要有温度差,理想气体在定温过程中 $\mathrm{d}T=0$,为什么可以吸收热量或放出热量?

7.2.4 绝热过程

在理想气体系统经历的过程中如果系统与外界之间没有热量的传递,即 $\mathrm{d}Q=0$,这种过程称为绝热过程.由理想气体物态方程和热力学第一定律可得到绝热过程的参量关系满足

$$pV^{\gamma}=\text{常量} \tag{7.18}$$

$$TV^{\gamma-1}=\text{常量} \tag{7.19}$$

$$p^{\gamma-1}T^{-\gamma}=\text{常量} \tag{7.20}$$

其中 γ 称为绝热指数,而且

$$\gamma=\frac{C_{p,\mathrm{m}}}{C_{V,\mathrm{m}}}=\frac{i+2}{i} \tag{7.21}$$

绝热过程中内能变化量为

$$\Delta E=\frac{i}{2}\nu R\Delta T$$

因为绝热过程系统吸热 $Q=0$,由式(7.3)可得到系统的摩尔绝热热容为

$$C_{S,\mathrm{m}}=0 \tag{7.22}$$

系统对外做功为

$$A=-\Delta E=\int_{V_1}^{V_2}p\mathrm{d}V$$

$$A=\frac{p_2V_2-p_1V_1}{1-\gamma}=\frac{\nu R(T_2-T_1)}{1-\gamma} \tag{7.23}$$

在 $p-V$ 图上,绝热过程曲线比等温线要陡,如图 7-4 所示.根据等温过程的参量关系 $pV=C$,可得等温线在 A 点的斜率为

$$\left(\frac{\mathrm{d}p}{\mathrm{d}V}\right)_T=-\frac{p_A}{V_A}$$

根据绝热过程的参量关系 $pV^{\gamma}=C$,可得绝热线在 A 点的斜率为

$$\left(\frac{\mathrm{d}p}{\mathrm{d}V}\right)_S=-\gamma\frac{p_A}{V_A}$$

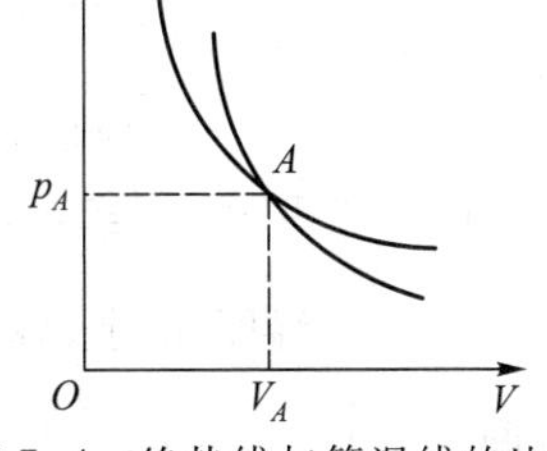

图 7-4 绝热线与等温线的比较

由于 $\gamma>1$,所以绝热线在 A 点的斜率的大小要大于等温线在 A 点的斜率的数值;绝热线比等温线要陡.

例 7.2 一个气缸中装有 2 mol 的氮气,初始温度为 300 K,体积为 20 L;先将气体等压膨胀使其体积增大一倍,然后绝热膨胀使其温度与初始温度相同;求:(1) 等压过程和绝热过程中气体对外做的功、内能增量和吸取的热量;(2) 整个过程中气体对外做的功、内能增量和吸取的热量.

解 (1) 对等压过程,初态 $T_0=300$ K,$V_0=20$ L,终态 $V_1=2V_0$;等压过程对外做的功为

$$A_p=p_0(V_1-V_0)=p_0V_0=2RT_0=2\times8.31\times300\ \mathrm{J}=4\ 986\ \mathrm{J}$$

$$\frac{T_1}{T_0}=\frac{V_1}{V_0}=2$$

$$T_1=2T_0=600\ \mathrm{K}$$

等压过程内能增量为

$$\Delta E_p=5R(T_1-T_0)=5RT_0=5\times8.31\times300\ \mathrm{J}=12\ 465\ \mathrm{J}$$

等压过程吸取的热量为

$$Q_p=\Delta E_p+A_p=17\ 451\ \mathrm{J}$$

(2) 对绝热过程,初态 $T_1=600$ K,终态 $T_2=T_0=300$ K;绝热过程吸热量为

$$Q_S=0$$

绝热过程内能增量为

$$\Delta E_S=5R(T_0-T_1)=-5RT_0=-5\times8.31\times300\ \mathrm{J}=-12\ 465\ \mathrm{J}$$

由热力学第一定律

$$Q_S=\Delta E_S+A_S=0$$

绝热过程对外做的功为

$$A_S=-\Delta E_S=12\ 465\ \mathrm{J}$$

对整个过程:

$$\Delta E=\Delta E_S+\Delta E_p=0$$

$$A=A_S+A_p=17\ 451\ \mathrm{J}$$

$$Q=Q_S+Q_p=17\ 451\ \mathrm{J}$$

例 7.3 1 mol 理想氢气盛于气缸中,设气缸活塞与缸壁间无摩擦.开始时压强为 $p_1=1.01\times10^5$ Pa,体积为 $V_1=10^{-2}\mathrm{m}^3$,将气体等压加热,使体积增大一倍;然后等体加热,压强增大一倍;最后绝热膨胀,温度降为起始温度.求:(1) 内能的增量;(2) 气体对外做的功.

解 (1) 由 $\Delta E=\frac{i}{2}\nu R\Delta T$,始末态温度相同,所以系统内能增量 $\Delta E=0$.

(2) 等体过程不做功,等压过程做功为

$$A_p=\int_{V_1}^{V_2}p\mathrm{d}V=p(V_2-V_1)=p(2V_1-V_1)$$
$$=1.013\times10^5\times10^{-2}\ \mathrm{J}=1.013\times10^3\ \mathrm{J}$$

如图 7-6 所示,对绝热过程,初态压强为 p_2,体积为 V_2;且 $V_2=2V_1$,$p_2=2p_1$,$p_2V_2=4p_1V_1$;因为末态与初态温度相同,$pV=\nu RT=\nu RT_1=p_1V_1$;对于氢气 $i=5$,$\gamma=\frac{7}{5}$;由式(7.23)可得绝热过程对外做功为

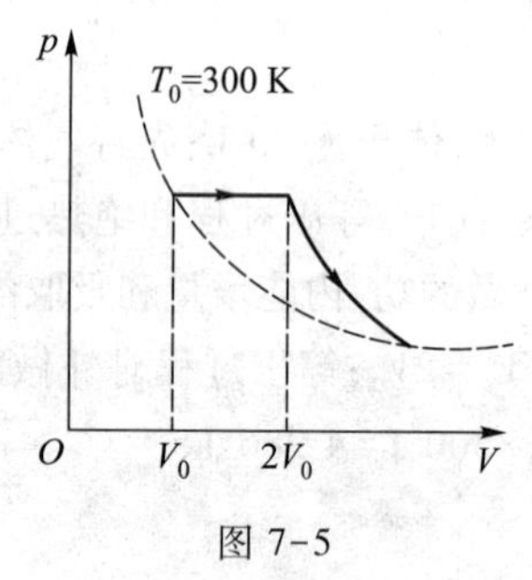

图 7-5

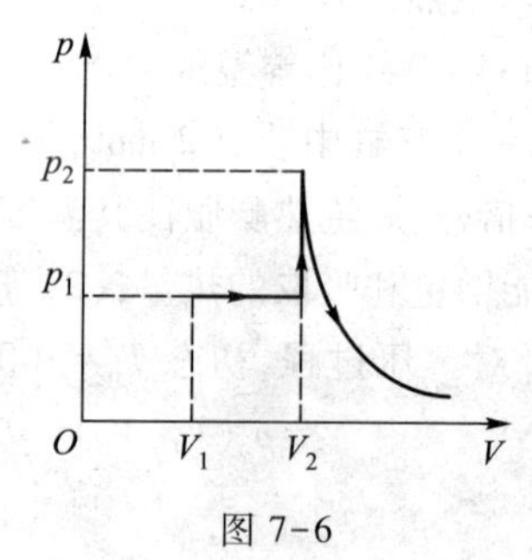

图 7-6

$$A_S=\frac{pV-p_2V_2}{1-\gamma}=\frac{p_1V_1-4p_1V_1}{1-7/5}=\frac{15}{2}p_1V_1=\frac{15}{2}\times1.01\times10^5\times10^{-2}\ \mathrm{J}\approx7.597\times10^3\ \mathrm{J}$$

所以整个过程气体对外做功

$$A=A_p+A_S\approx8.61\times10^3\ \mathrm{J}$$

思考题

思 7.9 理想气体向真空绝热膨胀后,温度和压强怎样变化?

思 7.10 如何区分 $p-V$ 图上的等温线和绝热线?

7.2.5 多方过程

如果理想气体经历的过程状态参量满足

$$pV^{n}=\text{常量} \tag{7.24}$$

则称这样的过程为多方过程.其中 n 是常量,称为多方指数.如果该过程的摩尔热容为 C_{m},则多方指数为

$$n=\frac{C_{m}-C_{p,m}}{C_{m}-C_{V,m}} \tag{7.25}$$

系统在多方过程中对外做功为

$$A=\frac{p_{2}V_{2}-p_{1}V_{1}}{1-n} \tag{7.26}$$

系统在多方过程中吸取的热量为

$$Q=\frac{n-\gamma}{n-1}\left(\frac{i}{2}R\right)\Delta T=\frac{n-\gamma}{n-1}C_{V,m}\Delta T \tag{7.27}$$

由式(7.3)可得到系统多方过程的摩尔热容为

$$C_{m}=\frac{n-\gamma}{n-1}C_{V,m}=\frac{n-\gamma}{n-1}\frac{i}{2}R \tag{7.28}$$

由式(7.28)可知,理想气体多方过程的摩尔热容为常量,因此也可以说**比热容和摩尔热容保持不变的过程为多方过程**.

如果 $n=0$,$p=$常量,$C_{m}=\gamma C_{V,m}=C_{p,m}$,则为等压过程;如果 $n=1$,$pV=$常量,$C_{m}=\infty$,则为等温过程;如果 $n=\gamma$,$pV^{\gamma}=$常量,$C_{m}=0$,则为绝热过程;如果 $n=\infty$,$V=$常量,$C_{m}=C_{V,m}$,则为等体过程;所以前面讨论的各种过程实质上都是多方过程.多方过程在热工学中有重要实际意义,在气象学和天体物理学中也有一定的实用价值.

思考题

思 7.11 为什么说气体系统的比热容有无穷多个?什么情况下气体的比热容为零?什么情况下气体的比热容为无穷大?什么情况下气体的比热容为正?什么情况下气体的比热容为负?

7.3 循环过程 热机

7.3.1 循环过程

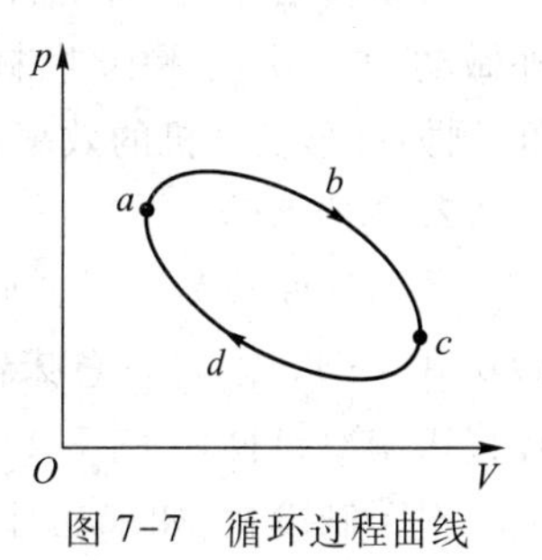

图 7-7 循环过程曲线

历史上,热力学理论最初是在研究热机工作过程的基础上发展起来的.在热机中用来吸收热量并对外做功的物质叫工作物质.热机中的工作物质往往经历着循环过程,即经历一系列变化又回到初始状态,初态与末态一致.准静态循环过程在 $p-V$ 图上可表示为一条闭合曲线(图 7-7).循环过程对外做功必然有正有负,总功的数值等于

在 $p-V$ 图上循环过程(闭合)曲线所包围的面积.

因为初态和末态完全相同,所以整个循环过程内能改变量 $\Delta E=0$;但是在过程进行当中,一般情况下 $dE\neq 0$.循环分过程中有吸热过程,也有放热过程;若吸热过程吸取的总热量为 Q_1,放热过程放出的总热量的绝对值为 Q_2;根据热力学第一定律,则得到整个循环过程总功为

$$A=Q_1-Q_2 \tag{7.29}$$

▶ 思考题

思 7.12　循环过程对外做的总功能否为负值?在什么情况下循环过程的总功为负值?

7.3.2　热机效率和制冷系数

1. 热机效率

若循环曲线为顺时针循环,又称正循环.则循环过程中做的总功 $A>0$, $Q_1>Q_2$;意味着在循环过程中系统吸热转化为对外做功,所以顺时针循环代表热机循环.图 7-8(a)就是热机的工作原理图.

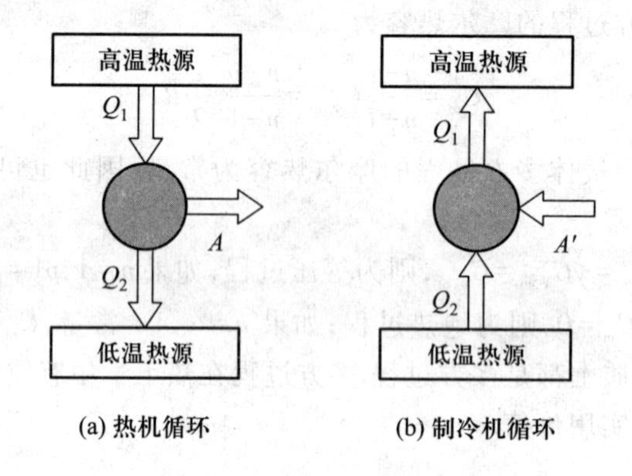

图 7-8　热机和制冷机原理图

对于热机,如果在每个循环过程中对外做功越多,而且耗能(从高温热源吸取的热量)越少,热机的性能就越好.因此热机效率定义为:**在每一次循环过程中热机对外做功与系统从高温热源吸取的热量之比,即**

$$\eta=\frac{A}{Q_1}=1-\frac{Q_2}{Q_1} \tag{7.30}$$

日常生活中用的汽油机和柴油机都是热机.它们靠吸收燃料燃烧放出的热量来保证机器对外做功.在一次循环中,燃料燃烧放出的热转化为对外做的功越多,热机效率越高,机器性能越好.例如汽车发动机的效率约为 20%,柴油机的效率在 35%~40%之间.

2. 制冷系数

若循环曲线为逆时针循环,称为逆循环或负循环;则循环过程中做的总功 $A<0$,外界对系统做功 $A'=-A$, $Q_2<Q_1$;意味着在循环过程中外界对系统做功,并发生热量的迁移,所以逆时针循环代表制冷机循环.图 7-8(b)就是制冷机的工作原理图.

对于制冷机,如果在每一次循环中,从低温热源吸取的热量 Q_2 越大,外界对系统做功 A'越

小,制冷机的制冷效果就越好.因此制冷机的制冷系数定义为:**从低温热源吸取的热量与外界对系统做的功之比**,即

$$e=\frac{Q_2}{A'}=\frac{Q_2}{Q_1-Q_2} \tag{7.31}$$

▶ 思考题

思 7.13 热机效率与制冷系数有什么关系?在什么情况下可由热机效率推算制冷系数?

7.3.3 卡诺循环

1824 年,法国工程师卡诺(N.L.S.Carnot)提出了一种理想的循环过程,称为卡诺循环.卡诺循环是由两个等温过程和两个绝热过程构成的,在 $p-V$ 图上可以用两条等温线与两条绝热线构成卡诺循环曲线(图 7-9).

卡诺循环可以认为是工作在两个恒温热源之间的准静态过程,其高温热源的温度为 T_1,低温热源的温度为 T_2.假设工作物质只与两个恒温热源交换热量,没有散热、漏气、摩擦等损耗.作卡诺循环的热机叫做卡诺热机,卡诺热机工作原理如图 7-10 所示.

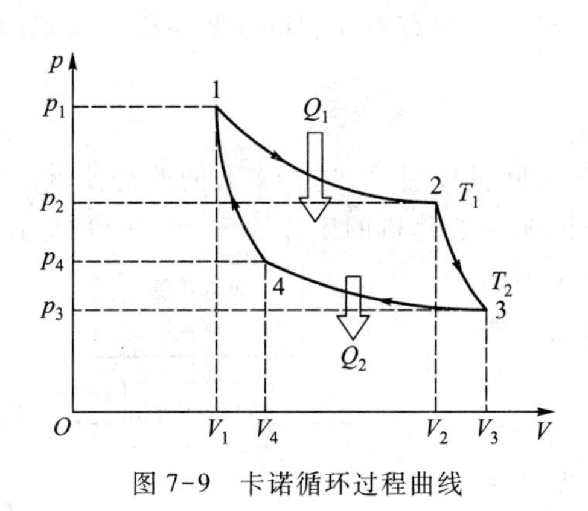

图 7-9 卡诺循环过程曲线

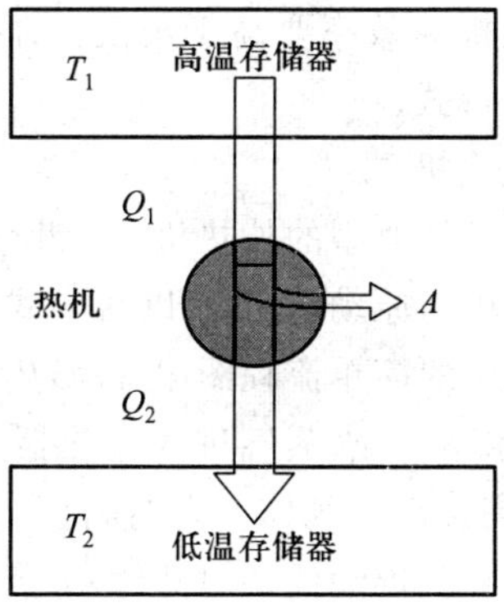

T_1 高温存储器

Q_1

热机 A

Q_2

T_2 低温存储器

图 7-10 卡诺热机原理

在卡诺循环过程中,系统经历等温过程从高温热源吸取的热量为

$$Q_1=\nu RT_1\ln\frac{V_2}{V_1}$$

经历等温过程向低温热源释放的热量为

$$Q_2=\nu RT_2\ln\frac{V_3}{V_4}$$

又因为在两个绝热过程中参量满足

$$T_1V_2^{\gamma-1}=T_2V_3^{\gamma-1}$$

$$T_1V_1^{\gamma-1}=T_2V_4^{\gamma-1}$$

$$\frac{V_2}{V_1}=\frac{V_3}{V_4}$$

所以**卡诺循环的效率**为

$$\eta = 1 - \frac{Q_2}{Q_1} = 1 - \frac{T_2}{T_1} \tag{7.32}$$

如果在外界的帮助下，使卡诺循环过程逆向进行，将从低温热源吸热，向高温热源放热，即成为卡诺**制冷机**，其**制冷系数**为

$$e = \frac{Q_2}{A} = \frac{Q_2}{Q_1 - Q_2} = \frac{T_2}{T_1 - T_2} \tag{7.33}$$

*7.3.4 热机

热机在人类生活中发挥着极其重要的作用，现代化的交通运输工具都靠它提供动力.热机是利用热能来做功的机器.热机至少应包括以下三个部分：工作物质（一般为气体）；一个高温热源和一个低温热源，能够从高温热源吸热，向低温热源放热；对外做功装置（如气缸、活塞、飞轮、曲柄连杆等装置）.热机主要有内燃机和外燃机两种形式.燃料燃烧过程放置到气缸外部的热机称为外燃机，外燃机又有往复式（蒸汽机、斯特林发动机等）和旋转式（汽轮机）两种形式.将燃料燃烧过程放置到气缸内部的热机称为内燃机，由于燃料是在工作物质内燃烧的，所以有利于充分利用燃料燃烧过程释放的热量，与蒸汽机相比可以明显提高高温热源的温度，因而内燃机的效率要高于蒸汽机.内燃机的循环过程主要有奥托（Otto）循环和狄塞尔（Diesel）循环两种形式.

1. 蒸汽机

蒸汽机是典型的外热机，18世纪第一台蒸汽机问世以后，经过许多人的改进使其成为工业中普遍使用的原动机.下面以活塞式蒸汽机为例说明一般热机的工作原理.图7-11表示一个活塞式蒸汽机的简单流程图.由高温热源加热锅炉A中的水，产生水蒸气.水蒸气进入过热器B中继续加热形成干蒸汽（高温高压气体）.高温高压气体进入气缸C中，然后绝热膨胀推动活塞对外做功.蒸汽降压后从气缸出来进入冷却器D，向低温热源（图中所示为通有冷却水的盘管）放热，蒸汽放热后冷凝为水.冷凝水进入锅炉重新加热，如此周而复始构成循环.

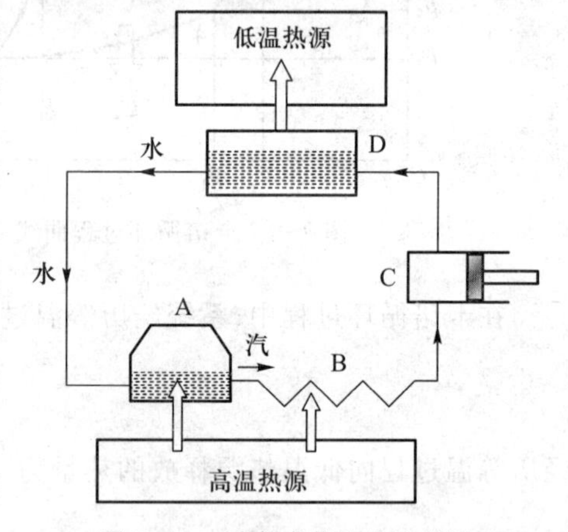

图7-11　活塞式蒸汽机流程图

卡诺循环是对蒸汽机的工作过程的简化，是理想的蒸汽机循环.因为蒸汽机的燃料和工作物质是分离的，这样不利于有效地利用燃料燃烧过程释放的热量，因此蒸汽机的热机效率一般不高（$<10\%$）.

2. 火花点火式四冲程内燃机

德国工程师奥托在1876年设计了使用气体燃料的火花点火式四冲程内燃机.所使用的工作物质是空气和汽油蒸气，这种内燃机通常称为汽油机.图7-12表示了汽油机的简单结构，主要包括：气缸、活塞、曲轴连杆系统、进气阀、排气阀和火花塞.图7-12中（a）、（b）、（c）、（d）、（e）、（f）分别表示在汽油机一个循环中的进气、压缩、点火、膨胀、排气、和扫气过程.对这类汽油机的循环过程进行简化就成为奥托循环，在$p-V$图上表示出的奥托循环过程如图7-13所示.

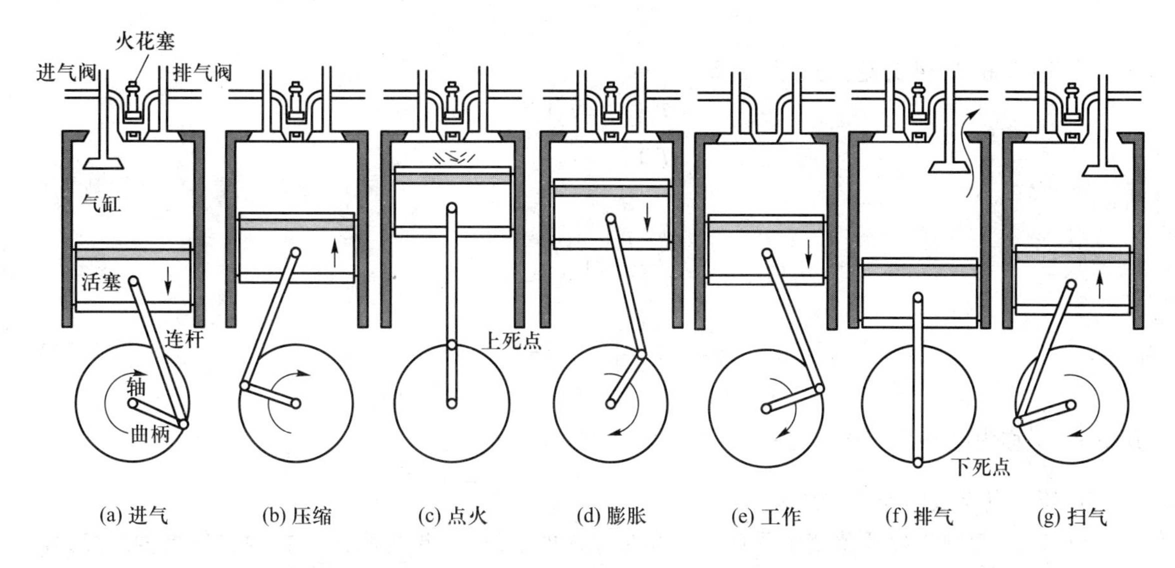

图 7-12　汽油机工作原理

对奥托循环过程可以分述如下:**(a) 0→1 为吸气过程:**由于旋转中飞轮的惯性,活塞从气缸的上死点向下运动时进气阀同时打开,从汽化器(又称化油器,是汽油机中可以使燃料与空气混合为可燃气体的部件)吸入燃料混合气体;直到活塞运动到气缸的下死点为止.**(b) 1→2 为绝热压缩过程:**活塞达到下死点由于惯性继续运动压缩混合气体,由于活塞运动速度很快,可以认为是一个绝热压缩过程;当活塞即将到上死点时,混合气体温度可以上升至燃点.**(c) 2→3 为等体吸热过程:**火花塞放出火花点燃气体,因为在上死点附近活塞速度很小,而燃烧过程十分迅速,可认为是等体吸热;在此过程中气体的温度和压强同时增加.**(d) 3→4 为绝热膨胀过程:**燃烧生成的高压气体推动已过上死点的活塞运动对外做功,同样由于活塞速度很快,可以看成绝热膨胀过程;气体的温度和压强同时降低,直到下死点为止.**(e) 4→1 为等体放热过程:**活塞到达下死点,排气阀打开,部分气体逸出,气体在等体下降低压强同时放出热量.**(f) 1→0 为扫气过程:**由于飞轮的惯性,活塞通过下死点后继续运动将残余气体排出气缸,同时吸入新的气体进入下一个循环.

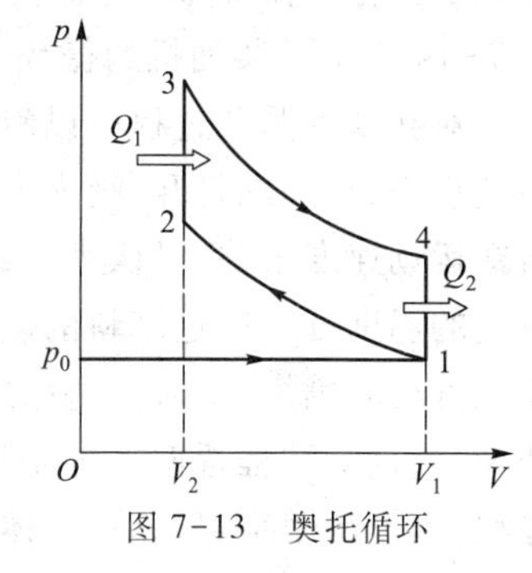

图 7-13　奥托循环

在 p-V 图上奥托循环可以简化为由两条等体线与两条绝热线构成的,将混合气体(工作物质)视为理想气体,奥托循环的效率计算如下:

因为 2→3 过程是等体吸热过程,4→1 过程是等体放热过程;所以有

$$Q_1=\frac{m}{M}C_{V,\mathrm{m}}(T_3-T_2)$$

$$Q_2=\frac{m}{M}C_{V,\mathrm{m}}(T_4-T_1)$$

$$\eta=1-\frac{Q_2}{Q_1}=1-\frac{T_4-T_1}{T_3-T_2}$$

又因为 1→2 和 3→4 为绝热过程，因此

$$T_1V_1^{\gamma-1}=T_2V_2^{\gamma-1}$$
$$T_4V_1^{\gamma-1}=T_3V_2^{\gamma-1}$$

所以

$$\frac{T_4-T_1}{T_3-T_2}=\left(\frac{V_2}{V_1}\right)^{\gamma-1}$$

$$\eta=1-\left(\frac{V_1}{V_2}\right)^{1-\gamma}=1-(k)^{1-\gamma} \tag{7.34}$$

其中 $k=\frac{V_1}{V_2}$ 称为绝热容积压缩比；显然 k 增大 η 增大.

3. 压缩点火式四冲程内燃机

1892 年，德国工程师狄塞尔受面粉厂粉尘爆炸的启发，设想将吸入气缸的空气高度压缩，使其温度超过燃料的自燃温度，再将燃料吹入气缸使之着火燃烧.根据这种设想，设计了压缩点火式内燃机，于 1897 年研制成功，为内燃机的发展开拓了新途径.这种内燃机大多用柴油为燃料，故通常又称为柴油机.这种内燃机的简化循环过程称为狄塞尔循环，也称为等压加热循环.图 7-14 表示了柴油机的循环过程，其循环曲线如图 7-15 所示.

对狄塞尔循环过程可以叙述如下：(a) **0→1 为吸气过程**：活塞从气缸的上死点移至下死点的过程中，吸气阀打开，吸入大气中的空气.(b) **1→2 为绝热压缩过程**：活塞运动压缩空气，由于活塞运动速度很快，可认为是绝热压缩过程.(c) **2→3 为定压吸热过程**：在绝热压缩过程终了时，空气的温度可以超过燃料的燃点，这时利用高压油泵将柴油通过喷油嘴喷入气缸中，燃油与高温空气混合后燃烧；这时活塞已经过了上死点向下运动，气体在气缸中一边燃烧，一边推动活塞对外做功；这个过程近似认为是等压过程，在此过程中气体温度将不断升高.(d) **3→4 为绝热膨胀过程**：当燃料燃烧完以后，气体的温度不可能再升高，气缸中的气体继续推动活塞绝热膨胀，直到

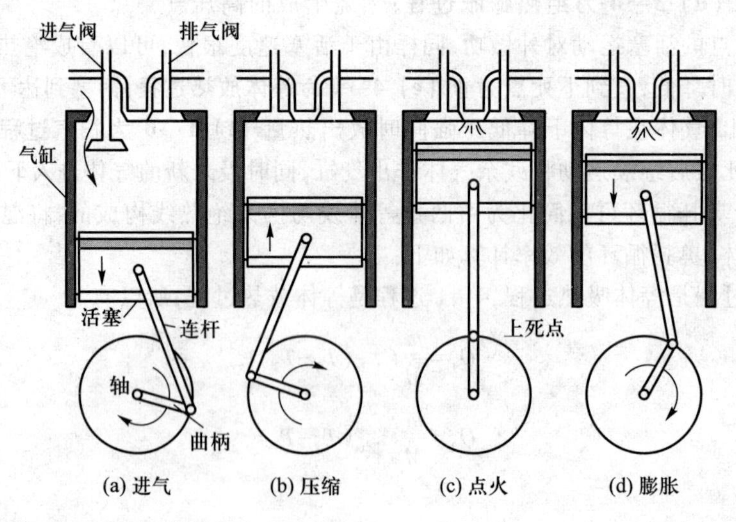

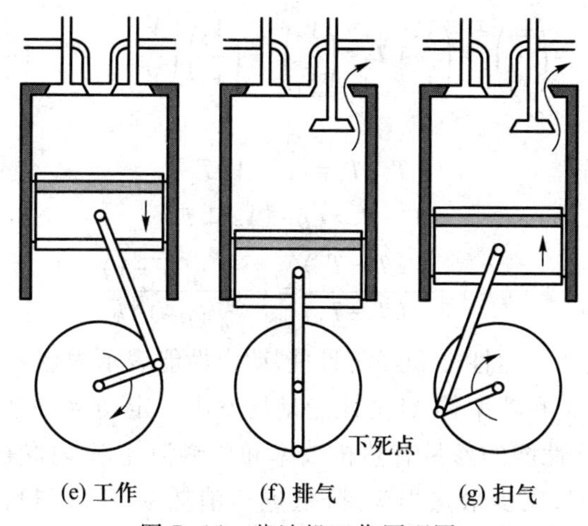

图 7-14　柴油机工作原理图

活塞移动倒下死点为止；在此过程中，气体的温度和压强都将降低.**(f) 4→1 为等体放热过程**：活塞到达下死点，排气阀打开，部分气体逸出，气体在等体下降低压强同时放出热量.**(g) 1→0 为扫气过程**：由于飞轮的惯性，活塞通过下死点运动将残余气体排出气缸，同时吸入新的气体进入下一个循环.

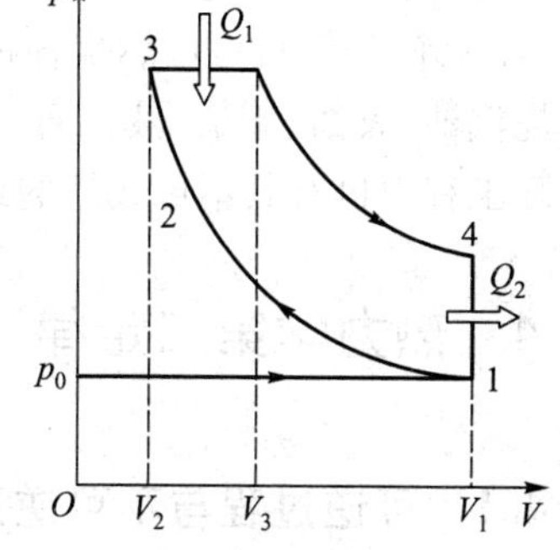

图 7-15　狄塞尔循环

图 7-15 中狄塞尔循环可以简化为由一条等体线、一条等压线与两条绝热线构成的.将工作物质视为理想气体，在等压吸热过程吸取的热量为

$$Q_1=\frac{m}{M}C_{p,\mathrm{m}}(T_3-T_2)$$

在等体放热过程中放出的热量为

$$Q_2=\frac{m}{M}C_{V,\mathrm{m}}(T_4-T_1)$$

所以

$$\eta=1-\frac{Q_2}{Q_1}=1-\frac{1}{\gamma}\frac{(T_4-T_1)}{(T_3-T_2)}$$

其中 $\gamma=\frac{C_{p,\mathrm{m}}}{C_{V,\mathrm{m}}}$，为绝热指数.因为 1→2 为绝热过程，所以

$$T_1V_1^{\gamma-1}=T_2V_2^{\gamma-1}$$

$$T_2=\left(\frac{V_1}{V_2}\right)^{\gamma-1}\cdot T_1=(k)^{\gamma-1}\cdot T_1$$

其中 $k=\frac{V_1}{V_2}$，为绝热容积压缩比.因为 2→3 为等压过程，所以

$$T_3=\left(\frac{V_3}{V_2}\right)T_2=\rho T_2$$

其中 $\rho=\frac{V_3}{V_2}$，称为等压容积压缩比.因为 3→4 也是绝热过程，所以

$$T_4=\left(\frac{V_3}{V_4}\right)^{\gamma-1}T_3=\left(\frac{V_3}{V_1}\right)^{\gamma-1}\left(\frac{V_3}{V_2}\right)T_2=\left(\frac{V_3}{V_1}\right)^{\gamma-1}\left(\frac{V_3}{V_2}\right)\left(\frac{V_1}{V_2}\right)^{\gamma-1}T_1=\left(\frac{V_3}{V_2}\right)^{\gamma}T_1=\rho^{\gamma}T_1$$

于是得到

$$T_4-T_1=(\rho^{\gamma}-1)T_1$$

$$T_3-T_2=(\rho-1)k^{\gamma-1}T_1$$

$$\eta=1-\frac{1}{\gamma}\frac{(T_4-T_1)}{(T_3-T_2)}=1-\frac{1}{\gamma}\frac{(\rho^{\gamma}-1)}{(\rho-1)k^{\gamma-1}} \tag{7.35}$$

内燃机的性能主要包括动力性能和经济性能.动力性能表示内燃机在能量转化中量的大小,标志动力性能的参量有扭矩和功率等.经济性能是指发出一定功率时燃料消耗的多少,表示能量转化中质的优劣,标志经济性能的参量有热机效率和燃料消耗率.内燃机未来的发展将着重于改进燃烧过程,提高机械效率,减少散热损失,降低燃料消耗率.开发和利用非石油制品燃料、扩大燃料资源;减少排气中有害成分,降低噪声和振动,减轻对环境的污染.

虽然在一般情况下,外燃机的效率要远低于内燃机的效率,但是外燃机也有其特有的优点.由于外燃机可以避免内燃机传统的震爆做功问题,从而实现了高效率、低噪音、低污染和低运行成本.另外,外燃机可以燃烧各种可燃气体,如天然气、沼气、石油气、氢气、煤气等气体燃料,也可燃烧汽油、煤油、柴油、液化石油等液体燃料,还可以燃烧木材、煤炭等固体燃料.因此,外燃机在实际工程中也有其不可或缺的地位和作用.

7.4 热力学第二定律

7.4.1 可逆过程与不可逆过程

对于某个热力学过程,如果存在另外一个过程能重复该过程的每一中间状态从其末态回复到初态,而且不引起其他变化(对外界影响完全消除),这样的热力学过程称为**可逆过程**.反之,在不引起其他变化的条件下,不能使逆过程重复原过程的每一中间状态从其末态回复到初态;或者虽然能重复该过程的每一中间状态从其末态回复到初态,但必然会引起其他变化(对外界影响不能完全消除).这样的过程是**不可逆过程**.

某一单摆,如果不受到空气阻力和其他摩擦力的作用,它从左端最大位移处经平衡位置到右端,再从右端经平衡位置回到左端初始位置处,而周围一切都没发生变化,因此这一过程是可逆过程.由此可见,单纯的、无机械能耗散的机械运动过程是可逆过程.

只有无耗散的准静态过程才是可逆过程.因为在无耗散的准静态过程中,过程的每一中间状态都是平衡态,我们就可以控制条件,使系统的状态按照和原过程完全相反的顺序进行,经过原过程的所有中间状态,回到初始状态,并能消除所有外界的影响.所以**无耗散**和**准静态**是可逆过程的两个重要特征,这就要求热力学过程进行得足够缓慢而且没有任何摩擦.

实际上绝对的无耗散准静态过程是不存在的,因此严格说一切实际过程都是不可逆的,可逆过程只是一种理想情况.实验发现,通过摩擦做功可以把功全部转化为热量,而热量却不能在不引起其他变化的条件下全部转化为功,所以热功转化过程是一个不可逆过程.又如高温物体能自动把热量传递给低温物体,而它的逆过程,即要把热量由低温物体传递给高温物体,就非要由外界对它做功不可，所以热传导过程也是一个不可逆过程.在自然界中不可逆过程很多.像固体的液化和升华、气体的扩散、水的汽化、生物的生长等都是不可逆过程.

7.4.2 热力学第二定律

1. 开尔文表述

开尔文(Kelin)将热力学第二定律表述为：**不可能通过循环过程持续地将热量全部转化为功而不产生其他影响.**

如果在循环过程中，吸取的热量全部转化为对外做的功，即 $A=Q_1$，$Q_2=0$，其效率必然为100%.通常将效率大于100%的机器叫做第一类永动机，将效率等于100%的机器叫做第二类永动机.因此热力学第二定律又可以叙述为：**第二类永动机($\eta=100\%$)是制不成的.**

通过摩擦做功可以把功全部转化为热量，而热量却不能在不引起其他变化的条件下全部转化为功.开尔文表述实际上反映了热功转化的不可逆性质.

2. 克劳修斯表述

克劳修斯(Clausius)将热力学第二定律表述为：**不可能自动地将热量由低温物体传递到高温物体而不产生其他影响.**

克劳修斯表述是说**热量不能自发地从低温物体传递到高温物体**.如果有外界影响，热量可以由低温物体传递到高温物体，但是外界的影响是不能消除的.例如，制冷机的制冷过程，必须通过外界做功才能实现热量由低温热源传递到高温热源.所以说克劳修斯表述实质上反映了热传导的不可逆性质.

3. 两种表述的等价性

热力学第二定律的两种表述，表面上似乎是各自独立的，实质上是等价的.我们可以证明如果一种表述不成立，则另一种表述也不成立.也就是说，可以由一种表述推论出另一种表述.

(1) 由开尔文表述推论克劳修斯表述

采用反证法来证明.设开尔文表述不成立，图7-16存在一个热机工作在高温热源和低温热源之间，从高温热源吸收的热量全部转化为功即 $A=Q$.令这个热机开动一个制冷机，从低温热源吸收的热量为 Q_2，放给高温热源的热量为 $Q_1=A+Q_2=Q+Q_2$；当热机和制冷机复原后，低温热源失去热量 Q_2，高温热源失去的热量为 Q，而得到的热量却为 $Q+Q_2$.所以在上述过程中相当于自动将热量 Q_2 由低温热源传到高温热源，即违背了克劳修斯表述.

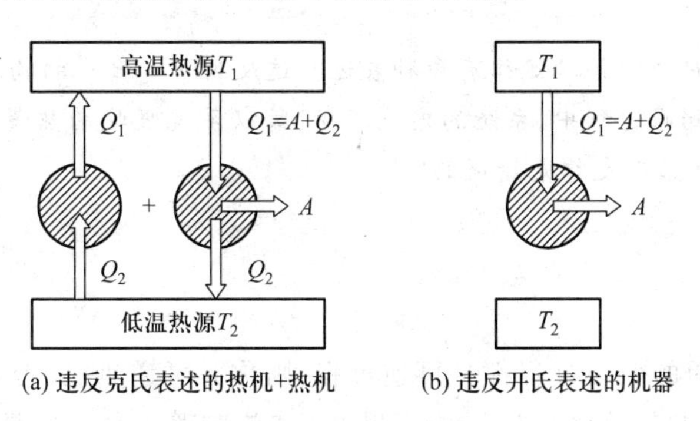

图7-16 由开尔文表述推论克劳修斯表述

(2) 由克劳修斯表述推论开尔文表述

设克劳修斯表述不成立,见图 7-17 存在一种机制可以自动地将热量 Q_2 由低温热源传到高温热源.令一个热机工作在这两个热源之间,从高温热源吸收的热量 Q_1,放给低温热源的热量 Q_2,对外做功为 A.当热机循环结束后,低温热源失去热量为 Q_2,而得到的也是热量 Q_2,所以对低温热源的影响被消除.高温热源得到热量 Q_2,失去热量 Q_1;联合效果相当于从高温热源吸收 $Q=Q_1-Q_2$ 的热量全部转化为功,即违背了开尔文表述.因为由开尔文表述可以推论克劳修斯表述,也可以由克劳修斯表述推论开尔文表述,所以两种表述是等价的.

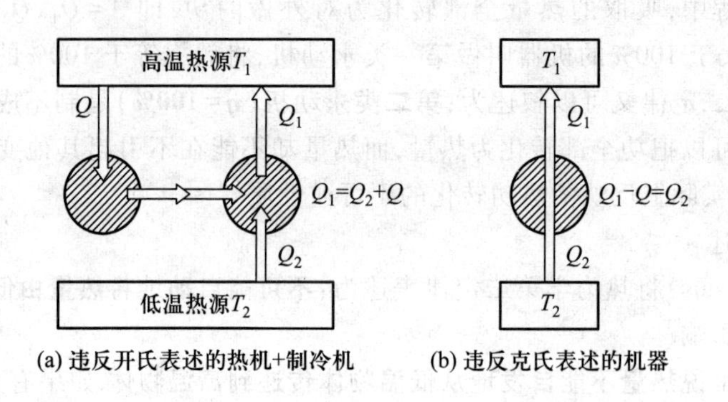

图 7-17　由克劳修斯表述推论开尔文表述

7.4.3　热力学第二定律的意义

热力学第二定律的两种表述是等价的,这表明各种不可逆过程是有关联的,由一种过程的不可逆性质可推论另一种过程的不可逆性质(即由一种过程的进行方向可推论另一种过程的进行方向).因此所有不可逆过程的存在共性,这就是过程行进的方向性.因为一切自发过程都是不可逆过程,所以由热力学第二定律可以推论任何自发过程的行进方向.又因为一个热力学过程是自发过程还是非自发过程与系统的选取有关,变换系统的选取可以将一个非自发过程转化为自发过程;所以由热力学第二定律也可以推论非自发过程的行进方向.因此,**热力学第二定律是判定热力学过程进行方向的一个基本规律**.

▶ 思考题

思 7.14　为什么热力学第二定律有多种表述?这反映了什么样的物理内涵?

思 7.15　在等温膨胀过程中,系统的内能不变,所以系统吸收的热量全部转化为功.能否依据此例做出判断热力学第二定律是错误的?

7.4.4　卡诺定理

1. 卡诺定理

如果一个热机经历的循环过程都是可逆过程,则称为可逆热机,否则称为不可逆热机.在 1824 年,为了研究提高热机效率的方法,卡诺提出了**卡诺定理**.具体内容是:

(1) 在相同的高温热源和相同的低温热源间工作的一切可逆热机,其效率都相等,与工作物

质无关.

(2) 在相同的高温热源和相同的低温热源之间工作的一切不可逆热机,其效率都不大于可逆热机的效率.

因为卡诺循环是工作在两个恒温热源之间,其高温热源的温度为 T_1,低温热源的温度为 T_2. 而且可逆卡诺循环的热机的效率为

$$\eta=1-\frac{T_2}{T_1}$$

所以卡诺定理又可以表述为**在两个恒温热源之间工作的一切热机的效率都满足**

$$\eta\leqslant 1-\frac{T_2}{T_1} \tag{7.36}$$

式(7.36)可以视为卡诺定理的数学表述.也就是说,如果高温热源和低温热源的温度确定之后,可逆卡诺循环的效率是在它们之间工作的一切热机的最高效率界限.

卡诺定理在热力工程中具有非常重要的作用.根据卡诺定理可以得到估算热机效率的方法,如果在热机工作过程中,工作物质的最高温度为 T_{max},最低温度为 T_{min};则必有 $\eta\leqslant 1-\frac{T_{min}}{T_{max}}$.

根据卡诺定理又可以得到提高热机效率的途径,提高热机效率的方法不外乎是:降低低温热源的温度、提高高温热源的温度、减小摩擦使过程尽可能达到可逆.

工作在两个恒温热源之间可逆热机的效率只与两个热源的温度有关,如果高温热源的温度 T_1 愈高,低温热源的温度 T_2 愈低,则卡诺循环的效率愈高.因为不能获得 $T_1\to\infty$的高温热源或 $T_2=0$ K(-273 ℃)的低温热源,所以,卡诺循环的效率必定小于 1.因此要提高热机的效率,应努力提高高温热源的温度或降低低温热源的温度.由于低温热源通常是周围环境,降低环境的温度难度大、成本高,是不足取的办法.现代热电厂尽量提高水蒸气的温度,使用过热蒸汽推动汽轮机正是基于这个道理.几乎所有的热机设备中都有润滑系统,其目的就是减小摩擦,使过程尽可能接近可逆过程.

*2. 卡诺定理的证明

根据热力学第二定律,可以对卡诺定理进行证明.

(1) 证明工作在相同的两个热源之间的一切可逆热机效率都相等

设两个可逆热机 e 和 e′,工作在两个相同的高温热源和低温热源之间,效率分别为 $\eta_{可逆}$ 和 $\eta'_{可逆}$.采用反证法,先假设 $\eta_{可逆}>\eta'_{可逆}$;调节工作时间使得两个热机在每次循环中对外做的功相等,即 $A=A'$;则 $Q_1<Q'_1$,$Q_2<Q'_2$.如图 7-18 所示,令热机 e 作正循环,开动热机 e′作逆循环.联合作用的效果是低温热源将热量 Q ($Q=Q'_1-Q_1=Q'_2-Q_2$) 自动传给高温热源,违背热力学第二定律的克劳修斯表述,因此 $\eta_{可逆}>\eta'_{可逆}$ 不可能.

再设 $\eta_{可逆}<\eta'_{可逆}$;调节工作时间使得 $A=A'$;则 $Q_1>Q'_1$,$Q_2>Q'_2$;令热机 e′作正循环驱动热机 e 作逆循环.联合作用的效果是低温热源自动将热量传给高温热源,这也违背克热力学第二定律的劳修斯表述,因此 $\eta_{可逆}<\eta'_{可逆}$ 也不可能.所以只有

$$\eta_{可逆}=\eta'_{可逆}$$

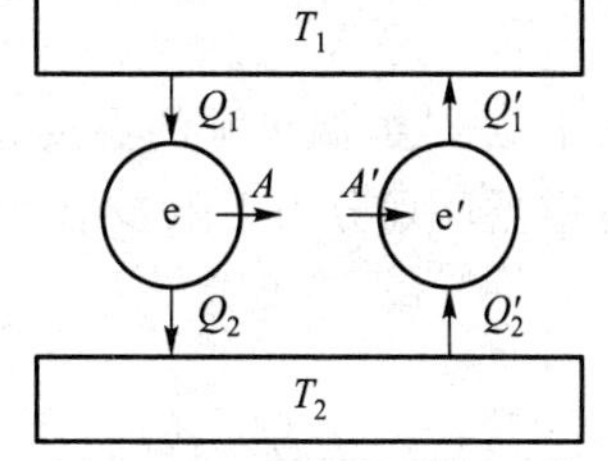

图 7-18　卡诺定理的证明

(2) 证明工作在相同的两个热源之间的一切不可逆热机效率

都不大于可逆热机效率

设可逆热机 e 和不可逆热机 e′,工作在相同的两个高温热源和低温热源之间,效率分别为 $\eta_{可逆}$ 和 $\eta'_{不可逆}$.仍然采用反证法,设 $\eta'_{不可逆}>\eta_{可逆}$,调节工作时间使得两个热机在每次循环中对外做的功相等,即 $A=A'$;则 $Q_1<Q'_1, Q_2<Q'_2$;令不可逆热机 e′作正循环而可逆热机 e 作逆循环.联合作用的效果是低温热源自动将热量 Q ($Q=Q'_1-Q_1=Q'_2-Q_2$)传给高温热源,这也违背热力学第二定律的克劳修斯表述,因此 $\eta'_{不可逆}>\eta_{可逆}$ 不可能.所以有

$$\eta'_{不可逆}\leqslant\eta_{可逆}$$

▶ 思考题

思 7.16 提高热机效率都有哪些方法? 在什么情况下 $\eta=1-\frac{T_2}{T_1}$?

*7.5 熵增加原理

*7.5.1 克劳修斯关系式

1. 克劳修斯等式

根据卡诺定理,一个可逆卡诺循环的效率应当满足

$$\eta=1-\frac{Q_2}{Q_1}=1-\frac{T_2}{T_1}$$

为便于讨论热量的正负号恢复到热力学第一定律的规定,放热量 $Q_2<0$,则有

$$\frac{Q_1}{T_1}=\frac{-Q_2}{T_2}$$

即

$$\frac{Q_1}{T_1}+\frac{Q_2}{T_2}=0$$

一个可逆循环都可以认为由若干个微小的卡诺循环组成的,如图 7-19 所示;对每个微小的可逆卡诺循环都有

$$\frac{Q_{i1}}{T_{i1}}+\frac{Q_{i2}}{T_{i2}}=0$$

所以任意一个可逆循环有

$$\sum_i\frac{Q_i}{T_i}=0$$

其中 T_i 是恒温热源的温度,Q_i 是从该热源吸收的热量.当一个可逆循环划分为无限多个无限小的卡诺循环时,则有

$$\oint\frac{\mathrm{d}Q}{T}=0 \tag{7.37}$$

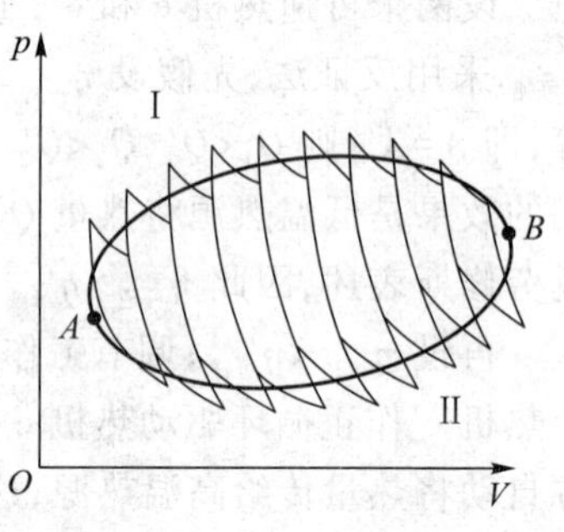

图 7-19 循环过程分割为一系列卡诺循环的组成

式(7.37)称为克劳修斯等式.

2. 克劳修斯不等式

根据卡诺定理,对于不可逆卡诺循环

$$\eta = 1-\frac{Q_2}{Q_1} \leqslant 1-\frac{T_2}{T_1}$$

考虑到 $Q_2<0$,则有

$$\frac{Q_1}{T_1}+\frac{Q_2}{T_2} \leqslant 0$$

将一个不可逆循环划分为无限多个无限小的卡诺循环, 则有

$$\oint \frac{\mathrm{d}Q}{T} \leqslant 0 \tag{7.38}$$

式(7.38)称为克劳修斯不等式.

思考题

思 7.17 为什么说任意循环过程都可以看成由许许多多个卡诺循环构成的?

*7.5.2 熵

如图 7-20 所示,设一个可逆循环由 A 点经历过程 Ⅰ 到 B 点,再经历过程 Ⅱ 回到 A 点 ,有

$$\oint \frac{\mathrm{d}Q}{T} = \int_A^B \left(\frac{\mathrm{d}Q}{T}\right)_{\mathrm{I}} + \int_B^A \left(\frac{\mathrm{d}Q}{T}\right)_{\mathrm{II}} = 0$$

$$\int_A^B \left(\frac{\mathrm{d}Q}{T}\right)_{\mathrm{I}} = -\int_B^A \left(\frac{\mathrm{d}Q}{T}\right)_{\mathrm{II}} = \int_A^B \left(\frac{\mathrm{d}Q}{T}\right)_{\mathrm{II}}$$

由于路径 Ⅰ 和路径 Ⅱ(路径 Ⅱ′是路径 Ⅱ 的逆过程)都是任意的,则有

$$\int_A^B \left(\frac{\mathrm{d}Q}{T}\right)_{\mathrm{I}} = \int_A^B \left(\frac{\mathrm{d}Q}{T}\right)_{\mathrm{II}} = \int_A^B \left(\frac{\mathrm{d}Q}{T}\right)_{\mathrm{III}} = \cdots$$

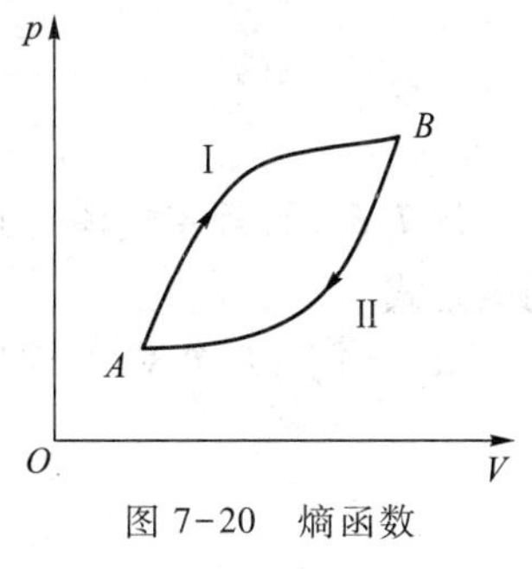

图 7-20 熵函数

由此可知,热力学系统从一个确定的初始状态出发,经历任意可逆过程变化到确定的终态,热温比(热量与温度之比)的积分只取决于系统的初、末状态而与路径无关.由此可以推断热力学系统存在一个状态函数 S,使得 $\Delta S=S_B-S_A$ 与路径无关.这个状态函数 S 称为熵.因此熵函数定义为

$$\mathrm{d}S=\left(\frac{\mathrm{d}Q}{T}\right)_{\text{可逆}} \tag{7.39}$$

$$\Delta S = S_B - S_A = \int_A^B \left(\frac{\mathrm{d}Q}{T}\right)_{\text{可逆}} \tag{7.40}$$

据此不难知道,熵具有如下性质:

(1) 熵是状态的单值函数;$\Delta S=S_B-S_A$ 取决于始末状态而与路径无关.

(2) 熵是广延量;系统的熵等于各个子系统熵的总和,即 $S = \sum_i S_i$.

思考题

思 7.18 由式(7.40)或式(7.41)只是定义了熵的增量,如何确定熵的绝对值?

例 7.4 1 mol 双原子理想气体分别经历可逆的等温膨胀、等压膨胀和绝热膨胀过程使其体积增大一倍;求各个过程中熵的增量.

解 (1) 可逆等温膨胀过程

$$dQ = RT\frac{dV}{V}$$

$$dS = \frac{dQ}{T} = R\frac{dV}{V}$$

$$\Delta S = R\int_{V_0}^{2V_0}\frac{dV}{V} = R\ln 2$$

(2) 可逆等压膨胀过程

$$dQ = C_{p,m}dT$$

$$dS = \frac{dQ}{T} = C_{p,m}\frac{dT}{T}$$

$$\Delta S = C_{p,m}\int_{T_1}^{T_2}\frac{dT}{T} = C_{p,m}\ln\frac{T_2}{T_1} = C_{p,m}\ln 2$$

(3) 可逆绝热膨胀过程

$$dQ = 0$$

$$dS = \frac{dQ}{T} = 0$$

$$\Delta S = 0$$

例 7.5 设理想气体的 $C_{p,m}$ 和 $C_{V,m}$ 都是常量,分别以 (T,V)、(T,p) 和 (p,V) 为变量,求熵增的表达式.

解 (1) 以 (T,V) 为变量:

$$dQ = dE + dA = \nu C_{V,m}dT + pdV$$

$$dS = \frac{dQ}{T} = \nu C_{V,m}\frac{dT}{T} + \frac{p}{T}dV$$

因为

$$pV = \nu RT$$

所以

$$dS = \nu C_{V,m}\frac{dT}{T} + \nu R\frac{dV}{V}$$

积分得

$$S - S_0 = \nu\left[C_{V,m}\ln\frac{T}{T_0} + R\ln\frac{V}{V_0}\right] \tag{7.41}$$

(2) 以 (T,p) 为变量:

$$dS = \nu C_{V,m}\frac{dT}{T} + \frac{p}{T}dV$$

因为

$$pV = \nu RT, pdV + Vdp = \nu RdT$$

有

$$dS = \nu(C_{V,m} + R)\frac{dT}{T} - \nu R\frac{dp}{p}$$

积分得

$$S-S_0=\nu\left[C_{p,\mathrm{m}}\ln\frac{T}{T_0}-R\ln\frac{p}{p_0}\right] \tag{7.42}$$

(3) 以(T,p)为变量

因为
$$pV=\nu RT, p\mathrm{d}V+V\mathrm{d}p=\nu R\mathrm{d}T$$

有
$$\frac{\mathrm{d}T}{T}=\frac{p\mathrm{d}V+V\mathrm{d}p}{pV}=\frac{\mathrm{d}V}{V}+\frac{\mathrm{d}p}{p}$$

$$\mathrm{d}S=\nu C_{V,\mathrm{m}}\frac{\mathrm{d}T}{T}+\frac{p}{T}\mathrm{d}V=\nu C_{V,\mathrm{m}}\frac{\mathrm{d}T}{T}+\nu R\frac{\mathrm{d}V}{V}$$

$$\mathrm{d}S=\nu C_{V,\mathrm{m}}\left(\frac{\mathrm{d}V}{V}+\frac{\mathrm{d}p}{p}\right)+\nu R\frac{\mathrm{d}V}{V}=\nu\left(C_{p,\mathrm{m}}\frac{\mathrm{d}V}{V}+C_{V,\mathrm{m}}\frac{\mathrm{d}p}{p}\right)$$

积分得

$$S-S_0=\nu\left(C_{p,\mathrm{m}}\ln\frac{V}{V_0}+C_{V,\mathrm{m}}\ln\frac{p}{p_0}\right) \tag{7.43}$$

例 7.6 一个容器被一个隔板分为相等的两部分;左边盛有 1 mol 的氧气处于标准状态,右边为真空;将隔板抽开,让气体进行自由膨胀.求:气体熵的增量.

解 由于孤立系统 $Q=0, W=0$; 所以 $\Delta E=0, \Delta T=0$.因为初、末状态的温度相同,可设计一个可逆等温膨胀过程,由 $V_0\to 2V_0$ 可得

$$\mathrm{d}Q=RT\frac{\mathrm{d}V}{V}, \mathrm{d}S=\frac{\mathrm{d}Q}{T}=R\frac{\mathrm{d}V}{V}$$

$$\Delta S=R\int_{V_0}^{2V_0}\frac{\mathrm{d}V}{V}=R\ln 2$$

另外,$\Delta T=0, T=T_0; V=2V_0$,由式(7.42)可得

$$\Delta S=S-S_0=C_{V,\mathrm{m}}\ln\frac{T}{T_0}+R\ln\frac{V}{V_0}=R\ln 2$$

*7.5.3 熵增加原理

如图 7-21 所示,系统由状态 a 经历一个不可逆过程 Ⅰ 到达状态 b,再经历一个可逆过程 Ⅱ 回到状态 a:

$$\oint\frac{\mathrm{d}Q}{T}=\int_a^b\left(\frac{\mathrm{d}Q}{T}\right)_{\mathrm{I}}+\int_b^a\left(\frac{\mathrm{d}Q}{T}\right)_{\mathrm{II}}\leqslant 0$$

$$\int_a^b\left(\frac{\mathrm{d}Q}{T}\right)_{\mathrm{I}}+\int_b^a\left(\frac{\mathrm{d}Q}{T}\right)_{\mathrm{II}}=\int_a^b\left(\frac{\mathrm{d}Q}{T}\right)_{\mathrm{I}}-\int_a^b\left(\frac{\mathrm{d}Q}{T}\right)_{\mathrm{II}}\leqslant 0$$

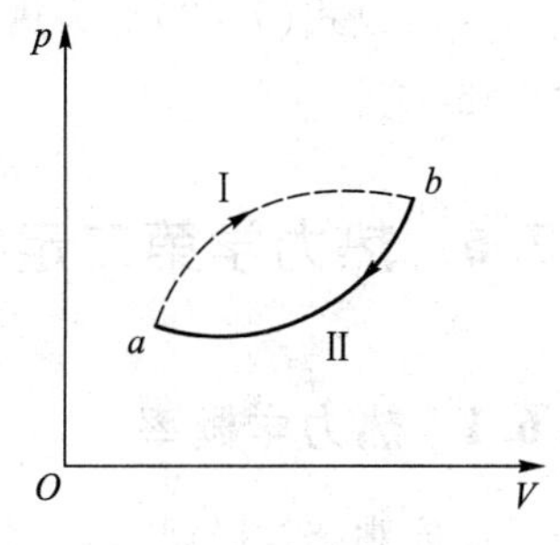

图 7-21 熵增加原理

所以有

$$\int_a^b\left(\frac{\mathrm{d}Q}{T}\right)_{\mathrm{II}}\geqslant\int_a^b\left(\frac{\mathrm{d}Q}{T}\right)_{\mathrm{I}}$$

因为过程 Ⅱ 可逆,所以

$$\Delta S=S_b-S_a=\int_a^b\left(\frac{\mathrm{d}Q}{T}\right)_{\mathrm{II}}\geqslant\int_a^b\left(\frac{\mathrm{d}Q}{T}\right)_{\mathrm{I}}$$

由此可知,对一切热力学过程都有

$$\Delta S = S_b - S_a \geqslant \int_a^b \frac{dQ}{T}$$

$$dS \geqslant \frac{dQ}{T}$$

对于孤立系统,系统与外界没有热量的交换 $dQ=0$,所以对于孤立系统总有

$$dS \geqslant 0 \tag{7.44}$$

式(7.44)表明孤立系统的熵永远不会减少,也就是说孤立系统发生的一切热力学过程都沿着熵增加的方向进行,这就是熵增加原理.

根据熵增加原理,可以推论出以下结论:

(1) 因为孤立系统发生的过程都是自发过程,所以一切自发过程都沿着熵增加的方向进行.

(2) 因为自发过程只能由非平衡态过渡到平衡态,所以系统处于平衡态时熵最大.

(3) 因为可逆绝热过程 $dS=\frac{dQ}{T}=0$,所以可逆绝热过程的熵不变,为等熵过程.

▶ 思考题

思 7.19 对任意一个绝热过程热量都是零,绝热过程的熵增是否一定为零?

*7.5.4 热力学第二定律的数学表述

1. 热力学第二定律的数学表述

熵增加原理,只是适用于孤立系统或绝热过程,对于一般热力学过程,则有

$$\Delta S = S_b - S_a \geqslant \int_a^b \frac{dQ}{T} \tag{7.45}$$

$$dS \geqslant \frac{dQ}{T} \tag{7.46}$$

式(7.45)或式(7.46)称为热力学第二定律的数学表述.

2. 热力学基本方程

由热力学第一定律,$dQ=dE+dA$;由热力学第二定律 $TdS \geqslant dQ$,所以有

$$TdS \geqslant dE + dA \tag{7.47}$$

对于气体系统,在准静态过程中对外做功为 $dA=pdV$,所以有

$$TdS \geqslant dE + pdV \tag{7.48}$$

式(7.47)或式(7.48)称为热力学基本方程,它实际上是热力学第一定律和热力学第二定律的联合表述.

*7.6 热力学第二定律的统计意义

7.6.1 热力学概率

1. 宏观态与微观态

热力学系统的宏观态是指宏观上可以辨识的状态,对于不同的宏观态一般具有不同的状态

参量；系统的微观态是指微观上可能出现的状态，在不同的微观态下，大量分子的运动或分布形式一般不同.为了说明宏观态和微观态的区别，我们讨论下面一个简单的例子.

设有四个全同粒子（编号分别为1、2、3、4），放在一个容器内；将容器分为相等的两个部分，不考虑粒子的运动速度情况，对粒子的位置只考虑两种可能，即分子处于左侧或处于右侧；这样可以假设每个粒子只可能有两个微观状态（称为双态粒子）.那么四个粒子在容器左右两边分布情况如图7-22所示，显然共有16个可能的微观状态.由于是全同粒子，我们只能辨识到5种宏观状态.如果每个宏观态对应的左侧和右侧的粒子分布为(N_1,N_2)，则有(4,0)、(3,1)、(2,2)、(1,3)、(4,0)五个宏观态；它们对应的微观态的数目分别为1、4、6、4、1，显然各个宏观态对应的微观态数目一般不同.在这五个宏观态中，均匀分布(2,2)的状态可以视为平衡态，而其他的状态均可看成非平衡态.

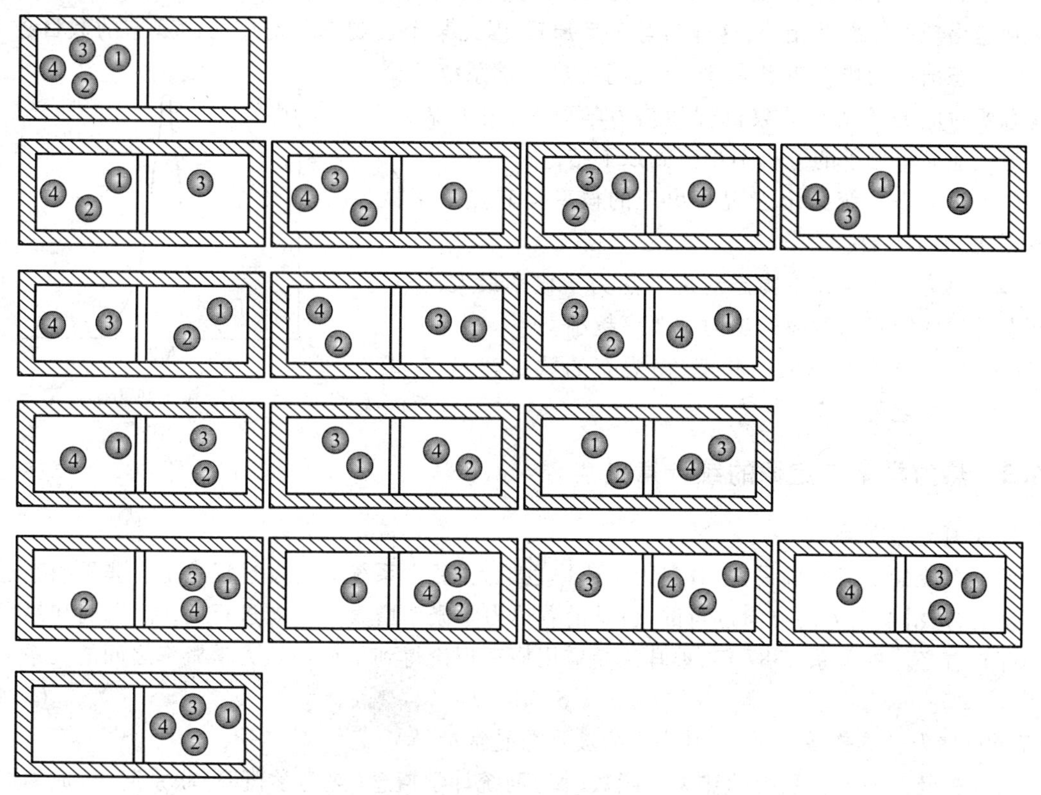

图7-22　宏观态和微观态

若考察N个双态粒子的分布情况.根据排列组合的知识可以知道，宏观态(N_1,N_2)所对应的微观态数目应当为

$$\frac{N!}{N_1!\ N_2!}$$

如果$N=1\ 000$，可以计算出几个特殊宏观态对应的微观态的数目如表7-1所示；其中前三个状态都为非平衡态，最后一个宏观态为平衡态.可以看出，平衡态对应的微观态的数目远远大于各个非平衡态.图7-23给出了双态粒子分布的关系曲线，曲线是非常尖锐的.粒子数目越大（如$N=10^{23}$），曲线将更加尖锐，这说明热力学系统的平衡态涵盖了绝大多数的微观状态.

表 7-1　1 000 个双态分子系统的四个特殊宏观态和对应的热力学概率

宏观态	热力学概率
1 000 左;0 右	1 000! /1 000! 0! =1
900 左;100 右	1 000! /(900! 100!) = 6.4×10^139
700 左;300 右	1 000! /(700! 300!) = 5.4×10^263
500 左;500 右	1 000! /(500! 500!) = 2.7×10^299

2. 热力学概率

对于热力学系统,由于分子运动的完全无规则特性,所以如果没有外界的影响,系统的每一个微观态出现的概率都相等,这称为**等概率原理**.因此某个宏观态所对应的微观态的数目越大,这个宏观态出现的概率也越大.所以我们将热力学系统某个宏观态所对应的微观态的数目称为热力学概率,用 Ω 表示.通过对上述简单例子的分析不难得到以下结论:

(1) 热力学系统某个宏观态出现的概率与其热力学概率成正比,即 $P\propto\Omega$;

(2) 热力学系统在平衡态对应的热力学概率最大,偏离平衡态越远的宏观态对应的热力学概率越小.

(3) 热力学概率越大的状态,微观态的数目就越多,微观态的分布就越复杂无序.

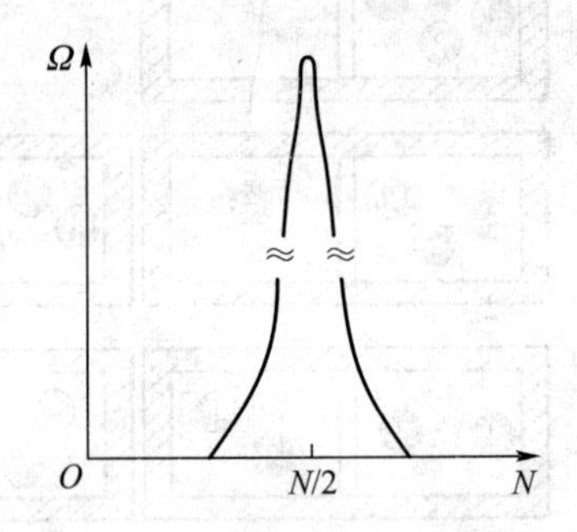

图 7-23　双态粒子热力学概率分布

7.6.2　热力学第二定律的统计意义

1. 玻耳兹曼关系式

孤立系统的平衡态熵最大,其热力学概率也最大;孤立系统的自发过程总是由非平衡态过渡到平衡态,是沿熵增大的方向进行的,也是沿着热力学概率增大的方向进行的.所以,熵和热力学概率存在着必然的关系.1887 年,玻耳兹曼应用概率理论得到了熵与热力学概率之间的关系为

$$S=k\ln\Omega \tag{7.49}$$

式(7.49)称为玻耳兹曼关系式,其中 k 为玻耳兹曼常量.

玻耳兹曼关系式将系统的热力学函数(熵)与统计学概念(热力学概率)联系起来,成为联系热力学理论与统计物理学理论的重要桥梁之一.

玻耳兹曼关系式给出了熵函数和热力学概率之间的关系,这说明熵具有统计意义.因为熵函数越大的状态,热力学概率也越大,这个状态出现的概率也就越大;因此可以说,**熵是系统宏观状态出现概率的量度**,这就是熵的统计意义.又因为熵函数越大的状态,热力学概率也越大,对应的微观态数目越多,系统各种微观态的分布就越复杂,系统也就处在越混乱无序的状态;由此又可以说,**熵是系统宏观状态无序程度(或混乱程度)的量度**,这可以理解为熵的物理意义.

与玻耳兹曼关系式对应的熵函数又称为统计熵,其重要意义还在于它使熵函数不仅仅适用于热力学系统,还可以拓延应用到任意的随机系统.1948 年香农(Shanon)提出了信息熵的概念,将熵的概念和原理推广应用到信息科学、社会科学、生命科学、宇宙科学等各个领域.现在,在工业、农业、商业、军事等各个行业，熵的概念实际上已经广泛化了，并且已经进入了方法论和哲学范畴；对于科学的发展、社会的进步都起到十分巨大的作用.

2. 热力学第二定律的统计意义

熵增加原理指出，一切自发过程都沿着熵增大的方向进行；根据熵与热力学概率的关系可以推论，**孤立系统内发生的一切过程都是由概率小的状态向概率大的状态进行的**；这就是熵增加原理的统计意义，也是热力学第二定律的统计意义.因为熵是系统宏观状态无序程度的量度，一切自发过程都沿着熵增大的方向进行；由此又可以说，**一切自发过程总是沿着无序性增加的方向进行的**，这就是热力学第二定律的微观意义.

热力学第二定律具有统计意义表明它是一个统计规律，只适用于大量分子构成的热力学系统，而熵增加原理也只适用于大量随机事件构成的系统.

阅读材料 7

熵与信息

1. 信息

所谓信息,就是被传递或交流的一组语言、文字、图像、符号等所包含的内容.信息所涉及的范围非常广泛,包含着所有的知识、方法、经验和人们感官所感觉到的一切内容.信息与物质、能量一样,在人类社会中具有重要的作用,是人类赖以生存和发展的重要因素.

信息以相互联系为前提,没有联系就无所谓信息.任何事物都可以作为信息源,事物的状态和特征都可以作为信息.信息可以脱离信息源单独存在和传播,但是必须依附于一定的载体,并且要和接收者及其目的相联系.

信息必须以物质作为载体,信息的产生、转换、传输、处理、存储、检测和识别等都离不开物质,也必然要消耗一定的能量,而能量与物质的控制和应用又需要信息.所以说信息、能量和物质三者密切相关,不可分割,而又有本质不同.信息也是物质的一种普遍属性.信息具有多种多样的载体,人类通过语言、书信、图像等传递信息,而生物体内部是通过电化学反应,经过神经系统来传递的.信息与载体、载有信息的物理现象是不相同的.

在信息的使用过程中,信息不但不会消耗掉,而且还可以复制、散布和传播.所以信息不像能量和物质那样越用越少.例如图书,它可供千万人阅读从而起到不可估量的作用,而信息本身却依然存在,并无损失.但是,在信息的传输过程中,由于不可避免的干扰或译码错误,往往会造成信息的损失.最为理想的传输过程是保真,即将信息保持一成不变地传输下去.因此要研究信息在传输过程中的损耗程度和保真方法,就需要确定信息量的度量方法和影响因素.

2. 信息熵

1948 年,贝尔实验室的电气工程师香农(C.E.Shannon,1916—2001)发表了《通信的数学原理》一文,将熵的概念引入信息论中,提出了信息熵的定义.

香农摒弃了信息的具体含义,只考虑事件发生的状态数目和各种可能状态发生的可能性,提出了建立在概率统计模型上的信息度量.他把信息量定义为“消除不确定性的程度”,而将信息熵表示为不确定性的量度.

我们知道,系统处在一定的宏观状态包含许多种微观态,系统所处的精确状态具有多种可能性.可供选择的可能性越多,系统状态的不确定性就越大.系统的不确定性是与系统包含的信息有关的.比如要在电脑中查找一个文件,如果只知道这个文件在某个目录下而不知道文件名.若这个目录下有 10 个文件,打开这一目录,各个文件出现的可能性都是相等的,也就是说要查找的文件出现的概率只是$\frac{1}{10}$.如果你知道了文件名,就消除了这种不确定性.于是我们可以从消除了多少不确定度的角度来定义一条消息中所包含的信息量.

在信息论中,如果一个事件有 Ω 个可能性相等的结局,那么结局未出现前的不确定度为

$$H=K\ln\Omega$$

如果一个系统有 Ω 个可能性相等的状态(或为事件),那么每个状态出现的概率为 $P=\frac{1}{\Omega}$,

所以

$$H=K\ln\ \Omega=K\ln\frac{1}{P}=-K\ln\ P$$

在实际问题中,系统的 Ω 个可能状态中,各个状态出现的概率一般是不相等的.如果有一个系统存在多个事件$\{\Omega_1,\Omega_2,\cdots,\Omega_N\}$, 各个事件的概率分布为$\{P_1,P_2,\cdots,P_N\}$;则有

$$\sum_{i=1}^{N}\Omega_i=\Omega,\ \sum_{i=1}^{n}P_i=\sum_{i=1}^{N}\frac{\Omega_i}{\Omega}=1$$

其中 Ω_i 为概率为 P_i的事件数目,Ω 为所有事件的数目.则系统的信息熵为

$$H=\frac{-K(\Omega_1\ln P_1+\Omega_2\ln P_2+\cdots+\Omega_N\ln P_N)}{\sum_{i=1}^{N}\Omega_i}=-K\sum_{i=1}^{N}P_i\ln P_i$$

所以在信息论中,信息熵一般表述为

$$H=-K\sum_{i=1}^{N}P_i\ln P_i \tag{7.50}$$

如果各个事件出现的概率都相等,即 $P_1=P_2=\cdots=P_N=\frac{1}{\Omega}$,则

$$H=-K\sum_{i=1}^{N}P_i\ln P_i=-K\sum_{i=1}^{N}\frac{1}{\Omega}\ln\frac{1}{\Omega}=K\ln\ \Omega$$

这只是一个特例.由此可知,当系统各个微观态出现概率相等时,信息熵与玻耳兹曼熵类同.

3. 信息熵与信息量

因为信息熵是不确定程度的量度,而消除不确定因素的量度是信息量,所以信息熵的减少就意味着事件的不确定性的减少,也就意味着信息量的增加.如果收到某一信息的前后,事件的不确定程度,即信息熵分别为 H_1 和 H_2,则信息量可定义为

$$I=-(H_2-H_1)=-\Delta H \tag{7.51}$$

上式表明:**系统的信息量等于信息熵的减少,即信息量相当于负熵**.

信息量的单位由比例系数 K 决定,如果比例系数采用玻耳兹曼常量 k,信息量的单位就是 $\mathrm{J\cdot K^{-1}}$.在计算机科学中,使用的往往是二进制,其信息量的单位为 bit.上述两种单位的换算单位为

$$1\ \mathrm{bit}=k\ln 2\approx 0.957\times 10^{-23}\ \mathrm{J\cdot K^{-1}}$$

这意味着,获得 1 bit 的信息量相当于减少了大约$10^{-23}\ \mathrm{J\cdot K^{-1}}$的信息熵.

习 题 7

7-1　1 mol 单原子分子的理想气体装在封闭的气缸里，此气缸有可活动的活塞（活塞与气缸壁之间无摩擦且无漏气）.已知气体的初压强 $p_1=1.01\times10^5$ Pa，体积 $V_1=1$ L，现将气体等压加热直到体积为原来的两倍，然后等体加热，到压强为原来的2倍，最后绝热膨胀，直到温度下降到初温为止，求：

(1) 在 $p-V$ 图上将整个过程表示出来；

(2) 在整个过程中气体内能的改变；

(3) 在整个过程中气体所吸收的热量；

(4) 在整个过程中气体所做的功.

7-2　气缸内有 3 mol 理想气体，初始温度为 $T_1=273$ K，先经等温过程体积膨胀到原来的5倍，然后等体加热，使其末态的压强刚好等于初始压强，整个过程传给气体的热量为 $Q=8\times10^4$ J.试在 $p-V$ 图上画出过程曲线，并求这种气体的绝热指数 $\gamma=\dfrac{C_{p,\mathrm{m}}}{C_{V,\mathrm{m}}}$ 的值.

7-3　理想气体系统经历图示过程由 A 到 D，在此过程中气体系统吸热 3.5×10^3 J，计算气体系统的内能改变量.

7-4　飞机上的多缸汽油发动机以 2 500 $\mathrm{r\cdot min^{-1}}$ 工作，曲轴每转一周，吸收 7.89×10^3 J 的热量，放出 4.58×10^3 J 的热量，燃料燃烧放热为 4.03×10^7 J/L，试求：

(1) 发动机连续工作一小时，将耗费多少燃料.

(2) 若忽略摩擦，在这一小时内发动机做了多少功.

7-5　双原子分子理想气体系统经历如图所示循环过程，气体需从外界吸热还是向外界放热？在循环过程中，气体对外做功的大小是多少？

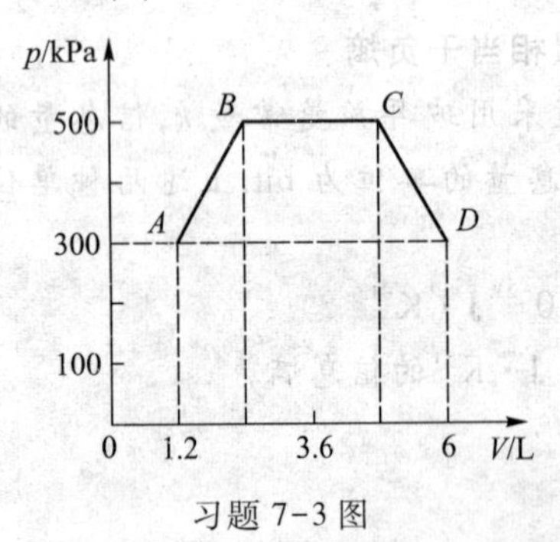

习题 7-3 图

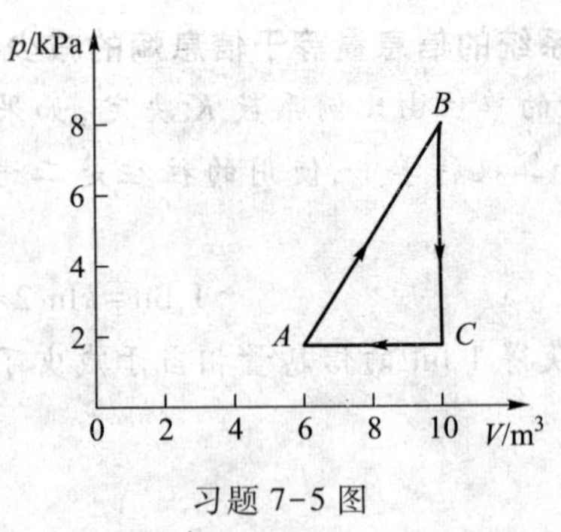

习题 7-5 图

7-6　在卡诺制冷机中，冷藏室中的温度为 −10 ℃，由制冷机放出的水温度为11 ℃.制冷机消耗1 000 J的功能从冷藏室取出的热量是多少？

7-7　一个卡诺热机工作在两个恒温热源之间，低温热源的温度为 $T_2=300$ K，高温热源的温度为 $T_1=1\ 000$ K，求：(1) 此热机的最大效率；(2) 若低温热源的温度保持不变，要使热机效率提高10个百分点，高温热源温度需提高多少？(3) 若高温热源的温度保持不变，要使热机效率提高10%，低温热源温度需降低多少？

附录 I　国际单位制(SI)

鉴于国际上使用的单位制种类繁多,换算十分复杂,对科学与技术交流带来许多困难,1960年国际计量大会建立了国际单位制,简称 SI.在国际单位制中,规定了七个基本单位,即米(长度单位)、千克(质量单位)、秒(时间单位)、安培(电流单位)、开尔文(热力学温度单位)、摩尔(物质的量单位)、坎德拉(发光强度单位).还规定了两个辅助单位,即弧度(平面角单位)、球面度(立体角单位).其他单位均由这些基本单位导出.现将国际单位制的基本单位、具有专门名称的 SI 导出单位、SI 词头列表如下.

表 1　国际单位制(SI)中基本单位

物理量名称	单位名称		单位符号	定义
	中文	英文		
长度	米	meter	m	1 米是光在真空中 1/299 792 458 秒时间间隔内所经路径的长度.
质量	千克	kilogram	kg	千克是质量单位,等于国际千克原器的质量.
时间	秒	second	s	1 秒是铯-133 原子基态的两个超精细能级之间跃迁所对应辐射的 9 192 631 770 个周期的持续时间.
电流	安(培)	ampere	A	在真空中,截面积可以忽略的两根相距 1 米的无限长平行圆直导线通有等量电流时,若导线之间相互作用力为 2×10^{-7} 牛顿,则每根导线内的电流为 1 A.
温度	开(尔文)	kelvin	K	热力学温度单位开尔文是水的三相点热力学温度的 1/273.16.
物质的量	摩尔	mole	mol	摩尔是系统的物质的量,该系统中所包含的基本单元数目等于 0.012 千克碳-12 的原子数目.
发光强度	坎(德拉)	candela	cd	坎德拉是光源在给定方向上发光强度的单位,该光源发出的频率为 540×10^{12} 赫兹的单色辐射,且在此方向上的辐射强度为(1/683) W/sr.

表 2　包括 SI 辅助单位在内的具有专门名称的 SI 导出单位

量的名称	SI 导出单位		
	名称	符号	其他表示形式
[平面]角	弧度	rad	1 m/m = 1
立体角	球面度	sr	$1\ m^2/m^2 = 1$
频率	赫[兹]	Hz	s^{-1}
力	牛[顿]	N	$kg \cdot m/s^2$
压力,压强;应力	帕[斯卡]	Pa	N/m^2
能[量],功,热量	焦[耳]	J	N · m
功率,辐[射能]通量	瓦[特]	W	J/s
电荷[量]	库[仑]	C	A · s
电压,电动势,电位,(电势)	伏[特]	V	W/A
电容	法[拉]	F	C/V
电阻	欧[姆]	Ω	V/A
电导	西[门子]	S	A/V
磁通[量]	韦[伯]	Wb	V · s
磁通[量]密度、磁感应强度	特[斯拉]	T	Wb/m^2
电感	亨[利]	H	Wb/A
摄氏温度	摄氏度	℃	
光通量	流[明]	lm	cd · sr
[光]照度	勒[克斯]	lx	lm/m^2
[放射性]活度	贝可[勒尔]	Bq	s^{-1}
吸收剂量 比授[予]能 比释动能	戈[瑞]	Gy	J/kg
剂量当量	希[沃特]	Sv	J/kg

表 3　SI 词头

名称	符号	因数	名称	符号	因数
尧[它]yotta	Y	10^{24}	分 deci	d	10^{-1}
泽[它] zetta	Z	10^{21}	厘 centi	c	10^{-2}
艾[可萨] exa	E	10^{18}	毫 milli	m	10^{-3}
拍[它] peta	P	10^{15}	微 micro	μ	10^{-6}
太[拉] tera	T	10^{12}	纳[诺] nano	n	10^{-9}
吉[咖] giga	G	10^{9}	皮[可] pico	p	10^{-12}
兆 me ga	M	10^{6}	飞[母托] femto	f	10^{-15}
千 kilo	k	10^{3}	阿[托] atto	a	10^{-18}
百 hecto	h	10^{2}	仄[普托] zepto	z	10^{-21}
十 deca	da	10	幺[科托] yocto	y	10^{-24}

附录Ⅱ 常用的基本物理常量表

物理量	符号	数值	单位	相对标准不确定度
光速	c	299 792 458	$m \cdot s^{-1}$	精确
真空磁导率	μ_0	$4\pi\times10^{-7}$	$N \cdot A^{-2}$	
		$=12.566\ 370\ 614\cdots\times10^{-7}$	$N \cdot A^{-2}$	精确
真空电容率	ε_0	$8.854\ 187\ 817\cdots\times10^{-12}$	$F \cdot m^{-1}$	精确
引力常量	G	$6.673\ 84(80)\times10^{-11}$	$m^3 \cdot kg^{-1} \cdot s^{-2}$	1.2×10^{-4}
普朗克常量	h	$6.626\ 069\ 57(29)\times10^{-34}$	$J \cdot s$	4.4×10^{-8}
约化普朗克常量	$h/2\pi$	$1.054\ 571\ 726(47)\times10^{-34}$	$J \cdot s$	4.4×10^{-8}
元电荷	e	$1.602\ 176\ 565(35)\times10^{-19}$	C	2.2×10^{-8}
电子静质量	m_e	$9.109\ 382\ 91(40)\times10^{-31}$	kg	4.4×10^{-8}
质子静质量	m_p	$1.672\ 621\ 777(74)\times10^{-27}$	kg	4.4×10^{-8}
中子静质量	m_n	$1.674\ 927\ 351(74)\times10^{-27}$	kg	4.4×10^{-8}
精细结构常数	α	$7.297\ 352\ 5698(24)\times10^{-3}$		3.2×10^{-10}
里德伯常量	R_∞	10 973 731.568 539(55)	m^{-1}	5.0×10^{-12}
阿伏伽德罗常量	N_A	$6.022\ 141\ 29(27)\times10^{23}$	mol^{-1}	4.4×10^{-8}
法拉第常量	F	96 485.336 5(21)	$C \cdot mol^{-1}$	2.2×10^{-8}
摩尔气体常量	R	8.314 462 1(75)	$J \cdot mol^{-1} \cdot K^{-1}$	9.1×10^{-7}
玻耳兹曼常量	k	$1.380\ 648\ 8(13)\times10^{-23}$	$J \cdot K^{-1}$	9.1×10^{-7}
斯特藩-玻耳兹曼常量	σ	$5.670\ 373(21)\times10^{-8}$	$W \cdot m^{-2} \cdot K^{-4}$	3.6×10^{-6}
理想气体的摩尔体积(标准状态)	V_m	$22.413\ 968(20)\times10^{-3}$	$m^3 \cdot mol^{-1}$	9.1×10^{-7}

注:表中数据为国际科学联合会理事会科学技术数据委员会(CODATA)2010年国际推荐值。

附录Ⅲ　常用物理量的名称、符号和单位一览表

下表列出本书中常用物理量的名称、符号和单位。

物理量名称		物理量符号	单位名称	单位符号
中文	英文			
长度	length	l,L	米	m
面积	area	S,A	平方米	m^2
体积,容积	volume	V	立方米	m^3
时间	time	t	秒	s
[平面]角	plane angle	$\alpha,\beta,\gamma,\theta,\varphi$ 等	弧度	rad
立体角	solid angle	Ω	球面度	sr
角速度	angular velocity	ω	弧度每秒	$rad\cdot s^{-1}$
角加速度	angular acceleration	α	弧度每二次方秒	$rad\cdot s^{-2}$
速度	velocity	v,u,c	米每秒	$m\cdot s^{-1}$
加速度	acceleration	a	米每二次方秒	$m\cdot s^{-2}$
周期	cycle	T	秒	s
频率	frequency	ν	赫[兹]	Hz($1\ Hz=1\ s^{-1}$)
角频率	angular frequency	ω	弧度每秒	$rad\cdot s^{-1}$
波长	wavelength	λ	米	m
波数	wavenumber	σ	每米	m^{-1}
振幅	amplitude	A	米	m
质量	mass	m	千克(公斤)	kg
密度	density	ρ	千克每三次方米	$kg\cdot m^{-3}$
面密度	areal density	ρ_S,ρ_A	千克每二次方米	$kg\cdot m^{-2}$
线密度	linear density	ρ_l	千克每米	$kg\cdot m^{-1}$
动量 冲量	linear momentum impulse	$\left.\begin{matrix}p\\I\end{matrix}\right\}$	千克米每秒	$kg\cdot m\cdot s^{-1}$

续表

物理量名称		物理量符号	单位名称	单位符号
中文	英文			
动量矩，角动量	moment of momentum, angular momentum	L	千克二次方米每秒	$kg \cdot m^2 \cdot s^{-1}$
转动惯量	rotational inertia	J	千克二次方米	$kg \cdot m^2$
力	force	F	牛[顿]	N
力矩	torque	M	牛[顿]米	$N \cdot m$
压力,压强	pressure	p	帕[斯卡]	$N \cdot m^{-2}$,Pa
相[位]	phase	φ	弧度	rad
功 能[量] 动能 势能	work energy kinetic energy potential energy	W,A E,W E_k,T E_p,V	焦耳 电子伏	J eV
功率	power	P	瓦[特]	$J \cdot s^{-1}$,W
热力学温度	thermodynamic temperature	T,Θ	开[尔文]	K
摄氏温度	Celsius temperature	t,θ	摄氏度	℃
热量	heat	Q	焦[耳]	$N \cdot m$,J
热导率（导热系数）	thermal conductivity	k,λ	瓦[特]每米开[尔文]	$W \cdot m^{-1} \cdot K^{-1}$
热容	heat capacity	C	焦[耳]每开[尔文]	$J \cdot K^{-1}$
质量热容	specific heat capacity	c	焦[耳]每千克开[尔文]	$J \cdot kg^{-1} \cdot K^{-1}$
摩尔质量	molar mass	M	千克每摩[尔]	$kg \cdot mol^{-1}$
摩尔定压热容 摩尔定容热容	heat capacity at constant pressure, molar heat capacity at constant volume	$C_{p,m}$ $C_{V,m}$	焦[耳]每摩[尔]开[尔文]	$J \cdot mol^{-1} \cdot K^{-1}$
内能	internal energy	U,E	焦[耳]	J
熵	entropy	S	焦[耳]每开[尔文]	$J \cdot K^{-1}$
平均自由程	mean free path	$\bar{\lambda}$	米	m

续表

物理量名称		物理量符号	单位名称	单位符号
中文	英文			
扩散系数	diffusion coefficient	D	二次方米每秒	$m^2 \cdot s^{-1}$
电量	quantity of electricity	Q,q	库[仑]	C
电流	electric current	I,i	安[培]	A
电荷密度	charge density	ρ	库[仑]每三次方米	$C \cdot m^{-3}$
电荷面密度	surface charge density	σ	库[仑]每二次方米	$C \cdot m^{-2}$
电荷线密度	linear charge density	λ	库[仑]每米	$C \cdot m^{-1}$
电场强度	electric field strength	E	伏[特]每米	$V \cdot m^{-1}$
电势 电势差,电压	electric potential, electrical potential difference,voltage	U,V U_{12},U_1-U_2	伏[特]	V
电动势	electromotive force	$\mathscr{E}$	伏[特]	V
电位移	electric displacement	D	库[仑]每二次方米	$C \cdot m^{-2}$
电位移通量	electric displacement flux	Ψ	库[仑]	C
电容	capacitance	C	法[拉]	$F(1F=1\ C \cdot V^{-1})$
电容率 (介电常数)	permittivity	ε	法[拉]每米	$F \cdot m^{-1}$
相对电容率 (相对介电常数)	relative permittivity	ε_r	—	
电[偶极]矩	electric dipole moment	p,p_e	库[仑]米	$C \cdot m$
电流密度	electric current density	J	安[培]每二次方米	$A \cdot m^{-2}$
磁场强度	magnetic field intensity	H	安[培]每米	$A \cdot m^{-1}$
磁感应强度	magnetic induction	B	特[斯拉]	$T(1T=1\ Wb \cdot m^{-2})$
磁通量	magnetic flux	Φ	韦[伯]	$Wb(1\ Wb=1\ V \cdot s)$
自感互感	self-inductance mutual inductance	L M	亨[利]	$H(1\ H=1\ Wb \cdot A^{-1})$
磁导率	permeability	μ	亨[利]每米	$H \cdot m^{-1}$
磁矩	magnetic moment	m	安[培]每二次方米	$A \cdot m^2$
电磁能密度	Electromagnetic energy density	ω	焦[耳]每三次方米	$J \cdot m^{-3}$

续表

物理量名称		物理量符号	单位名称	单位符号
中文	英文			
坡印廷矢量	Poynting vector	S	瓦[特]每二次方米	$W \cdot m^{-2}$
[直流]电阻	electrical resistance	R	欧[姆]	$\Omega(1\ \Omega=1\ V \cdot A^{-1})$
电阻率	resistivity	ρ	欧[姆]米	$\Omega \cdot m$
光强	light intensity	I	瓦[特]每二次方米	$W \cdot m^{-2}$
相对磁导率	relative permeability	μ_r	—	
折射率	refractive index	n	—	
发光强度	luminous intensity	I	坎[德拉]	cd
辐[射]出[射]度 辐[射]照度	radiant emittance irradiance	M E	瓦[特]每二次方米	$W \cdot m^{-2}$
声强级	sound intensity level	L_I	分贝	dB
核的结合能	nuclear binding energy	E_B	焦[耳]	J
半衰期	half-life	τ	秒	s

参考答案可扫描下方二维码获取